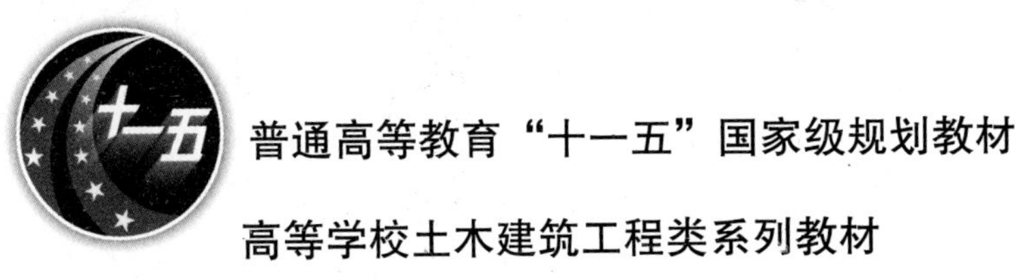

普通高等教育“十一五”国家级规划教材

高等学校土木建筑工程类系列教材

工程结构CAD（第二版）

■ 张玉峰　编著

WUHAN UNIVERSITY PRESS
武汉大学出版社

图书在版编目(CIP)数据

工程结构 CAD/张玉峰编著. —2 版. —武汉:武汉大学出版社,2010. 12
普通高等教育"十一五"国家级规划教材
高等学校土木建筑工程类系列教材
ISBN 978-7-307-08259-5

Ⅰ. 工　Ⅱ. 张…　Ⅲ. 工程结构—计算机辅助设计—应用软件,AutoCAD
Ⅳ. TU311. 41

中国版本图书馆 CIP 数据核字(2010)第 201968 号

责任编辑:王金龙　　责任校对:黄添生　　版式设计:支　笛

出版发行:**武汉大学出版社**　(430072　武昌　珞珈山)
(电子邮件:cbs22@ whu. edu. cn 网址:www. wdp. com. cn)
印刷:湖北民政印刷厂
开本:787 × 1092　1/16　印张:21. 25　字数:510 千字　插页:1
版次:2004 年 4 月第 1 版　2010 年 12 月第 2 版
2010 年 12 月第 2 版第 1 次印刷
ISBN 978-7-307-08259-5/TU · 93　定价:34. 00 元

内容提要

CAD技术是土建类工程技术人员必须掌握的基本工具。对于土建类专业学生和工程技术人员来说，本书是一本非常实用的CAD入门学习、提高、应用和开发的教材，内容实用而全面，可操作性很强。全书共分9章，第1章重点阐述CAD的基本概念、相关术语、发展历史、软硬件环境、应用及发展趋势，使读者对CAD技术有总体的基本认识；第2章重点介绍AutoCAD软件操作基础，常用二维绘图命令和图形编辑命令，图形的显示控制，图层、块、外部参照及应用，尺寸标注，精确作图工具等，使读者熟练掌握绘制施工图所需的常用的AutoCAD功能和命令，为快速绘制施工图打下坚实的基础；第3章至第5章基于现行国家制图标准的基本规定，重点介绍房屋建筑施工图，结构施工图，道路、桥梁、涵洞、隧道工程图，建筑给水排水工程图等的绘制方法和技巧，使读者能够应用AutoCAD绘制满足制图标准要求的几乎所有土木工程施工图；第6章重点介绍利用ObjectARX对AutoCAD进行二次开发，使读者掌握当前流行的AutoCAD二次开发方法，为读者结合本专业需要进行CAD编程奠定基础；第7章至第9章介绍当前我国土建行业最为流行的结构设计软件PKPM的使用方法，重点介绍PKPM系列软件的PMCAD、SATWE、PK的使用方法，使读者能熟练应用PKPM进行常规的结构设计。本书可作为土建类各专业学生CAD课程的教材，也可供广大工程技术人员参考。

第二版前言

步入信息时代以来，作为20世纪人类最杰出的成就之一的CAD技术在各行各业得到了普及和应用，彻底改变了传统的以手工绘图为主的产品和工程设计方式，极大地提高了设计效率和设计质量，缩短了新产品研发和工程建设周期，降低了成本，成为新产品尽快占领市场的企业核心竞争力。CAD技术是工科学生和工程技术人员应该必须掌握的工具和基本技能。本书第一版自2004年4月由武汉大学出版社出版以来，在教学中得到全国同类高校广大师生的广泛好评，也受到广大工程技术人员的喜爱。编者在多年教学实践经验的基础上，为了突出重点，进一步加强实用性和可操作性，以更好地满足广大读者的需要，对本书进行了全面修订。

在修订中，编者仍然保持了第一版的内容主体结构不变，对每个章节的内容进行了全面更新。对第一版第1章内容进行了删减和更新；对第2章内容进行了大幅度删减和更新，只保留与绘制施工图相关的最基本最重要的内容；对第3章内容进行了调整并增加了"设置绘图环境（建立图形模板）"一节；对第4章内容进行了局部增删（扩充了施工图平法表示的介绍）；第5章增加了道路、桥梁、涵洞、隧道工程图的绘制方法介绍；第6章只保留了利用ObjectARX对AutoCAD进行二次开发的内容，并重新进行了编写，给出了必要的编程实例便于读者模仿；第7、8、9章内容根据PKPM新版本进行了重新编写。

本书是一本非常实用的CAD入门学习、提高、应用和开发的教材，内容实用而全面，可操作性很强。全书共分9章，主要内容包括：

第1章绪论，对CAD技术的基本概念、相关术语、发展历史、软硬件环境、应用及发展趋势进行了全面阐述，能使读者对CAD技术的发展全貌有个大体的了解；

第2章AutoCAD应用基础，本章重点介绍了通用CAD软件AutoCAD的基本功能，主要内容包括AutoCAD操作基础，二维绘图命令和图形编辑命令，图形的显示控制，图层、块、外部参照及应用，尺寸标注，精确作图工具，本章可单独作为读者学习AutoCAD软件的入门读物，也可作为有关专业学生学习AutoCAD课程的教材；

第3~5章分别为建筑施工图的绘制方法，结构施工图的绘制方法，道路、桥梁、涵洞、隧道工程图及给水排水工程图的绘制方法，这3章内容严格遵循现行最新制图标准，针对读者利用AutoCAD绘制土木工程施工图时容易忽视和经常出错的问题，着重介绍了什么样的施工图是美观而符合制图标准要求的，以及绘制的方法和技巧；

第6章利用ObjectARX对AutoCAD进行二次开发，本章结合开发实例全面介绍了AutoCAD的ObjectARX二次开发技术，本章可作为有较高要求的学生进行CAD编程的教学内容；

第7~9章分别全面介绍了国内土建行业广为流行的结构设计CAD软件PKPM系列的PMCAD、SATWE、PK三个软件的使用方法，这3章的内容均为最新规范版本软件。

CAD课程是土建类专业的少学时课程，有些高校作为专业必修课或专业课。本书的内容实用而全面，在具体的教学中可根据不同学时、不同专业、不同层次学生的教学需要，对本书内容进行适当取舍。

本教材可作为土建类各专业学生CAD课程的教材，也可供广大工程技术人员参考。

本书由张玉峰主编，编者的研究生张闪林、孙瑜蔚、常猛、李超等参与了部分章节的编写和整理，武汉大学出版社的编辑为本书的校核、编辑和排版等做出了大量而细致的工作，在本书的编写过程中还得到了不少同行和朋友的支持和帮助，在此一并表示感谢！

限于时间和编者的水平，书中难免有疏漏和不当之处，恳请读者批评指正，以免再版时进一步完善。

编 者

2010年9月于武昌珞珈山

第一版前言

本教材是根据我校土木工程专业本科生和结构工程专业研究生CAD课程的教学需要并结合编者多年的教学与科研实践而编写的。

众所周知，CAD技术的发展日新月异，CAD技术的范围十分宽广。而对于非计算机专业的土建类大学本科生和工程技术人员来说，学习CAD最需要的是一本实用而全面的教材，本书正是为了满足这一需要而编写。本书不仅涉及CAD一般概念的论述、通用CAD软件和专业CAD软件的介绍，还着重介绍应用通用CAD软件绘制土木工程施工图的方法以及CAD软件的二次开发技术。

本书是一本非常实用的CAD入门学习、提高、应用和开发的教材，内容实用而全面。全书共分九章，主要内容包括：

第一章绪论，对CAD技术发展历史、基本概念、相关学科、相关术语、软硬件环境及发展趋势进行了全面阐述，能使读者对CAD技术的发展全貌有个大体的了解；

第二章AutoCAD软件基本功能介绍，本章全面介绍了通用CAD软件AutoCAD的基本功能，主要内容包括二维图形的绘制、图形的显示与缩放、二维图形的编辑、尺寸标注、三维图形与实体造型，本章可单独作为读者学习AutoCAD软件的入门读物，也可作为有关专业学生学习AutoCAD课程的教材；

第三章至第五章分别为建筑施工图的绘制方法、结构施工图的绘制方法、给水排水工程图的绘制方法，这三章内容严格遵循现行最新制图标准，针对读者利用AutoCAD绘制建筑工程施工图时容易忽视和经常出错的问题，着重介绍了什么样的施工图是美观而符合制图标准要求的，以及绘制的方法和技巧；

第六章CAD软件的二次开发，本章结合开发实例全面介绍了AutoCAD的二次开发技术，并给出了具有重要参考价值的接口子程序，本章可作为结构工程专业研究生学习“结构CAD软件开发及应用”课程的教学内容；

第七章至第九章分别全面介绍了由中国建筑科学研究院自主版权开发的国内土建行业广为流行结构设计CAD软件PKPM系列的PK、PMCAD、TAT三个软件的使用方法，这三章的内容均为最新规范版本，即2002规范版本的软件。

CAD课程是土建类专业的少学时课程。本书的内容实用而全面，在具体的教学中可根据不同学时、不同专业、不同层次学生的教学需要，对本书内容进行适当取舍。

本教材可适用于土建类专业三年级本科生、研究生CAD课程的教材，也可供广大工程技术人员学习参考。

在本书的编写过程中，北京国电华北电力设计院土建结构室主任李兴利高工提供了大量的宝贵资料，以使本书的编写得以顺利完成。在此编者致以最衷心的感谢！

武汉大学土木建筑工程学院副院长侯建国教授对本书的初稿进行了审阅，并提出了十分宝贵的意见。编者的研究生袁继锋、杨翔同学完成了本书第一章至第八章的文字校对，在此一并感谢！

限于时间和编者的水平，书中难免有疏漏和不当之处，恳请读者批评指正，以待再版时进一步完善。

编　者

2003 年 8 月于武昌珞珈山

目　录

第1章 绪 论

教学提示：本章重点介绍CAD的基本概念和内涵、CAD的相关术语、CAD的诞生和发展历程、CAD的硬件系统和软件系统、CAD的应用和CAD的发展现状与趋势。

学习要求：应用CAD技术是工科学生的一项基本技能，也是现代工程技术人员的基本工具。学习CAD应该了解其基本概念和发展历史。通过本章的学习，读者应该懂得CAD的基本概念与内涵，了解CAD的发展历程，掌握CAD的硬件系统和软件系统的组成，了解CAD的应用现状和发展趋势，提高学习后续章节的主动性与自觉性。

1.1 CAD概述

1.1.1 CAD的概念

CAD即计算机辅助设计(Computer Aided Design，CAD)，从广义上讲，是指工程技术人员以计算机为工具，用各自的专业知识，对工程或产品进行总体设计、绘图、分析和编写技术文档等设计活动的总称，不单指某一个软件；从狭义上讲，人们一般把计算机辅助绘图(Computer Aided Drawing)称为CAD。应用CAD可以达到提高工程或产品设计质量、缩短开发周期、降低成本的目的。

一般认为，CAD的功能可归纳为四大类：建立几何模型、工程分析、动态模拟、自动绘图，因而，一个完整的CAD系统，应由科学计算、图形系统和工程数据库等组成。科学计算包括有限元分析、可靠性分析、动态分析、产品的常规设计和优化设计等；图形系统包括几何(特征)造型、自动绘图(二维工程图、三维实体图等)、动态仿真等；工程数据库对设计过程中需要使用和产生的数据、图形、文档等进行存储和管理。

如今，CAD技术已广泛应用于机械、电子、航空、航天、汽车、船舶、轻工、纺织、影视、广告、土木建筑以及环境工程等领域。CAD的应用水平和技术水平已经是衡量一个国家科技现代化的重要标志。

1.1.2 CAD的相关术语

在机械制造业，与CAD技术相关的基本术语有：计算机辅助工艺规划(Computer Aided Process Planning，CAPP)、计算机辅助制造(Computer Aided Manufacturing，CAM)、计算机辅助工程(Computer Aided Engineering，CAE)、计算机辅助测试(Computer Aided Test，CAT)、产品数据管理(Product Data Management，PDM)以及计算机集成制造(Computer Integrated Manufacturing，CIM)、计算机集成制造系统(Computer Integrated Manufacturing System，CIMS)、CAD/CAPP/CAM集成、CAD/CAM集成、CAD/CAM/CAE

集成等。

(1)CAPP：是指在工艺人员借助于计算机，根据产品设计阶段给出的信息和产品制造工艺要求，交互或自动地确定产品加工方法和方案。如加工方法选择、工艺路线确定、工序设计等。

(2)CAM：有广义和狭义两种定义。广义 CAM 是指借助计算机来完成从生产准备到产品制造出来的过程中各项活动，它包括工艺过程设计(CAPP)、工装设计、计算机辅助数控加工编程、生产作业计划、制造过程控制、质量检测与分析等。狭义 CAM 通常是指数控编程(Numeral Control Code，NC)，包括刀具路径规划、刀位文件生成、刀具轨迹仿真及 NC 代码生成等。

(3)CAE：是工程技术人员用计算机辅助完成从产品的方案选择、初步设计、工程计算(如有限元分析)和动画仿真模拟等过程的总称。一般 CAE 由三部分组成：有限元、动态仿真、优化设计。

(4)CAT：是用计算机辅助完成产品的性能检验、测试与评价的过程。

(5)CIM：是一种概念，一种哲理。它指出了制造业应用计算机技术的更高阶段，即在制造企业中将从市场分析、经营决策、产品设计经过制造过程各环节，最后到销售和售后服务，包括原材料、生产和库存管理、财务资源管理等全部运转活动，在一个全局集成规划指导下逐步实现计算机化，以实现更短的设计生产周期，改善企业经营管理，适应市场的迅速变化，获得更大经济效益。

(6)CIMS：是在 CIM 思想指导下，以公共数据库和网络通信为核心，逐步实现企业全过程计算机化的多视图(功能、信息、资源和组织)、多层次的综合系统。也可以说是未来工厂的模式。但它本身又是一种进程，而不必局限于某种固定格局的模式。

(7)CAD/CAPP/CAM 集成：是实现企业 CIMS 的一个重要方面，是 CIMS 的核心。

(8)CAD/CAM 集成：是协助完成产品设计、分析计算、工艺文件设计、工装设计、数控编程等全部技术活动的计算机系统。国际上习惯用名是 CAD/CAM，即计算机辅助设计和制造。

CAD、CAPP、CAM、CAE、CIM、CIMS、CAT 等技术综合起来又称为 CAX(计算机辅助技术)。随着 CAD 相关技术的快速发展，一些新名词、新术语不断出现。如，异构 CAD 集成；基于虚拟现实(Virtual Reality，VR)技术的虚拟设计、虚拟制造和虚拟企业等；基于 Internet 技术的异地分布式协同设计(异步协同设计、同步协同设计和协同装配设计)等。

与制造业 CAX 集成的产品信息建模相对应，近年来，建筑业为了将计算机辅助技术的应用提升到更高的层次，提出研究开发以三维数字技术为基础的建筑信息模型(Building Information Modeling，BIM)，即建筑信息建模，用来实现建筑信息在建筑工程全生命周期(从建筑物的规划设计、施工建造、房产销售、物业管理到维修加固等)内，各专业、各计算机辅助技术的数据共享与集成，从而最大程度地提高工程项目建设的效率以降低成本。

1.1.3 CAE、CAD、CAPP、CAM 的范围

不同的产品，生产过程各不相同。对于一般的产品，生产过程如图 1.1 所示，可分为初步设计、详细设计、生成准备和制造四个阶段。CAE、CAD、CAPP、CAM 的涉及范围

如图1.1所示。需要说明的是，目前CAE、CAD、CAPP、CAM范围的划分方法还不统一，因人而异。

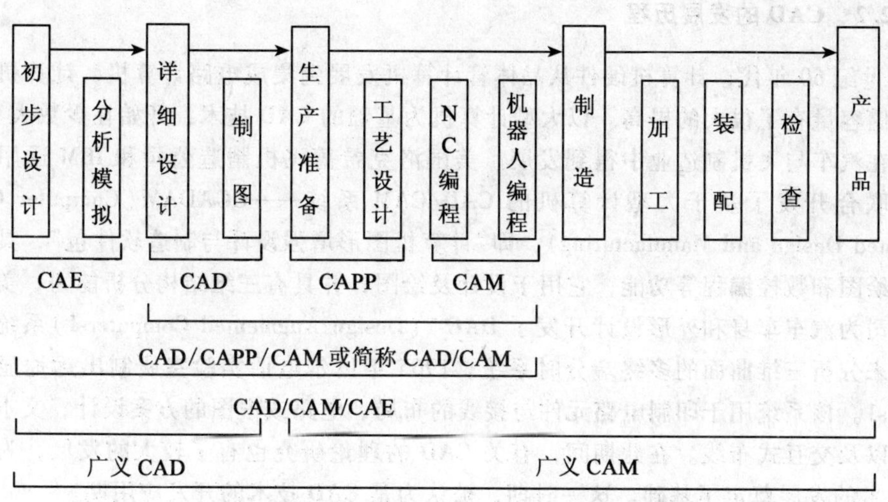

图1.1 生产成型产品的过程与CAE、CAD、CAPP、CAM的范围

1.2 CAD的发展历史

CAD是从20世纪50年代开始，随着计算机技术及其外围设备的发展而形成的一门新技术。若要详细研究它的发展历史，应从CAD软件的发展和CAD硬件(包括计算机主机及图形输入输出等外围设备)的发展两条主线来考察，本书不打算展开做过多介绍，只做一些简介。

1.2.1 CAD的出现

第二次世界大战以后，生产机械化、自动化程度日益提高，设计工作却一直是手工操作，效率低、周期长、精度差。因此，设计工作成为整个生产体系的薄弱环节，远远不能适应市场需要，迫切要求实现设计自动化。20世纪50年代计算机开始用于设计计算，1956年发明了CRT(阴极射线管)显示装置，1958年又发明了数控绘图仪，这就为设计自动化提供了可能。CAD的研究就是在这个时期为谋求电力变压器等的设计自动化而开展起来的，1959年美国麻省理工学院(MIT)将CAD正式列为研究项目进行研究。

1960年，美国21岁的研究生萨泽兰德(Ivan Sutherland)使用MIT林肯实验室制造的TX-2计算机，开发了SKETCHPAD，被认为迈出了CAD工业的第一步。1962年他完成的博士论文被认为开创了交互式计算机图形学研究的先河。1963年春，在美国计算机联合会的年会上，MIT的研究小组发表了有关CAD项目的五篇论文，给工程界以很大的震动，其中有Sutherland发表的“SKETCH-PAD(素描板)——一种人机对话系统”，被视为CAD出现的标志。Sutherland在其论文中介绍了这个系统能在10~15分钟内完成通常需要几周时间才能完成的工作。当时，MIT研究小组的报告对CAD作了这样的设想：设计者坐在

CRT 控制台前，通过光笔操作，进行人机对话，实现从概念设计到生产设计以至制造的全过程，这是一种带有人工智能的设想。

1.2.2 CAD 的发展历程

20 世纪 60 年代，计算机硬件从晶体管计算机发展到集成电路计算机，计算机运行速度和存储容量有了很大的提高。以大型计算机为基础的 CAD 技术，开始在少数大型企业，特别是在汽车与飞机制造业中得到发展。美国洛克希德飞机制造公司和 IBM 通用机器制造公司联合开发了基于大型计算机的 CAD/CAM 系统——CGADAM(Computer Graphics Augmented Design and Manufacturing)，即"计算机图形增强设计与制造软件包"，具有强度分析、绘图和数控编程等功能，它用于设计及绘图，并具有三维结构分析能力；美国通用汽车公司为汽车车身和外形设计开发了 DAC-1(Design Augmented Computer-1)系统，这是一个用来分析三维曲面的多终端分时系统。1965 年贝尔电话实验室研制出远地显示系统 Graphics1。该系统用于印制电路元件与接线的布局、电路或框图的方案设计、文本的组织和编辑以及交互式布线。在此期间，有关 CAD 的理论研究也有了较大的发展，为以后的 CAD 技术的发展奠定了基础。这一时期，被认为是 CAD 技术的开发应用期。

70 年代，计算机硬件从集成电路发展到大规模集成电路，相继出现了 32 位小型计算机和微型计算机。基于小型机的 CAD 成套系统(Turnkey System)研制成功，它包括图形输入及输出设备和相应的应用软件，软硬件配套使用。在此期间，为 CAD 开发了大量的图形软件包和以有限元为基础的各种强度计算软件包。专业的 CAD 系统公司和专门开发 CAD 软件的软件公司相继出现，并有一系列的 CAD 产品投入市场。这一时期，是 CAD 技术的实用化期。

80 年代是 CAD 技术迅速发展的时期，特别是小型计算机及微型计算机的性能不断提高，价格不断下降，计算机外围设备如高分辨率图形显示器、大型数字化仪、自动绘图仪等品种齐全的图形处理装置已逐步形成质量可靠的系列产品，并已成为 CAD 的一般配置，为推动 CAD 技术向更高水平发展提供了必要条件。在此期间，适用于小型机及微机的软件技术也迅速提高，发展了数据库技术，开发出大量图形软件以及与现代设计方法相适应的各种软件(如有限元结构分析软件、优化设计软件等)。大量成熟的商品化软件不断涌现，从而促进了 CAD 技术的应用和发展。

90 年代是 CAD 技术的快速发展与繁荣期，随着计算机硬件设备和外围设备性能更新换代的加速化，各行业领域实用化的 CAD 应用软件层出不穷，丰富和发展了 CAD 技术产业，CAD 已成为工程和产品开发、设计、制造等所必需的关键技术。这一时期的 CAD 技术发展的特点主要表现在以下几个方面：

(1)CAD 的硬件支撑已从工作站扩展到个人计算机(PC)，彩色图形显示系统和图形加速卡已经成为工作站和 PC 的通用设备。

(2)各种各样的模型描述方法出现，并逐步标准化，工程数据库的研究和实现日益重要，以 CAD/CAPP/CAM 为核心的计算机集成制造系统(CIMS)越来越实用和普及。

(3)CAD 技术逐渐智能化，使 CAD 系统更灵活、易用、高效，并具有创造性。

(4)CAD 技术逐渐多媒体化，使得设计的结果更易控制，质量更加提高。

(5)由于 CAD 系统性能价格比的提高，工程、制造和娱乐行业普遍使用 CAD 技术，

CAD逐步成为计算机应用中最重要的领域之一。

(6)工科类专业高校中普遍开设CAD课程，极大地促进了CAD技术的应用和发展。

(7)各种新的输入输出设备不断涌现，特别是3D彩色数字化仪的出现，使得造型和数据库的建立越来越容易。

(8)20世纪80年代初的5大CAD公司(Computer Vision，Applicon，CALMA，Auto-Trol和Intergraph)或已被收购并停止了原来的产品线，或在维持生存。国际上面向制造业的CAD软件产品已经被兼并成四大谱系：IBM/Dassault；EDS/Unigraphics；PTC；Autodesk。

21世纪头10年，智能CAD、多媒体CAD、网络CAD得到了快速发展。以Internet、Java和分布式构件技术驱动的网络计算以不可阻挡之势迅速普及到各个领域。这期间，主机终端形式、台式计算形式、客户/服务器形式和网络计算形式将共存、共融、共同发展。在该CAD发展浪潮的冲击下，异地、异构、协同、虚拟CAD技术的发展和应用将会更加普及、更加高效。

综上所述，CAD技术经历了：①准备和酝酿时期(20世纪50年代)；②蓬勃发展和进入应用时期(60年代)；③广泛使用的时期(70年代)；④突飞猛进的时期(80年代)；⑤开放式、标准化、集成化和智能化的发展时期(90年代)；⑥多媒体化、网络化(21世纪头10年)等几个发展阶段。

1.3 CAD系统的硬件和软件

1.3.1 硬件

CAD系统的硬件配置与通用计算机系统有所不同，其主要差异是CAD系统硬件配置中，应具有较强的人机交互设备及图形输入输出装置，为产品设计提供良好的硬件环境。典型的CAD系统硬件组成如图1.2所示。

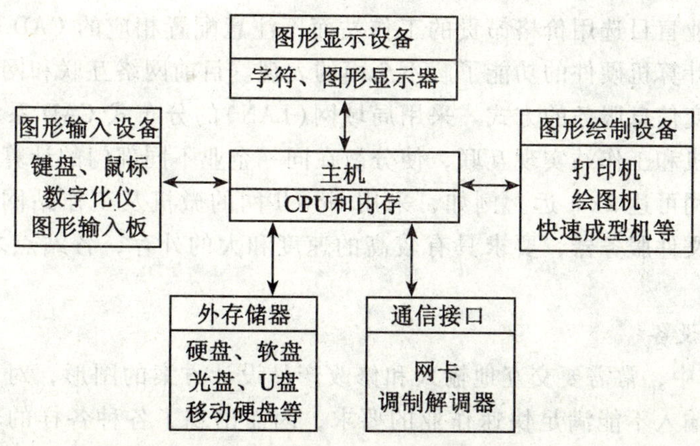

图1.2　CAD系统的硬件组成

1. 计算机系统(主机)

目前 CAD 所使用的计算机系统主要有工作站和高档微机两种；它们的主要特征是，都具备很强的图形处理能力，速度较高，使用较大的内外存以适应 CAD 应用软件的需求。计算机的技术指标主要有 3 个方面：一是运算速度，以 CPU(中央处理单元)的每秒执行指令数目来衡量，时钟频率(主频)是影响速度的主要方面；二是字长，即 CPU 每执行一条指令可从内存提取和处理的数据位数，例如早期的 386、486 为 32 位，从经典的 Pentium(586 或 P5)、Pentium Pro(P6)到 Pentium Ⅱ、Pentium Ⅲ、Pentium Ⅳ再到 Pentium Dual Core 等都是 64 位；三是内存容量，内存越大，可容纳和处理的程序和数据量就越大。

高档微机主要指以 Pentium 以上级别的微处理器作为 CPU 的计算机。目前 CAD 应用软件的发展，已要求高档微机具备 1G 以上的内存以提高处理速度，减少与内存缓冲区交换数据带来的速度降低。目前高档微机普遍使用 Microsoft 的 Window XP(Windows NT 5.1)或 Windows Vista(Windows NT 6.0)或 Windows 7(Windows NT 6.1)，它们都是 32 位以上、支持多任务、多媒体的多窗口平台，很多著名的 CAD 系统均已推出该平台的版本，在性能上与工作站已相差无几。

工作站是由 20 世纪 80 年代初期的大中型计算机转变而来的，它克服了大中型计算机体积庞大的缺点，增强了图形处理、网络互联和硬件可扩充性的能力，并大幅降低成本和价格，逐渐占据了中小型机的市场，并和微机争夺越来越大的市场，典型代表有 SUN、HP(惠普)、DEC、IBM、SGI、DELL(戴尔)等公司的多种系统。工作站目前普遍采用 UNIX 操作系统和 Motif 操作系统(X 窗口操作系统)。与高档微机相比，目前仍具有计算速度、虚拟存储、图形处理等方面的优势，但在价格方面面临越来越大的来自微机的挑战。

选用何种计算机系统，应取决于选用何种 CAD 应用软件及应用开发方面的要求。一般来说，高档微机适用于中小型 CAD 系统，如二维绘图、CAD/CAM、产品信息管理等，具有价廉物美、共享资源丰富的特点。而工作站适用于集成化 CAD/CAM/CAE 系统，包括三维建模、分析、数控加工和数据库等，但无论在硬件还是在软件方面均需要较大的投资额度。不少企业盲目选用价格昂贵的工作站而不注意配置相应的 CAD 软件，结果造成浪费，这就是对计算机硬件的功能了解不全面的表现。目前网络互联和网际信息服务的迅速普及，正在改变信息服务的方式。采用局域网(LAN)的分布式 CAD 系统得到迅速的发展，其特点是微机和工作站实现互联，使分散在同一企业不同部门的计算机能共享软硬件资源，近距离联网可达 2km 远。例如，采用 Novell 网的微机及工作站网络结构如图 1.3 所示。其核心是文件服务器，要求具有较高的速度和大的外存，各站点之间可实现 CAD 数据共享。

2. 图形输入设备

在 CAD 工作中，常需要交互地输入和修改产品设计方案的图形，对图形作多种变换操作。仅用键盘输入不能满足快速作业的要求，因而出现了各种各样的输入设备，如键盘、光笔、鼠标器、数字化仪、扫描仪、图形输入板等。

鼠标器主要用来控制屏幕上光标的位置。当鼠标器在桌面上移动时，显示屏上的光标也移动，从而方便地到达屏幕任何位置。鼠标器上还有两至三个按键，用于实现不同的操

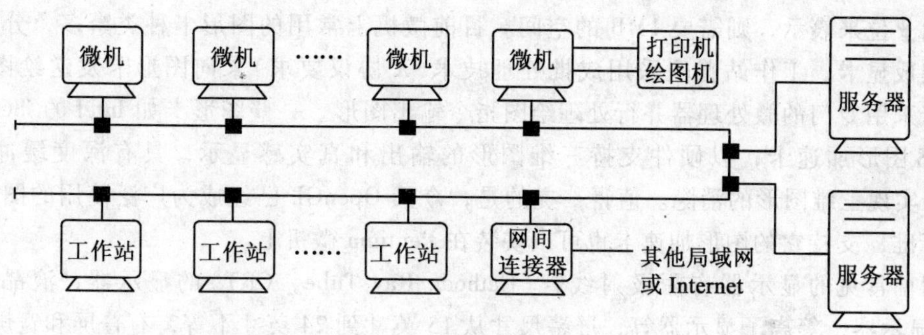

图 1.3 一种局域网的网络结构示意图

作。鼠标有光电式和机械式两种，目前多用机械式，其底部有一个小球，在移动中小球带动滚子(X、Y 方向)旋转从而得到 X、Y 方向的相对位移，经转换通过驱动程序来控制屏幕上的光标位置。鼠标器已成为计算机的基本设备，也是 CAD 中最常用、价格最便宜的设备。不同的产品有不同的驱动程序，与计算机有不同的连接方式，例如大多数工作站及 IBM 和 DEC 的微机采用专用的接口连接鼠标，而大多数兼容机用串行口连接鼠标器。

数字化仪又称图形输入板，是专门为二维绘图工作设计的，它由一块图形输入板和一个游标定位器(或光笔)组成。板的下面是网格状的金属丝，不同的位置产生不同的感应电压从而代表 X、Y 的位置。数字化仪的基本功能有，第一是点菜单的功能，可在输入板指定位置或屏幕上设置的菜单区点取菜单；第二是徒手作图，可以将需绘制的图纸固定在板上，然后用数字化仪定位坐标进行描图，几乎和手绘一样方便。如在土建工程中，为了将已有的地形等高线图输入计算机保存，常常用数字化仪输入这些自由曲线。数字化仪价格较高，而且幅面越大，价格越高。随着 CAD 由二维设计向三维建模发展，数字化仪将逐步淘汰。

扫描仪可以将图像扫描到计算机内存储。由于 CAD 绘图系统处理的是矢量信息，因此图纸扫描到计算机内形成的点阵文件，须经专门的矢量化识别程序处理成矢量文件。这种技术大大缩短了已有图纸的输入时间，其缺点是矢量识别的正确率不是很理想，但仍是建立大型图库的有效方法。

3. 图形显示设备

图形显示器的主要器件是阴极射线管(CRT)，交互图形系统广泛使用的是光栅扫描式显示器，它的显示原理与电视机相似，不同的是电视机用模拟信号来扫描形成屏幕上的图像，而图形显示器则不断地读取帧缓冲区的数据来控制不同位置的 RGB 色刷新屏幕上的图像。

衡量图形显示器清晰度的主要指标是分辨率。同样尺寸的屏幕，水平方向像素的数目越大则分辨率越高，显示的图形越精确。例如分辨率为 640×480 表示在水平方向上有 640 个像素，在垂直方向上有 480 条扫描线。当采用隔行扫描时，同一刷新周期内只有一半的行(扫描线)显示，当屏幕刷新频率较低时，隔行扫描会看到颜色有轻微抖动。

图形显示离不开图形显示卡或显示接口卡(Video card，Graphics card)，其又称为显示适配器(Video adapter)，简称图形卡或显卡。由于显示每个像素的亮度和颜色均由数字来表示，因而需要较大的存储器来存储屏幕上像素的状态。例如 1024×1024×8 位面，每个像素由 8 位来表示，则需要 1MB 的空间。目前微机上常用的图形卡种类繁多，分独立显卡和集成显卡。工作站普遍采用成批处理技术（X 协议要求）来向图形卡发送绘图指令，图形卡采用专门的微处理器并行处理绘图指令输出图形。一些图形卡如 Intel 的 i860，SGI 的 IRIS 图形加速卡，以硬件支持三维图形的输出和真实感显示，具有深度缓冲器（Z-buffer）实现三维图形的消隐。值得一提的是，今天 OpenGL 已经成为广泛使用的图形接口工业标准，支持它的图形加速卡也可以安装在 Pentium 微机上。

目前常见的显示器有阴极射线管（Cathode Ray Tube，CRT）的显示器、液晶（LCD、LED）显示器、等离子显示器等，屏幕尺寸从 15 英寸到 24 英寸不等，有普屏和宽屏之分。

4. 图形输出设备

CAD 设计结果通常以工程图样或数据表的形式输出到打印纸或绘图纸上，以形成后续生产的指导性文件。用于输出报表和图纸的硬拷贝设备有打印机和绘图机等。

打印机有针式打印机、喷墨打印机和激光打印机之分。24 针打印机常用于图形精度不高的场合，如绘制草图、打印报表等。喷墨打印机和激光打印机可以达到很高的分辨率（每英寸 300～600 点阵），后者具有更高的输出速度，但在输出图形时，常受幅面的限制。

绘图机也叫绘图仪，有早期的笔式绘图仪和现在广泛应用的静电绘图仪。笔式绘图机分为平板式和滚筒式两种（见图 1.4），后者适用于大幅面图纸的输出。其基本原理是，由 X、Y 两个方向的步进电机来驱动，使笔和纸之间产生相对运动画出线条。总的来说，笔式绘图机的重复定位精度较低，滚筒式绘图机更低，在绘制大幅面线条复杂的图形时更为严重。近 10 年来惠普公司等相继推出了喷墨绘图机，将喷墨打印的方法应用于滚筒式绘图机上，由于微处理器的速度大幅度提高，因而图形的复杂性不会对绘图速度造成较大影响，这样便提高了绘图质量和效率。喷墨打印机的缺点是喷墨及图纸的成本较高，但这种绘图方式毕竟是发展方向。

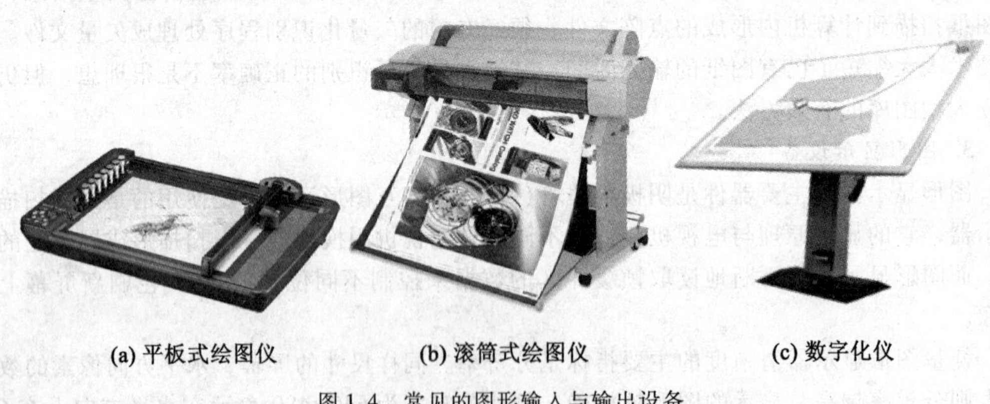

(a) 平板式绘图仪　　(b) 滚筒式绘图仪　　(c) 数字化仪

图 1.4 常见的图形输入与输出设备

1.3.2 软件

具备了 CAD 的硬件后，软件的配置水平决定了 CAD 系统性能的优劣。软件正占据越来越重要的地位，其成本已超过了硬件。软件的发展呼唤更新更快的计算机系统，而计算机硬件的更新为开发更好的 CAD 系统创造了物质条件。

CAD 系统的软件分为三个层次：系统软件、支撑软件和应用软件。系统软件与硬件和操作系统环境相关，支撑软件主要指各种工具软件，应用软件指以支撑软件为基础的各种面向工程应用的软件，其中大量的应用软件由各行业的工程设计人员开发。CAD/CAPP/CAM 系统的软件除与 CAD 系统的要求一样外，还增加了 CAPP 和 CAM 的有关软件。CAD 系统的层次结构可用图 1.5 表示。

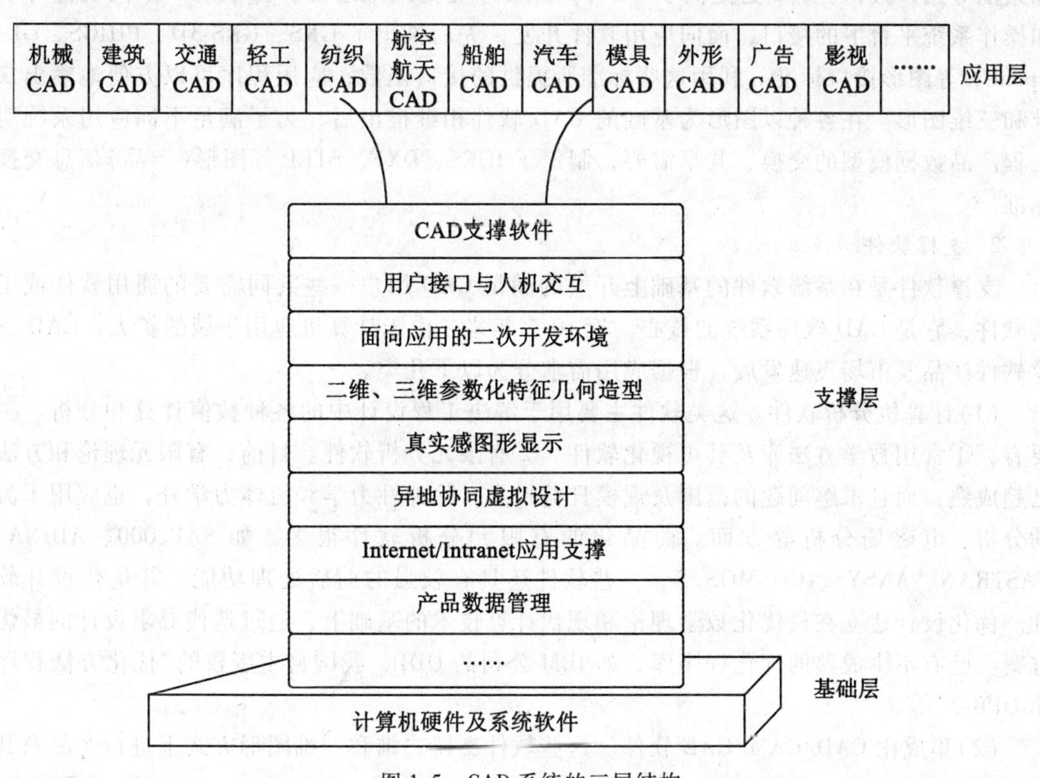

图 1.5　CAD 系统的三层结构

1. 系统软件

系统软件主要用于计算机管理、维护、控制及运行，以及计算机程序的翻译和执行，它分为以下几类。

(1)操作系统。操作系统的主要功能是管理文件及各种输入输出设备。微机上常用的操作系统有 DOS、Windows、UNIX、OS/2 等。目前较为流行的是 Window XP，它是 32 位多窗口、多任务的操作系统，提供了对多媒体、网络的软件支持。工作站主要用 UNIX 操作系统，提供支持 X 协议的多窗口环境。

(2)编译系统。是将高级语言编制的程序转换成可执行指令的程序。我们所熟知的高级语言如 FORTRAN、BASIC、PASCAL、COBOL、LISP、C/C++都有相应的编译程序或集成开发环境。FORTRAN 主要用于分析计算，LISP 也称人工智能语言，用于开发专家系统，C/C++具备 FORTRAN 的计算功能，又具备图形输出功能，是目前最流行的软件开发语言。微机上的 C/C++编译系统以 Microsoft 公司的 Visual C++和 Borland 公司的 Borland C++为主，具备很好的集成开发、调试环境和辅助工具。此外，Visual BASIC 的流行也不容忽视，它在界面设计和小型商用软件开发方面有独到的优势。

(3)图形接口及接口标准。为实现图形向设备的输出，必须向高级语言提供相应的接口程序(函数库)。初始的图形接口依赖于所用的编译系统。Borland C++的 DOS 版提供 BGI 接口向显示器输出图形，Windows 的 GUI 提供了窗口操作、消息管理及与设备无关的绘图函数，UNIX 操作系统支持 X 协议，由统一接口的 Xlib 库来实现窗口管理、消息处理和绘图等用户接口。SGI 更提供了 GL/OpenGL 库支持三维绘图。为了统一不同硬件环境和操作系统平台下的接口，面向应用软件开发，先后推出了 GKS、GKS-3D、PHIGS、GL/OpenGL 等图形接口标准。利用这些标准所提供的接口函数，应用程序可以方便地输出二维和三维图形。在各种以图形为基础的 CAD 软件相继推出后，为了满足不同应用系统对工程产品数据模型的交换、共享需要，制定了 IGES、DXF、STEP 等图形(产品)信息交换标准。

2. 支撑软件

支撑软件是在系统软件的基础上开发的满足 CAD 用户一些共同需要的通用软件或工具软件，它是 CAD 软件系统的核心。近 10 多年来，由于计算机应用领域的扩大，CAD 支撑软件产品及市场飞速发展，根据应用需求分为以下几类。

(1)计算机分析软件。这类软件主要用于解决工程设计中的各种数值计算和分析。主要有：①常用数学方法库及其可视化软件。②有限元分析软件。目前，有限元理论和方法已趋成熟，而且求解问题的范围及规模日益扩大，除弹性力学和流体力学外，也应用于流动分析、电磁场分析等方面。商品化的有限元分析软件很多，如 SAP2000、ADINA、NASTRAN、ANSYS、COSMOS 等，一些软件还具有较强的前后处理功能。③优化设计软件。优化设计建立在最优化数学理论和现代计算技术的基础上，通过迭代寻求设计的最优方案。已有不少成熟的优化程序库，如 IBM 公司的 ODL，我国自主版权的“优化方法程序库 OPB-2”等。

(2)集成化 CAD/CAM/CAE 软件。这些软件支持二维和三维图形方式下进行产品及其零件的定义。早期的软件主要致力于实现交互式绘图，如 CGADAM、AutoCAD、MEDUSA 的早期版本均主要以二维交互式绘图为主。20 世纪 80 年代中期开始，实体造型技术日趋完善，不少 CAD 系统转向采用实体造型技术定义产品零件的几何模型，进行分析、数控加工、输出工程图等。今天，参数化技术、装配设计、并行设计方法、统一数据模型为各个模块共享几何模型和最终的集成创造了条件。目前较流行的 CAD 集成系统有：I-DEAS、Pro/Engineer、UG-2、CADDS-5、CATIA、Siemens-Design 等。国内由清华大学和华中科技大学共同开发的 CAD-MIS 也初步实现了 CAD、CAM、FEA、2D、数据库管理的集成，但商品化程度仍较低。

(3)数据库管理系统(DBMS)。用于管理庞大的数据信息，提供数据的增、删、查询、共享、安全维护等操作，是用户与数据之间的接口。数据库管理系统使用 3 种数据模型，即层次模型、网状模型、关系模型。目前流行的系统有 Foxbase+、Foxpro、Oracle、Ingres 等，它们都属于关系型数据库管理系统，常用于商业、事务管理。而适用于 CAD/CAM 的工程数据库管理系统，则要求管理大的数据量，数据类型及关系很复杂，且信息模式是动态的，一般的DBMS并不适用。研制完善的支持设计的工程数据库管理系统是亟待解决的课题。

(4)网络服务软件。采用微机和工作站局域网形式的CAD系统已成为现今CAD软硬件配置的首选方案。网络服务软件为这些系统在网络上传输和共享文件提供了条件。最常用的是Novell公司的NETWARE，它包括服务器操作系统、文件服务器软件、通信软件等。Microsoft的Windows 95环境下可直接支持绝大多数的网络互联服务。通过TCP/IP协议及Internet，我们可以发送邮件、查询世界各地各领域的信息。随着网络的普及，网络服务即通过计算机网络进行信息咨询服务的市场正迅速扩大，SAP公司在短短几年的成功就是一个例子。

3. 应用软件

应用软件是在系统软件、支撑软件的基础上，针对某一专门应用领域的需要而研制的软件。这类软件通常由用户结合当前设计工作需要自行开发，也称“二次开发”。如模具设计软件、电器设计软件、机械零件设计软件、飞机气流分析软件、建筑结构CAD软件等均属应用软件。能否充分发挥已有CAD硬件的效益，应用软件的技术开发工作是关键，也是CAD工作者的主要任务。开发应用软件应充分利用已有CAD支撑软件的技术及其二次开发功能，而不是从头开始，这样才能保证应用技术的先进性和开发的高效性。需要说明的是，应用软件与支撑软件之间并没有本质的区别，当某一行业的应用软件逐步商品化形成通用软件产品时，它也可以称为一种支撑软件。

专家系统也是一种应用软件。在设计过程中有相当一部分工作不是计算及绘图，而是依赖领域专家丰富的实践经验和专门知识，经过专家们进行思考、推理和判断才获得解决。把计算机模拟专家解决问题的工作过程编制成智能型计算机程序称为专家系统。在人工智能技术发展的基础上，近几年专家系统技术有了迅速的发展。20世纪80年代末，国内研制了不少产品方案设计专家系统的软件，如工业汽轮机方案设计专家系统、圆柱齿轮减速器设计专家系统，以及面向对象和面向实例的专家系统开发工具DEST等。CAD应用软件将运用专家系统的概念和方法，使CAD系统进一步向智能化、自动化方向发展。

1.4 CAD技术的应用

在工业发达国家中，不仅CAD的普及率高，而且重视CAD基础软件的商品化工作，如在图形系统方面，美国Autodesk公司推出的AutoCAD图形软件包，已由1.0版发展到目前的2011版本，已成为微机绘图的主要基础软件。此外，如Intergraph公司的Microstation、SDRC公司的I-DEAS、EDS公司的Unigraphics、IBM公司的CGADAM以及PTC公司的Pro-Engineering等都是在工程工作站上应用的具有很强绘图功能的图形基础软件。除此之外，在有限元分析、优化设计、数据库管理系统等方面，也相继推出了许多很实用的商品化软件。由于这些商品化软件大量投入市场，极大地促进了CAD技术在企业中的应用。

我国CAD技术起步于20世纪60年代末，可以说与工业发达国家基本同步。“六五”和“七五”期间，我国在CAD技术的各个方面，开展了许多研究、开发和推广应用工作，所取得的成果，为生产力的发展注入了技术进步的因素，起到了可喜的促进作用。“八五”期间重点抓了 CAD 技术的推广应用工作。根据 1992 年抽样调查的结果得知，机械电子行业已有 CAD 系统 16076 套，航空工业系统约有 90% 以上配备了不同档次的计算机，工程设计院 90% 以上的工作量、50% 左右的方案设计、30% 左右的绘图工作量通过 CAD 完成。近几年来，在国产化 CAD 软件的开发方面也取得了长足的发展。

尽管我国在 CAD 技术的研究、开发和在企业的推广应用等方面，取得了很大的成绩，但与工业发达国家相比，在应用或开发的广度和深度上，还存在着很大的差距，主要表现在：①我国自主版权的软件，其商品化程度低、可靠性较差、功能单一、集成化程度低，难以进入市场；②国内 CAD 技术的推广应用还很不普遍。据统计，在制造业领域，真正用 CAD 技术进行产品设计的，其覆盖率还不足 5%；③虽然引进了许多 CAD 软件，但其功能都没有充分利用。而且 CAD 软件的引用和应用，行业之间，地区之间的发展也很不平衡。因此，进一步开展 CAD 技术的研究、开发和在企业中的推广应用，仍是我国从事 CAD 技术工作的人员的一项繁重而又十分迫切的任务。

1.4.1 在土木建筑业中的应用

我国土木建筑行业 CAD 技术的应用起步较晚。20 世纪 80 年代后期才开始进行 CAD 技术的研究、开发及应用。全国各大设计院、科研院所先后研制出了一批符合我国国家标准和行业规范的专业应用软件。如：①华东建筑设计院开发的“ABS 建筑设计通用绘图软件包”；②北京建筑设计研究院开发的“建筑集成化微机辅助设计系统”；③北京华远软件工程有限公司开发的“House-95 建筑系列 CAD”；④中国建筑科学研究院开发的“PK-PMCAD”、“ABD”、“TBSA”等。其中 PK-PMCAD、TBSA 占有国内建筑工程 CAD 软件的大部分市场。近几年，国内某些单位开发的建筑、结构等方面的 CAD 软件，如“广厦 CAD”、“天正建筑 CAD”等以功能强大，用户界面友好，使用方便风靡全国，极大地促进和提高了土建行业 CAD 的应用水平。PKPM 系列软件包括众多专业和结构模块，已经实现了从建筑、结构、电气、给排水、施工预算等的集成化。

国内 CAD 技术的开发与应用已经取得了可喜的成果和明显的经济效益。我国大中型建筑、规划设计院已普及 CAD 技术，其中 90% 以上的计算工作量，50% 左右的方案设计，25% 的绘图工作量已用 CAD 来完成，使工程设计功效提高 1 ~ 3 倍。

目前国内土建行业的 CAD 应用具有以下特点：

(1)在工程设计中通用 CAD 绘图软件和专业设计 CAD 软件的应用并存。

通用 CAD 绘图软件包，目前在国内占有最大市场的是美国 Autodesk 公司的 AutoCAD，版本现已升至目前的 2011 版，功能十分强大。另外在水利水电行业应用最为广泛的通用 CAD 绘图软件包是美国 Intergraph 公司的 Microstation。该软件最早进入我国是 20 世纪 80 年代，由原水利电力部花巨资购买了三套，分别由北京的水利水电规划总院、武汉的长江水利委员会设计院、郑州的黄河水利委员会设计院三家大型设计院使用。对于设计人员来说，使用这些通用软件无非就是把设计成果的草图或构想再用计算机精确地“描绘”出来而成施工详图。尽管与手工绘图相比，其绘图精度、质量、出图效率等都有很大的提高，但对于复杂的施工详图的绘制来说依然还是费时费力。设计人员迫切需要的是智能型的专业设计 CAD 应用软件，能从结构分析、配筋设计到绘出施工详图实现一条龙自动完成。PKPM 就是这种类型的软件，但由于工程设计中，建筑物结构形式的复杂性，像 PKPM 这类专业 CAD 应用软件仍具有一定的局限性。所以，专业设计 CAD 软件解决不了的仍需由通用 CAD 绘图软件包完成施工图的绘制。

(2)缺乏国内自行开发的有自主版权的通用绘图软件。

目前，使用的通用 CAD 绘图软件基本上都是从国外引进的。国内自行开发的有自主版权的 CAD 通用绘图软件很少。加之国外盗版软件长期以来充斥市场，即使国内有少量自主版权的 CAD 软件，但其所占市场份额很小，无法与国外著名软件相抗衡，所以普及和应用也少。

(3)专业 CAD 软件的开发方式多为二次开发。

很多单位开发的专业应用软件基本上都是在 AutoCAD 等通用绘图软件基础上二次开发的，如“广厦 CAD”、“天正建筑 CAD”等无独立的自主版权。难以推向国外市场，在一定程度上限制了其市场的发展。

(4)自主版权的 CAD 软件，标准化和商品化程度低，推广应用不够，尚未在科研设计单位和大专院校普及，在企业中的应用尚处于起步阶段。

(5)专业应用软件缺乏统一的标准规范，缺乏有效的中央统一管理，难以形成规模化、系统化的开发环境。一些开发单位尚处于作坊式的工作方式。软件产品对于研制者的依赖程度远远超过对管理者的依赖程度。这些都不利于软件产品的健康发展。

1.4.2 在其他行业中的应用

1. 在航空、汽车和造船工业中的应用

1964 年 IBM 首次推出 2250 光笔交互图形终端，LAC 随即用来研制飞机结构的设计绘图软件，1972 年投入生产使用，称做 CAD/CAM 系统。飞机制造和汽车制造是最早使用 CAD/CAM 技术的两个行业。在汽车和船舶制造业中，CAD/CAM 为外观造型、制图等方面提供了经济有效的方法，虚拟制造、运动仿真在许多企业中的应用大大缩短了产品试制周期，降低了生产成本。

2. 在机械制造行业中的应用

机械设计作为一个具有几百年历史的技术领域，也在世界科技进步的大潮中获得了新生。各种设计技术、计算技术、设计工具乃至新材料、新工艺的应用，使机械工程设计过程中单调机械的工作大幅度持续减少，设计人员的创造性思维得到前所未有的解放。与此同时，传统的理论体系、方法体系也受到强烈的冲击。CAD 技术是先进制造技术的重要组成部分，是计算机技术在工程设计、机械制造等领域中最有影响的一项高新应用技术。

3. 在电气行业中的应用

使用 AutoCAD 进行工程图纸的绘制，应用 Protel 进行电子电路和印制电路板设计，利用 EWB(Electronics Workbench)进行电路仿真分析，已经成为电气专业技术人员所必备的基本技能，CAD 软件已经成为电气行业简明易用的工具，集图形编辑、图形库管理、数据库管理、自动接线、快速预算于一体，力求简明实用、技术先进。

4. 在模具行业中的应用

现在越来越多的产品，特别是各种塑料制品及大型覆盖件等产品形状结构比较复杂，单使用图纸已很难正确和详尽地表现产品的形状和结构，这就要求计算机辅助设计文件的帮助。而目前，模具 CAD/CAE 技术的发展很快，应用范围日益扩大，不再停留在外观和结构的经验设计阶段，已经发展到对模具结构的精确优化设计阶段。对已经设计出的模具，可以运用 CAE 软件对其进行强度、刚度、抗冲击实验模拟、散热模拟、疲劳和蠕变等分析。

5. 在服装行业的应用

服装 CAD 技术是一项集计算机图形学、数据库、网络通信等计算机及其他领域知识于一体的综合性高新技术。服装 CAD 自从诞生以来，就备受服装业的瞩目。国外服装生产从 20 世纪 70 年代开始研制和应用服装 CAD 系统，发展到现在，系统已经比较完备，尤其在数据库共享、数据远程管理、网络化应用及三维服装 CAD 系统、服装 CAM 系统、硬件开发等方面，可以帮助设计人员做到样衣制作步骤简化，针对复杂款式和面料的裁剪系统，使设计质量和效率大为提高。多年来，它给服装企业带来的巨大效益是有目共睹的。

6. 在其他行业中的应用

在化学行业，进行分子模型的表示等；在医学行业，CAD 结合核酸产物扩增及检测于一体，一步完成核酸诊断；在其他行业如电子、石油、化工、冶金、地理、气象、航海、拓扑、乐谱、灯光、幻灯、广告等工业部门，CAD 技术均已经或即将被广泛应用。

1.5 CAD 的发展方向

CAD 技术的发展尽管已比较成熟，但相对于强大的社会需求和相关技术的发展与推动而言，CAD/CAM 技术仍然具有很大的发展空间。目前 CAD 技术的发展趋势主要是：智能化、集成化、开放化、标准化。

1. 智能化

现有的人工智能技术对模拟人类的思维活动往往束手无策。智能 CAD 不仅仅是简单地将现有的智能技术与 CAD 技术相结合，更要深入研究人类设计的思维模型，并用信息技术来表达和模拟它。将智能化技术融合在建筑 CAD 技术中，来表达和模拟人类设计的思维模型，以适应创造性设计的要求，这将是建筑 CAD 技术发展的一个重要课题。设计活动一般包括两类工作：一类为数值计算，包括计算、分析等，主要依靠建立设计对象的数学模型并进行数值处理；另一类为符号推理，属于创造性活动，必须依靠思考与推理，它包括方案设计、评价、决策等，这类工作主要依靠建立设计对象的知识模型并进行处理。

2. 集成化

集成化体现在 3 个层次：一是广义 CAD 功能的 CAD/CAE/CAPP/CAM/CAQ/PDM/ERP 经过多种集成形式成为企业一体化解决方案，推动企业信息化进程。CAQ（Computer Aided Quality）是计算机辅助质量控制，PDM（Product Data Management）是产品数据管理，ERP（Enterprise Resource Planning）是企业资源计划。目前创新设计能力（CAD）与现代企业管理能力（ERP、PDM）的集成，已成为企业信息化的重点；二是将 CAD 技术能采用的算法、功能模块或系统，做成专用芯片，以提高 CAD 系统的效率；三是 CAD 基于网络计算环境实现异地、异构系统在企业间的集成。应运而生的虚拟设计、虚拟制造、虚拟企业就是该集成层次上的应用。

国际CAD商品系统开发的另一个趋势是在全球范围内优选最成功的功能构件，进行集成。至今最成熟的几何造型平台有两家：Parasolid和ACIS；几何约束求解构件有一家，它的主要产品是2D和3D DCM。我国开发的机械CAD应用系统已经部分采用ACIS和Parasolid平台。目前存在的主要问题是：已有的CAD/CAM系统集成，主要通过文件来实现CAD与CAM之间的数据交换，不同子系统文件之间要通过数据接口转换，传输效率不高。目前采用的关键技术有特征技术、集成数据管理、产品数据交换标准、集成框架(或集成平台)。

3. 开放化

CAD系统目前广泛建立在开放式操作系统Windows 98/2000/NT和UNIX平台上，在Java Linux平台上也有CAD产品，此外CAD系统都为最终用户提供二次开发环境，甚至这类环境可开发其内核源码，使用户可定制自己的CAD系统。

4. 标准化

除了CAD支撑软件逐步实现ISO标准和工业标准外，面向应用的标准构件(零部件库)、标准化方法也已成为CAD系统中的必备内容，且向着合理化工程设计的方向发展。20世纪80年代中期起，ISO国际标准化组织着手酝酿制订这类标准，称做ISO10303《产品数据表达与交换标准》，简称STEP。它要涵盖所有人工设计的产品，采用统一的数字化定义方法。由于STEP标准涉及的面非常宽，众口难调，制定过程十分缓慢，存在问题很多。回顾历史，CAD和计算机图形学的国际标准制定总是滞后于市场上的工业标准。谁家产品的技术思想领先，性能最好，用户最多，主导了市场，谁就是事实上的工业标准。通过总结几十年标准化工作的经验，不少标准化专家已认识到存在的问题，这已经成为进一步制定标准的障碍，因此提出应对传统的标准化工作进行革新。

目前CAD主要的研究热点主要有计算机辅助概念设计、计算机支持的协同设计、虚拟现实、三维建模、设计法研究、4D技术等。

(1)计算机辅助概念设计。概念设计的过程主要是评价和决策的过程，它涉及产品功能、动作和结构等因素，它对产品的价格性能、可靠性、安全性等起决定性的影响作用。计算机辅助概念设计愈来愈受到重视。但在概念设计期间，所涉及的设计需求和约束的种种知识，往往是不精确的、近似的或未知的，这给CAD技术带来很大的难度。目前计算机辅助概念设计的方法可分为两大类：即自动生成方案和交互生成方案。

(2)计算机支持的协同设计。设计工作是一个典型的群体工作。群体成员既有分工，又有合作。传统的CAD系统只支持分工的具体任务，至于成员间接口问题，计算机则不能支持，主要依靠其他方式加以解决。计算机支持的协同设计是计算机支持的协同工作(CSCW)技术在设计领域的一种应用。用于支持设计群体成员交流、讨论，发现矛盾及时地加以协调，从而提高设计工作的效率和质量。目前主要面临如下三大问题：①群体成员间的多媒体信息传输目前在局域网上已较成熟，但在远程网上，实时交换数据问题较多，尚处实验阶段；②参与的成员分散在各地，且设备条件多种多样，实用的协同设计系统须在异构环境中运行，包括数据传输、工具集成，还有跨平台的交互界面，这主要依靠标准化工作来解决异构环境问题。目前普遍采用的是CORBA，JAVA技术和通信领域的标准等。不过这类技术目前对CSCW的支持还有不足之处。而跨平台的交互界面的研制，虽有不少进展，但至今尚未见到支持它的工业标准；③支持设计群体人员间的人—人交互是协同设计的核心问题之一，特别是目前自动发现矛盾和冲突，并进行自动协同和解决的技术还不成熟，因此人—人交互的手段尤为重要。当前最为普遍的是利用电子会议支持成员间进行讨论，适用于交流设计思想，不过用来讨论设计结果就很费劲，共同修改设计结果就更不可能了。依靠应用共享这一工具，能够达到一人对一个 CAD 工具进行操作，其他成员均能在自己的终端上看到操作过程和结果。这个工具也可以和电子会议系统集成，用语音等工具进行讨论，但应用共享最大的问题在于对于没有源程序的 CAD 工具，一个时刻只允许一个人操作。整个协同设计系统离成熟阶段尚有一定距离。

(3)虚拟现实技术的应用。虚拟现实(Virtual Reality，VR)技术，是由多种媒体构成的三维信息空间，可以进行各类可视化模拟。其基本特征是具有交互感和存在感。虚拟现实技术用于 CAD，使 CAD 技术主要在两个方面得到提高：一是更逼真地看到正在设计的产品及其开发过程；另一方面是提高交互能力，使设计人员或群体可以直接和所设计产品交互操作。建筑师的设计过程是一个以用户的使用、感受为核心的空间思维过程，存在着一定的不可知性，一旦投入施工，将是不可逆的执行过程。将虚拟现实技术应用于建筑设计中，建筑师仿佛置身于待建的场地中，可以帮助建筑师更好地验证设计的正确性和可行性；同时让业主或使用者进入这个虚拟的真实环境中，充分感受建筑物内部功能布局和外部环境设计，使业主、使用者获得真实的建筑体验，进而做出客观、理性的评价。尽管 VR 技术在 CAD 中的应用前景很大，它的发展也很快，不过目前仍处实验阶段，离广泛推广应用还有一定距离。其原因首先是这类设备价格昂贵，其次性能也有待进一步改进，头盔和数据手套用起来不方便，而且使用时间长了就会感觉到难受。另外，VR 技术应用于 CAD 本身也有很多工作要做，包括 VR 数据的进一步处理，以便更好地把 CAD 技术与 VR 技术集成起来。

(4)三维建模。三维 CAD 系统具有可视化好、形象直观、设计效率高，以及能为 CIMS 工程中各应用环节提供完整的设计、工艺、制造信息等优势，使用三维绘图或混用二维、三维绘图取代传统的纯二维 CAD 系统已成为发展的必然。建模问题主要是对产品的功能、动作和结构诸因素之间相互影响的关系进行建模或表达，主要是建模的表示法，目前已提出各种各样的表示法，但它们往往只支持描述概念设计的某一方面，缺少一种能描述概念设计各种因素的统一表示法。

(5)设计法研究。设计工作是一项复杂的群体活动，为了提高效率，必须遵循正确的设计方法。虽然设计方法学的研究已有半个多世纪了，但针对 CAD 的设计法却是最近才有的，称为正规设计流程法，它不仅让我们知道设计是一种流程，还为开发 CAD 工具提供了依据。过去常用的是自顶向下、自底向上的自然可行方法，只适用于详细设计阶段。现在设计法的研究重点在支持概念设计方法和协同设计方法之上。例如，新的 CAD 系统可消除许多由于距离和时间所造成对工作方法和组织的限制，协同设计面临的不但有人—机交互、还有人—人交互，因而 CAD 的过程更复杂了。尽管人们都在期望提供一种灵活的，可移动的、安全可靠的远程协同设计环境，但如果没有正确的方法来指导，将很难达到预期的效果。

(6)4D 技术的发展。4D CAD 是三维 CAD 模型加上时间维形成的新技术，是 CAD 技术在工程施工管理领域的新发展。3D CAD 技术是描述产品几何特征的技术，而 4D CAD 技术则针对工程施工管理的特点，重点描述工程项目的施工流程即工程施工进度，使抽象难懂的施工进度计划变得直观和形象，有利于项目管理者提出更加合理的施工建议，缩短施工周期，降低施工成本。

作 业

1. 什么是广义的CAD?
2. 什么是狭义的CAD?
3. CAD的功能分哪几类?
4. 从软件角度来说，一个完整的CAD系统由什么组成?
5. CAPP、CAM、CAE、CAT、PDM、CIM、CIMS分别是指什么?
6. CAD/CAPP/CAM集成、CAD/CAM集成、CAD/CAM/CAE集成分别指什么?
7. CAD是如何诞生的?
8. CAD发展经历了哪几个阶段?
9. 简述CAD的硬件系统和软件系统的组成。
10. 简述CAD的发展方向。
11. 简述CAD当前的研究热点。

第 2 章　AutoCAD 应用基础

教学提示：本章是全书的重点，主要介绍 AutoCAD 软件的基本功能，内容包括：AutoCAD 概述；AutoCAD 操作基础；二维绘图命令；二维图形编辑命令；图形的显示控制；图层、块、外部参照及应用；尺寸标注；精确作图工具等。

学习要求：通过本章的学习，读者应熟练掌握 AutoCAD 基本且常用的二维绘图与图形编辑命令，熟练掌握图层、块、外部参照以及尺寸标注，精通对象捕捉等各种精确作图工具，为绘制施工图奠定良好的基础。尤其是上机实践，看书十遍，不如自己亲手上机操作一遍。

2.1　概　　述

AutoCAD 是美国 Autodesk 公司的著名产品，是在微机上应用的计算机辅助设计与绘图软件包。具有十分强大的二维绘图、三维实体造型功能以及图形编辑功能。随着版本的不断升级换代，功能不断增强，备受用户的青睐，已成为全世界 CAD 软件不可争辩的排头兵，在各行各业得到了广泛的应用。

2.1.1　AutoCAD 的发展历史

1982 年 4 月美国人 John Walker 创立了 Autodesk 公司，Autodesk 公司是 CAD 发展史上的成功典范，公司成立最初只有 16 个人，他们的目标是要开发出售价不超过 1000 美元、能够在 PC 机上运行的 CAD 程序。1982 年 11 月在拉斯维加斯(Las Vegas)举行的 COMDEX 展示会上，Autodesk 展示了全球第一个基于 PC 上的 CAD 软件——AutoCAD。

1985 年，Autodesk 公司的年销售额是 2700 万美元，到 2005 年，营业收入超过 10 亿美元。1986 年年底，AutoCAD 在全球销售达到 5 万软件拷贝，到 1995 年年底，达到 300 万软件拷贝。1995 年，Autodesk 公司成为全球第五大 CAD 软件公司。同时，AutoCAD 连续 10 年(1986—1995)获得 PC World Magazine 的“The Best CAD Product”奖，连续 8 年(1990—1997)获得 Byte Magazine 的“The Best CAD Product”奖，经过二十多年的发展，版本由最初的 R1.0 升级到现在的 2011 版。现已广泛应用于机械、电子、化工、服装、土木建筑等各行各业，是一个通用绘图软件包。

Autodesk 产品在我国的应用已有近 20 多年的历史，用户达数十万。目前在我国几乎所有的工科院校都把 AutoCAD 作为学生在校期间必须学习和掌握的课程。

2.1.2　AutoCAD 的基本功能

AutoCAD 提供了丰富的二维绘图功能，如绘直线(LINE)、射线(RAY)、构造线

(XLINE)、多线(MLINE)、多段线(PLINE)、三维多段线(3DPOLY)、正多边形(POLYGON)、矩形(RECTANG)、圆弧(ARC)、圆(CIRCLE)、圆环(DONUT)、样条曲线(SPLINE)、椭圆(ELLIPSE)、块(BLOCK)、点(POINT)、图案填充(BHATCH)、边界(BOUNDARY)、面域(REGION)、文本(TEXT)等。操作方便，绘图准确。同时，AutoCAD也提供了强大的三维造型功能，能够绘制线框模型、表面模型、实体模型。

除具有强大的二维、三维绘图功能外，提供了很强的二维、三维图形编辑功能，可以对现有二维图形进行灵活多样的编辑，如删除(ERASE)、复制(COPY)、镜像(MIRROR)、偏移(OFFSET)、阵列(ARRAY)、移动(MOVE)、旋转(ROTATE)、缩放(SCALE)、拉伸(STRETCH)、拉长(LENGTHEN)、修剪(TRIM)、延伸(EXTEND)、打断(BREAK)、倒角(CHAMFER)、圆角(FILLET)、分解(EXPLODE)等。对三维实体图形进行交(INTERSECT)、并(UNION)、差(SUBSTRACT)等布尔运算。可以对图形屏幕实行无级缩放(ZOOM)、平移(PAN)。提供了文字样式(STYLE)、颜色(COLOR)、标注样式(DIMSTYLE)、图层(LAYER)、线型(LINETYPE)、线宽(LWEIGHT)、打印样式(PLOTSTYLE)等多种图形对象属性，方便绘图与图形管理，这些都是手工绘图无法比拟的。它还有许多辅助绘图功能，如捕捉、格栅、正交等，使得绘图工作既准确又简单方便。

不断增强的网络功能，使用户间的信息交换与通信十分方便，为现代的协作组设计工作模式提供了有力的保障。

AutoCAD最引人注目的是它的一如既往的不断提高和创新的开放式二次开发环境。AutoCAD提供了一系列先进的开发工具，包括ActiveX、ObjectARX、Visual Basic、VisualLISP等。这些开发工具都支持对象操作，使用户开发的应用程序不但与AutoCAD兼容，而且与其他ActiveX应用程序兼容。如国内建筑行业广为流行的专业应用软件——天正建筑CAD软件便是在AutoCAD上二次开发的典范。

AutoCAD中文版实现了用户界面(包括下拉菜单、命令行提示、错误信息、对话框、帮助系统)的完全汉化，甚至可以用汉字的图层名、块名、线型名等，使中国用户操作起来更加直观方便。

2.2　AutoCAD操作基础

2.2.1　AutoCAD的界面

以AutoCAD 2010版为例，AutoCAD提供了三种工作空间：二维草图与注释、三维建模、AutoCAD经典。若要转换工作空间可依次点击“菜单浏览器”→“工具”→“工作空间”或者点击窗口右下角工具栏中的切换工作空间图标选择所需工作空间。AutoCAD的操作界面十分丰富，如图2.1所示是AutoCAD经典工作空间下的界面，它由标题、下拉菜单、工具栏、作图窗口、十字光标、坐标系图标、命令窗口、屏幕菜单、状态栏和滚动条等组成。

1. 作图窗口

作图窗口是显示、绘制和编辑图形的矩形区域。其缺省颜色为黑色，若用户不习惯这

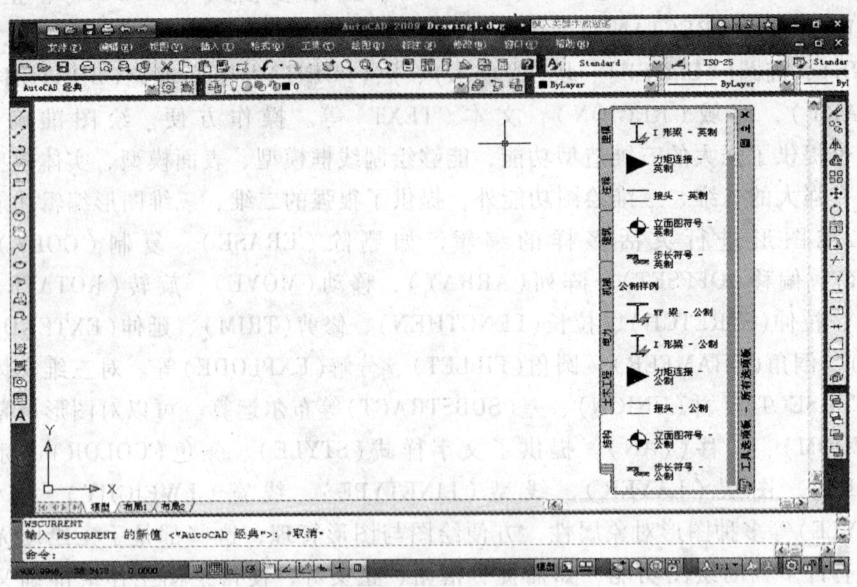

图 2.1 AutoCAD 界面

种颜色，也可以改变，操作步骤为：

(1)单击“菜单浏览器”→“工具”→“选项…”，弹出一个“选项”系统配置对话框。

(2)点取“显示”选项卡，如图 2.2 所示。

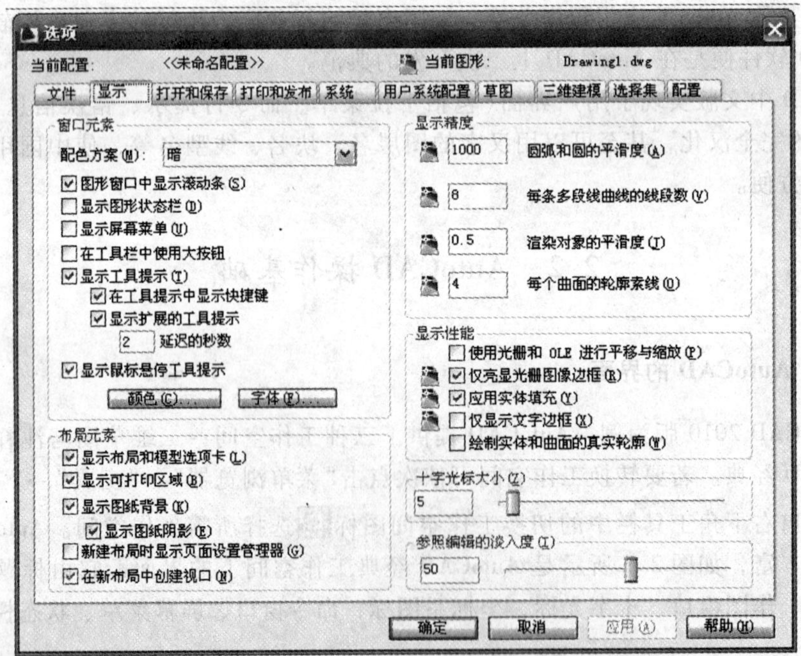

图 2.2 “选项”对话框

(3)点取“窗口元素”选项组的“颜色…”按钮，显示“图形窗口颜色”对话框，如图 2.3 所示。

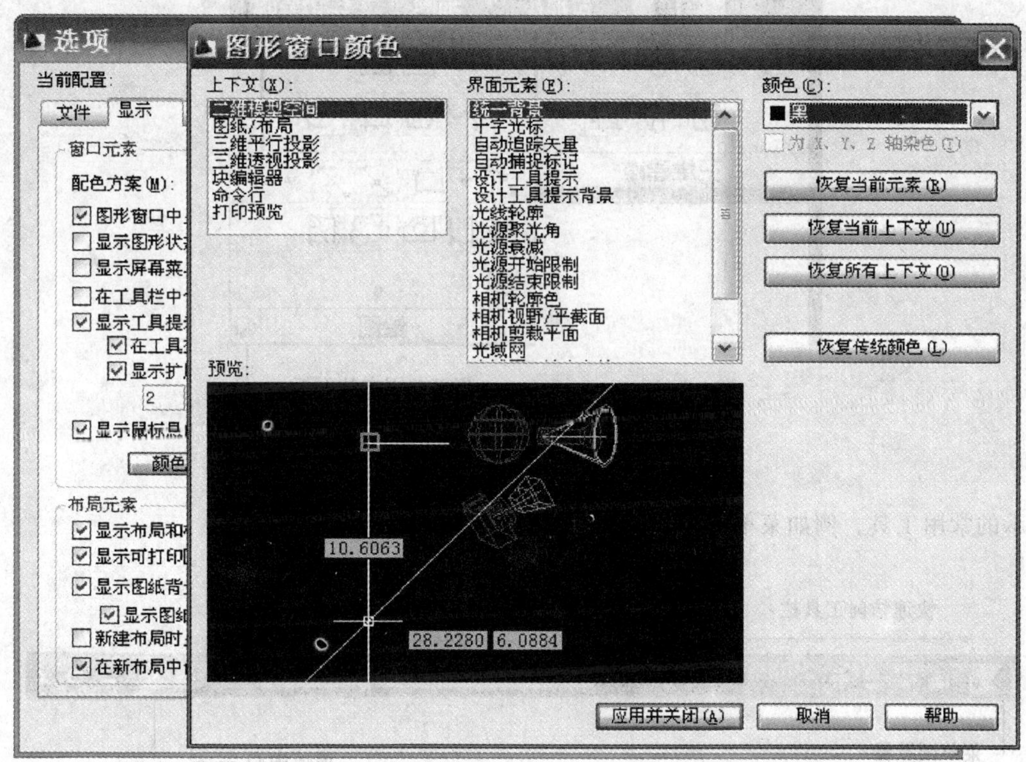

图 2.3　“图形窗口颜色”对话框

(4)在上下文列表框中选择“二维模型空间”、在界面元素列表框中选择“统一背景”、在颜色下拉列表中选择所需的背景颜色，例如白色，点取“应用并关闭”按钮，即可将作图窗口改变颜色。

2. 功能区

功能区由许多面板组成，这些面板被组织到依任务进行标记的选项卡中。使用功能区时无需显示多个工具栏，它通过单一紧凑的界面使应用程序变得简洁有序，同时使可用的工作区域最大化。可以使用命令 ribbon 和 ribbonclose 打开或者关闭功能区，也可依次单击“菜单浏览器”→“工具”→“选项板”→“功能区”打开或者关闭功能区。

功能区可以以水平或垂直方式显示，也可以显示为浮动选项板。当功能区为水平状态时，在功能区单击右键选择“浮动”可以改变功能区的状态。要固定功能区水平状态的展开按钮可以单击面板右下角的图钉图标，如图 2.4 所示。

3. 工具栏

AutoCAD 提供了 26 种工具栏，在 AutoCAD 经典工作区下，屏幕上只显示了最常用的“标准”工具栏、“对象特性”工具栏、“绘图”工具栏、“修改”(编辑)工具栏四种。工具栏、命令窗口都有两种状态：固定状态和浮动状态。如图 2.5 所示是 AutoCAD 窗口顶部

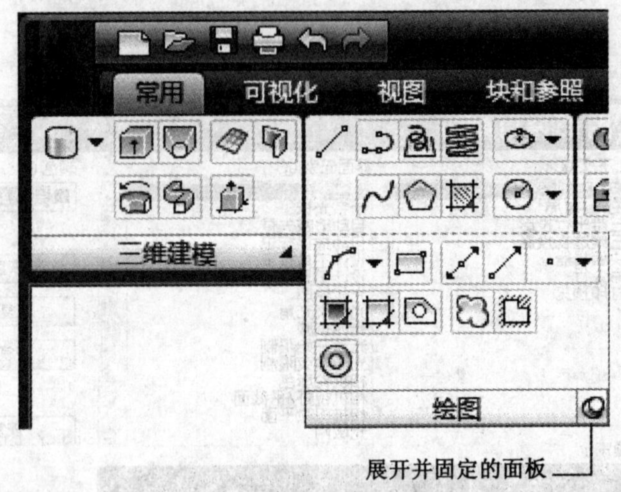

图 2.4 展开面板的固定

显示的常用工具，例如菜单浏览器、快速访问工具栏和信息中心。

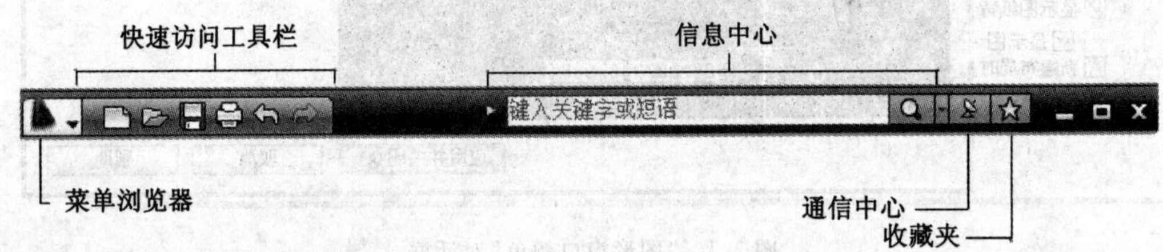

图 2.5 AutoCAD 窗口顶部显示常用工具

4. 状态栏

AutoCAD 状态栏可显示光标的坐标值、绘图工具、导航工具以及用于快速查看和注释缩放的工具。如图 2.6 所示。

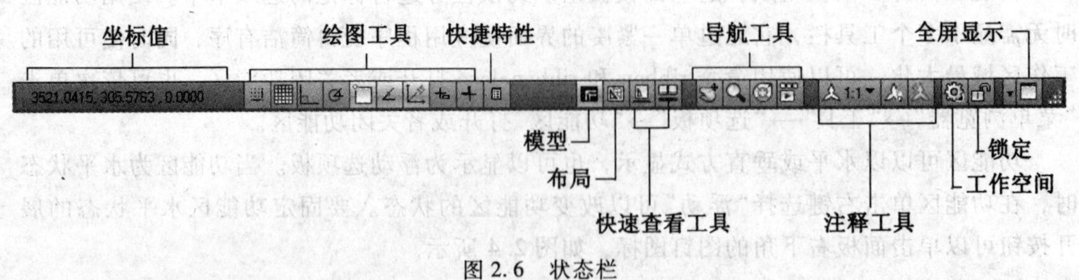

图 2.6 状态栏

5. 命令窗口

在命令窗口中输入命令可以执行相应的操作。如果要重复刚使用过的命令，可以按

ENTER 键或空格键，也可以在命令提示下单击定点设备右键，也可以通过输入 multiple、空格和命令名来重复命令。

2.2.2 AutoCAD 的坐标系和坐标输入方式

AutoCAD 在图形编辑状态下，用户按下 F6 键可使状态行上的坐标显示开关打开。移动十字光标，状态行上的坐标值改变。当命令提示输入坐标点时，可以用鼠标在绘图区内指定一点或在命令行中直接输入坐标值。为了正确地输入坐标值，用户首先应了解 AutoCAD 所采用的是什么坐标系。AutoCAD 有两种类型的坐标系，即世界坐标系和用户坐标系。AutoCAD 缺省的是世界坐标系，但用户可以根据需要定义自己的坐标系，即用户坐标系。

1. 世界坐标系统(World Coordinate System)

世界坐标系统(简称 WCS)是 AutoCAD 的基本坐标系统，是由三个两两相互垂直的坐标轴组成，为右手笛卡儿直角坐标系。如图 2.7(a)所示。*XOY* 平面就是屏幕上的图形界面。*X* 轴水平向右，*Y* 轴铅直向上，*Z* 轴垂直于屏幕指向用户。三个坐标轴的交点为坐标原点。*WCS* 是默认的坐标系统，其坐标原点和坐标轴方向都不会改变。界面的状态栏上显示的三维坐标数值就是世界坐标系中的数值，它能准确反映十字光标的位置。

对于二维图形，点的坐标可用(*X*, *Y*)来表示，当 AutoCAD 要求用户键入 *X*、*Y* 坐标而省略了 *Z* 值时，系统将以用户所设的当前高度 ELEV(*XOY* 平面为当前高度)的值作为 *Z* 值。鼠标和图形输入板只能提供 *X*、*Y* 坐标。

2. 用户坐标系统(User Coordinate System)

世界坐标系是固定的，不能改变，用户在绘图时会感到不便。为此 AutoCAD 为用户提供了可以在 *WCS* 中任意定义的坐标系，称之为用户坐标系(简称 UCS)。UCS 的原点可以在 *WCS* 内的任意位置上，其坐标轴可以任意旋转和倾斜，用户坐标系图标中没有"W"字符，如图 2.7(b)所示。有了 UCS，用户可以在绘图时改变坐标系的原点和方向，或根据图中某个特定的对象确定坐标系。

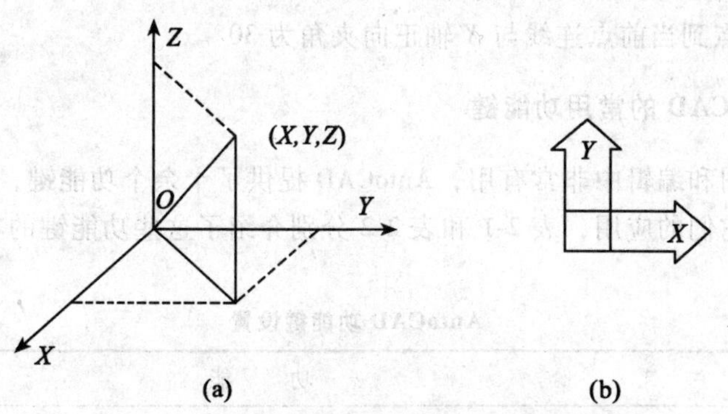

图 2.7 坐标系及屏幕上的坐标系图标

3. 用户坐标系 UCS 的操作方法

UCS 为坐标输入、操作平面和观察图形提供了一种可变动的坐标系。大多数 AutoCAD

几何编辑命令依赖于 UCS 的位置和方向。AutoCAD 提供的 UCS 命令用于设置 UCS 在三维空间中的方向。

执行 UCS 的途径有三种：

(1)从命令行输入 UCS 命令。

(2)执行下拉菜单“工具”→“新建 UCS”命令。

(3)执行下拉菜单“视图”→“工具栏…”命令，在工具栏对话框中选择 UCS，激活 UCS 工具栏。

4. 坐标的输入方法

AutoCAD 的坐标分为两类：绝对坐标和相对坐标。绝对坐标是指相对于当前坐标系原点的坐标，相对坐标是指相对于前一个坐标点的坐标。用户输入点时，可以采用直角坐标、极坐标、球面坐标或柱面坐标，其中后两种坐标形式用于三维绘图。相对坐标需要在坐标前加一个“@”符号。

(1)直角坐标。直角坐标是以(X, Y, Z)形式表现一个点的位置。当绘制二维图形时，只需输入 X，Y 坐标。下面分别以绝对直角坐标和相对直角坐标绘制边长为 200×300 的矩形。点击绘图工具栏里的矩形图标，命令窗口中出现：

指定第一角点或[倒角(C)/标高(E)/圆角(F)/厚度(T)/宽度(W)]：

此时，输入第一点“200，200”并按回车键，接着提示：

指定另一个角点或[尺寸(D)]：

此时若输入“400，500”回车，则为绝对坐标输入方式，若输入“@200，300”回车，则为相对坐标输入方式。这样就可以完成矩形绘制。

(2)绝对极坐标。绝对极坐标以“距离<角度”的形式表示一个点的位置，它以原点为基准，以原点与所给点直线距离为距离，以该连线与水平线的夹角为角度来确定点的坐标。其角度的方向以逆时针为正。相对极坐标以“@距离<角度”的形式表示一个点的位置，它以当前点为基准点。

例如输入点的绝对极坐标：20<30，则表示所给点到原点的距离为 20，所给点到原点连线与 X 轴正向夹角为 30°。输入点的相对极坐标：@20<30，则表示所给点到当前点的距离为 20，所给点到当前点连线与 X 轴正向夹角为 30°。

2.2.3 AutoCAD 的常用功能键

功能键在绘图和编辑中非常有用，AutoCAD 提供了十余个功能键，读者一定要了解它们的功能，掌握它们的应用，表 2-1 和表 2-2 分别介绍了这些功能键的功能。

表 2-1 **AutoCAD 功能键设置**

键 名	功 能
F1	激活帮助信息
F2	在 AutoCAD 文本窗口与图形窗口间切换
F3	切换自动目标捕捉状态(Object Snap)

续表

键　名	功　能
F4	数字化仪状态切换(Tablet mode)
F5	等轴测面的各方式轮换(Isoplane modes)
F6	切换坐标显示状态(Coordinate display mode)
F7	切换栅格显示(Grid mode)
F8	切换正交状态(Ortho mode)
F9	切换捕捉状态(Snap mode)
F10	切换极坐标角度自动跟踪功能(Polar Tracking)
F11	切换目标捕捉点自动跟踪功能(Object Snap Tracking)

表 2-2　**AutoCAD 组合键设置**

组合键	功　能
Ctrl+Z	连续撤销刚执行过的命令，直至最后一次保存文件为止
Ctrl+X	从图形中剪切选择集至剪贴板中
Ctrl+C	从图形中复制选择集至剪贴板中
Ctrl+V	将剪贴板中的内容粘贴至当前图形中
Ctrl+O	打开已有的图形文件
Ctrl+P	打印出图
Ctrl+N	新建图形文件
Ctrl+S	保存图形文件
Ctrl+K	超级链接
Ctrl+1	显示或关闭对象属性管理(Properties/Propertiesclose)
Ctrl+2	显示或关闭 AutoCAD 设计中心(Adcenter/Adcclose)
Ctrl+6	显示或关闭数据库连接(dbConnect/hide dbConnect)
Alt+F8	启动 VBA 宏管理器
Alt+F11	启动或关闭 VBA(Vbarun/Vbaide)

2.2.4 AutoCAD 图形单位与绘图界限

1. 设置图形单位

图形中的每个对象都是依据图形单位绘制的，因此在绘图前首先应该确定 AutoCAD 中使用的图形单位。AutoCAD 在屏幕上所绘制的图形的基本单位叫“绘图单位”，如屏幕上直线的长度为100，表示该直线长度为 100 个“绘图单位”。“绘图单位”是一个抽象的概念，每个“绘图单位”代表空间实际的尺寸到底是多少。没有肯定的唯一答案，以公制单位绘图时，一个“绘图单位”可能代表空间实际长度的1mm，也可能代表空间实际长度的1m，也可能是1km；若以英制单位绘图，则一个“绘图单位”可能是一英尺或一英寸。但以公制单位绘图时，通常我们假定一个绘图单位相当于空间实际尺寸的1mm。

可以按照以下步骤修改单位和角度格式：

(1)从“格式”下拉菜单中选择“单位…”命令，此时显示“图形单位”对话框，如图2.8所示。

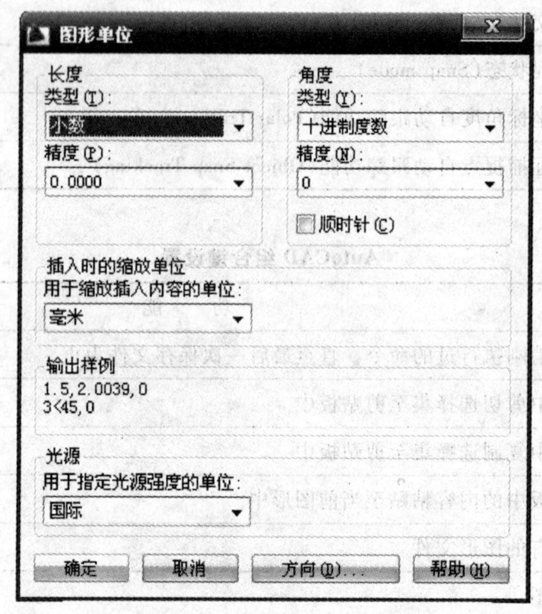

图2.8 “图形单位”对话框

(2)在“长度”区域中可以设置长度单位的格式——从“长度”区域的类型框中可以选择长度单位类型；从精度框中可以选择长度测量的精度。

(3)在“角度”区域中可以设置角度单位的格式——从类型框中可以选择角度单位类型；从精度框中可以选择角度测量的精度。

(4)选择“角度”区域中的“顺时针”复选项可以使AutoCAD以顺时针方式测量角度。

(5)在“插入时的缩放单位”下的列表框中可以选择一个单位，这个单位用来确定向图形中插入块时，如何对块及其内容进行缩放。如果不想进行比例缩放，应从单位列表中选择“无单位”选项，这样块将以原始尺寸插入。

(6)单击“方向…”按钮将显示“方向控制”对话框，如图2.9所示，可以在其中指定角度方向。

在该对话框中可以选择基准角度。角度方向是AutoCAD从零角度起测量角度的方向。缺省是0°，从图形的正右侧，沿逆时针方向测量。如果选择了“北”选项，AutoCAD将把图形的正上方作为0基准角度，这样一来，在缺省情况下90°变为0°，180°变为90°。如果选择了“其他”选项，则可以在“角度”框中输入角度值，或者单击旁边的鼠标指针图案的按钮，此时当前对话框临时关闭，用户可以用鼠标指定角度。

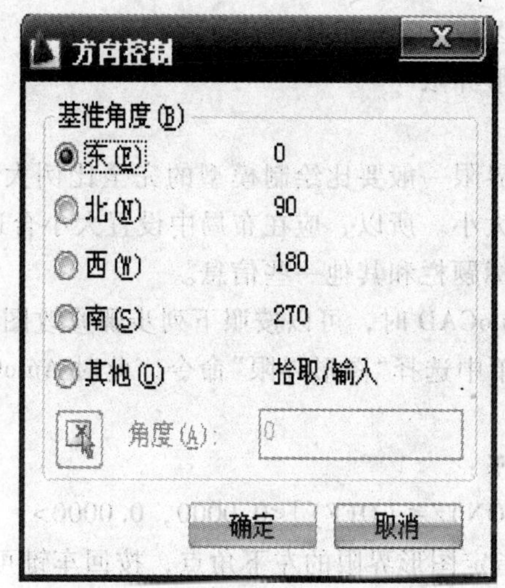

图 2.9 方向控制对话框

(7)完成设置后，单击“确定”按钮退出对话框。

2. 设置图形界限

图形界限是在绘图区域中的矩形边界，它并不等于整个绘图区域。当栅格被打开时，图形界限内充满了栅格点。因此，可以打开栅格模式来查看图形界限的边界，如图 2.10 所示。

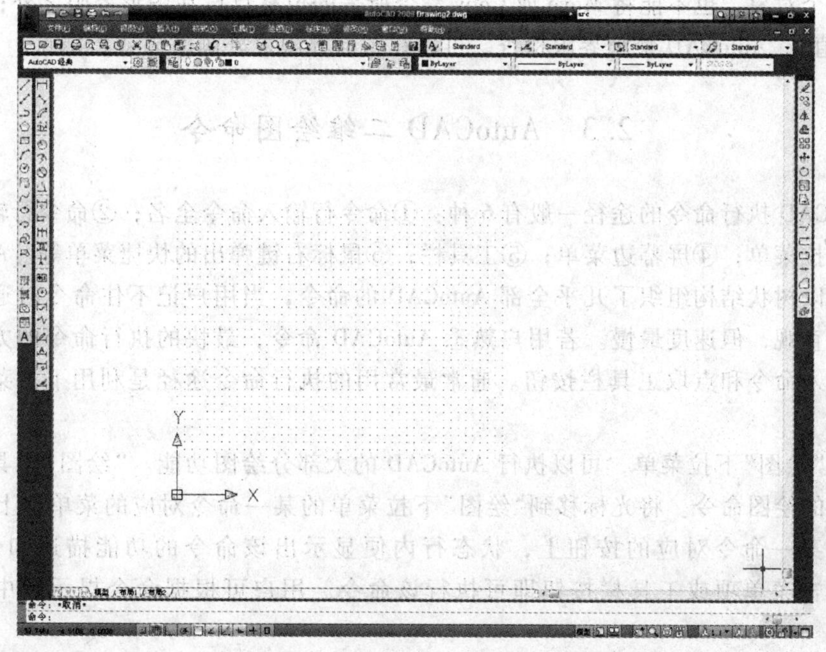

图 2.10 用栅格显示图形界限

图形界限的作用包括：

- 标记当前的绘图区域
- 防止图形超出图形界限
- 定义打印区域

在模型空间中，图形界限一般要比绘制模型的完全比例大小稍大一些；而在布局中，图形界限表示图样的最终大小。所以，应在布局中设置大小合适的图形界限，要考虑包含全部图样、标注、注释、标题栏和其他一些信息。

在新建图形或启动 AutoCAD 时，可以按照下列步骤修改图形界限：

(1)从“格式”下拉菜单中选择“图形界限”命令，此时 AutoCAD 在命令行提示：

命令：'_limits

重新设置模型空间界限：

指定左下角点或[开(ON)/关(OFF)]<0.0000，0.0000>：

(2)用鼠标在屏幕上指定图形界限的左下角点，按回车键可接受缺省坐标(0，0)。

(3)AutoCAD 接着提示：

指定右上角点<420.0000，297.0000>：

提示用户指定图形界限的右上角点。可以用鼠标在绘图窗口中指定一点，从而结束设置图形界限。

也可以在命令提示下直接输入图形界限的左下角点和右上角点的坐标来定义图形界限。

当 AutoCAD 提示输入图形界限的左下角点时，可以指定 on 或 off 选项以确定是否能在图形界限之外指定一点。如果选择 on，那么将打开界限检查，用户不能在图形界限之外结束一个对象，也不能将 Move 或 Copy 命令所需的位移点设在图形界限之外；如果选择 off(缺省值)，AutoCAD 禁止界限检查，可以在图形界限之外画对象或指定点。

2.3 AutoCAD 二维绘图命令

AutoCAD 执行命令的途径一般有 6 种：①命令行输入命令全名；②命令行输入命令别名；③下拉菜单；④屏幕边菜单；⑤工具栏；⑥鼠标右键弹出的快捷菜单等。AutoCAD 的菜单系统以树状结构组织了几乎全部 AutoCAD 的命令，当用户记不住命令时通过菜单执行命令最直观，但速度最慢。若用户熟悉 AutoCAD 命令，最快的执行命令的方式应该是命令行输入命令和点取工具栏按钮。通常最常用的执行命令途径是利用下拉菜单和工具栏。

点取“绘图”下拉菜单，可以执行 AutoCAD 的大部分绘图功能。“绘图”工具栏上罗列了最常用的绘图命令。将光标移到“绘图”下拉菜单的某一命令对应的菜单项上或“绘图”工具栏的某一命令对应的按钮上，状态行内便显示出该命令的功能描述和命令名称。用鼠标单击菜单项或工具栏按钮即可执行该命令。用户可根据命令提示行中的提示进行操作。

本节主要介绍常用的 AutoCAD 二维绘图命令，说明其在建筑施工图绘制中的主要用途。

2.3.1 直线(LINE)

1. 功能

直线是图形中最常见、最简单的图形元素。执行该命令，一次可以画出一条线段，也可以连续画出多条线段(其中每条线段都是彼此相互独立的图元)。该命令是用起点和终点来确定直线的。

2. 操作示例

绘制如图 2.11 所示的六边形。

命令：_line 指定第一点：(用十字光标在屏幕上任意点取一点作为 A 点)

指定下一点或[放弃(U)]：@10<0(输入 B 点)

指定下一点或[放弃(U)]：@10<315(输入 C 点)

指定下一点或[闭合(C)/放弃(U)]：@10<225(输入 D 点)

指定下一点或[闭合(C)/放弃(U)]：@10<180(输入 E 点)

指定下一点或[闭合(C)/放弃(U)]：@10<135(输入 F 点)

指定下一点或[闭合(C)/放弃(U)]：c(让 F 点与 A 点相连形成闭合图形)

3. 选项说明

(1)放弃(U)：表示取消刚才绘制的一条线段(undo)，是一种回退操作。

(2)闭合(C)：表示从当前点画到起始点形成闭合的图形(close)。

2.3.2 射线(RAY)

1. 功能

绘制从起点伸向无穷远处的直线(如图 2.11 所示)。

2. 操作示例

绘制如图 2.12 所示的图形。

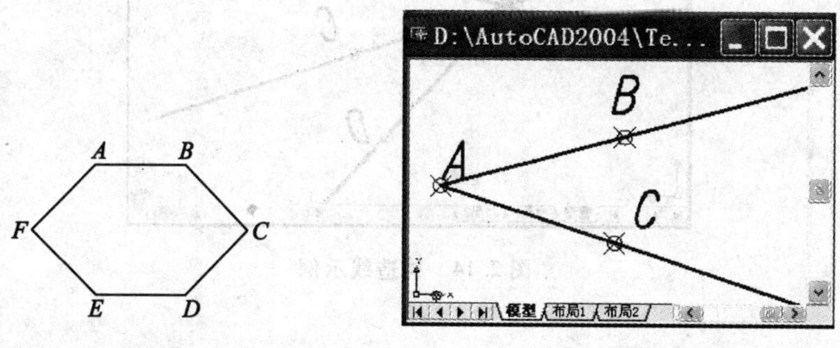

图 2.11 直线示例　　图 2.12 射线示例

命令：_ray 指定起点：(用十字光标在屏幕上任意点取一点作为 A 点)

指定通过点：(用十字光标在屏幕上任意点取一点作为 B 点)

指定通过点：(用十字光标在屏幕上任意点取一点作为 C 点)

指定通过点：(直接回车结束命令)

2.3.3 构造线(XLINE)

1. 功能

可以绘制没有起点和终点两端伸向无穷远处的无限长直线。构造线主要用作绘图时的辅助线。当绘制多个视图时，为了保持投影联系，可先画出若干条构造线，再以构造线为基准画图(如图 2.13 所示)。

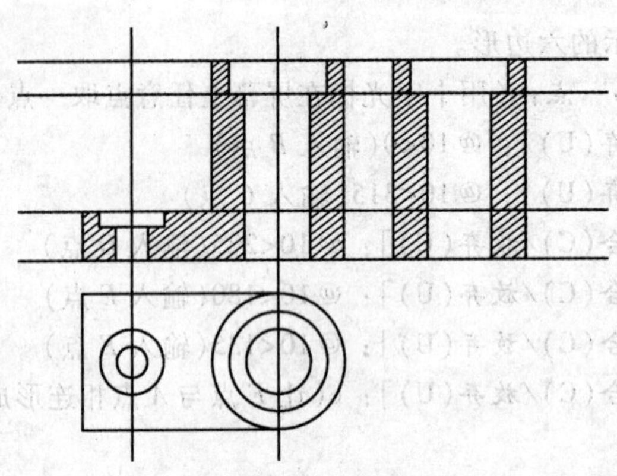

图 2.13 构造线的应用

2. 操作示例

绘制如图 2.14 所示的图形。

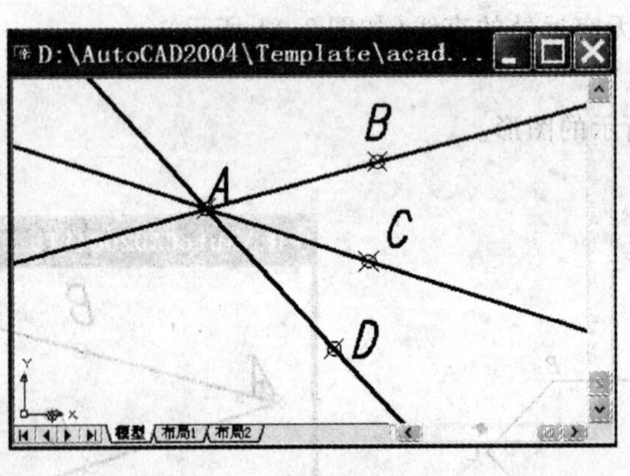

图 2.14 构造线示例

命令：_xline 指定点或[水平(H)/垂直(V)/角度(A)/二等分(B)/偏移(O)]：(用十字光标在屏幕上任意点取一点作为 A 点)

指定通过点：(用十字光标在屏幕上任意点取一点作为 B 点)

指定通过点：(用十字光标在屏幕上任意点取一点作为 C 点)

指定通过点：(用十字光标在屏幕上任意点取一点作为 D 点)

指定通过点：(直接回车结束命令)

3. 选项说明

(1)水平(H)：绘制通过指定点的水平构造线。

(2)垂直(V)：绘制通过指定点的垂直构造线。

(3)角度(A)：以指定的倾斜角度绘制构造线。

(4)二等分(B)：绘制角的平分线。

(5)偏移(O)：绘制与指定直线平行且偏离指定距离的构造线。

2.3.4　多线(MLINE)

1. 功能

所谓多线是指由多条平行线构成的直线，连续绘制的多线是一个图元。多线内的直线线型可以相同，也可以不同，图 2.15 给出了几种多线形式。多线常用于绘制建筑平面图的墙线。

一般情况下，在绘制多线前，首先应通过执行"格式"下拉菜单下的"多线样式…"菜单项设置多线样式。不过 AutoCAD 为用户已经提供了一个名为 Standard 的多线样式，Standard 多线样式是相距为 1 的两条直线组成的双线。

2. 操作示例

绘制如图 2.16 所示的图形。

图 2.15　几种多线形式

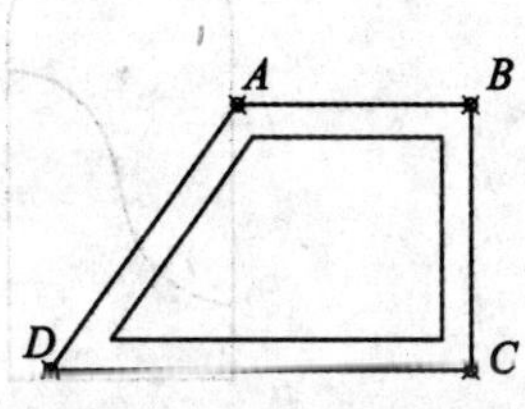

图 2.16　多线绘制示例

命令：_mline

当前设置：对正=上，比例=20.00，样式=STANDARD

指定起点或[对正(J)/比例(S)/样式(ST)]：s

输入多线比例<20.00>：5

当前设置：对正=上，比例=5.00，样式=STANDARD

指定起点或[对正(J)/比例(S)/样式(ST)]：(用十字光标在屏幕上点取一点作为 A 点)

指定下一点：(用十字光标在屏幕上任意点取一点作为 B 点)

指定下一点或[放弃(U)]：(用十字光标在屏幕上任意点取一点作为 C 点)

指定下一点或[闭合(C)/放弃(U)]：(用十字光标在屏幕上任意点取一点作为 D 点)

指定下一点或[闭合(C)/放弃(U)]：c(让 D 点与 A 点相连形成闭合图形)

3. 选项说明

(1)对正(J)：用于确定绘制多线的方式。执行该选项后，系统提示如下：

输入对正类型[上(T)/无(Z)/下(B)]<上>:

上(T)：表示多线最顶端的线将随光标移动。

无(Z)：表示多线的中心线将随光标移动。

下(B)：表示多线最底端的线将随光标移动。

(2)比例(S)：用来确定所绘多线相对于定义的多线的比例系数，缺省为20.00。

(3)样式(ST)：用来确定绘制多线时所使用的多线样式，缺省多线样式为STANDARD。

2.3.5 多段线(PLINE)

1. 功能

可连续画出宽窄相同或不同的直线段和圆弧段序列，因而有直线方式和圆弧方式两种画线方式，系统默认的方式是直线方式。如图2.17所示是用多段线命令画的图形。多段线从表面上看是由多段直线(或圆弧段)组成的，但它是一个图元。用户可以用Pedit(多段线编辑)命令对多段线进行各种编辑。

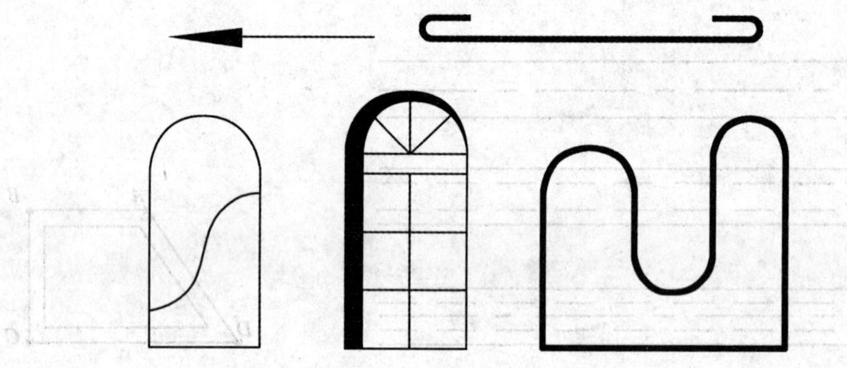

图2.17 用多段线绘制的图形

2. 命令选项说明

- 直线方式下操作过程

命令：_pline

指定起点：(给定起点)

当前线宽为0.0000

指定下一个点或[圆弧(A)/半宽(H)/长度(L)/放弃(U)/宽度(W)]：(给定端点)

指定下一点或[圆弧(A)/闭合(C)/半宽(H)/长度(L)/放弃(U)/宽度(W)]：(给定端点)

指定下一点或[圆弧(A)/闭合(C)/半宽(H)/长度(L)/放弃(U)/宽度(W)]：(给定端点或空回车结束命令)

- 直线方式下选项说明

(1)圆弧(A)：该选项使 Pline 命令由画直线方式变为画圆弧方式。

(2)闭合(C)：从当前点到多段线的起点以当前宽度画一条直线，构成封闭的多段线。

(3)半宽(H)：该选项用来确定多段线的半宽度。

(4)长度(L)：在与前一线段相同的角度方向上绘制指定长度的直线段。

(5)放弃(U)：执行该选项，可以删除多段线中刚画出的直线段。

(6)宽度(W)：该选项用于确定多段线的宽度，操作方法与半宽度选项类似。

(7)指定下一点：该选项为缺省项，输入多段线另一端点的位置。

- 圆弧方式下操作过程

命令：_pline

指定起点：(给定起点)

当前线宽为 0.0000

指定下一个点或[圆弧(A)/半宽(H)/长度(L)/放弃(U)/宽度(W)]：a(切换为画圆弧方式)

指定圆弧的端点或[角度(A)/圆心(CE)/方向(D)/半宽(H)/直线(L)/半径(R)/第二个点(S)/放弃(U)/宽度(W)]：(输入圆弧端点)

指定圆弧的端点或[角度(A)/圆心(CE)/闭合(CL)/方向(D)/半宽(H)/直线(L)/半径(R)/第二个点(S)/放弃(U)/宽度(W)]：(输入圆弧端点或空回车结束命令)

- 圆弧方式下选项说明

(1)角度(A)：该选项根据圆弧的圆心角绘圆弧。

(2)圆心(CE)：该选项根据指定的圆弧圆心画弧。

(3)闭合(CL)：从当前点到多段线的起点以当前宽度画一条圆弧，构成封闭的多段线。

(4)方向(D)：该选项用来确定圆弧起点处的切线方向。

(5)半宽(H)：该选项用来确定多段线的半宽度。

(6)直线(L)：该选项用来使 pline 从绘圆弧的方式变为绘直线方式。

(7)半径(R)：指定弧线段的半径。

(8)第二个点(S)：用三点方式绘制圆弧，执行该选项后继续提示输入第二点和第三点。

其余选项的功能与直线方式中的选项功能相似，故不赘述。

3. 操作示例

绘制如图 2.18 所示的图形。操作步骤如下：

(1)在“绘制”工具栏内点取多段线按钮。

(2)单击鼠标或从命令行输入起点的坐标(即图 2.18 中的点 1)。

(3)输入 W(设置线宽)。

(4)输入 2(设置起点宽度)。

(5)回车以确定终点宽度(即终点宽度与起点相同)。

(6)按下 F8 键(进入正交模式)。

(7)输入点 2、3、4。

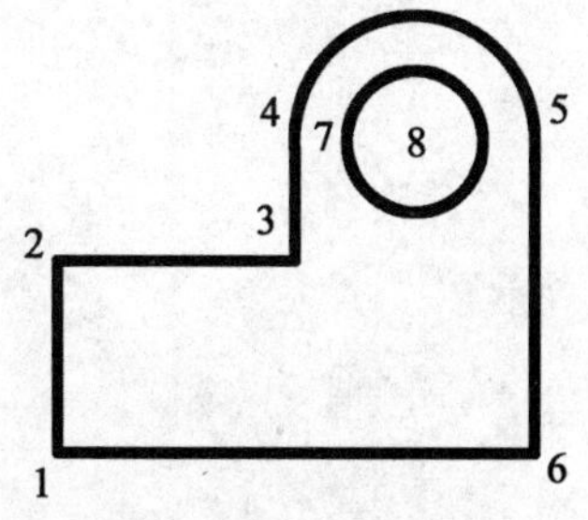

图 2.18　多段线绘图示例

(8)输入 A(开始画圆弧)。

(9)输入点 5，画出半圆。

(10)输入 L(切换到画直线方式)。

(11)输入点 6。

(12)输入 C 使图形封闭，并结束命令。

(13)回车，以便重复执行 Pline 命令。

(14)输入点 7(即圆的左端点)。

(15)输入 A(开始画圆弧)。

(16)输入 CE(以便确定圆心)。

(17)利用对象捕捉，捕捉半圆的圆心(点 8)，以使圆与半圆同心。

(18)输入 A(以确定圆弧的包角)。

(19)输入 180，此时屏幕显示出下半个圆。

(20)输入 CL，即可画出整个圆。

4. 说明

(1)利用“多段线”命令可以画不同宽度的直线、圆和圆弧，如画结构施工图中的钢筋、断面轮廓线等。但在实际绘制工程图时，为了区分线条宽度。通常可以不用“多段线”命令特意在屏幕上画粗线条图形，而是直接设置图形对象线宽属性(线宽可以“随层”，也可独立于图层)，用“直线”、“圆弧”、“圆”等命令画出图形。当然，也可用“多段线”命令以一定宽度画图，“多段线”本身的宽度与“多段线”对象线宽属性指定的线宽可以不同，“多段线”本身的宽度优先于“多段线”对象线宽属性指定的线宽。请读者注意。

(2)多段线是否填充，受 Fill 命令的控制。执行该命令，输入 OFF，然后执行 Regen(重生成)命令，即可使填充处于关闭状态。

2.3.6 正多边形(POLYGON)

1. 功能

绘制边数为 3 ~ 1024 的正多边形。

2. 操作示例

绘制如图 2.19 所示的正五边形。

图 2.19 正多边形绘图示例

命令：_polygon 输入边的数目<4>：5

指定正多边形的中心点或[边(E)]：(用十字光标在屏幕上任意点取一点作为 A 点)

输入选项[内接于圆(I)/外切于圆(C)]<I>：(回车确认 I 选项)

指定圆的半径：(用十字光标在屏幕上任意点取一点作为 B 点)

3. 选项说明

(1)边(E)：执行该选项，系统提示：

指定边的第一个端点：(输入第一个端点)

指定边的第二个端点：(输入第二个端点)

输入后即可由边数和一条边确定正多边形，如图 2.20(a)所示。

(2)指定正多边形的中心点：默认选项，执行该选项，系统提示：

输入选项[内接于圆(I)/外切于圆(C)]<I>：

选择 I 是根据多边形的外接圆确定多边形，如图 2.20(b)所示；选择 C 是根据多边形的内切圆确定多边形，如图 2.20(c)所示。在利用这两个选项绘图时，外接圆和内切圆是不出现的，只显示代表圆半径的直线段。

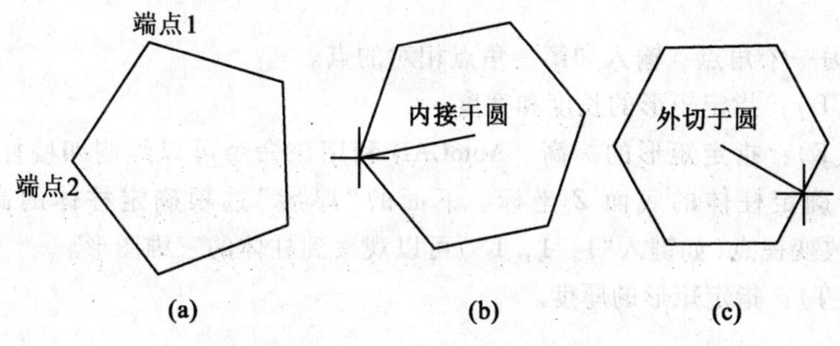

图 2.20　三种绘制正多边形的方法

2.3.7　矩形(RECTANG)

1. 功能

绘制矩形或带圆角、倒角的矩形。

2. 操作格式

命令：_rectang

指定第一个角点或[倒角(C)/标高(E)/圆角(F)/厚度(T)/宽度(W)]：(输入矩形的一个角点)

指定另一个角点或[尺寸(D)]：(输入矩形另一对角点，结束命令)

3. 命令选项说明

(1)倒角(C)：该选项用于确定矩形的倒角。执行该选项后，系统提示：

指定矩形的第一个倒角距离<0.0000>：(输入第一倒角距离)

指定矩形的第二个倒角距离<0.0000>：(输入第二倒角距离)

如图 2.21(b)是带倒角的矩形。

(2)圆角(F)：该选项用于确定矩形的圆角。执行该选项后，系统提示：

指定矩形的圆角半径<0.0000>：(输入圆角半径)

如图 2.21(c)是带圆角的矩形。

(3)线宽(W)：该选项用于确定矩形的线宽。执行该选项后，系统提示：

指定矩形的线宽<0.0000>：(输入线宽)

如图 2.21(a)是具有宽度信息的矩形。

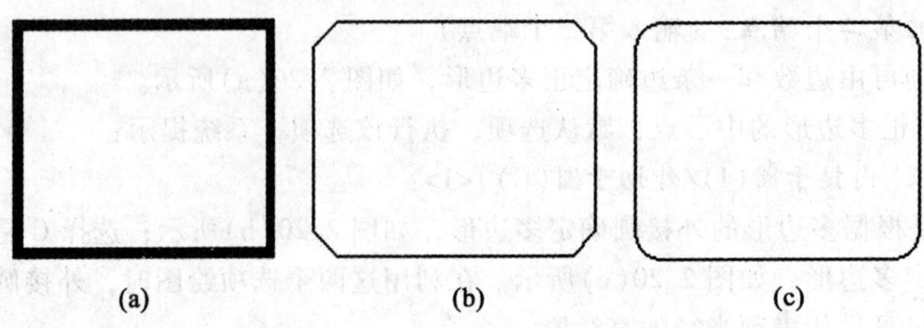

图 2.21 “矩形”命令绘制的三种图形

(4)指定另一个角点：输入和第一角点相对的点。

(5)尺寸(D)：指定矩形的长度和宽度。

(6)标高(E)：指定矩形的标高。AutoCAD 利用该命令可以绘制四棱柱的三维图形，该选项相当于确定柱体的底面 Z 坐标。下面的“厚度”选项确定柱体的高度。然后用 VPOINT 命令改变视点(如键入“1，1，1”)可以观察到柱体的三维图形。

(7)厚度(T)：指定矩形的厚度。

2.3.8 圆弧(ARC)

1. 功能

以各种方式画圆弧。

2. 操作格式

命令：_arc 指定圆弧的起点或[圆心(C)]：(输入起点)

指定圆弧的第二个点或[圆心(C)/端点(E)]：(输入第二点)

指定圆弧的端点：(输入第三点)

3. 绘制圆弧的菜单

从下拉菜单中执行画圆弧的操作最为直观。图 2.22 是画圆弧的菜单，由此可以看出画圆弧的方式有 11 种，用户可以根据需要选择不同的画圆弧方式。不管哪一种方式绘制圆弧必须要输入三个几何条件，否则画不出圆弧。

4. 部分选项说明

(1)角度：输入圆弧对应的圆心角，给正值逆时针画圆弧，给负值顺时针画圆弧。

(2)长度：输入圆弧对应的弦长，给正值画小圆弧，给负值画大圆弧。请读者自己试验。

(3)半径：输入圆弧的半径，给正值画小圆弧，给负值画大圆弧。请读者自己试验。

(4)方向：给定圆弧起点的切线方向。

(5)继续：用于连续绘制圆弧，当绘制完一个圆弧(或直线、多段线)后，执行此菜单

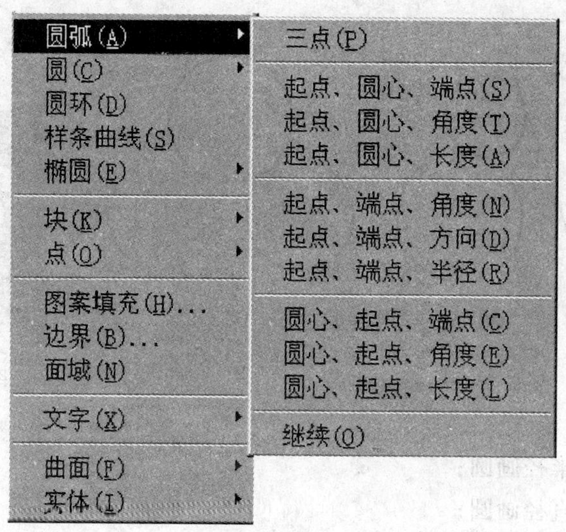

图 2.22　画圆弧的菜单

项，即可接着前一个圆弧(或直线、多段线)继续画圆弧。但在实际绘图中不采用这种操作，而是当执行了 Arc 命令并在"指定圆弧的起点或[圆心(C)]:"提示下直接回车，即可连续绘制圆弧。连续绘制圆弧，以前一个圆弧(或直线、多段线)最后确定的点为起点，以最后所绘直线的方向或圆弧终点处的切线方向为新圆弧在起点处的切线方向。

另外，对于直线、多段线和圆弧三种图元，如果已经绘制过，当执行 Line(或 Pline 或 Arc)命令后直接回车，均可连续绘制。即以前面图元最后确定的点为新图元起点，连续绘制同种类型(或不同类型)的图元。AutoCAD 的这个功能通常不被初学者所认识。

2.3.9　圆(CIRCLE)

1. 功能

以各种方式画圆。

2. 操作格式

命令：_circle 指定圆的圆心或[三点(3P)/两点(2P)/相切、相切、半径(T)]：(输入圆心位置)

指定圆的半径或[直径(D)]：(输入圆的半径)

3. 部分选项说明

(1)三点(3P)：根据三点画圆。依次输入三个点，即可绘制出一个圆。

(2)两点(2P)：依次输入两个点，即可绘制出一个圆，两点间的距离为圆的直径。

(3)相切、相切、半径(T)：画与两个对象相切，且半径为给定值的圆。指定相切对象并给出半径后，即可画出一个圆。图 2.23 显示出指定不同相切对象绘制的圆。

4. 绘制圆的菜单

点取"绘图"下拉菜单的"圆"弹出如图 2.24 所示的级联菜单，显示出绘制圆的六种方法：

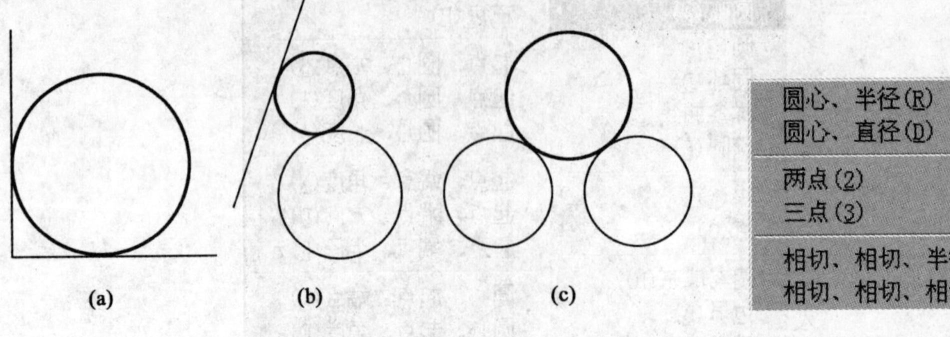

图 2.23 画公切圆

图 2.24 画圆的菜单

(1)根据圆心、半径画圆；

(2)根据圆心、直径画圆；

(3)根据两点画圆；

(4)根据三点画圆；

(5)画与两个对象相切，且半径给定的圆；

(6)画与三个对象均相切的圆。

用户可以根据需要选择不同的画圆方式。

2.3.10 圆环(DONUT)

1. 功能

根据指定的内、外直径绘制圆环，通常用该命令画有一定宽度的圆，也可绘制填充圆(在结构施工图中常用该方法画点筋)。指定内、外直径后可不断输入中心点，绘制一系列圆环。

2. 操作格式

命令：_donut

指定圆环的内径<10.0000>：(输入圆环的内直径)

指定圆环的外径<20.0000>：(输入圆环的外直径)

指定圆环的中心点或<退出>：(输入圆环的中心位置)

3. 说明

(1)当内径输入为 0 时，绘制的圆环便是填充圆。

(2)圆环是否填充，可以用 Fill 命令来控制。图 2.25 显示了圆环、填充圆的几种形式。

(3)系统变量 Donutid、Donutod 分别控制圆环内、外直径的缺省值。

2.3.11 样条曲线(SPLINE)

1. 功能

绘制样条曲线，或将编辑后的多段线转化为样条曲线。AutoCAD 为用户提供了一种绘

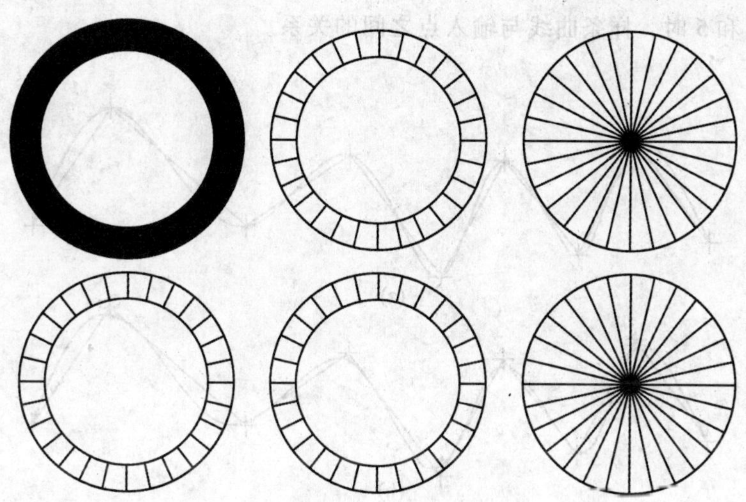

图 2.25　圆环、填充圆的几种形式

制光滑曲线的方法，这种曲线是样条曲线。样条曲线实质是一种非均匀有理 B 样条（NURBS）曲线，它通过控制点。这种曲线常用于绘制反映地形地貌的等高线、局部剖面图中的波浪线、科学试验结果的回归曲线等自由曲线。由于样条曲线功能较强，所以利用“多段线+多段线编辑”的方法绘制曲线已很少使用。

2. 操作示例

绘制如图 2.26 所示的图形。

命令：_spline

指定第一个点或［对象(O)］：<对象捕捉开>(输入 *A* 点)

指定下一点：(输入 *B* 点)

指定下一点或［闭合(C)/拟合公差(F)］<起点切向>:(输入 *C* 点)

指定下一点或［闭合(C)/拟合公差(F)］<起点切向>:(输入 *D* 点)

指定下一点或［闭合(C)/拟合公差(F)］<起点切向>:(空回车)

指定起点切向：(输入 *A* 点的切向角)

指定端点切向：(输入 *D* 点的切向角)

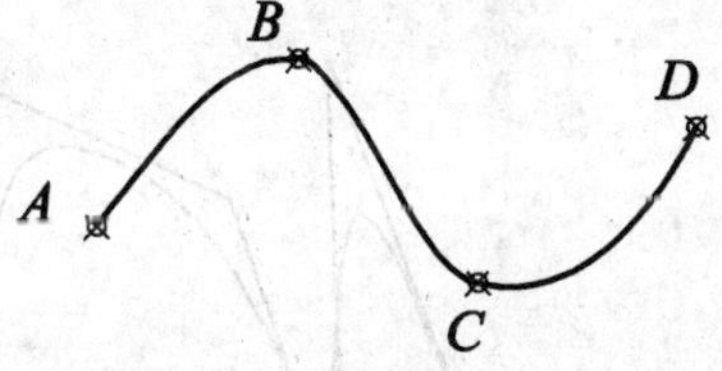

图 2.26　样条曲线绘制示例

3. 选项说明

(1)对象(O)：将 AutoCAD 的二维或三维的二次或三次样条曲线拟合多段线转换为等价的样条曲线。

(2)闭合(C)：从当前点连接到起点形成闭合的曲线。

(3)拟合公差(F)：输入正的拟合公差值。所谓拟合公差，是指样条曲线与输入点之间所允许的最大偏离距离。显然，当给定拟合公差后，样条曲线除了首尾端点外不通过输入点。若拟合公差为 0，则样条曲线必通过输入点。图 2.27(a)与图 2.27(b)分别显示了拟合公差为 0 和 5 时，样条曲线与输入点之间的关系。

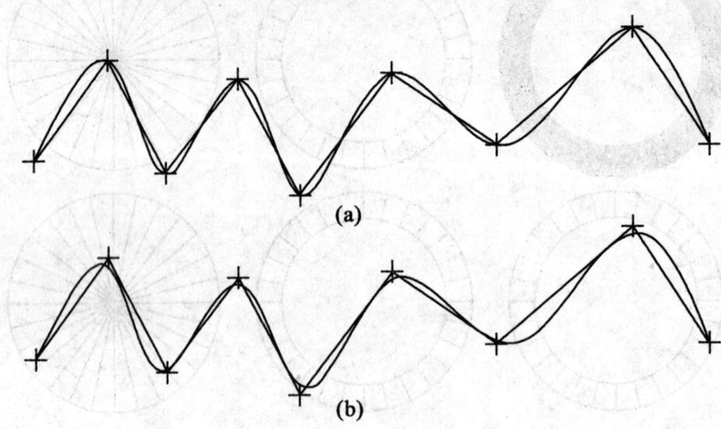

图 2.27　拟合公差分别为 0 和 5 的样条曲线

(4)指定起点切向：输入起点切向角度。

(5)指定端点切向：输入终点切向角度。

4. 补充说明

系统变量 Splframe 用于控制绘制样条曲线时是否显示样条曲线的线框。将该变量的值设置为 1 时，会显示出样条曲线的线框。图 2.28(a)中的样条曲线带有线框，图 2.28(b)显示了样条曲线的应用。

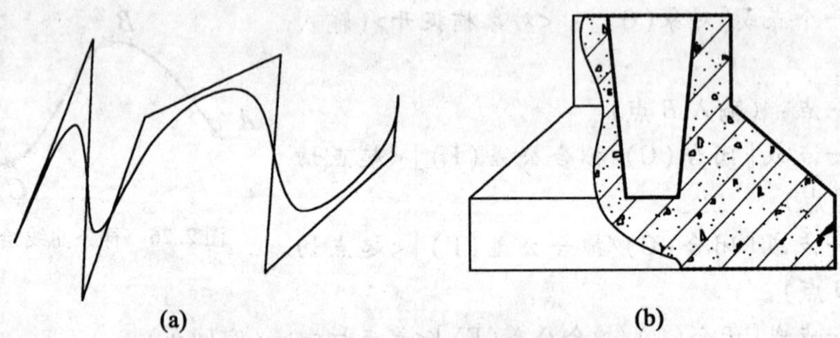

图 2.28　带线框的样条曲线和样条曲线的应用

2.3.12　椭圆、椭圆弧(ELLIPSE)

1. 功能

绘制椭圆或椭圆弧。

2. 操作示例

绘制如图 2.29 所示的图形。

命令：_ellipse

指定椭圆的轴端点或[圆弧(A)/中心点(C)]：(输入 A 点)

指定轴的另一个端点：(输入 B 点)

指定另一条半轴长度或[旋转(R)]：(用 C 点与中心的橡皮筋长度作为另一条半轴长度)

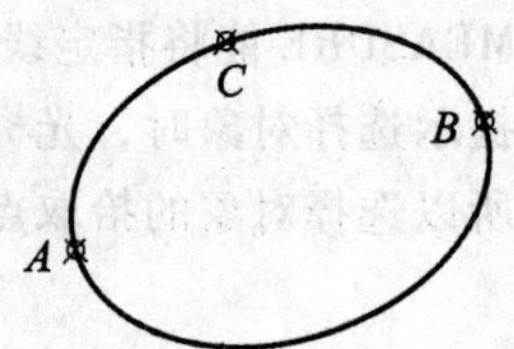

图 2.29　椭圆绘制示例

3. 选项说明

(1)中心点(C)：输入椭圆中心。

(2)旋转(R)：输入旋转角。

(3)椭圆弧(A)：执行该选项，用于绘制椭圆弧。

4. 补充说明

(1)绘制椭圆的方式归纳起来有三种，如图 2.30 所示。图中：(a)设定两个轴端点及另一半轴长度；(b)设定椭圆中心，再分设长短半轴；(c)设定两个轴端点之后，再设定旋转角。

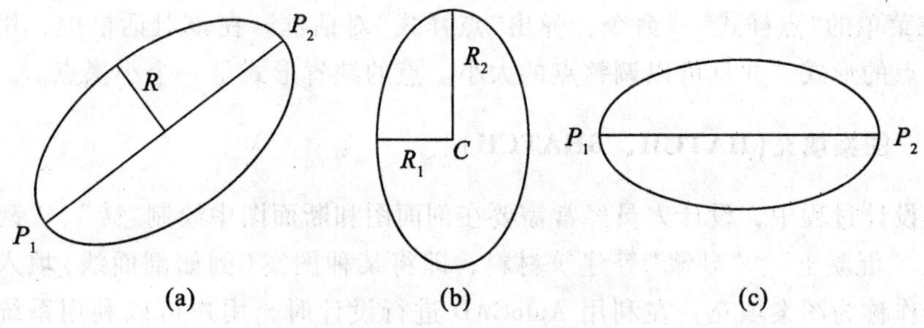

图 2.30　绘制椭圆的三种方式

(2)旋转角是圆平面与其投影面之间的夹角，其范围是 0°～89.4°，当旋转角为 0 时，图形即是圆，随着角度增加，椭圆愈来愈扁，直到 89.4°为止。

(3)圆在正等测轴测图中投影为椭圆。在绘制正等测轴测图中的椭圆时，应先打开等轴测平面，然后绘制椭圆。

(4)系统变量 Pellipse 决定椭圆的类型。当该变量为 0 时，构成椭圆的线段是 UNRBS 曲线；当该变量为 1 时，构成椭圆的线段是多段线。

(5)绘制椭圆弧时，前面输入的参数与画完整椭圆一样，只是最后要给定椭圆弧的起始角度和终止角度。在绘制椭圆弧的过程中“参数(P)”选项是通过起始参数和终止参数来指定弧的范围，起始参数和终止参数是相对于第一个轴端点的相对角度；“包含角度(I)”选项指定椭圆弧对应的圆心角；“角度(A)”选项用来指定起始角度和终止角度，该角度是相对于 X 轴的绝对角度。

2.3.13　点(POINT)、定数等分(DIVIDED)、定距等分(MEASURE)

1. 功能

点 POINT、定数等分 DIVIDED 和定距等分 MEASURE 都组织在如图 2.31 所示的“点”级联菜单里。“单点”和“多点”都是相同的命令 Point，但“单点”菜单项执行一次只能画一个点，“多点”菜单项执行一次能画多个点直到用户空回车结束命令。定数等分 DIVIDED

命令能将指定线段按指定的等分数等分并在等分点处插入点或块的标记。定距等分 MEASURE 能将指定线段按指定的距离进行若干等分并在等分点处插入点或块的标记，在提示选择对象时，光标拾取点离哪个端点最近，就从哪个端点开始按指定长度测量等分，所以选择对象的拾取点位置不同，定距等分效果不同。

图 2.31 "点"菜单

2. 点的样式

在进行上述命令操作前，为了使得点的标记清晰可见，一般应先设置点的样式。执行"格式"下拉菜单的"点样式…"命令，弹出"点样式"对话框。在该对话框中，用户可以选择所需要的点的形式，并且可以调整点的大小。点的缺省形式是一个小黑点。

2.3.14 图案填充(HATCH、BHATCH)

在工程设计过程中，设计人员经常需要在剖面图和断面图中绘制"砖"、"钢材"、"钢筋混凝土"、"混凝土"、"砂浆"等建筑材料，即将某种图案(例如剖面线)填入到某些区域，这种操作称为图案填充。在利用 AutoCAD 进行设计时，用户可以利用系统提供的图案或自定义的图案进行填充。在进行图案填充时，用户需要确定的内容有两个：一是填充的图案，二是填充的区域。命令 Bhatch 以对话框方式操作、Hatch 以命令行方式操作。

(一)填充操作

下面以图 2.32(a)所示图形为例，说明执行图案填充的步骤。图 2.32(b)是执行图案填充的结果。操作如下：

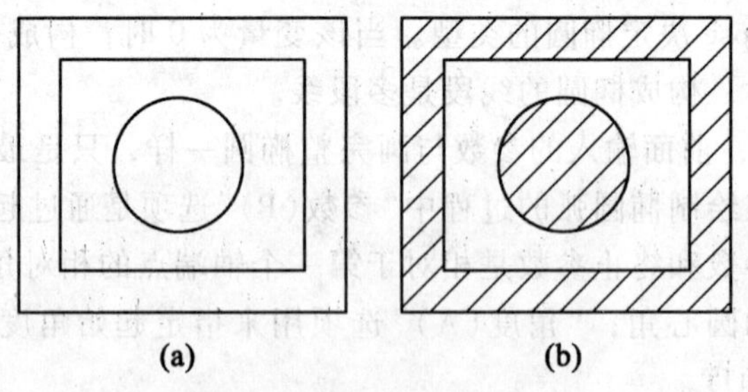

图 2.32 图案填充例子

(1)执行图案填充命令，屏幕弹出一个"边界图案填充"对话框，如图 2.33 所示。

(2)在"图案填充"标签页内，点取"类型"下拉列表，选择"预定义"，单击"图案"下拉列表或点取右边的[…]图案按钮，弹出一个"填充图案选项板"对话框。

(3)在 ANSI 标签页中，选择一种图案(如 ANSI31)，并点取"确定"按钮返回到"边界

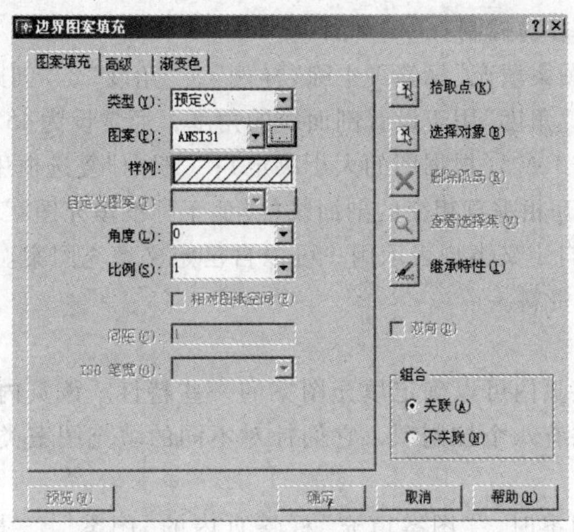

图 2.33 边界图案填充对话框

图案填充”对话框。

(4)点取“拾取点”按钮，此时命令行提示：选择内部点：

(5)在图形最外轮廓线内部单击鼠标，此时图线以高亮显示。

(6)回车，结束填充区域的选择。点取“预览”按钮，预览填充。

(7)点取“确定”按钮，完成图案填充。

(二)确定填充图案

边界图案填充对话框(图 2.33)是进行图案填充的主要操作环境。用户在进行图案填充时需要确定图案类型、图案特性和属性等。

1. 图案类型

在“图案填充”标签页内有一个“类型”下拉列表、一个“图案”下拉列表及其右边的[…]按钮和一个“样例”显示窗。点取“类型”下拉列表框，显示出三种图案类型：预定义、用户定义和自定义。

(1)预定义类型。预定义类型表示利用 AutoCAD 标准图案文件(ACADISO.PAT)中的填充图案。AutoCAD 提供了实体填充和 60 多种工业标准填充图案。点取“图案”下拉列表右边的[…]按钮，弹出一个“填充图案选项板”对话框。该对话框分别在“ANSI”、“ISO”、“其他预定义”、“自定义”四个标签页中显示出填充图案，用户可以从中选择所需的图案。

“填充图案选项板”对话框的“其他预定义”标签页中的第一个填充图案是实体填充(SOLID)，它是不带图案的填充，利用它可以进行实体填充，并可以取代用“Solid”命令进行的区域填充。甚至可以填充自由曲线边界的区域，这一点有时非常有用。

另外在“填充图案选项板”对话框的“ISO”标签页中有 14 种与 ISO(国际标准组织)标准一致的填充图案(以 ISO 打头的图案)。当用户选择 IS0 图案时，可在“边界图案填充”对话框的“图案填充”标签页内指定一个“ISO 笔宽”，它决定了图案中线的宽度。

(2)用户定义类型。用户定义类型表示用户可以临时定义一种填充图案，这种图案是平行线。用户定义类型常用于在建筑施工图中绘制代表砖墙材料的剖面线。使用这种类型的图案，便于用户控制剖面线的间距和角度，虽然预定义类型中也提供类似的图案，但用户自己定义的剖面线更容易控制。

执行该选项，在“图案填充”标签页中除“样例”、“角度”、“间距”外，其余控制项呈现暗色表明不能使用。“角度”用于设置剖面线的角度，通常设为45°，“间距”用于设置剖面线的间距，通常设为3或5(根据图的大小决定)；“双向”复选框用于控制剖面线是否交叉，即45°和135°两组互相垂直相交的剖面线(类似于标准填充图案中的ANSI37)。

(3)自定义类型。自定义类型表示用户可以自己定义填充图案。关于自定义填充图案的方法请参见其他有关资料。

2. 图案特性

在“图案填充”标签页内可以确定填充图案的一些特性。该页内有七个选项，加上该页外的“双向”复选框共有八个控制项，它们针对不同的填充图案类型，有不同的显示状态。

当使用“预定义”图案时，“图案填充”标签页内的“图案”、“样例”、“角度”、“比例”下拉列表四个选项处于激活状态。“图案”选项用于从标准填充图案中选择图案；“比例”下拉列表用于确定填充图案时的比例值，缺省为1；“角度”用于确定填充图案时的旋转角度，缺省为0°，“样例”显示该图案的形式。当选择的图案是“ISO”图案时，“ISO笔宽”项也处于激活状态。

当使用“用户定义”图案时，“图案填充”标签页内的“样例”、“角度”、“间距”三个选项和“图案填充”标签页外的“双向”复选项处于激活状态。这些选项的用途前面已有说明。

当使用“自定义”图案时，“图案填充”标签页内的“样例”、“自定义图案”、“比例”和“角度”四个选项处于激活状态。“自定义图案”选项允许用户从自己定义的图案文件中选择填充图案。

3. 属性

“边界图案填充”对话框内的“组合”栏有两个选项：“关联”和“不关联”。该选项用于确定填充图案与边界的关系。当填充处于关联状态时，若对边界进行编辑，则填充的图案随边界变化，否则图案不随边界变化。图2.34显示了填充关联与否的状态。

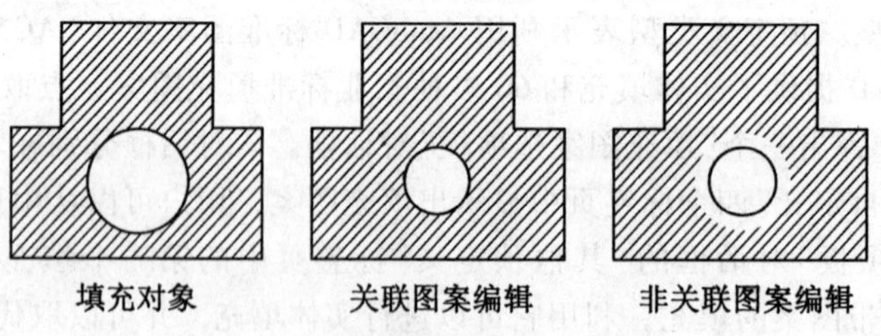

图2.34 图案的关联与非关联属性

(三)确定填充区域

1. 有关的概念

(1)边界。边界可以是直线、圆弧、圆、二维多段线、椭圆、椭圆弧、样条曲线、块和图纸空间视口的任何组合。缺省时，AutoCAD通过分析当前视图的所有封闭对象来定义边界。

(2)孤岛。在图案填充中，位于填充区域内部的封闭区域称为孤岛。孤岛内的封闭区域也是孤岛，即孤岛可以嵌套。图 2.35 显示出几种孤岛。

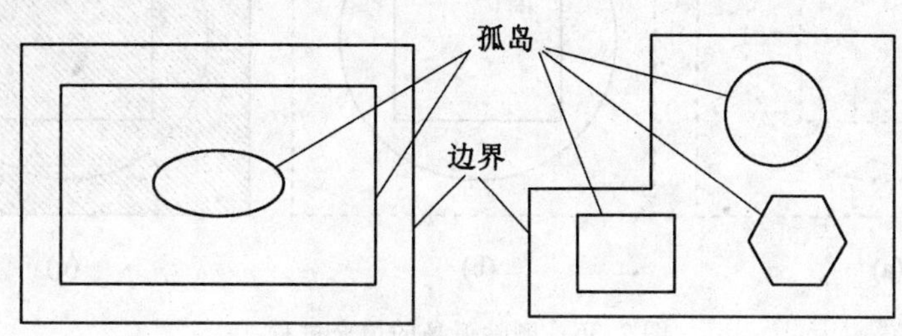

图 2.35 几种孤岛形式

2. 与边界有关的按钮

“边界图案填充”对话框中用于确定填充区域的五个按钮：“拾取点”、“选择对象”、“删除孤岛”、“查看选择集”、“继承特性”，下面分别进行介绍。

(1)“拾取点”按钮：用于以拾取点的方式确定填充边界。点取该按钮，系统临时关闭对话框，并在命令行显示：

选择内部点：

正在选择所有对象…

正在选择所有可见对象…

正在分析所选数据…

正在分析内部孤岛…

选择内部点：

此时用户在填充区域内任意点取一点，系统会自动确定出填充边界，且边界以高亮显示。如果不能形成一个封闭的填充边界，则系统会给出一个“边界定义错误”提示信息。确定了内部点(一个或多个)后，回车即可重新显示对话框。

(2)“选择对象”按钮：用于以选择对象的方式确定填充边界。点取该按钮，系统临时关闭对话框，并在命令行显示：

选择对象：

此时用户可根据需要选择对象，构成填充边界。利用“选择对象”按钮确定填充边界，通常用于填充边界不封闭的情况。

(3)“删除孤岛”按钮：是对孤岛也进行填充。点取该按钮，系统临时关闭对话框，并在命令行显示：

选择要删除的孤岛：

<选择要删除的孤岛>/放弃

此时用户可点取要删除的孤岛，回车即可重新显示对话框。图 2.36 显示了删除孤岛的操作过程和结果，其中(a)为拾取点；(b)为选择欲删除的孤岛；(c)为填充结果。

(4)“查看选择集”按钮：用于观看当前填充区域的边界。点取该按钮，系统临时关闭对话框，填充边界以高亮显示。只有执行了“拾取点”按钮或“选择对象”按钮，“查看选择

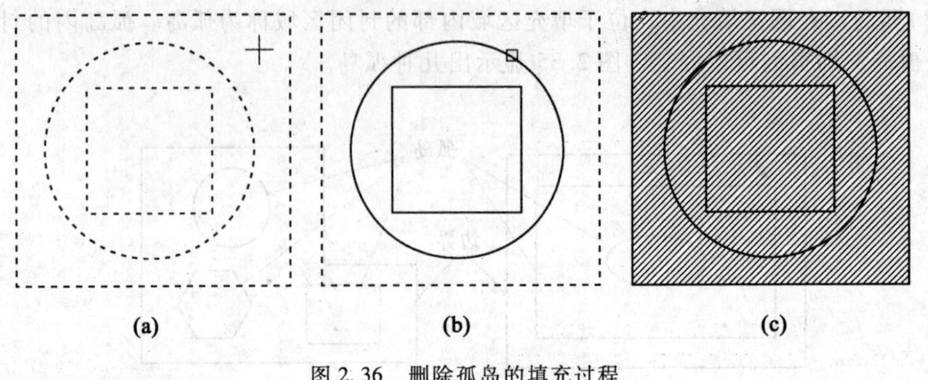

图 2.36 删除孤岛的填充过程

集”按钮才起作用。

(5)“继承特性”按钮：用来将当前填充样式设置为与某一现有填充相同。

2.3.15 注写文字(MTEXT、DTEX、TEXT)

工程图中不仅包括图形，还包括文字，例如设计说明、标题栏和钢筋表等。AutoCAD 提供了非常强大的注写及编辑文字功能。AutoCAD 提供了两种注写文字的方法：单行文字(dtext、text)和多行文字(mtext)。当注写较少的文字时使用单行文字，当注写较多的文字时使用多行文字。在注写文字之前应先定义文字样式。本节介绍文字样式的定义、注写单行文字、注写多行文字等内容。

1. 定义或修改文字样式

AutoCAD 缺省的文字样式名是 STANDARD，该样式不能满足绘制符合我国制图标准要求的图纸，需要重新定义用户自己的文字样式。

定义文字样式的步骤如下：

(1)执行“格式”→“文字样式”命令。弹出“文字样式”对话框，如图 2.37 所示。

(2)在“文字样式”对话框中点取“新建…”按钮，弹出“新建文字样式”对话框。

(3)在对话框中输入文字样式名，点取“确定”按钮。(建议用户不要点取“新建…”按钮，此处直接用默认的 Standard 样式名，然后修改其他文字样式参数。)

(4)在“文字样式”对话框的“字体”栏内，点取“字体名”下的列表框，显示出所有的字体文件，选择其中所需要的字体，这里选“gbeitc. shx”。勾选“使用大字体”，在“字体样式”下的列表框中选择“hztxt. shx”。

(5)设置字体的高度。若此时不设置字体高度，在注写文字时系统会提示输入文字的高度。(建议用户此处最好不要设置高度。)

(6)在“效果”区内设置字体的有关特性，即：将“宽度比例”设置为 0.7(制图标准规定的长仿宋字宽高比 2/3)。设置结果随时显示在“预览”区内。为查看不同字符字体的效果，在文字示例框中输入新文字，单击“预览”按钮可查看字体样式。

(7)点取“应用”按钮保存新设置的文字样式。

(8)点取“关闭”按钮。(点取“应用”按钮以后“取消”按钮变为“关闭”按钮。)

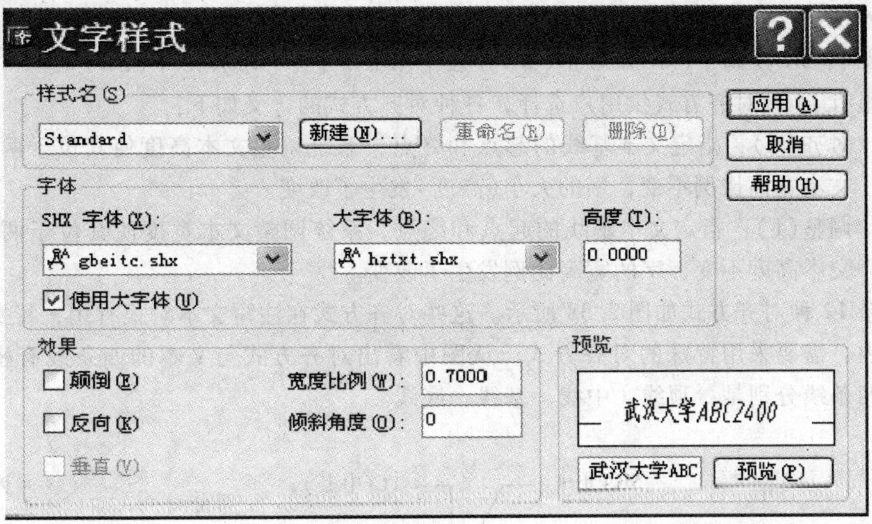

图 2.37　文字样式对话框

2. 关于字体

字体定义了构成每个字符集的文字字符的形。在 AutoCAD 中有两类字体：矢量字体和点阵字体。AutoCAD 编译的形文件字体 .SHX 就是一种矢量字体；点阵字体就是由 Windows 系统提供的 TrueType 字体。矢量字体的优点是可以无级缩放而保持笔画线条光滑，而点阵字体放大后笔画边缘成锯齿状，不太光滑。工程图中的文字一般用矢量字体，不用点阵字体。

图形中的 TrueType 字体是以填充的方式显示出来，在打印时，Textfill 系统变量控制该字体是否填充。Textfill 系统变量的缺省设置为 1，这时打印出填充的字体。当用 Psout 输出图形并在 PostScript 设备上打印时，打印出的字体与设计时的一样。

多行文字编辑器仅显示 Windows 能识别的字体。因为 Windows 不能识别 AutoCAD 的 .SHX 字体，所以当编辑 .SHX 或其他非 TrueType 字体时，AutoCAD 在多行文字编辑器中提供等价的 TrueType 字体。

3. 注写单行文字(DTEXT、TEXT)

用单行文字命令写的多行文字的每一行是一个图元。

(1)操作格式。

命令：_dtext

当前文字样式：Standard　当前文字高度：2. 5000

指定文字的起点或[对正(J)/样式(S)]：(指定文字的左下角位置)

指定高度<2. 5000>：(指定文字的高度)

指定文字的旋转角度<0>：(指定一行文字的旋转角度)

输入文字：(输入文字的内容)

输入文字：(输入文字的内容或空回车结束命令)

(2)选项含义。

①对正(J)：该选项用于确定文字的对齐方式。执行该选项后，系统提示：

输入选项[对齐(A)/调整(F)/中心(C)/中间(M)/右(R)/左上(TL)/中上(TC)/右上(TR)/左中(ML)/正中(MC)/右中(MR)/左下(BL)/中下(BC)/右下(BR)]：

这里有 14 种对齐方式供用户选择，各种对齐方式的含义如下：

- 对齐(A)：指定文本基线的起点和终点，系统调整文本高度使其位于两点之间，文本宽高比例不变，字的大小(高度)发生了改变。
- 调整(F)：指定文本基线的起点和终点，系统调整文本宽度使其位于两点之间，文本高度不变，字的宽高比例发生了改变。

其余 12 种对齐方式如图 2.38 所示。这些对齐方式在注写文本时很有用，特别是在特定区域内，需要采用特殊的对齐方式。从图中看出对齐方式与文本的四条线有密切的关系，这四条线分别是：顶线、中线、基线、底线。

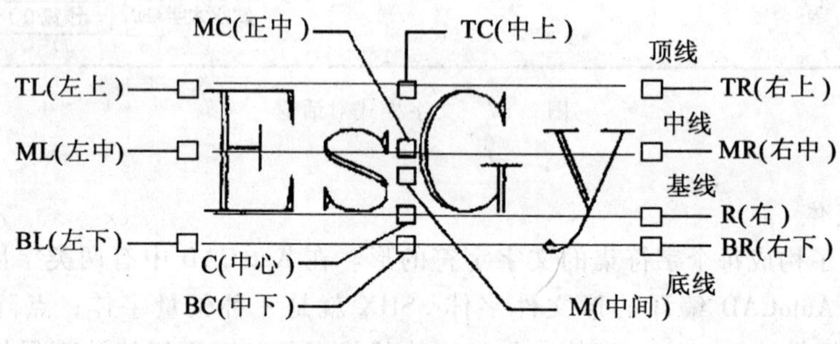

图 2.38 12 种文字对齐方式

②样式(S)：该选项用于确定注写文本时所使用的文字样式。执行该选项，系统提示：

输入样式名或[?]<Standard>：

在此提示下输入文字样式名。或若想了解已有的文字式样，则输入"?"以查询显示已有的文字样式。

③起点：该选项为缺省项，用于确定输入文本的起点(文字串的左下角)。

(3)控制码及特殊字符。

在实际绘图时，有时需要绘制一些特殊字符以满足工程制图的需要。由于这些特殊字符不能直接从键盘输入，为此 AutoCAD 提供了控制码来实现。控制码由两个百分号"%%"开始，下面是常用的控制码序列：

%%O——打开或关闭文字上画线

%%U——打开或关闭文字下画线

%%D——标注"度"符号

%%P——标注"正负公差"符号(±)

%%%——标注百分号%

%%C——标注直径符号 φ

%%nnn——标注 ASCII 码为 nnn 的字符

例如在注写文字时输入以下内容：

30%%D%%C48%%P0.003

显示的结果应是：

30° ϕ48±0.003

4. 注写多行文字(MTEXT)

如果输入的文本较多时，可用 Mtext 命令注写多行文字。多行文字由任意数目的单行文字或段落组成。无论文字有多少行，每段文字构成一个图元。多行文字有更多编辑项，可用下画线、字体、颜色和文字高度来修改段落。

(1)操作格式。

命令：-mtext 当前文字样式："Standard"　当前文字高度：2.5

指定第一角点：(确定一点)

指定对角点或[高度(H)/对正(J)/行距(L)/旋转(R)/样式(S)/宽度(W)]：(确定一点)

MText：(输入文字的内容)

MText：(输入文字的内容或空回车结束命令)

(2)选项含义。

①指定对角点：指定第一点后移动鼠标，拖出一个矩形；再指定一点，即可确定矩形，该矩形即是注写文字的区域。

②高度(H)：用于确定文本的字高。

③对正(J)：用于确定文本的对齐方式。

④行距(L)：用于确定多行文字对象的行距。AutoCAD 允许用户设置行间距为单行文本高度的倍数或一具体绝对距离值，执行该选项后，系统提示：

输入行距类型[至少(A)/精确(E)]<至少(A)>：

- 至少(A)：根据文本框的高度和宽度以及各行中最大字符的高度自动调整文字行间距。在选定"至少"时，包含更高字符的文字行会在行之间加大间距。即保证行间距至少(大于等于)为用户所设置的行间距。
- 精确(E)：强制多行文字对象中所有文字行之间的行距相等。间距由对象的文字高度或文字样式决定。即严格保证实际间距等于用户所设置的初始行间距。

确定行距类型后，AutoCAD 显示：

输入行距比例或行距<1x>：

用户可以输入单行文本高度的倍数，也可以输入具体的距离值。单行间距可以输入 1X，两倍间距可以用 2X 表示，依此类推。

⑤旋转(R)：用于确定文本行的旋转角度。

⑥样式(S)：用于确定注写文本时所使用的文字样式。

⑦宽度(W)：用于确定文本框的宽度。

(3)多行文字编辑器。

上述操作格式介绍的是以命令行方式执行命令(-mtext)，若执行 mtext 命令或点取下拉菜单的"多行文字"，则在点取两对角点确定矩形区域后会弹出多行文字编辑器，如图 2.39 所示。有一个"文字格式"工具条和一个文本输入窗口。在工具条上可以选择文字的样式名、字体、字高，并用粗体、斜体、下画线、放弃、重做、分数、颜色等按钮改变文字的特性。当在文本输入窗中选择的文本包含"/"符号时，利用分数按钮，可将"/"号左侧的文本放在分子位置，"/"号右侧的文本放在分母位置。在文本输入窗中单击鼠标右键弹出快捷菜单，通过快捷菜单可以设置文本的对正方式，对文本进行大小写变换，输入特殊字符，还可以直接输入已有文本文件中的内容，即点击"输入文字"菜单项，弹出一个"选择文件"对话框，用户从中选择要输入的文本文件。

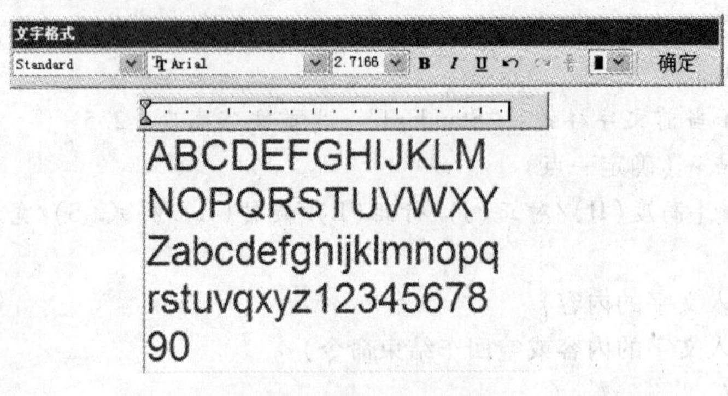

图 2.39 多行文字编辑器

2.4 AutoCAD 二维图形编辑命令

图形编辑是指对已有的图形进行修改、移动、复制和删除等操作。AutoCAD 为用户提供了 30 多种图形编辑命令。在实际绘图中绘图与编辑命令交替使用，可大大提高绘图效率。

2.4.1 构造选择集

AutoCAD 在执行任何一条编辑命令时，命令行都要提示"选择对象："，此时系统要求用户从屏幕上选择要进行编辑的对象，即构造选择集（要编辑对象的集合），并且十字光标变成了一个小方框（即拾取框）。系统也允许用户先选择对象，后执行有关编辑操作。

1. 选择对象的方法

AutoCAD 提供了多种选项用来选择对象。这些选项并不在任何菜单或工具栏中显示，但当用户需要进行选择对象时可以任意使用。当命令行提示选择对象时，如果输入了一个非法的选项，则 AutoCAD 会在命令行显示出这些选项。例如，可以在命令行执行以下序列：

命令：_erase

选择对象：ccc（输入一个非法的选项"ccc"）

无效选择

需要点或窗口（W）/上一个（L）/窗交（C）/框（BOX）/全部（ALL）/栏选（F）/圈围（WP）/圈交（CP）/编组（G）/添加（A）/删除（R）/多个（M）/上一个（P）/放弃（U）/自动（AU）/单个（SI）

选择对象：(指定点或输入选项或按 Enter 键结束命令)

以下说明各选项的功能。

(1)需要点：点选方式，用拾取框直接去选择对象。

(2)窗口(W)：W(Window)窗口内的对象被选中，窗口外和被窗口压住的对象均选不中。

(3)上一个(L)：最近(Last)方式，可选中最近建立的对象。

(4)窗交(C)：C(Crossing)交叉窗口方式，窗口内及被窗口压住的对象均被选中。

(5)框(BOX)：框选(BOX)方式，如果从左到右定义选择窗口，则是“窗口”(Window)选项的效果；如果从右到左定义选择窗口，则是“窗交”(Crossing)选项的效果。

(6)全部(ALL)：全部对象均被选中。

(7)栏选(F)：与围栏相交的对象均被选中。

(8)圈围(WP)：该方式与 W 窗口方式类似，但选择框为任意多边形。

(9)圈交(CP)：该方式与 C 交叉窗口方式类似，但选择框为任意多边形。

(10)编组(G)：此选项可以使用由 group 命令构造的编组。

(11)添加(A)：将“删除”方式变为“添加”方式，以便将选中的对象添加到选择集中。

(12)删除(R)：将“添加”方式变为“删除”方式，以便将选中的对象从选择集中删除。

(13)多个(M)：对象选中后不变虚也不增亮，这样可加快选取操作。

(14)上一个(P)：前一(Previous)方式，选中前面编辑操作中最后一次所选的对象。

(15)放弃(U)：撤销(Undo)方式。此选项可以取消上一次的选择操作。

(16)自动(AU)：自动(Auto)方式。此选项是默认选项，即同时包含“需要点”选项即点选方式和 BOX 选项的效果。

(17)单选(SI)：限定正在执行的编辑命令只能进行一次对象选择操作。

2. 快速选择

该功能用来创建一个根据对象共有特性或对象类型过滤的选择集。例如，当前图形中所有红色的对象，或者除了红色对象以外的所有对象。应用该功能用户可以通过指定的过滤条件快速地定义一个选择集，快速选择对应的命令是 Qselect，激活该命令的方法包括：

- 从“工具”菜单中选择“快速选择…”命令。
- 在命令行键入 Qselect，然后按 Enter 键。
- 在图形区单击鼠标右键快捷菜单中选择“快速选择…”命令。
- 单击“特性”对话框中第一行的第一个按钮：“快速选择”按钮。

激活 Qselect 命令后，将弹出“快速选择”对话框。

3. 对象编组

对象编组是用 Group 命令创建的已命名的对象选择集。与未命名选择集不同，编组是随图形保存的。当用图形作为外部参照或将它插入到另一图形中时，编组的定义仍然有效。当需要对某些对象进行频繁操作时，可将对象构造成编组。

2.4.2 使用夹点进行编辑

使用夹点编辑对象是一种非常方便和快捷的方法，读者应熟练掌握。

1. 夹点的概念

AutoCAD 支持两种选择对象的方式。一种是“动词/名词”方式，即在进行编辑时先执行某个编辑命令，然后再选择要编辑的对象。另一种是“名词/动词”方式，即先选择要编辑的对象，再执行编辑命令。在使用“名词/动词”方式选择对象时，用户可点取欲编辑的对象，或按住鼠标左键拖出一个矩形框，框住欲编辑的对象，松开后，所选择的对象上就出现若干个小正方形，同时对象高亮显示。这些小正方形称为夹点，如图 2.40 所示。夹点是对象上特殊位置的点，标记对象上的控制位置。夹点的大小及颜色可以调整，方法是：执行“工具”/“选项…”命令，弹出一个“选项”对话框，利用该对话框的“选择”标签页的“夹点”组件可以调整夹点。如要使用“名词/动词”方式选择对象，要在“选项”对话框的“选择”标签页中打开“选择集模式”组件中的“先选择后执行”复选项。或将 Pickfirst 系统变量设置为 1。若要移去夹点，可按一次 Esc 键。要从夹点选择集中移去指定对象，请在选择对象时按下 Shift 键。

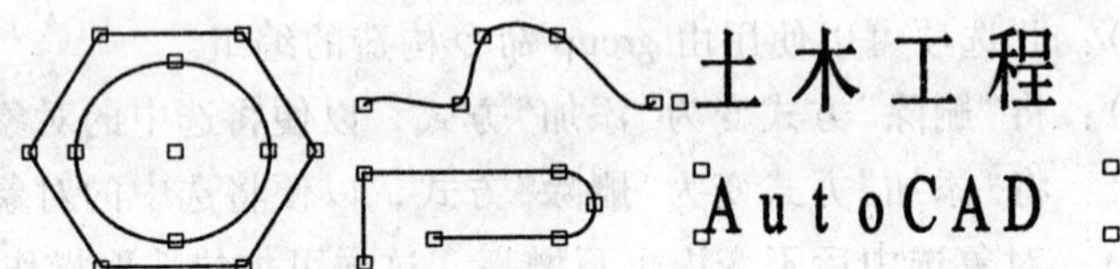

图 2.40 对象上的夹点

2. 夹点编辑的操作

要使用夹点进行编辑，需选择一个夹点作为基点，方法是：将十字光标的中心对准夹点，单击鼠标左键，此时夹点即成为基点，并且显示为红色小方块。利用夹点进行编辑的模式有：“拉伸(Stretch)”、“移动(Move)”、“旋转(Rotate)”、“缩放(Scale)”或“镜像(Mirror)”。可以用空格键、回车键或快捷菜单(单击鼠标右键弹出快捷菜单)循环切换这些模式。

下面以一个矩形为例说明使用夹点进行编辑的方法。操作如下：

(1)选择矩形，该矩形显示夹点，如图 2.41(a)所示。

(2)点取矩形右上角夹点，并移动鼠标，如图 2.41(b)所示。命令行提示为：

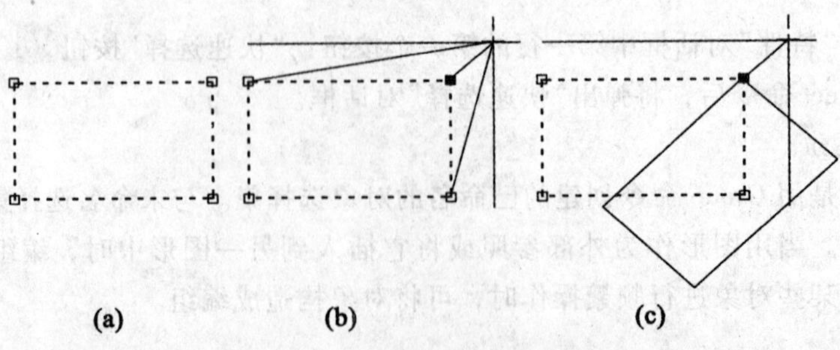

图 2.41 用夹点旋转矩形

** 拉伸 **

指定拉伸点或[基点(B)/复制(C)/放弃(U)/退出(X)]:

(3)按空格键，将编辑模式从“拉伸”切换到“旋转”，如图 2.41(c)所示。

(4)单击鼠标并回车，即可使矩形旋转。

2.4.3　使用剪贴板编辑

用户可以应用 AutoCAD“编辑”下拉菜单中的“剪切”、“复制”、“复制链接”、“粘贴”、“选择性粘贴”等命令实现在同一图形内或已打开的不同图形文件间，以及 AutoCAD 与其他应用程序间交换图形数据或复制图形。首先可以将要编辑的对象剪切或复制到 Windows 剪贴板，然后再将它们从剪贴板粘贴到图形中。不过要注意的是如果用户要将当前的视图，而不是选定的对象复制到剪贴板上，应该用“复制链接”而不是“复制”；“选择性粘贴…”是将粘贴信息转换成 AutoCAD 格式后粘贴。

2.4.4　删除对象(ERASE)

1. 功能

删除对象。执行该命令后，在“选择对象:”提示下选取对象。当选中一个(组)对象后，系统会继续提示“选择对象:”，用户可以变换选择对象的方式继续选择对象，选择完后，空回车或按空格键结束选择对象的操作，对象从屏幕上立即删除。用 Erase 命令删除的对象，可以用 Oops 命令来恢复。

2. 操作示例

(1)用窗口选择欲删除的对象，如图 2.42(a)所示。

(2)选中的对象高亮显示，如图 2.42(b)所示。

(3)点取修改工具栏内的“删除”按钮，结果如图 2.42(c)所示。

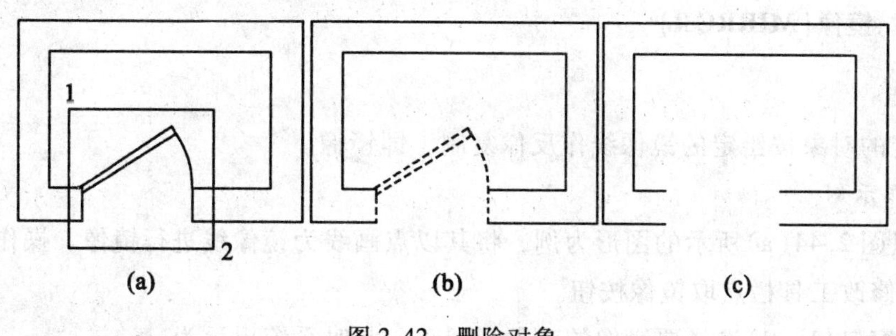

图 2.42　删除对象

2.4.5　复制对象(COPY)

1. 功能

可在当前图形内复制单个或多个对象。执行该命令后，在“选择对象:”提示下创建一个选择集并为复制对象指定一个起点和终点。这些点分别称为基点和第二个位移点，可位于图形内的任何位置。

2. 操作示例

利用复制编辑，将图 2.43(a)中左上角的圆及中心线复制到另外三个角处。操作如下：

(1)点取修改工具栏中的复制按钮。

(2)用窗口选择框选择要复制的对象，回车，此时系统提示为：

选择对象：(回车结束构造选择集)

指定基点或位移，或者[重复(M)]：

(3)输入 M(执行多重复制)，回车，此时系统提示为：

指定基点：

(4)利用对象捕捉，捕捉欲复制对象的圆心作为复制的基点。此时系统提示：

指定位移的第二点或<用第一点作位移>：

(5)捕捉矩形圆角的圆心作为位移的第二点。

(6)重复上一步，完成复制，如图 2.43(b)所示。

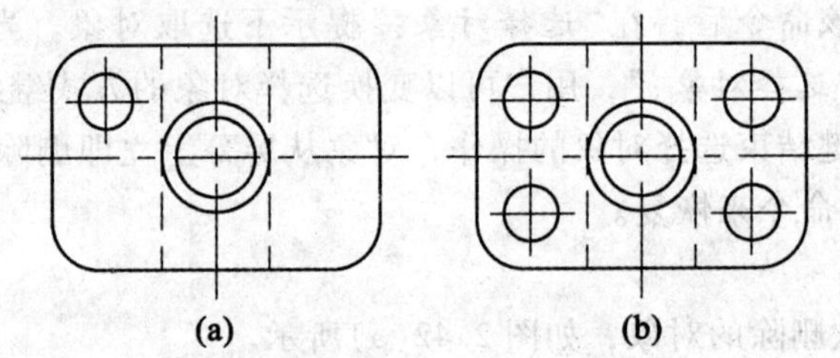

图 2.43 复制对象

2.4.6 镜像(MIRROR)

1. 功能

将指定的对象按给定的镜像线作反像复制，即镜像。

2. 操作示例

下面以图 2.44(a)所示的图形为例，将其以点画线为镜像线进行镜像。操作如下：

(1)从修改工具栏点取镜像按钮。

(2)用窗口(1, 2)选择要镜像的对象，回车，此时系统提示为：

选择对象：(回车结束构造选择集)

指定镜像线的第一点：(镜像线第一点)

(3)指定镜像线的第一点(图 2.44(b)中的 3 点)。接着提示：

指定镜像线的第二点：(第二点)

(4)指定第二点(图 2.44(b)中的 4 点)，回车，系统提示为：

是否删除源对象？[是(Y)/否(N)]<N>：

(5)回车保留原对象，镜像结果如图 2.44(c)所示。

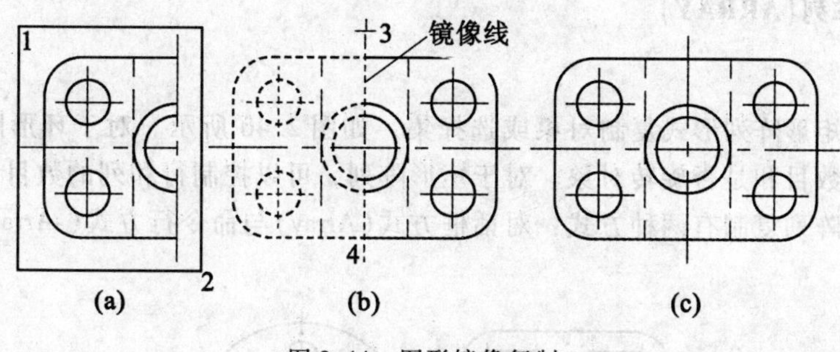

图 2.44　图形镜像复制

2.4.7　偏移(OFFSET)

1. 功能

在指定的距离内，偏移将创建一个与选择对象相似的新对象。可以偏移直线、圆弧、圆、二维多段线、椭圆、椭圆弧、构造线、射线和样条曲线。

2. 操作示例

以图 2.45 为例，说明偏移对象的步骤。

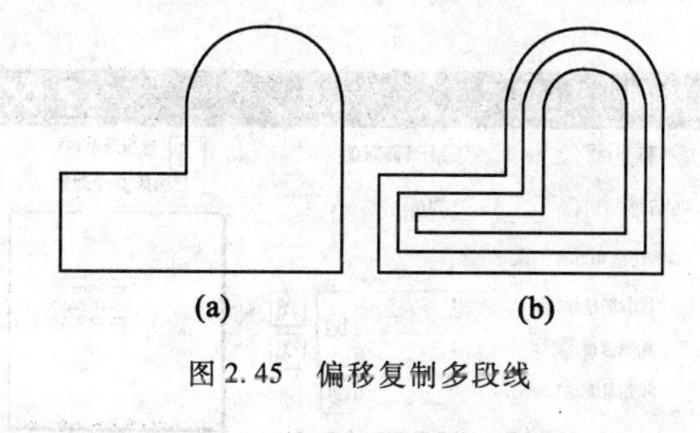

图 2.45　偏移复制多段线

(1)利用 Pline 命令绘制图形，图 2.45(a)所示。

(2)点取修改工具栏内的偏移按钮，系统提示为：

命令：_offset

指定偏移距离或[通过(T)]<1.0000>:

(3)输入距离，或用鼠标指定偏移距离。接着提示：

选择要偏移的对象或<退出>:

(4)选择要偏移的对象。系统提示：

指定点以确定偏移所在一侧：

(5)指定在图形内做偏移。接着提示：

选择要偏移的对象或<退出>:

(6)选择另一个要偏移的对象，或直接回车结束命令。偏移结果如图 2.45(b)所示。

2.4.8 阵列(ARRAY)

1. 功能

按环形或矩形阵列形式复制对象或选择集，如图 2.46 所示。对于环形阵列，可以控制复制对象的数目和是否旋转对象。对于矩形阵列，可以控制行和列的数目以及它们之间的距离。执行阵列复制有两种方式：对话框方式(Array)与命令行方式(-Array)。

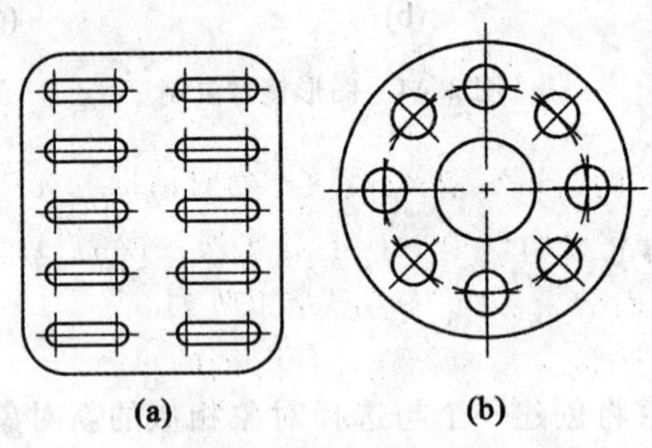

图 2.46 阵列复制对象

2. "阵列"对话框

点取"修改"工具栏中的"阵列"按钮启动阵列对话框，如图 2.47 所示。

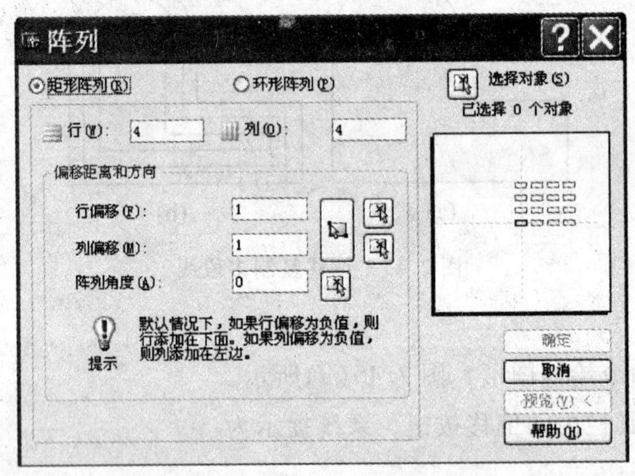

图 2.47 "阵列"对话框

利用单选按钮"矩形阵列"和"环形阵列"来确定阵列的形式；用"选择对象"按钮选择阵列的对象；在"行"和"列"编辑框中输入欲阵列复制的行数与列数；在"行偏移"和"列偏移"编辑框中输入行距与列距，也可用右边的"选择矩形"按钮或"拾取行偏移"和"拾取列偏移"按钮指定行距与列距；用"阵列角度"编辑框输入阵列角度或用右边的拾取按钮来制定阵列角度；点取"预览"按钮在"预览框"中预览阵列的效果。

3. 操作示例

以图 2.48 所示的图形(两行五列矩阵)为例，说明创建矩形阵列的步骤。

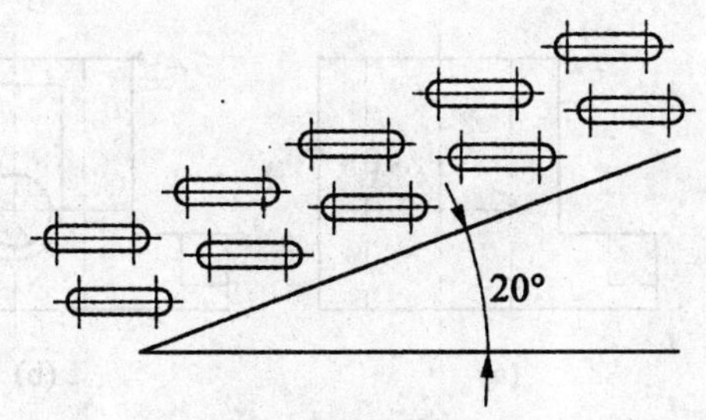

图 2.48　倾斜的矩形阵列

(1)点击“修改”工具栏的“阵列”按钮启动阵列对话框，选择“矩形阵列”单选按钮。

(2)选择阵列的对象，在对话框中填入 2 行 5 列，指定“行偏移”、“列偏移”、“阵列角度”(20°)，点“预览”查看效果，点“确定”结束阵列。

以图 2.49 所示的图形为例，说明创建环形阵列的步骤。

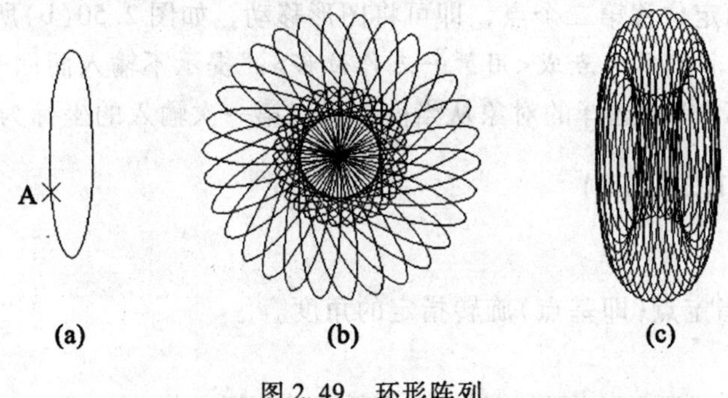

图 2.49　环形阵列

(1)同前面一样操作打开阵列对话框，选择“环形阵列”单选按钮。

(2)指定阵列的中心点(椭圆左下角 A 点)，输入阵列中元素的总数目(30)，其中包含原对象。输入阵列要填充的角度 360°，勾选“复制时旋转项目”复选框，点“预览”查看效果，点“确定”结束阵列。图 2.49(b)、(c)分别为勾选和不勾选“复制时旋转项目”的结果。

2.4.9　移动(MOVE)

1. 功能

移动对象是不改变对象的方向和大小进行的位置平移。如果要精确地移动对象，需配合使用捕捉、坐标、夹点和对象捕捉。

2. 操作示例

将图 2.50(a)中左图移动到右图上，左图的圆心与右图中心线交点对准。操作如下：

(1)从修改工具栏中点取“移动”按钮。命令行提示：“选择对象：”。

(2)用窗口选择框选择图 2.50(a)中左图，回车以结束选择对象。此时命令行提示：

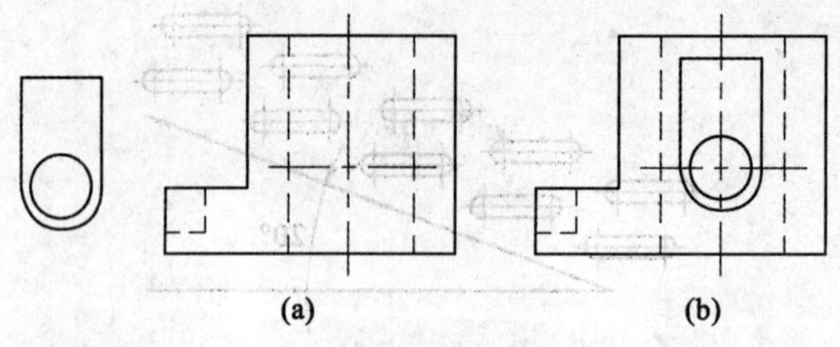

图 2.50 移动图形

指定基点或位移：

(3)利用对象捕捉，捕捉圆心作为移动的基点，单击鼠标确定基点。此时命令行提示：

指定位移的第二点或<用第一点作位移>：

(4)利用对象捕捉。捕捉图 2.50(a)中右图中心线的交点。以指定位移第二个点。

(5)单击鼠标确定位移第二个点，即可将图形移动，如图 2.50(b)所示。

如果对“指定位移的第二点或<用第一点作位移>：”提示不输入而回车，则第一次输入的值为相对坐标@X，Y。选择的对象从当前位置以第一次输入的坐标为位移量而移动。

2.4.10 旋转(ROTATE)

1. 功能

将所选对象绕指定点(即基点)旋转指定的角度。

2. 操作示例

下面将图 2.51(a)所示的图形旋转到(c)所示的位置。操作如下：

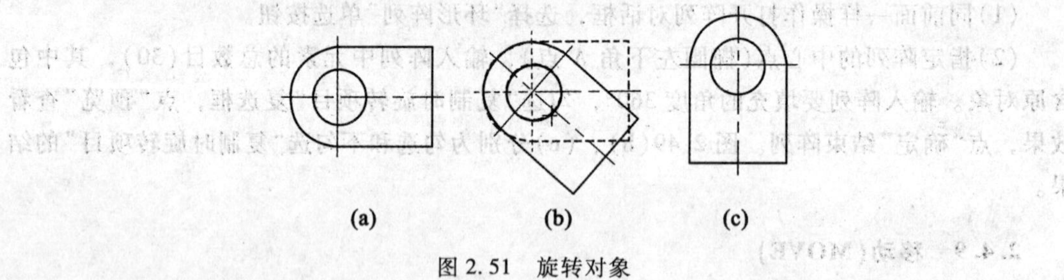

图 2.51 旋转对象

(1)点取修改工具栏中的旋转按钮。

(2)选择要旋转的对象，回车，系统提示：“指定基点：”。

(3)为旋转指定基点，如图 2.51(b)所示。此时系统提示：“指定旋转角度或[参照(R)]：”。

(4)按 F6 键，使坐标从直角坐标切换到极坐标。便于直接观察角度。指定旋转角度，单击鼠标即可旋转图形，如图 2.51(c)所示。

3. 使用参照旋转

下面以图 2.52 为例使用参照进行旋转。步骤如下：

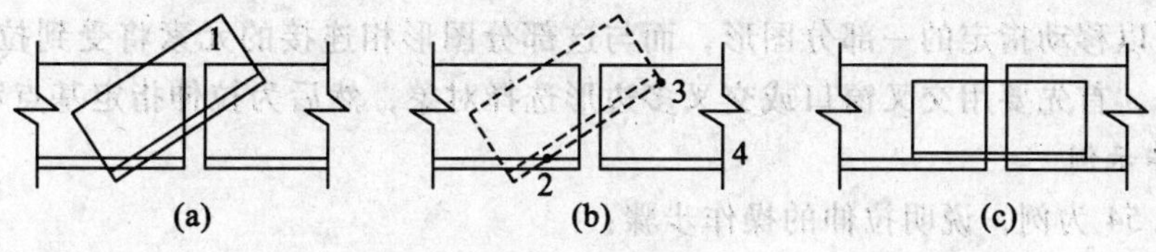

图 2.52　用参照进行旋转

(1)点取修改工具栏中的旋转按钮。选择要旋转的对象 1。

(2)捕捉交点(点 2)为旋转指定基点，此时系统提示：

指定旋转角度或[参照(R)]：

(3)输入 R 并回车，此时系统提示："指定参照角<0>："。

(4)捕捉交点(点 2)，开始定义参照角。

(5)捕捉端点(点 3)，完成参照角的定义。此时系统提示：

指定新角度：

(6)捕捉要与之对齐的对象的端点(点 4)，完成旋转。如图 2.52(c)所示。

2.4.11　缩放(SCALE)

1. 功能

输入比例因子缩放选择集，使对象变大或变小。可以通过指定一个基点和长度(基于当前图形单位被用做比例因子)或直接输入比例因子来缩放对象。用户还可以选择"参照"方式为对象指定当前长度和新长度，利用它们间的比值确定比例值。

2. 操作示例

使用夹点的比例缩放模式缩放图 2.53(a)所示对象成为图 2.53(c)，操作如下：

(1)利用窗口选择对象，如图 2.53(a)所示。

(2)选择圆心作为基点，如图 2.53(b)所示。

(3)输入 sc 或按空格键循环切换到夹点的比例缩放模式。

(4)输入比例因子(0.6)。缩放结果如图 2.53(c)所示。

(a)

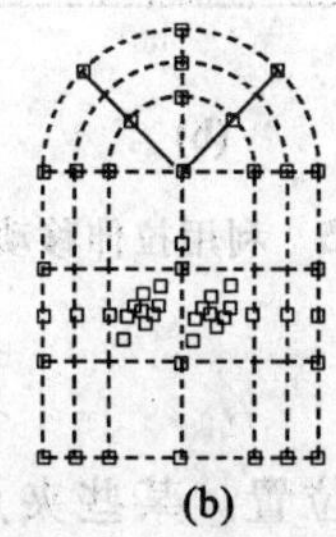

(b)

(c)

图 2.53　缩放对象

2.4.12 拉伸(STRETCH)

1. 功能

拉伸可以移动指定的一部分图形，而与这部分图形相连接的元素将受到拉伸或压缩。要拉伸对象，首先要用交叉窗口或交叉多边形选择对象，然后为拉伸指定基点和位移量。

2. 操作示例

以图 2.54 为例，说明拉伸的操作步骤：

(1)点取修改工具栏内的拉伸按钮。

(2)用交叉窗口(1，2)选择拉伸对象，如图 2.54(a)所示。

(3)指定拉伸的基点(点 3)和位移量(线段 34)，如图 2.54(b)所示。拉伸结果如图 2.54(c)所示。

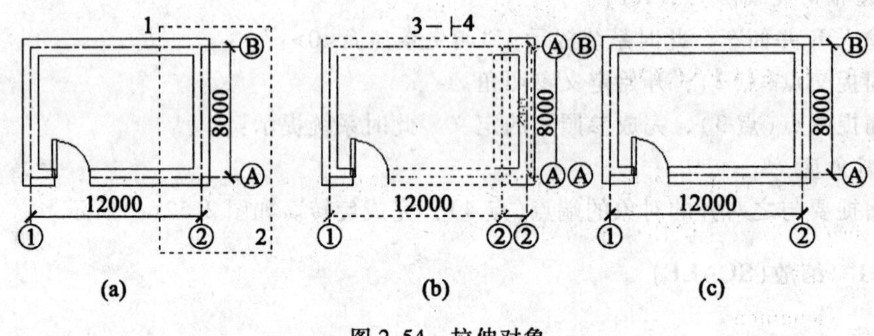

图 2.54 拉伸对象

3. 利用拉伸移动对象

利用拉伸可以移动对象，图 2.55 显示了利用拉伸将门从墙壁的某个位置移到另一个位置。打开正交模式可按直线移动对象。

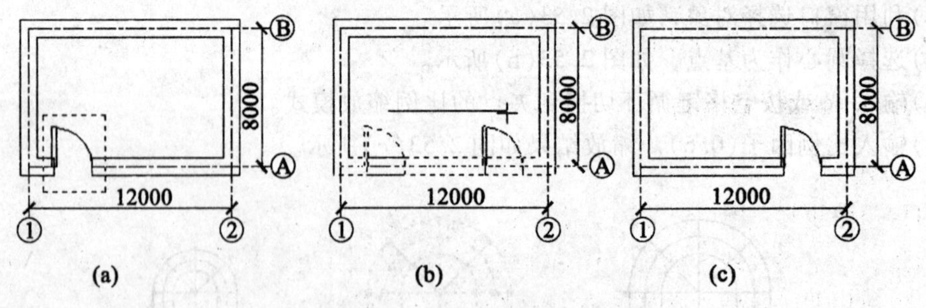

图 2.55 利用拉伸移动门的位置

4. 利用夹点拉伸

移动夹点可将对象拉伸到新的位置。某些夹点移动对象不是拉伸对象，文字对象、块、直线中点、圆心、椭圆中心和点对象上的夹点也是如此。

下面以图 2.56 为例，说明拉伸多个夹点的步骤：

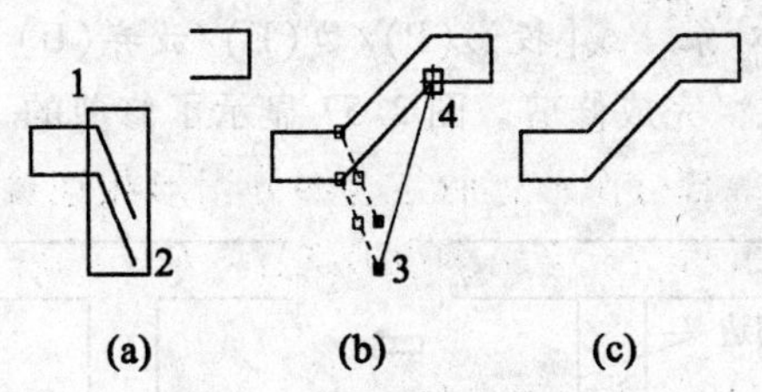

图 2.56　用夹点拉伸对象

(1)选择两条直线，将显示它们的夹点(点 1、2)。

(2)按住 Shift 键并选择两个末端夹点(点 3、4)。

(3)松开 Shift 键并选择两个夹点中的任一个作为基点(点 3)。

(4)为对象指定新的位置。拉伸结果如图 2.56(c)所示。

2.4.13　拉长(LENGTHEN)

1. 功能

改变非闭合的直线、圆弧、非闭合多段线、椭圆弧和非闭合样条曲线的长度，还可以改变圆弧的的圆心角。操作结果与延伸类似。

2. 操作格式

命令：_lengthen

选择对象或[增量(DE)/百分数(P)/全部(T)/动态(DY)]：

3. 选项含义

- 增量(DE)：用来指定一个增加的长度或角度。
- 百分数(P)：按对象总长的百分比来改变对象的长度。
- 全部(T)：指定对象的总的绝对长度或包含的角度。
- 动态(DY)：用来动态地改变对象的长度。
- 选择对象：执行该选项，命令行会显示出对象的当前长度和角度(对于圆弧)。

2.4.14　修剪(TRIM)

1. 功能

用指定的边界(由一个或多个对象定义的剪切边)修剪指定的对象。剪切边可以是直线、圆弧、圆、多段线、椭圆、样条曲线、构造线、射线和图纸空间中的视口。修剪在绘图过程中使用非常灵活，功能很强，读者应重点掌握。

2. 操作格式

(1)点取修改工具栏中的修剪按钮，系统提示为：

命令：_trim

当前设置：投影=UCS，边=无

选择剪切边…

选择对象：(即选择剪切边)

(2)选择剪切边，回车结束剪切边的选择。此时系统提示为："选择要修剪的对象，按住 Shift 键选择要延伸的对象，或[投影(P)/边(E)/放弃(U)]:"

(3)选择要修剪的对象，完成修剪。图 2.57 显示了修剪的一些实例。

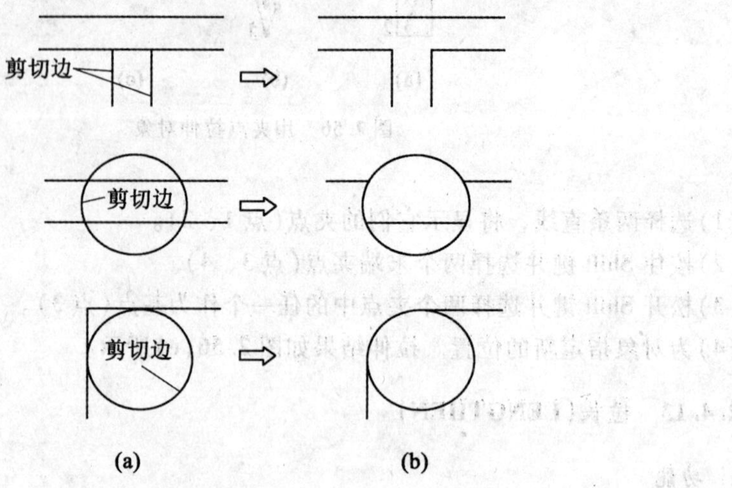

图 2.57 修剪对象

3. 修剪隐含交点

隐含交点是两个对象延伸相交的点。可以用对象的隐含交点作为剪切边修剪对象。图 2.58 中利用水平墙壁，将垂直墙壁修剪到它的隐含交点。操作如下：

(1)点取修改工具栏中的修剪按钮。

(2)选择剪切边，如图 2.58(a)所示，回车。此时系统提示为：

选择要修剪的对象，按住 Shift 键选择要延伸的对象，或[投影(P)/边(E)/放弃(U)]:

(3)输入 E(边)并回车，此时系统提示：

输入隐含边延伸模式[延伸(E)/不延伸(N)]<不延伸>:

(4)输入 E(延伸)并回车。

(5)选择要修剪的对象，如图 2.58(b)所示，(c)中显示修剪结果。

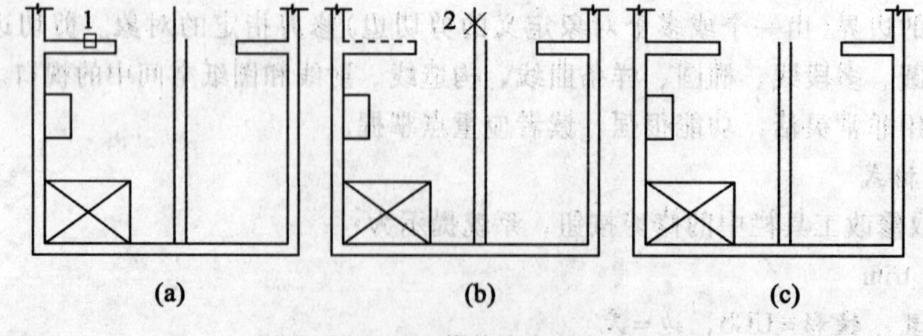

图 2.58 修剪隐含交点

4. 修剪复杂对象

剪切边也可以作为正在被修剪的对象。图 2. 59 中，两个圆是两条直线的剪切边，同时圆弧也被直线修剪。图 2. 59(a)用交叉窗口(1，2)选择剪切边，(b)中显示要修剪的对象，(c)为修剪结果。

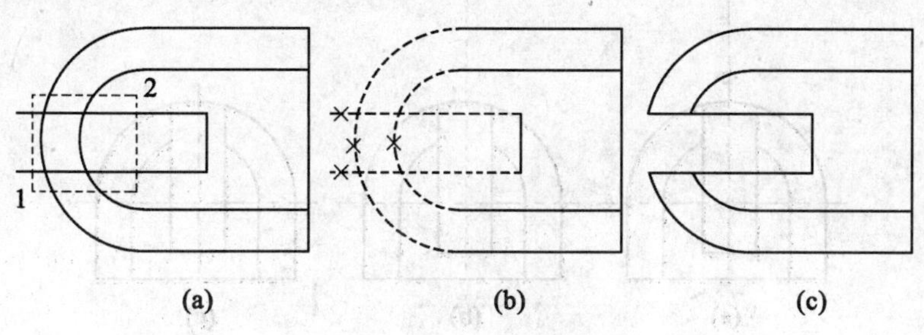

图 2. 59　修剪复杂对象

2. 4. 15　延伸(EXTEND)

1. 功能

将对象精确地延伸至由其他对象定义的边界(或隐含边界即虚边界)。

2. 操作示例

下面以图 2. 60 为例，说明延伸操作的步骤。在图例中，将直线精确地延伸到由一个圆定义的边界。

(1)点取修改工具栏中的延伸按钮。

(2)选择作为边界的对象(圆)，如图 2. 60(a)所示。

(3)选择要延伸的对象(8 条直线)，如图 2. 60(b)所示。延伸结果如图 2. 60(c)所示。

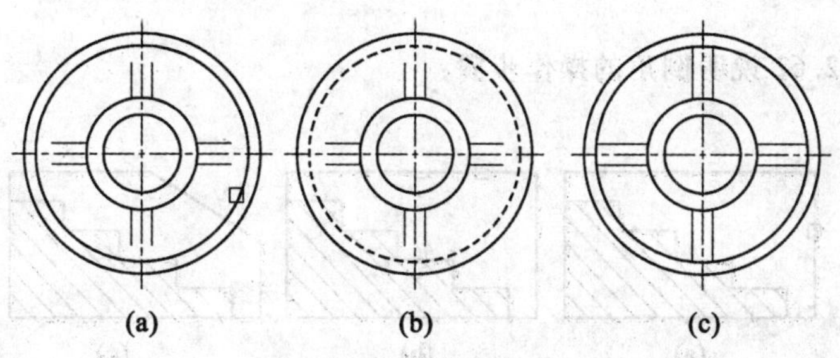

图 2. 60　延伸对象

2. 4. 16　打断(BREAK)

1. 功能

删除对象的一部分，或将对象打断。打断对象时，需确定两个断点。如果两个断点不重合，则删除断点之间的对象；如果两个断点重合，则将对象在断点处打断。系统将选择对象的点默认为第一点，也可以重新选择第一点。

2. 操作示例

下面以图 2.61 为例，说明打断对象的步骤。

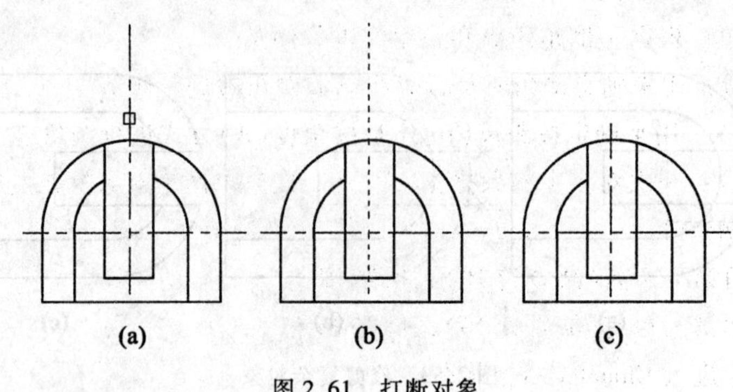

图 2.61 打断对象

(1)点取修改工具栏中的打断按钮。系统提示："选择对象："。

(2)选择要打断的对象(图 2.61(a)所示中心线)。此时系统提示为：

指定第二个打断点或[第一点(F)]：(输入第二点或键入 F 重新确定第一点)

(3)在中心线的延长线上(不需特别准确)单击鼠标，即输入了第二个断点，多余的中心线即可被删除。结果如图 2.61(c)所示。

2.4.17 倒角(CHAMFER)

1. 功能

通过延伸(或修剪)使两个非平行的直线类对象相交或利用斜线连接。可以倒角直线、多段线、构造线和射线。

2. 操作示例

下面利用图 2.62 说明倒角的操作步骤：

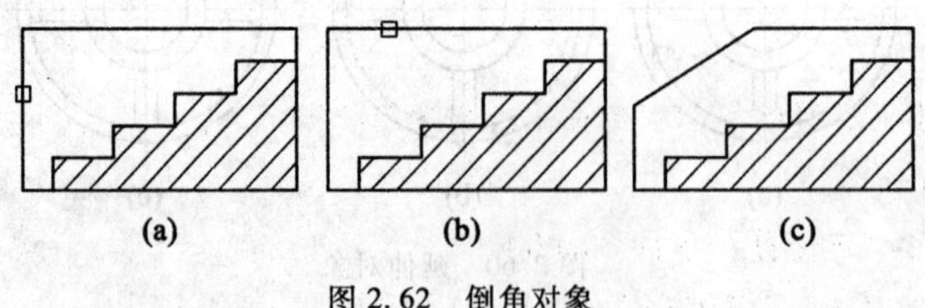

图 2.62 倒角对象

(1)点取修改工具栏中的倒角按钮，此时系统提示为：

命令：_chamfer

("修剪"模式)当前倒角距离 1=0.0000，距离 2=0.0000

选择第一条直线或[多段线(P)/距离(D)/角度(A)/修剪(T)/方式(M)/多个(U)]：

各选项的含义如下：

- 多段线(P)：对多段线进行倒角。若是用多段线绘制的四边形，选择该项后，点取四边形，其四个角一次自动倒角，后面介绍的倒圆角命令的该选项功能与此类似。
- 距离(D)：确定倒角距离。
- 角度(A)：根据一倒角距离和一角度进行倒角。
- 修剪(T)：用来确定倒角时是否对相应的倒角边进行修剪。
- 方式(M)：用来确定按距离(D)还是按角度(A)方式进行倒角。
- 多个(U)：一次对多个对象操作，否则一次只对两个对象操作然后结束命令。

(2)输入 D(距离)。

(3)输入倒角第一距离(缺省为 10)，例如 12。

(4)输入倒角第二距离(缺省为 10)，例如 20。

(5)回车重新进入 Chamfer 命令状态。

(6)选择第一条倒角直线，如图 2.62(a)所示。

(7)选择第二条倒角直线，如图 2.62(b)所示。图 2.62(c)显示了倒角结果。

2.4.18　倒圆角(FILLET)

1. 功能

通过一个指定半径的圆弧来光滑连接两个对象。

2. 操作示例

下面利用图 2.63 说明倒圆角的操作步骤：

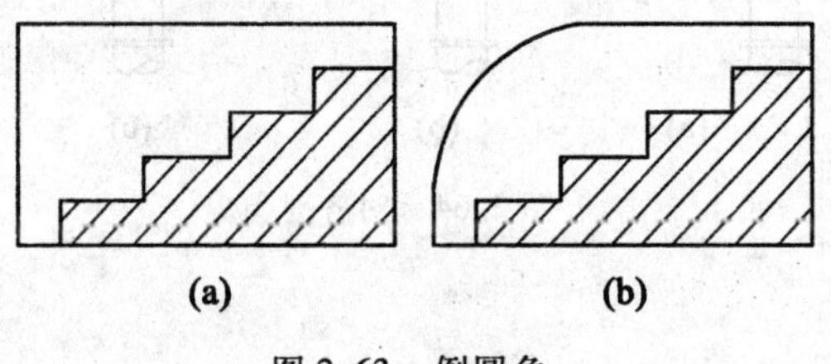

图 2.63　倒圆角

(1)点取修改工具栏中的倒圆角按钮，此时系统提示为：

命令：_fillet

当前设置：模式=修剪，半径=0.0000

选择第一个对象或[多段线(P)/半径(R)/修剪(T)/多个(U)]：

(2)输入 R(半径)。

(3)输入圆角半径，例如 26。

(4)回车重新进入 Fillet 命令状态。

(5)选择第一条倒圆角直线。如图 2.63(a)所示。

(6)选择第二条倒圆角直线。图 2.63(a)、(b)分别显示了倒圆角前后的情况。

2.4.19 对齐(ALIGN)

1. 功能

可通过移动、旋转或倾斜一个对象来使该对象与另一个对象对齐。此命令既适用于三维对象，也适用于二维对象。

2. 操作示例

下例是用窗口选择框选择要对齐的对象去对齐管道段。通过端点对象捕捉精确地对齐管道段。对齐两个对象的操作步骤如下：

(1)执行“修改”→“三维操作”→“对齐”命令。

(2)用窗口选择框选择要对齐的对象，如图 2.64(a)所示。

(3)指定第一个源点(图 2.64(b)中的点 3)，然后指定第一个目标点(图 2.64(b)中的点 4)。

(4)指定第二个源点(图 2.64(b)中的点 5)，然后指定第二个目标点(图 2.64(b)中的点 6)。回车，此时系统提示：

指定第三个源点或<继续>：(回车继续)

是否基于对齐点缩放对象？[是(Y)/否(N)]<否>：

(5)输入 Y 并回车，即可缩放对象并使对齐点对齐，如图 2.64(c)所示。

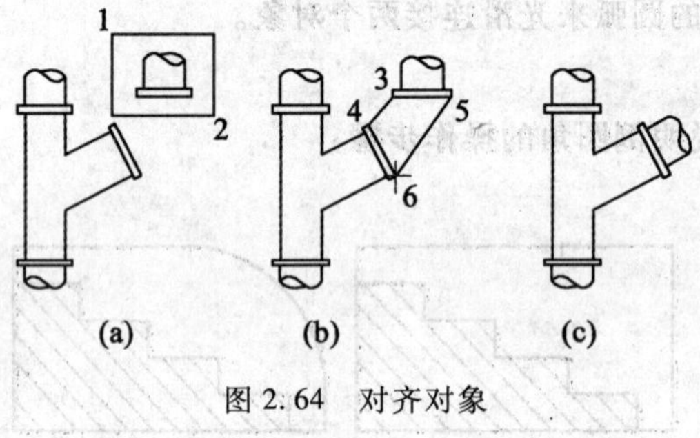

图 2.64 对齐对象

2.4.20 分解(EXPLODE)

1. 功能

利用该命令可以炸开块、关联尺寸、关联填充、多线、多段线、多行文字等实体，以便对其组成图素进行编辑。

2. 操作格式

命令：_explode

选择对象：(选择要炸开的对象或回车结束命令)

2.4.21 编辑多段线(PEDIT)

1. 功能

对由 Pline 命令绘制的多段线进行编辑。用户可以通过闭合和打开多段线，以及移动、增加或去掉单独的顶点来编辑多段线。也可以在任何两个顶点之间拉直多段线，或设定线型在整条多段线上的生成方式，使之将多个片段的多段线按一条线来处理。还可以为整个多段线设置统一的宽度或控制每个线段的宽度，以及从多段线创建样条曲线的线性近似值。二维和三维多段线、矩形和正多边形以及三维多边形网格都是多段线的变形，并且都可用 Pedit 命令去编辑。

2. 操作格式

命令：_pedit 选择多段线或[多条(M)]：

其余提示取决于是选择了二维多段线、矩形、正多边形、三维多段线还是三维多边形网格。选择的对象不同，提示有所差异。

(1)键入"M"并回车，则系统对多条多段线同时进行相同的编辑。但应注意系统不能将多边形网格与其他类型的多段线一起共同编辑。

- 若选择多条多段线，此时系统提示为：

输入选项[闭合(C)/打开(O)/合并(J)/宽度(W)/拟合(F)/样条曲线(S)/非曲线化(D)/线型生成(L)/放弃(U)]：

- 若选择多个多边形网格，此时系统提示为：

输入选项[平滑曲面(S)/非平滑(D)/M向打开(MO)/M向关闭(MC)/N向打开(NO)/N向关闭(NC)/放弃(U)]：

(2)若选择一条多段线，即直接选择一条多段线，则系统仅对一条多段线进行编辑，系统提示取决于是选择了二维多段线、矩形、正多边形、三维多段线还是三维多边形网格。选择的对象不同，提示有所差异。

- 若选择了二维多段线、矩形、正多边形，则系统提示为：

输入选项[打开(O)/合并(J)/宽度(W)/编辑顶点(E)/拟合(F)/样条曲线(S)/非曲线化(D)/线型生成(L)/放弃(U)]：

- 若选择了三维多段线，则系统提示为：

输入选项[闭合(C)/编辑顶点(E)/样条曲线(S)/非曲线化(D)/放弃(U)]：

- 若选择了三维多边形网格，则系统提示为：

输入选项[编辑顶点(E)/平滑曲面(S)/非平滑(D)/M向打开(M)/N向关闭(N)/放弃(U)]：

(3)如果选定的对象是直线或圆弧，则 AutoCAD 提示：

选定的对象不是多段线。

是否将其转换为多段线？<Y>：(输入 y 或 n，或按 ENTER 键)

3. 选项说明

现以选择一条二维多段线后的提示"输入选项[闭合(O)/合并(J)/宽度(W)/编辑顶点(E)/拟合(F)/样条曲线(S)/非曲线化(D)/线型生成(L)/放弃(U)]："为例，简要说明各选项如下：

- 闭合(C)：创建闭合的多段线。
- 打开(O)：将选定的多段线打开。
- 合并(J)：将两条具有公共端点的多段线合并为一条。
- 宽度(W)：为多段线指定新的同一宽度。

- 编辑顶点(E)：编辑多段线的某一顶点。
- 拟合(F)：将多段线拟合成双圆弧曲线(如图 2. 65(a)所示)。
- 样条曲线(S)：将选定多段线拟合为 B 样条曲线(如图 2. 65(b)所示)。

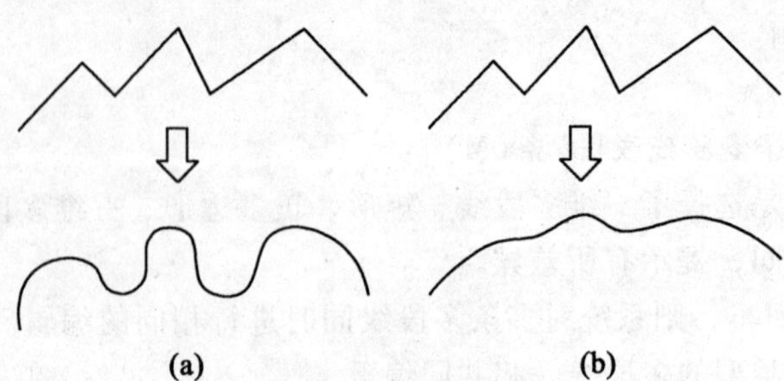

图 2. 65　拟合多段线和样条曲线化多段线

- 非曲线化(D)：将拟合或样条曲线化的多段线恢复到原来的形状。
- 线型生成(L)：AutoCAD 将重新生成选定多段线，以确定多段线在顶点处的线型。
- 放弃(U)：取消 Pedit 命令的上一次操作。

4. 编辑多段线顶点

下面以图 2. 66 为例，说明编辑多段线顶点的步骤。

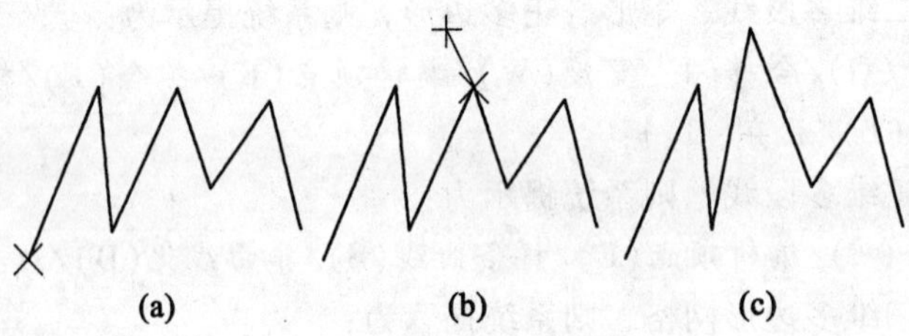

图 2. 66　移动多段线的顶点位置

(1)输入 Pedit 命令。

(2)选择一条多段线。

(3)输入 E 并回车，此时多段线第一个顶点处显示一个点标记“×”，如图 2. 66(a)所示。系统显示如下：

输入顶点编辑选项［下一个(N)/上一个(P)/打断(B)/插入(I)/移动(M)/重生成(R)/拉直(S)/切向(T)/宽度(W)/退出(X)］<N>：

(4)按空格键或回车键将点标记移到中间顶点。

(5)输入 M 并回车，如图 2. 66(b)所示。此时系统提示：“指定标记顶点的新位置：”。

(6)向中间顶点的正上方移动鼠标并单击，完成顶点的移动，如图 2. 66(c)所示。

5. 改变多段线的线宽

编辑多段线，使多段线的每一段都有不同的起始宽度和终止宽度，如图 2. 67 所示。

操作如下：

(1)输入 Pedit 命令。

(2)选择要编辑的多段线。

(3)输入 E(编辑顶点)。第一个顶点显示一个点标记“×”。

(4)输入 W(宽度)。

(5)输入不同的起始和终止宽度。按空格键或回车键将点标记移动到下一个顶点，或输入 N 代表下一个。

(6)为每一条多段线重复步骤(4)到(5)。

(7)输入 X(退出)，结果如图 2.67(b)所示。

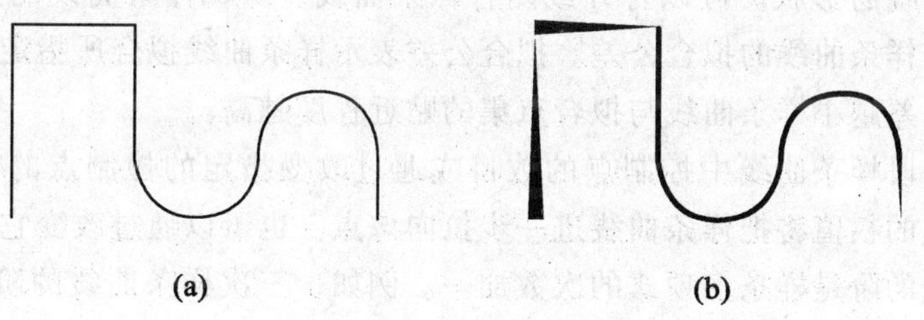

图 2.67 改变多段线的线宽

6. 分解多段线

一条无论如何复杂的多段线，它是一个图元。可以将其从单个的对象转化成它的下一个层次的组成对象，但表面上有时看不出对象有什么变化。除了多段线外，可以分解的对象还有：矩形、圆环、正多边形、块和尺寸等。分解多段线的命令是 Explode。分解多段线时，AutoCAD 将清除关联的宽度信息。

2.4.22 编辑多线(MLEDIT)

对由 Mline 命令绘制的多线进行编辑。执行该命令后，弹出一个“多线编辑工具”对话框，如图 2.68 所示。编辑多线主要通过该对话框进行。对话框中的各个图标形象地反映

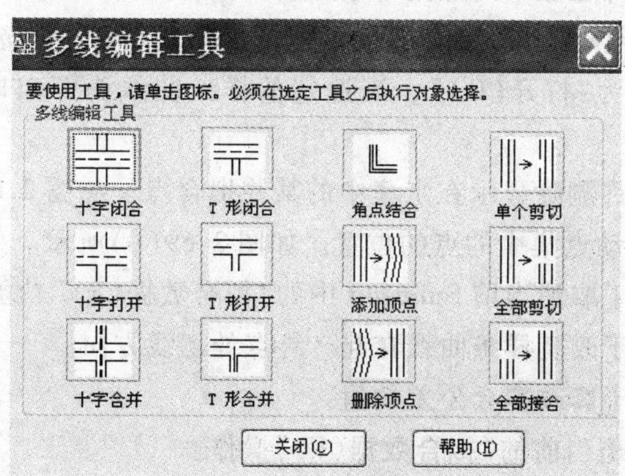

图 2.68 多线编辑工具

了 Mledit 命令的功能。用户可以通过增加或删除顶点以及控制交点连接的显示来编辑多线。AutoCAD 提供多种方法来构造多线交点。用户还可以通过编辑多线样式来改变单独直线元素的属性或多线的末端封口以及背景填充。如果图形中有两条多线，则可以控制它们相交的方法。多线可以相交成十字形或 T 字形，并且十字形或 T 字形可以被闭合、打开或合并。

2.4.23 编辑样条曲线(SPLINEDIT)

1. 功能

编辑由 Spline 命令绘制的样条曲线。可以删除或增加样条曲线的拟合点，可以移动拟合点修改样条曲线的形状。可以打开或闭合样条曲线，编辑样条曲线的开始和结束的切线。还可以改变样条曲线的拟合公差。拟合公差表示样条曲线拟合所指定的拟合点集的拟合精度。拟合公差越小样条曲线与拟合点集的贴近程度越高。

通过增加一段样条曲线中控制点的数目或通过改变指定的控制点的权值细化样条曲线。增加控制点的权值将把样条曲线进一步拉向该点。也可以通过改变它的阶来细化样条曲线。样条曲线的阶是样条多项式的次数加一。例如，三次样条曲线的阶为 4。样条曲线的阶越高，控制点越多。

2. 操作格式

执行编辑样条曲线命令，选择要编辑的样条曲线，此时系统提示为：

输入选项[拟合数据(F)/闭合(C)/移动顶点(M)/精度(R)/反转(E)/放弃(U)]:

各选项的含义如下：

(1)拟合数据(F)：用来编辑样条曲线所通过的某些特殊的点。

执行该选项后，样条曲线上显示出一些小方框，如图 2.69(a)所示。这些小方框位于样条曲线的拟合点上。此时系统提示：

输入拟合数据选项

[添加(A)/闭合(C)/删除(D)/移动(M)/清理(P)/相切(T)/公差(L)/退出(X)]<退出>:

这些选项的含义如下：

- 添加(A)：允许在显示的点集中增加新的拟合点。如图 2.69(b)所示。
- 闭合(C)/打开(O)：将选定的样条曲线封闭或打开。当选定的样条曲线为闭合时，该项显示为“打开(O)”，当选定的样条曲线为开口时，该项显示为“闭合(C)”。
- 删除(D)：允许删除显示在点集中的某些拟合点。如图 2.69(c)所示。
- 移动(M)：移动点集中的点的位置。如图 2.69(d)所示。
- 清理(P)：用于取消当前 Splinedit 中的“拟合数据(F)”功能。
- 相切(T)：用于改变样条曲线在起、终点处切线方向。
- 公差(L)：用于修改拟合公差的值。
- 退出(X)：退出当前的“拟合数据(F)”操作。

(2)闭合(C)/打开(O)：用于封闭或打开所选定的样条曲线。当选定的样条曲线为闭合时，该项显示为“打开(O)”，当选定的样条曲线为打开时，该项显示为“闭合(C)”。

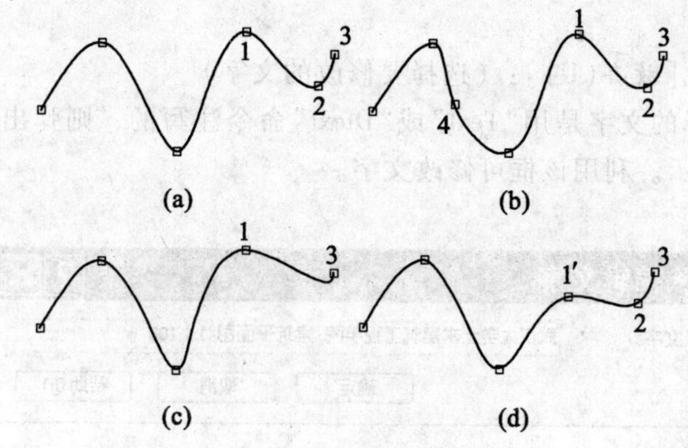

图 2.69　编辑样条曲线

(3)移动顶点(M)：用来移动样条曲线上的当前点位置。

(4)精度(R)：用来对样条曲线上的控制点进行操作。执行该选项后系统提示：

输入精度选项[添加控制点(A)/提高阶数(E)/权值(W)/退出(X)]<退出>：

这些选项的含义如下：

- 添加控制点(A)：增加样条曲线的控制点(控制点如图 2.70(a)所示)。
- 提高阶数(E)：用于控制样条曲线的阶数，阶数越高，控制点越多，图 2.70(b)是阶数为 5 的情况。

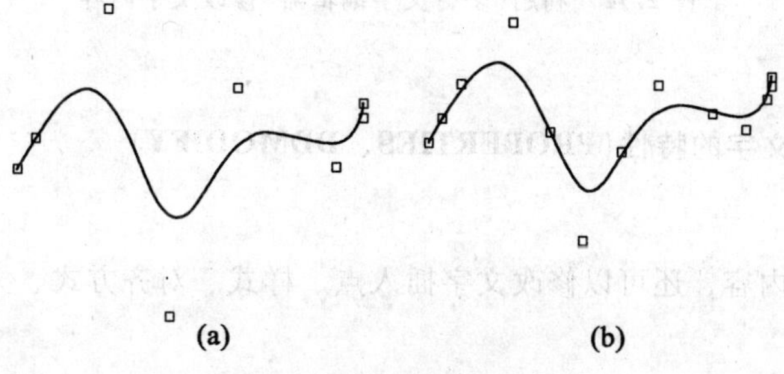

图 2.70　添加样条曲线的控制点

- 权值(W)：用于改变控制点的权重，权重是控制点控制样条曲线的能力。权值增加，控制点对样条曲线的控制能力增加，样条曲线进一步靠近控制点。
- 退出(X)：退出当前操作。

(5)反转(E)：用于转变样条曲线的方向。

(6)放弃(U)：取消上一次的编辑操作。

2.4.24　修改文字(DDEDIT)

1. 功能

修改文字内容。

2. 操作格式

命令：ddedit

选择注释对象或[放弃(U)]：(选择要修改的文字)

如果用户所选择的文字是用“Text”或“Dtext”命令注写的，则弹出一个“编辑文字”对话框，如图 2.71 所示。利用该框可修改文字。

图 2.71 添加样条曲线的控制点

如果用户所选择的文字是用“Mtext”命令注写的，则弹出一个“多行文字编辑器”，如图 2.72 所示。利用该编辑器可对文字进行修改。

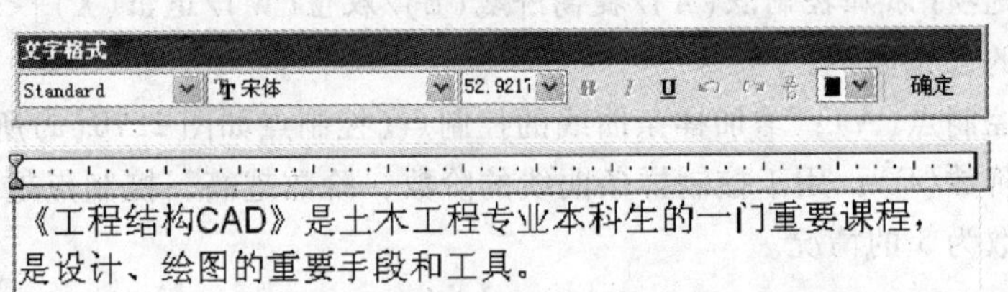

图 2.72 利用“多行文字编辑器”修改文字内容

2.4.25 修改文字的特性(PROPERTIES、DDMODIFY)

1. 功能

可以修改文字内容，还可以修改文字插入点、样式、对齐方式、大小和方向等特性。

2. 操作格式

(1)执行“修改”→“特性”命令。此时弹出一个“特性”窗口，如图 2.73 所示。

(2)在“特性”窗口中点取“选择对象”按钮选择要编辑的文字，在图 2.73 所示的“文字”类下的“内容”栏中输入新的文字，如“武汉大学土木建筑工程学院”。

(3)在窗口中还可以修改文字所在的图层、颜色、样式、对正方式、文字高度、旋转角、宽度比例因子、倾斜角、插入点位置的 X、Y、Z 坐标等属性。这些修改会影响文字对象中的所有文字。

(4)点取“ ”按钮关闭对话框。

3. 说明

Properties 或 Ddmodify 命令很重要。上面仅介绍了利用它修改文字特性，其实可以利用它修改任意对象(例如圆、块、样条曲线、图案填充、尺寸等)的参数和图层、颜色、线型等特性。在利用特性对话框进行修改时，用户所选择的对象不同，对话框中的内容会

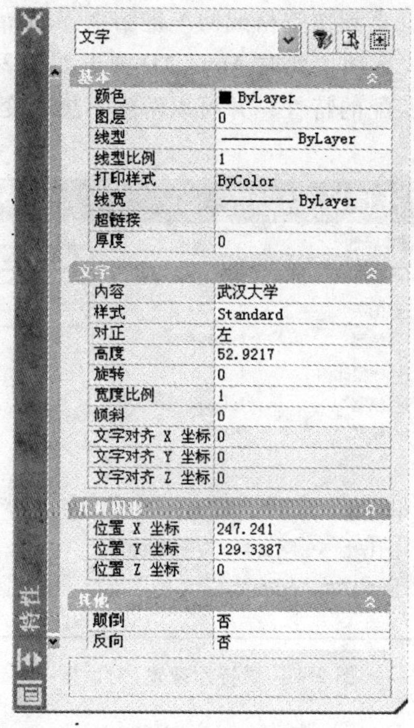

图 2.73　利用特性对话框编辑文字的特性

有一些区别，但操作方法是相同的且非常容易。可见 Properties 或 Ddmodify 命令其实是一个多功能的对象特性编辑命令。

2.4.26　特性匹配(MATCHPROP、PAINTER)

1. 功能

将一个对象的特性复制到另一个或许多对象上去。例如，使用它可以将某一文字的特性(字高、字体等)，复制到另外一些文字上，从而使图中注写的文字大小、字形一致(该功能类似于中文 Word 软件的“格式刷”功能)。此外对颜色、图层、线型、线型比例、线宽、厚度、打印样式、尺寸标注、图案填充等特性也能进行匹配，在实际绘图过程中，熟练应用该功能，不仅方便快捷，而且大大提高工作效率。

2. 操作格式

(1)执行“修改”→“特性匹配”命令。系统提示：

命令：'_matchprop

选择源对象：

(2)用户可选择提供特性原型的对象。选定源对象后，命令行显示：“当前活动设置：颜色　图层　线型　线型比例　线宽　厚度　打印样式　文字　标注　填充图案”

选择目标对象或[设置(S)]：

同时鼠标指针变为带有拾取框的刷子形。

(3)选择要应用特性的目标对象，如一个单行文字对象，则源对象的特性被复制到目标对象。系统接着提示："选择目标对象或[设置(S)]:"。

可以继续选择目标对象，直到按空格或回车键结束 Matchprop 命令。

若键入 S 选择"设置(S)"选项，此时 AutoCAD 弹出如图 2.74 所示的"特性设置"对话框，用户可在其中设置想要匹配的特性，并可以清除不想改变的特性。

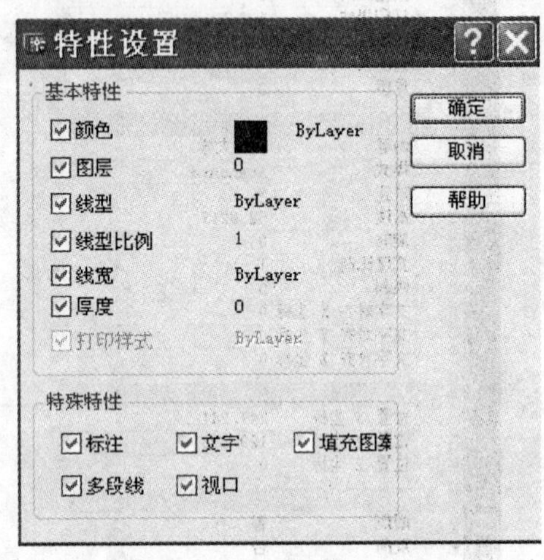

图 2.74 "特性设置"对话框

2.4.27 取消当前操作(UNDO)

取消用户已执行的操作。对于用户的操作，无论是编辑、绘图还是其他操作，如果操作有误，或对操作结果不满意，均可以执行取消操作。连续输入 U 并回车，可以连续取消前面的操作。如果取消有误，可以用"Redo"操作恢复刚刚取消的操作。

2.5 AutoCAD 图形的显示控制

用特定的显示比例、观察位置和观察角度查看模型空间图形而得到的图像称为视图。AutoCAD 提供了多种视图操作方式，以方便用户在绘图时查看图形不同部位与细节。例如，可以通过缩放操作改变视图的大小，或者通过平移操作来重新定位视图在绘图区域中的位置。视图可以随图形一起保存，在需要打印或查看细节时可以还原特定的视图。本节介绍与视图和显示控制有关的最常用的两种操作：视图缩放(ZOOM)和视图平移(PAN)。

2.5.1 图形的显示缩放(ZOOM)

1. 功能

对视图进行无级缩放。在 AutoCAD 中查看图形的最常用的方式是缩放绘图区域中的图像。放大图像可以更详细地观察图形的细节，缩小图像可以一次观察更大面积的图形或整张图形的整体效果。放大和缩小操作统称为缩放(ZOOM)。缩放并不改变图形的绝对大小，它仅仅改变了绘图区域中的视图大小。仿佛用户把一张图纸(如 A0 幅面)移远观察从而查看图纸的整体效果，而移近观察从而更清晰地查看图纸中某些局部细节，但图纸本身的大小没有变化。

2. 操作途径

缩放操作通过"缩放"命令来实现，激活 ZOOM 命令的途径有四种：

①缩放工具栏：在任意工具栏上单击鼠标右键，然后从快捷菜单中选择缩放命令，显示出缩放工具栏，如图 2.75 所示，可以从缩放工具栏中选择一个可用的工具按钮进行相应的缩放操作；②点击标准工具栏中的实时缩放(或窗口缩放、缩放上一个)按钮(见图 2.76)；③下拉菜单"视图"→"缩放"(见图 2.77)；④命令 ZOOM。

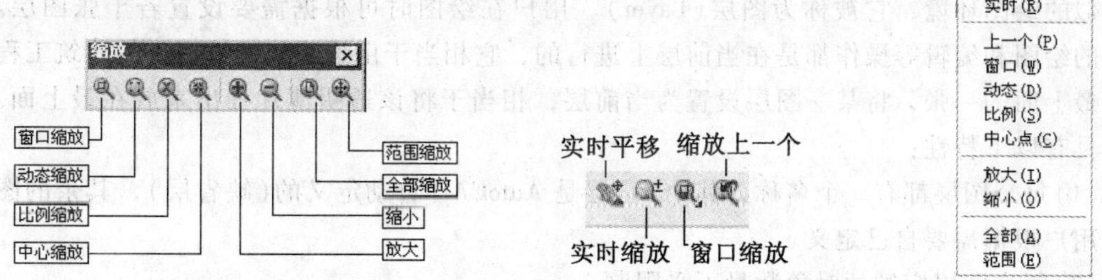

图 2.75 缩放工具栏　图 2.76 标准工具栏上的缩放按钮　图 2.77 缩放下拉菜单

注意：缩放并没有改变图形的绝对大小，而仅仅改变了屏幕绘图区中视图的大小，显然视图的缩放与前面介绍的比例(SCALE)缩放是完全不同的两种操作。

2.5.2 视图平移(PAN)

1. 功能

移动全图，使图形的全部或某一部分显示在屏幕上。

2. 操作途径

执行视图平移的途径有三种：①标准工具栏→实时平移按钮；②下拉菜单"视图"→"平移"；③命令 Pan。Pan 命令执行后，光标变成手形，按下鼠标并移动，图形便随鼠标移动；松开鼠标，移动便会停止。**实际上，AutoCAD 最快捷的图形实时缩放方法是滚动鼠标中键滚轮，实时平移是按住滚轮拖动图形。**

2.6 AutoCAD 的图层、块、外部参照及应用

2.6.1 图层

1. 图层的概念及特性

AutoCAD 的图层是一个抽象的概念，初学者一般难以理解，但却很重要，正确理解图层有助于合理设置图层并利用其进行绘图和编辑。图层可以理解为假想的"透明"薄片，可以将不同属性(颜色、线型、线宽、打印样式等)的图形对象画在不同的透明薄片上，所有透明薄片重叠在一起，则画在其上的所有图形对象都是可见的，可以一起打印输出；若某些薄片上的图形对象，暂时不需要，则可以将该薄片(层)关闭(相当于把这张薄片抽

出来)，关闭层上的图形对象不显示，也不打印输出，当再需要该层上的图形时，再将层打开(相当于将这张薄片重新插进去)。引入图层的概念有以下好处：①方便图形的管理；②节省图形文件在磁盘上的存储空间。下面通过一些例子进一步说明图层的概念。

我们知道，要完成一项房屋建筑工程的设计任务，一般要由建筑工程师、结构工程师、给排水工程师、建筑电气工程师等多个专业的设计人员相互配合共同完成。通常给排水管道图、电气图是直接绘制在建筑施工平面图上，若各专业的图分别绘制在不同的透明的硫酸纸上，将这些透明的硫酸纸叠合在一起，就形成了一张完整的设计图。若电气图有错或需要修改，只需把画电气图的硫酸纸抽出来修改即可。AutoCAD 为用户提供了与透明纸类似的绘图环境，它被称为图层(Layer)。用户在绘图时可根据需要设置若干张图层。用户的绘图和编辑等操作都是在当前层上进行的，它相当于由透明硫酸纸组成的建筑工程图中最上面的一张，将某一图层设置为当前层，相当于将该透明薄片抽出来放在最上面。图层具有以下特性：

(1)每个图层都有一个名称，其中"0"层是 AutoCAD 自动定义的(缺省层)，其余的图层由用户根据需要自己定义。

(2)每个图层容纳的对象数量不受限制。

(3)用户使用的图层数量不受限制，但不要过多，够用即可。

(4)层本身具有颜色、线型、线宽和打印样式，用户可以使用图层的颜色、线型和线宽绘图，也可以使用不同于图层的颜色、线型和线宽进行绘图。

(5)同一图层上的对象处于同种状态。如可见或不可见。

(6)图层具有相同的坐标系、绘图界限和显示时的缩放倍数。

(7)图层具有关闭(打开)、冻结(解冻)、锁定(解锁)等状态，用户可以改变图层的状态。

(8)只有在当前层上才能绘图，对于有多个图层的图形，在绘制对象之前要通过图层操作命令将所在图层置为当前层。

2. 图层工具栏和对象特性工具栏

图层工具栏和对象特性工具栏位于绘图区的上方，形式如图 2.78 和图 2.79 所示。这两个工具栏非常重要。可用图层工具栏上的按钮和列表框快速地查看或改变图层的状态。可用对象工具栏的列表框快速设置或改变对象的颜色、线型、线宽和打印样式。在没有命令激活时选择任一对象，该对象的图层状态、颜色、线型和线宽等都将在工具栏中动态显示出来。

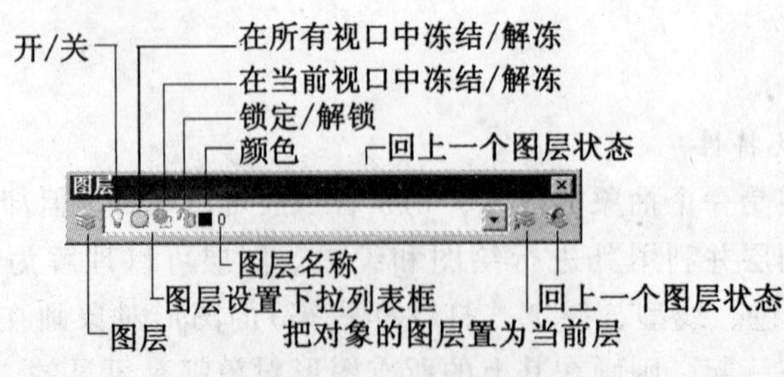

图 2.78 图层工具栏

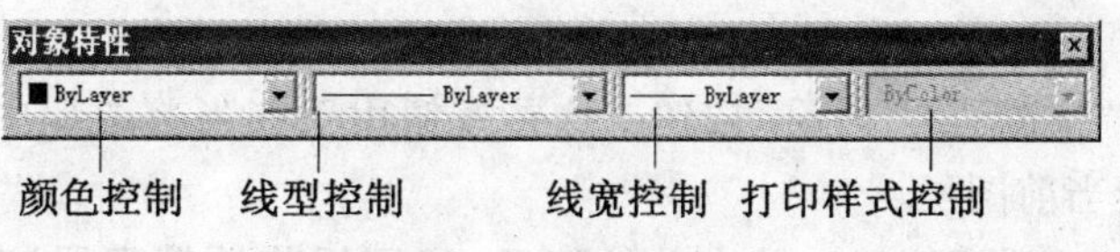

图 2.79　对象特性工具栏

3. 图层特性管理器

每个图层都有一组相关联的基本特性，包括图层名、颜色、线型、线宽和打印样式等。当用户在图层上绘图时，绘制的新对象的特性缺省设置是“随层”(Bylayer)，表明新对象的特性将由其所在图层的特性确定。用户也可以单独设置新对象的特性，使其不“随层”而独立于图层。AutoCAD 为用户提供的缺省层即 0 图层的基本特性是：颜色 ACI 值为 7(显示为白色或黑色，根据用户设定的背景颜色决定)、线型为 CONTINUOUS(连续实线)、线宽默认为 0.01in 或 0.25mm、打印样式为“NORMAL”。用户如果需要其他的图层，必须创建并命名它们，同时也可以设置图层的特性。在 AutoCAD 中，创建图层并设置其特性以及改变图层状态、设置当前层、删除层等一系列图层管理操作都是在“图层特性管理器”中进行的。打开图层特性管理器的方法就是执行 Layer 命令。执行该命令的途径有：①“格式”下拉菜单中的“图层…”命令；②单击“图层”工具栏中的“图层”按钮，如图 2.78 所示；③在命令行输入 Layer 命令，然后按 Enter 键。图层特性管理器对话框如图 2.80 所示。了解该对话框中的各个选项的意义有助于用户更好地在绘图过程中管理和使用图层，以下说明其中的各选项功能：

图层特性管理器

命名图层过滤器(M)：显示所有图层　　反向过滤器(I)　　应用到图层工具栏(T)　　新建(N)　删除　当前(C)　显示细节(D)　保存状态(V)…　状态管理器(R)…

当前图层：0

名称	开	在所有视口冻结	锁定	颜色	线型	线宽	打印样式	打印
0				白色	Continuous	默认	Color_7	
尺寸				绿色	Continuous	默认	Color_3	
门				青色	Continuous	0.50 毫米	Color_4	
墙体				黄色	Continuous	1.00 毫米	Color_2	
图名及其他				青色	Continuous	默认	Color_4	
轴线				红色	点划线	默认	Color_1	

6 图层总数　　6 显示图层数

确定　取消　帮助(H)

图 2.80　“图层特性管理器”对话框

(1)“命名图层过滤器”组件：用于设定在对话框的显示视图中显示哪些图层。用户可从列表中选择一种过滤规则，也可以自定义过滤规则。①反向过滤器：选中此复选项后，AutoCAD 只在列表中显示那些与用户指定的过滤规则相反的图层。②应用到图层工具栏：选中此复选项后，在图层工具栏中将只显示与用户指定的过滤规则一致的图层及其状态。

③[...]按钮：单击此按钮将弹出“命名图层过滤器”对话框，用户在此对话框中创建新的图层过滤器。

(2)“新建”、“删除”、“当前”按钮：这些按钮用于在当前图形中新建图层或将选定的图层删除或设置当前图层。

(3)“显示/隐藏细节”按钮：单击此按钮后，“图层特性管理器”对话框将显示“详细信息”组件，其中各选项与图层列表中的选项对应。

(4)保存状态：显示保存图层状态对话框，在其中保存图形中所有图层的状态和特性设置。可以选择要保存的图层状态和特性。通过为图层指定一个名称可以保存该图层状态。

(5)状态管理器：可在其中管理命名图层状态。

(6)图层列表：此列表中显示了当前图形中的所有图层及其关联的特性。其中各列说明如下：

- 名称：此列用于显示当前图形中图层的名称。选中图层后，单击该列使其处于可编辑状态，可直接输入图层的新名称。如果所选图层(如图层0)无法重命名，则不能执行以上重命名操作。单击此列的标题，用户可以将图层按名称首字母排序。
- 开/关：此列用于设置图层的打开或关闭状态。当图层打开时，该图层可见并可被打印；当图层关闭时，该图层不可见，并且即使在“打印”列中打开打印模式，该图层也不能被打印。单击图层的该列可以切换开关状态。
- 在所有视口冻结/解冻：此列用于设置在所有浮动视口中解冻或冻结图层。当图层冻结时，该图层不可见，并且在执行重生成图形、隐藏对象、渲染和打印等操作时，不包括此图层，因此在复杂图形中冻结某些图层有利于提高执行缩放、平移和重生成图形操作的速度；当图层解冻时，该图层可见，并且可以执行重生成、隐藏对象、渲染和打印等操作。
- 锁定/不锁定：此列用于设置锁定或解锁图层。当图层锁定时，该图层上的对象不能被选择或编辑。如果用户只需要查看当前图层的信息而不需进行编辑，那么可以锁定图层。当图层不被锁定时，用户可对该图层上的对象执行任意操作。
- 颜色：此列显示了与图层关联的颜色。单击图层的此列将弹出“选择颜色”对话框，可在其中为图层选择新颜色。单击此列标题，用户可以将图层按颜色的 ACI 值排序。
- 线型：此列显示了与图层关联的线型。单击图层的此列将弹出“选择线型”对话框，可在其中为图层选择新线型。单击此列标题，用户可以将图层按线型排序。
- 线宽：此列显示了与图层关联的线宽。单击图层的此列将弹出“线宽”对话框，可在其中为图层选择新线宽。单击此列标题，用户可以将图层按线宽排序。
- 打印样式：此列显示了与图层关联的打印样式。如果当前图层的打印样式是由颜色决定的，则用户不能修改图层的打印样式；如果当前图层的打印样式不是由颜色决定的，则单击任何打印样式将弹出“选择打印样式”对话框，用户可在其中为图层指定新的打印样式。
- 打印/不打印：此列可控制图层是否可以被打印。当图层被冻结时，即使打开图层的打印模式也不能打印图层。

4. 管理图层

(1)新建图层：创建新图层的步骤为：①在图层特性管理器中单击“新建”按钮，或在图层列表中单击鼠标右键，然后从快捷菜中选择“新建图层”菜单项；②新图层将以临时名字显示在列表中，用户可在输入框中键入表示图层特征的名称；③如果在创建新图层时选中了一个现有的图层，新建的图层将继承选定图层的特性，如果没有选择图层，则新图层将继承 0 图层的所有特性，用户可以根据需要来修改新图层的特性；④单击“确定”按钮，完成创建操作。

(2)使图层成为当前图层：只有将某层置为当前层才能在上面绘图，将选定图层置为当前层的步骤为：①在图层特性管理器的图层列表中，选择一个图层；②单击“当前”按钮，此时该图层变为当前图层；③单击“确定”按钮关闭对话框，完成操作。用户也可以在图层列表中双击一个图层名来使其成为当前图层，或者用鼠标右键单击某一图层名，然后从快捷菜单中选择“置为当前”菜单项将其设置为当前图层。用户还可以使与某个对象相关联的图层成为当前图层，方法是选择该对象，然后在图层工具栏上选择“将对象的图层置为当前”按钮，此时选定对象所在的图层变为当前图层。也可以先在图层工具栏上选择“将对象的图层置为当前”按钮，然后当命令行提示：“选择将使其图层成为当前图层的对象:”时选择一个对象来改变当前图层。用户应特别注意，不能使被冻结的图层或依赖外部参照的图层置为当前图层。

(3)删除图层：在绘图期间，用户随时可以删除图层。删除图层的步骤为：①在图层特性管理器中选择要删除的图层；②要选择多个图层，可按住 Ctrl 键，然后逐一选择要删除的图层，要选择所有图层，可按 Ctrl+A 组合键；③单击“删除”按钮，选定的图层从图层列表中消失；④单击“确定”按钮关闭对话框，完成删除。用户应注意不能删除当前图层、0 图层、依赖外部参照的图层或包含对象的图层。另外，被块定义参照的图层以及包含名字为 DEFPOINTS 的特殊图层，即使它们不包含可见对象也不能被删除。

(4)冻结/解冻图层：冻结图层可以加速 ZOOM、PAN 和 VPOINT 命令的执行，减少复杂图形的重生成时间。

(5)指定图层的线型/线宽：AutoCAD 提供了一定数量的可用线宽，缺省宽度为 0.25mm。指定图层线型/线宽的步骤为：①在图层特性管理器中选择一个图层；②单击与该图层相关联的线型或线宽；③从弹出的“选择线型”对话框的列表中选择一个线型或从“线宽”对话框的线宽列表中选择一个线型宽度；④单击“确定”按钮退出对话框，完成操作。

(6)指定图层打印样式：与线型和颜色一样，打印样式也是对象特性。打印样式控制对象的打印特性，包括颜色、抖动、灰度、笔号、虚拟笔、淡显、线型、线宽、线条端点样式、线条连接样式、填充样式等。打印样式组保存在下面两类打印样式表中：颜色相关(CTB)打印样式表和命名(STB)打印样式表。颜色相关打印样式表根据对象的颜色设置样式。命名打印样式表可以指定给对象，与对象的颜色无关。在应用时，打印样式可以影响打印图形的外观。图形中的对象与缺省的打印样式设置“随层”相关联。0 图层缺省的打印样式是 NORMAL。指定为 NORMAL 打印样式的图层使用已指定给该图层的特性。用户可以创建新的打印样式，为其命名并将其分别指定给图层。指定图层打印样式的步骤为：①在图层特性管理器中选择一个图层，单击要与该图层相关联的打印样式；②在“当前打印样式"对话框的列表中选择一种打印样式；③单击"确定"按钮退出对话框，完成操作。

2.6.2 块

1. 块的概念与用途

可以将图形中的某些对象组合成一个对象集合，并赋名存盘，这个对象集合被称做块。如果用户在绘图时再需要这个块，可以执行插入块命令将块插入到图中的任意位置。被插入图中的块可以赋予不同的比例和转角。AutoCAD 把块当做一个单一的对象对待，通过拾取块中的任一条线段，就可以对块进行编辑。用户还可以将块分解为它的组成对象并且修改这些对象，然后重定义这个块。AutoCAD 会根据块定义更新该块的所有引用。

AutoCAD 为用户提供了块功能，把设计绘图人员从某些重复性绘图中解脱出来，可大大提高绘图效率。块的具体功用如下：

(1)建立图形库：在机械、建筑、电子等专业中，工程人员设计时常会遇到一些图形重复使用，如果把经常使用的图形(如建筑施工图中的指北针等图例符号、结构施工图中的钢筋强度等级代号等)定义成块，并建立一个图库。在绘图时，可以将块从图库中调出使用，这样就可以避免了许多重复性的工作。

(2)可节省磁盘空间：当一组图形在图中重复出现时，会占据较多的磁盘空间，若把这组图形定义成块并存入磁盘，对块的每次插入，AutoCAD 仅需记住块的插入点坐标、块名、比例和转角，起到节省存储空间的作用。

(3)加入属性：若要在图中加入一些文本信息，这些文本信息可以在每次插入块时改变，并且可以像普通文本那样显示出来或隐藏起来。这样的文本信息被称为属性(详见 AutoCAD 有关资料)。用户还可以从图中提取属性值并为其他数据库提供资源。

2. 块的定义(BLOCK、BMAKE)

下面以图 2.81 为例，介绍在当前图形中定义一个块的步骤：

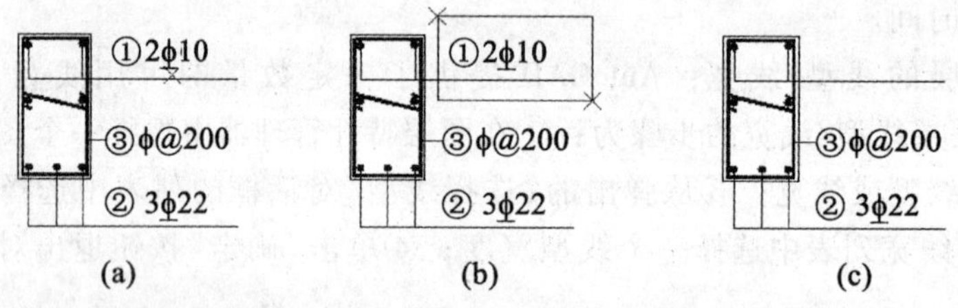

图 2.81 将钢筋标注定义为块

(1)从"绘制"工具栏中点取"创建块"按钮，弹出一个"块定义"对话框，如图 2.82 所示。

(2)在对话框的"名称"框中输入具有一定含义的块定义的名称，如输入 gjbz。

(3)在"基点"栏的 X、Y、Z 编辑框内输入插入基点的坐标值。当用户执行块插入操作时，插入点与光标十字中心重叠。插入点的缺省值是坐标系原点(0，0，0)。用户也可以点取"拾取点"按钮，然后通过定点设备在屏幕上指定插入点，单击该按钮时，"块定义"对话框暂时关闭，AutoCAD 在命令行提示："指定插入基点："。指定一点后(图 2.81

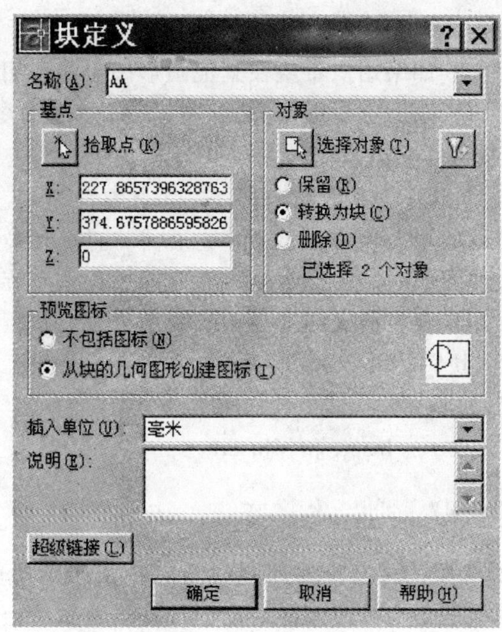

图 2.82　块定义对话框

(a))，“块定义”对话框重新显示。

(4)在“对象”栏中单击“选择对象”按钮，然后使用定点设备选择块定义中包含的对象。在选择构成块的对象时，“块定义”对话框暂时关闭，AutoCAD 提示：“选择对象:”，用户选择(图 2.81(b))完成后，AutoCAD 将重新显示“块定义”对话框，并提示用户选定对象的数目。

(5)在“对象”栏中确定是否在当前图形中保留块中包含的对象，各选项说明如下：

- 保留：创建块后，保留选定对象及其原始状态。
- 转换为块：创建块后，用块实例替换选定对象，不保留它们的原始状态。
- 删除：在定义块后删除选定对象，即定义块后屏幕上不保留原对象，如图 2.81(c)所示。

(6)在“预览图标”栏中定义块的图标。用户可以通过下列两种方式之一来创建块图标：

- 不包含图标：在新块中不包括块定义的图标。
- 从块的几何图形创建图标：以所有选定对象的缩略图作为新块的定义图标。选中此选项后，在该选项右侧的图标预览区中将自动显示图标图像。

(7)在“插入单位”下拉列表框中选择块的单位，在用户执行块插入时，AutoCAD 将使用此单位，缺省值为“无单位”。

(8)在“说明”栏中输入说明文字。用户最好输入块中对象的简要说明，或是块特征的提示信息，这样有助于在包含许多块的复杂图形中迅速检索到该块。

(9)点取“确定”按钮，即可将所选对象定义成块。

3. 保存块(WBLOCK、-WBLOCK)

用 BLock、Bmake 命令定义的块只能用于当前图形，执行新建图形操作或退出 AutoCAD 后，该块立即消失。如果用户希望在其他图形中也能引用所创建的块，就需要将块保存为独立的图形文件。可以用对话框的方式(WBLOCK)或命令行(-WBLOCK)的方式进行保存。

4. 插入块(INSERT、-INSERT)

用户定义过的块，可以使用 Ddinsert(或 Insert)命令、-Insert 命令将块或整个图形插入到当前图形中。当插入块或图形时，需指定插入点、缩放比例和旋转角。当把整个图形插入到另一个图形时，AutoCAD 会将插入图形当做块引用处理。执行插入块的途径有：

(1)绘制工具栏/“插入块”按钮。

(2)下拉菜单“插入”/“块…”。

(3)命令：Ddinsert、Insert、-Insert 和 Minsert。

2.6.3 外部参照(XREF)

使用 AutoCAD 的外部参照，可以将外部图形附着或引入到当前图形上。当用户打开当前图形时，在参照图形上的任何修改都会自动体现在当前图形上，从而使当前图形自动更新和修改。

1. 外部参照的概念和特点

外部参照(Xref)(也叫外部引用)是把其他图形链接到当前图形中。外部引用不同于块，当把图形作为块插入时，块定义和所有相关联的几何图形将存储在当前图形数据库中。如果修改了原图形，块不会跟着更新，必须在主图形内执行重新插入图块命令。但是，当把图形作为外部参照插入时，主图形一旦打开，它就会随着原图形的修改而自动更新。例如设计一个大的建筑工程时，往往是由多个设计人员组成的设计小组分工完成，若以绘制房屋的平、立、剖面图为例，它们最终应表达在一张图纸上，若由张三、李四、王五三个人分别绘制平、立、剖面图，最后由王五组装成一张图纸，王五绘制完剖面图后执行外部参照(Xref)将张三、李四绘制的平、立面图插入即可，若以后由于设计方案的变动，张三、李四对其绘制的图形作了修改，虽然张三、李四没有通知王五，但王五只要打开它组装后的图形文件，则张三、李四对其图形所作的修改自动反映在组装后的图形文件中。因此，包含有外部参照的图形总是反映出每个外部参照文件最新的编辑情况。

像块引用一样，外部参照在当前图形中作为单个对象显示。然而，外部参照不会显著增加当前图形的文件大小并且不能被分解。就像对待块引用一样，可以嵌套附着在图形上的外部参照。外部参照有如下特点：

(1)外部图形引入主图后在主图形文件内记入了引用点，并不使主图形文件增大许多。采用外部参照功能可使一个小的主图形附着一批引用文件而生成一个大的图形，故此，外部图形与主图形一般应保存在同一个路径内以便调用。如果不在同一路径，那么在引用外部图形时必须写清它的路径，并且外部图形的路径固定下来不能变动，否则打开主图时会出错。

(2)通过附着外部参照，可以确保显示参照图形的最新版本。当打开或打印图形时，AutoCAD 自动重载每个外部参照，所以它反映了参照图形文件的最新状态。

(3)创建外部参照剪裁边界，以便在宿主图形只显示外部参照文件指定部分。

(4)外部参照可以在屏幕上进行拷贝、移动、放大、删除等编辑操作。

(5)外部参照可以嵌套，嵌套次数不受限制。

(6)外部参照虽然具有块的性质，但不能用 Explode 命令分解。

2. 创建外部参照(-XREF、XREF)

创建外部参照的方式主要两种：①命令行方式(-Xref)；②对话框方式(Xref)。对话框方式更加直观方便，用对话框方式创建外部参照的途径有：

- 单击“参照”工具栏中的“外部参照”按钮；
- 单击“插入”工具栏中的“外部参照”按钮；
- 选择“插入”菜单中的“外部参照…”命令；
- 在命令行输入 Xref 命令，然后按 Enter 键。

用对话框方式创建外部参照的步骤如下：

(1)用任意一种方式激活 Xref 命令，则 AutoCAD 显示“外部参照管理器”对话框(如果使用“插入”菜单中的“外部参照…”命令，则将直接弹出“选择参照文件”对话框)。

(2)单击“附着”按钮，则弹出“选择参照文件”对话框。

(3)选中了需要参照的外部文件后，单击“打开”按钮，则打开“外部参照”对话框。

(4)在“名称”框中显示了刚选中的外部文件，在该列表框中列出了存在于当前图形中的外部参照的文件名，其下则显示了当前要参照文件的路径。如果用户要参照其他图形文件，可单击“浏览”按钮，重新打开“选择参照文件”对话框进行选择。如果用户不希望在图形中保持插入文件的路径信息，可以在“路径类型”列表中选择“无路径”。

(5)在“参照类型”中选择外部参照的类型。AutoCAD 提供两种参照类型：附加型和覆盖型。

(6)在“插入点”框、“比例”框和“旋转”框中指定插入点的坐标、参照的缩放比例因子和旋转角度。如果选中“在屏幕上指定”复选项，用户可以通过定点设备在屏幕上指定这些参数。

(7)单击“确定”按钮，关闭“外部参照”对话框。如果选中某个或某些“在屏幕上指定”复选项，则在屏幕上指定了相应选项后将插入外部参照，否则直接按照指定的选项插入外部参照。

用户在执行插入外部参照操作时，参照图形的缺省插入点是图形的左下角点。在附着外部参照后，外部参照中的所有命名对象，包括图形对象和非图形对象(如图层、线型和文字样式等)，都被添加到当前图形的中，AutoCAD 用外部参照名和竖杠(|)字符作为非图形对象的前缀。

用户可以根据需要，在当前图形中附着任意多个具有不同位置、缩放比例和旋转角的外部参照。由于插入的外部参照只是显示在当前图形中，而保存在外部参照图形文件内，所以图形的大小不会明显增加。

用户还可以创建嵌套的外部参照，即被附着的外部参照图形中还包含其他外部参照，嵌套的层次可以为任意多层。当插入这些包含外部参照的参照时，其中的嵌套参照也被自动地引入到当前图形中。

3. 管理外部参照

所有管理当前图形中外部参照的操作都在“外部参照管理器”对话框中完成，用户可在其中进行的操作包括：附着新的外部参照、拆离现有的外部参照、重载或卸载现有的外部参照、将附加转换为覆盖或将覆盖转换为附加、将整个外部参照定义绑定到当前图形中以及修改外部参照路径。

4. 控制外部参照的显示

将图形作为外部参照附着或插入块后，可使用 Xclip 命令来定义剪裁边界。通过剪裁外部参照或块的边界，用户可以设置只显示部分参照或块，而禁止显示剪裁边界以外的几何图形。剪裁边界操作只改变被修剪对象的显示方式，参照本身的几何图形并没有改变。

5. 编辑外部参照

在处理参照图形时，用户可以使用直接参照编辑功能（Refedit 命令）向指定的工作集添加或删除对象。工作集是由提取出来的对象组成的集合。执行此操作时，每次只能选择一个参照进行编辑。

2.7 AutoCAD 的尺寸标注

尺寸标注是工程设计绘图中必不可少的工作，图形的主要作用是表达物体的形状，物体的各部分的真实大小和它们之间的相对位置只能通过尺寸来确定。尺寸是建筑物施工的重要依据。AutoCAD 为用户提供了完整的尺寸标注功能。本节将简要介绍尺寸的标注方法。

2.7.1 尺寸标注的类型与途径

1. 尺寸标注的类型

AutoCAD 中的尺寸标注可以分为以下类型：直线标注、角度标注、径向标注、坐标标注、引线标注、公差标注、圆心标记以及快速标注等。

(1)直线标注。直线标注包括：

- 线性标注：自动测量两点间的直线距离。按尺寸线的倾斜方向不同可分为水平、垂直和旋转三个基本类型。
- 对齐标注：创建尺寸线平行于尺寸界线起点连线的线性标注。
- 基线标注：创建一系列线性、角度或坐标标注，它们共用第一条尺寸界线。
- 连续标注：创建一系列连续的线性、对齐、角度或坐标标注。前一个标注的第二条尺寸界线自动默认为后一个标注的第一条尺寸界线，并共享公共的尺寸线。

(2)角度标注。角度标注用于自动测量并标注角度。

(3)径向标注。径向标注包括：

- 半径标注：自动测量并标注圆或圆弧的半径。
- 直径标注：自动测量并标注圆或圆弧的直径。

(4)坐标标注。坐标标注用于显示从给定原点测量出来的点的 X 或 Y 坐标。在建筑总平面图上常用于标注某些测量控制点的测量坐标。

(5)引线标注。创建引线和引线注释。引线注释用于对设计对象进行注释说明，如在建筑立面图上标注出外墙的做法，用引线标注也可以在钢结构图上标注焊缝尺寸。

(6)公差标注。用于创建形位公差标注，形位公差标注主要用于机械制图，本书不作介绍。

(7)圆心标记。在圆或圆弧的圆心处绘出圆心标记符号（"+"）或十字相交的中心线，用以标记圆或圆弧的圆心位置。

(8)快速标注。通过一次选择多个对象，创建系列标注的排列，例如基线标注、连续标注和坐标标注等。在对多个图形对象创建系列基线或连续标注，或者为一系列圆或圆弧创建标注时，快速标注特别有用。

图 2.83 显示了几种常见的尺寸标注类型。

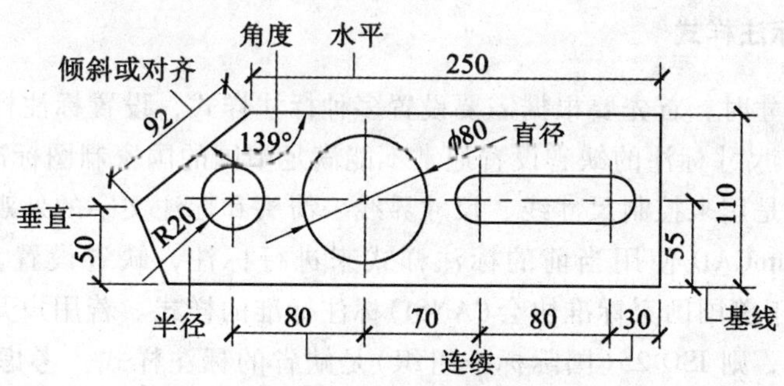

图 2.83 尺寸标注的类型

2. 关联标注

所谓关联标注，即是当尺寸变量 Dimaso 为 on 时，标注的尺寸(包括尺寸线、尺寸界线、尺寸起止符、尺寸文本)与被标注的对象发生联系(即关联)，组成了一个标注结合体。这样的尺寸标注称为关联标注。在修改图形时，随着图形的改变，其关联尺寸也随之变动，这样可免去重新标注尺寸的工作。使用编辑命令修改图形时，通常用 C 窗口方式选中目标。修改后的尺寸线长度及尺寸文本发生变化，其余标注形式均无变化。

如果尺寸变量 Dimaso 是关闭的，尺寸线、尺寸界线、尺寸起止符(箭头或 45°中粗短斜线)、尺寸文字分别作为单个对象绘制。如果需要用不受变量约束的方法改变标注，则可创建无关联的标注。但通常采用关联标注。

3. 执行尺寸标注的途径

执行尺寸标注的途径主要有以下三种：

(1)"标注"下拉菜单。利用该菜单可以标注各类尺寸、打开"标注样式管理器"对话框、编辑尺寸。

(2)"标注"工具栏。在任何工具栏上单击鼠标右键弹出快捷菜单，选择"标注"即可打开标注工具栏，如图 2.84 所示。

(3)命令方式。可以输入有关命令进行尺寸标注。

4. 尺寸标注的组成

任何类型的尺寸标注由以下四部分组成：①尺寸界线；②尺寸文本(即尺寸文字)；③尺寸线；④尺寸起止符(即箭头或 45°中粗短画线)。

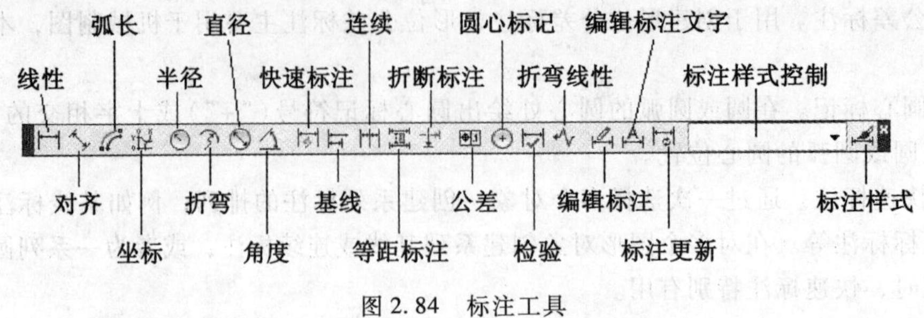

图 2.84 标注工具

2.7.2 设置标注样式

用户在标注尺寸时，首先要根据需要设置多种标注样式，设置标注样式是一项重要工作。因为 AutoCAD 尺寸标注的缺省设置通常不能满足中国的国家制图标准的要求。

标注样式主要是用来控制尺寸线、尺寸界线、箭头和标注文字的外观和格式的。当用户标注尺寸时，AutoCAD 使用当前的标注样式来进行标注，缺省设置为 Standard 样式。Standard 样式是基于美国国家标准协会(ANSI)标注标准的样式。若用户开始绘制新的图形并选择了公制单位，则 ISO-25(国际标准组织)是缺省的标注样式。考虑到实际应用的复杂性和多样性，AutoCAD 不仅提供了其他多种标注样式供用户选择，如 DIN(德国)和 JIS(日本工业标准)样式，还提供了设置标注格式的方法。

1.“标注样式管理器”对话框

设置标注样式是在“标注样式管理器”对话框中进行。打开“标注样式管理器”对话框有以下四种方法：②“格式”→“标注样式…”；②下拉菜单“标注”→“样式…”；③标注工具栏/标注样式按钮；④命令：Dimstyle，Ddim。执行上述任一操作，即可打开“标注样式管理器”对话框，如图 2.85 所示。在该对话框中，用户可以进行新建、修改、替代、比较、重命名或删除以及将标注样式设置为当前等操作。

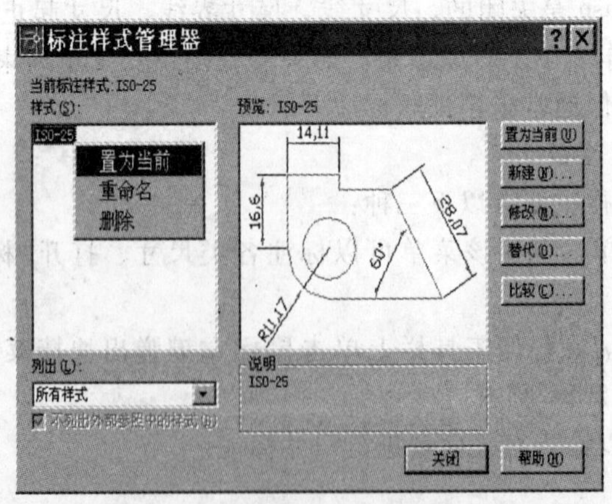

图 2.85 “标注样式管理器”对话框

2. 标注样式选项卡

在“标注样式管理器”对话框中单击“新建…”按钮，在“创建新标注样式”对话框中输入新样式名，然后单击“继续”按钮会弹出“新建标注样式”对话框(如图 2.86 所示)；在“标注样式管理器”对话框中的“样式”列表中选择一个标注样式，然后单击“修改…”或“替代…”按钮，会弹出“修改标注样式”对话框或“替代当前样式”对话框。“新建标注样式”、“修改标注样式”和“替代当前样式”等三个对话框其实内容完全一样，都包含“直线和箭头”、“文字”、“调整”、“主单位”、“换算单位”和“公差”等六个选项卡或标签页。每个选项卡对应标注的一组属性。在每个选项卡中都有一个预览区，其中显示图形的半径标注、线性标注、对齐标注和角度标注四种标注类型，用户对标注样式所进行的修改将实时反映到该图形中。

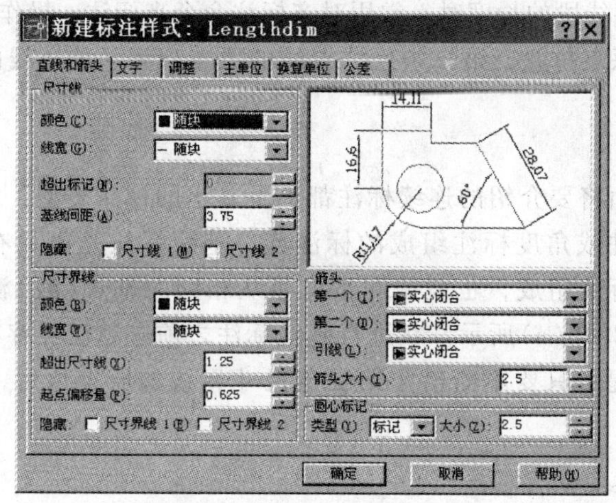

图 2.86　“建新标注样式”对话框

3. 典型的尺寸标注样式设置参数

典型的尺寸标注样式设置参数为：①尺寸线：基线间距=8；②尺寸界线：超出尺寸线=2.5，起点偏移量=3；③箭头：第一个=建筑标记，第二个=建筑标记，箭头大小=2；④文字外观：文字高度=3.5；⑤文字位置：从尺寸线偏移=1；⑥标注特征比例：使用全局比例=100；⑦线性标注：单位格式=小数，精度=0；⑧测量单位比例：比例因子=1。

2.7.3　标注长度型尺寸

标注长度型尺寸包括：线性标注、对齐标注、基线标注、连续标注。在标注之前，用户应根据上节中介绍的方法设置标注样式。然后利用新设置的标注样式标注尺寸。

1. 线性标注

线性标注包括标注水平尺寸、垂直尺寸和旋转尺寸。操作中用户按提示顺次指定第一条尺寸界线的原点位置、第二条尺寸界线的原点位置、尺寸线的位置，即可标出尺寸，如图 2.87 所示。

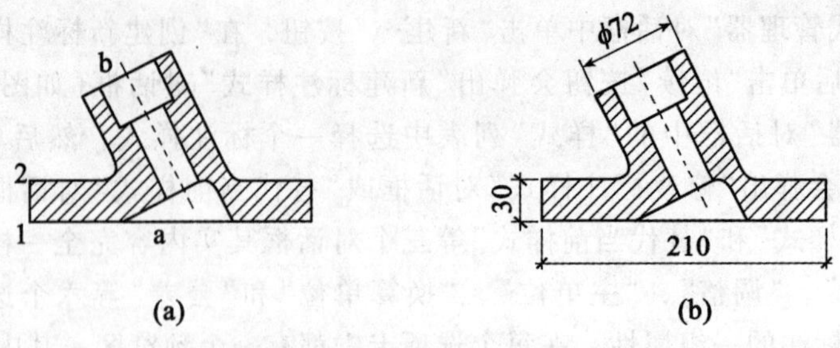

图 2.87 线性标注和对齐标注示例

2. 对齐标注

在图中标注倾斜线段的长度时，常用对齐标注命令来标注。操作中用户同样顺次指定第一条尺寸界线的原点位置、第二条尺寸界线的原点位置、尺寸线的位置，即可标出尺寸，如图 2.87 所示。

3. 基线标注

基线标注和下面将要介绍的连续标注都不是基本的标注类型，它们实际上是由多个线性标注、坐标标注或角度标注组成的标注族。基线标注是由具有共同的第一条界线的一系列同类型的标注组成，也就是测量值是从相同的基点(线)测量得出，所以称之为基线标注，如图 2.88(a)所示。在进行基线标注之前必须已经存在线性标注或角度标注。操作中用户按提示只要不断给定第二条尺寸界线的原点位置，即可完成基线型尺寸标注。

4. 连续标注

连续标注与基线标注类似，也是一个由线性标注、坐标标注或角度标注组成的标注族。后续标注将使用上一个标注的第二条界线作为本标注的第一条尺寸界线。连续标注中的所有标注共享一条尺寸线，从而构成了首尾相连的多个标注。连续标注可以方便迅速地表示出一系列对象的相对位置。如图 2.88(b)所示。在进行连续标注之前必须已经存在线性标注或角度标注。操作中用户按提示只要不断给定第二条尺寸界线的原点位置，即可完成连续型尺寸标注。

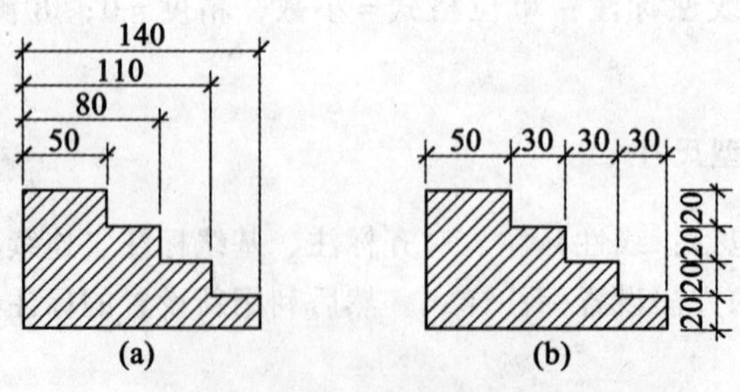

图 2.88 基线标注与连续标注示例

2.7.4　标注角度

执行角度标注，可以标注一段圆弧的中心角、圆上某段圆弧的中心角、两条不平行直线间的夹角，也可以根据已知的三个点来标注角度。操作中：①若是标注两条不平行直线间的夹角，用户只要按提示选择第一条直线、第二条直线、指定标注弧线位置即可；②若是标注一段圆弧的中心角，用户只要按提示选择圆弧段、指定标注弧线位置即可；③若是标注圆上某段圆弧的中心角，用户选择圆的拾取点自动作为角度第一端点，接着提示用户指定第二端点、指定标注弧线位置即可；④若是根据已知的三个点来标注角度，用户按提示顺次指定角度的顶点、第一端点、第二端点即可。如图 2.89 所示是角度标注示例。

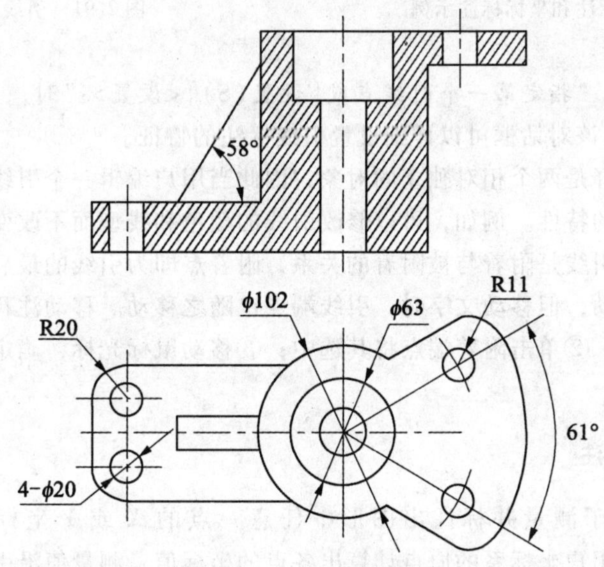

图 2.89　角度、半径、直径标注示例

2.7.5　标注直径和半径

直径和半径标注时，用户按提示选择圆、圆弧，并指定尺寸线位置即可。用户应注意：圆，既可以标注半径也可以标注直径；但对圆弧来说，一般对于圆心角大于 180°(大半个圆周)的圆弧应标注直径，对于圆心角小于 180°(小半个圆周)的圆弧应标注半径。如图 2.89 所示是半径、直径标注示例。

2.7.6　引线标注

引线标注是在图形中用引线将文本注释与特征连接起来。引线和它们的注释是相关联的，如果修改注释，引线也会随之更改。图 2.90(a)表示出引线的形状，图 2.90(b)是引线标注的示例。引线既可以是折线，也可以是样条曲线(如图 2.91 所示)。引线的起始端可以有箭头，也可以没有箭头。在钢结构图中用引线标注来标注焊缝尺寸较为方便。操作中，用户按提示输入一系列引线端点然后输入注释文字即可。

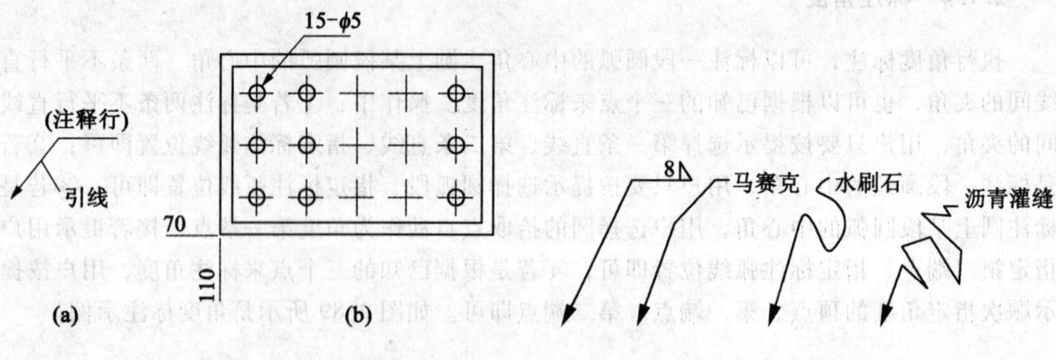

图 2.90 引线标注和坐标标注示例

图 2.91 引线样式样例

当命令行提示："指定第一个引线点或[设置(S)]<设置>:"时，选择 S，弹出"引线设置"对话框，利用该对话框可以详细设置引线标注的特征。

引线和它的注释是两个相对独立的对象，因此当用户编辑一个引线对象的特性时，不会影响到注释对象的特性。例如，可以修改引线的颜色和线型而不改变注释文字的颜色和线型。注释文字与引线是附着与被附着的关系，附着点即为引线的最后一个端点。移动引线时注释文字不移动，但移动文字时，引线端点也随之移动。移动注释文字的方法是：①单击注释将其选中；②单击附着端点将其选中；③移动鼠标光标，确定新位置后按鼠标左键。

2.7.7 坐标标注

坐标标注适用于测量并标注出图形中任意一点的 *X* 或 *Y* 坐标值。缺省设置时，AutoCAD 根据当前用户坐标系的原点计算出各点的坐标值，测量值沿引线放置。操作格式如下：

命令：_dimordinate

指定点坐标：(指定标注坐标的点)

指定引线端点或[X 基准(X)/Y 基准(Y)/多行文字(M)/文字(T)/角度(A)]：(确定另一端点，此时用户可打开正交功能，便于确定坐标的引线。)

此时，如果用户拖动鼠标光标，AutoCAD 会在屏幕中实时绘制引线及标注文字的位置。标注文字沿引线放置。如果左右移动光标，AutoCAD 将绘制水平引线并标注该点 Y 坐标；如果上下移动光标，AutoCAD 将绘制垂直引线并标注该点 *X* 坐标。用户也可以通过命令行选项(X 基准/Y 基准)来指定是标注 *X* 坐标还是 *Y* 坐标。"多行文字(M)"、"文字(T)"和"角度(A)"这三个选项用于设置坐标标注的标注文字的外观。图 2.90(b)是坐标标注的示例。

2.7.8 快速标注

快速标注(QDIM)非常适合标注那些内容不十分复杂且具有足够标注空间的图形。使用快速标注可以一次标注多个对象。快速标注可以完成以下几个类型的操作：①一次标注多个圆或圆弧的半径或直径；②快速创建包含多个连续、交错(或并列)、基线和坐标标注的序列；③编辑现有的标注序列。操作格式为：

命令：_qdim

选择要标注的几何图形：(选定图形)

指定尺寸线位置或[连续(C)/并列(S)/基线(B)/坐标(O)/半径(R)/直径(D)/基准点(P)/编辑(E)/设置(T)]<连续>：(指定尺寸线的位置)。

上述各个选项的功能请读者结合 AutoCAD 的在线帮助(按 F1 打开)自学。

2.7.9　圆心标记

圆心标记包括圆心标记和中心线两种形式。使用圆心标记可以指出圆或圆弧的圆心和中心位置。执行该命令后，命令行提示："选择圆弧或圆："，选择要标记圆心位置的圆或圆弧，则 AutoCAD 采用当前设置的圆心标记来标记圆或圆弧。请读者注意，按照制图要求，凡是在图中有圆或圆弧的地方，必须标上圆心标记，否则这张图是不完整的。

2.7.10　编辑尺寸标注

当标注布局不合理时，会影响到图形表达信息的准确性，因此在标注完成后，用户可以使用 AutoCAD 提供的多种编辑修改标注的方法对标注进行局部调整。用户还可以编辑标注文字、移动尺寸线和尺寸界线的位置以及修改标注的颜色线型等外部特征。用户可以用如下三种方法修改和编辑尺寸：①使用对象特性管理器；②使用"标注"工具栏；③利用夹点编辑尺寸。请读者自己实践摸索。

2.8　AutoCAD 精确作图工具

在使用 AutoCAD 绘图或编辑对象时，常常需要在屏幕上指定一些点。为了方便用户精确地进行定点操作，AutoCAD 提供了捕捉(Snap，F9)、栅格(Grid，F7)、正交(Ortho，Ctrl+F8 或 Shift+F8)、极轴追踪(Dsettings，F10)、对象捕捉(Osnap，F3)以及对象追踪(Dsettings，F11)等多个绘图工具，如图 2.92 所示。本节将介绍如何设置这些绘图工具。

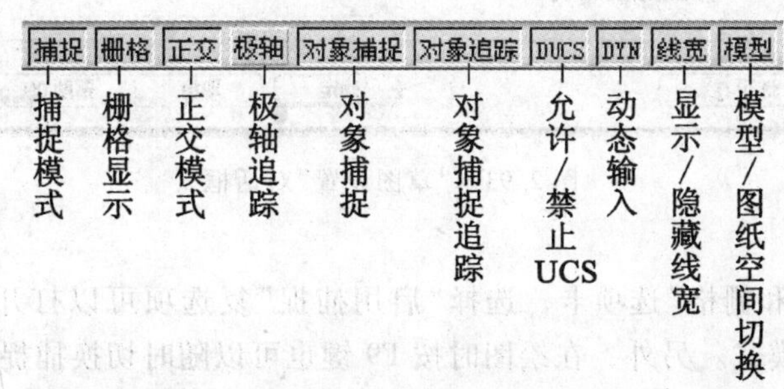

图 2.92　绘图工具

2.8.1 捕捉设置

捕捉模式用来限制十字光标按用户指定的间距移动。例如，可以设置光标一次移动一个图形单位，这样便于在图形中对齐对象、指定精确的点来绘制规则的对象。

当捕捉模式打开时，光标在移动时总是被限制在不可见的栅格点上。可以设置 X 和 Y 间距来控制捕捉的间距。

捕捉并不一定总是与栅格的间距保持一致。例如，栅格的间距可以是捕捉间距的一倍，也可以是捕捉间距的四分之一，具体怎样设置捕捉间距要根据用户的工作需要判断。将捕捉间距设置得比较小便于确保定位点时的精确性。

在状态栏的“捕捉模式”按钮上单击鼠标(或按 F9 键)使其下陷就可以打开捕捉模式。再次单击该按钮使其弹出就可以关闭捕捉模式。

设置捕捉包括两种方式：使用“草图设置”对话框和使用 Snap 命令。

1. 使用“草图设置”对话框

使用“草图设置”对话框设置捕捉的步骤如下：

(1)从“工具”菜单中选择“草图设置…”命令或在状态栏的“捕捉”按钮上单击右键，然后从快捷菜单中选择“设置…”命令，此时将显示“草图设置”对话框，如图 2.93 所示。

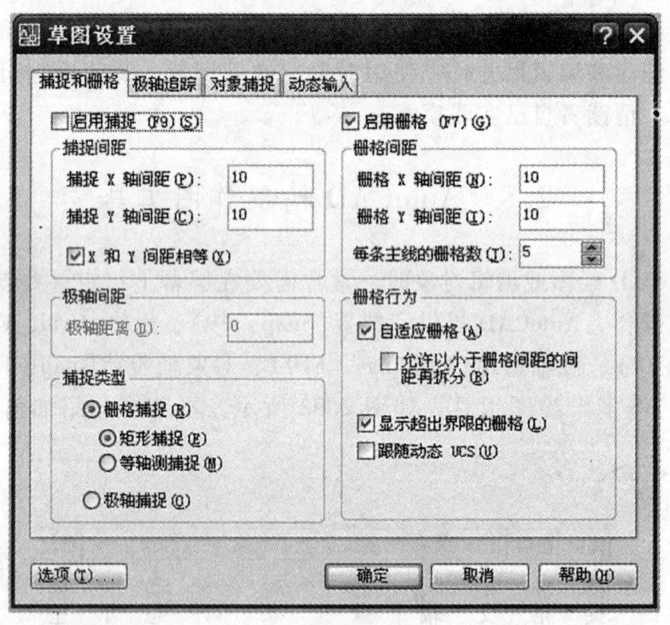

图 2.93 “草图设置”对话框

(2)单击“捕捉和栅格”选项卡，选择“启用捕捉”复选项可以打开捕捉模式，清除该选项可以关闭捕捉模式。另外，在绘图时按 F9 键也可以随时切换捕捉模式的开关状态。

(3)在“捕捉间距”区域中的“捕捉 X 轴间距”框和“捕捉 Y 轴间距”框中输入定义捕捉点水平间距和垂直间距的值。水平间距和垂直间距可以不同。

(4)在“捕捉类型”区域中可以设置捕捉的类型。捕捉类型包括栅格捕捉(Grid Snap)

和极轴捕捉(Polar Snap)。对于栅格捕捉，还可以使用“栅格捕捉”单选项下的两个单选项设置两种捕捉模式：矩形捕捉和等轴测捕捉。前者是指通常的矩形栅格(缺省)，后者是指为画等轴测图而设计的栅格和捕捉。若选中“极轴捕捉”类型，则“极轴距离”编辑框有效并可以设置某一距离数值，如 160，则画图时，十字光标在沿着极轴追踪的角度方向上，当接近距离前一点的距离为 160 的整数倍时，自动显示“+”标记并捕捉到该点，以便画出长度为 160 整数倍的线段。

(5)单击“确定”按钮，关闭“草图设置”对话框。

2. 使用 Snap 命令

请读者结合在线帮助自学。

2.8.2　栅格设置

栅格是绘图区域中用来辅助绘图的等距离点，用来帮助用户在绘图时对齐对象，或者反映对象之间的间距。栅格只是绘图辅助工具，而不是图形的一部分，因此不会被打印。在世界坐标系中，栅格布满图形界限之内的范围。栅格会随图形一起缩放，因此当放大或缩小图形时，可以调整栅格的间距，以便在新的缩放比例下绘图。

在状态栏的“栅格”按钮上单击鼠标(或按 F7 键)使其下陷就可以打开栅格显示模式；再次单击该按钮使其弹出就可以关闭栅格显示模式。

通常可以有两种方式设置栅格：使用“草图设置”对话框和使用 GRID 命令。

1. 使用“草图设置”对话框

使用“草图设置”对话框设置栅格的步骤如下：

(1)单击“捕捉和栅格”选项卡，如图 2.93 所示，选择“启用栅格”复选项可以打开栅格模式，清除这个选项可以关闭栅格模式。另外，在绘图时按 F7 键也可以随时切换栅格模式的开关状态。

(2)在“栅格”区域的“栅格 X 轴间距”框和“栅格 Y 轴间距”框中输入定义栅格点水平间距和垂直间距的值。水平间距和垂直间距可以不同。

(3)单击“确定”按钮，关闭“草图设置”对话框。

2. 使用 GRID 命令

请读者结合在线帮助自学。

2.8.3　正交设置

正交模式是系统提供的一种对象选择和绘图状态。设置了正交模式后将迫使所画的线平行于 *X* 轴或 *Y* 轴，因此它们相互垂直。当捕捉为等轴测模式时，使用正交模式还迫使直线平行于三个等参轴中的一个。可以用以下方法之一设置正交模式：

(1)单击状态栏中的“正交”按钮，如果该按钮下陷，则正交模式开启，否则正交模式关闭。

(2)在“命令”提示符下输入 ORTHO。

(3)组合键 Ctrl+F8 或 Shift+F8 切换正交模式的开启和关闭状态。

打开正交模式后，可以只在垂直或水平方向画线或指定距离，而不管十字光标在屏幕上的位置。画线的方向取决于光标在 *X* 轴和 *Y* 轴方向上的移动距离变化——如果 *X* 方向

的距离变化比 Y 方向大，则画水平线；反之，则画垂直线。

2.8.4 对象捕捉设置

在绘制对象时，使用对象捕捉功能可以标记对象上的某些特定的点，例如端点、中点、圆心点和交点等，以便用户用鼠标定位这些点。对象捕捉可以应用到屏幕上可见的对象上，包括被锁定的图层上的对象、浮动视口的边界、实体和多段线线段。但是不能捕捉已被关闭或冻结的图层上的对象。

1. 使用对象捕捉

只要在 AutoCAD 要求输入一个点时，就可以激活对象捕捉模式。对象捕捉模式可以按以下两种方式激活：

(1)单点对象捕捉：在要求指定一个点时，用特定的对象捕捉模式名来响应提示，这样就临时打开了相应的对象捕捉模式。捕捉到一个点后，对象捕捉模式自动关闭。

(2)运行对象捕捉：设置多种对象捕捉模式并打开对象捕捉功能。所设置的多种捕捉模式在对象捕捉功能打开期间将始终起作用，直到关闭对象捕捉功能。这将使 AutoCAD 不论在何种命令状态下，只要在用户被要求指定一个点时，就自动选择相应的对象捕捉摸式。

使用单点对象捕捉的步骤：

(1)从“绘图”下拉菜单中选择一个绘图命令，如 Line、Circle 或 Arc；或者从“修改”下拉菜单中选择一个编辑修改命令，如 Move、Rotate。

(2)当命令要求或需要指定对象上的特定点时，左手按住键盘上的 Shift 键不动，然后在绘图区域中单击鼠标右键，此时显示出快捷菜单，从该快捷菜单中可选择一种对象捕捉；也可以随时打开“对象捕捉”工具栏，当命令要求或需要指定对象上的特定点时，根据需要从工具栏中选择一种对象捕捉，然后选择捕捉点；还可以直接在命令行中键入相应的关键字来选择捕捉模式，键入时，只需前三个字符。例如，在需要指定点时，可以键入“cen”表示使用圆心捕捉。

(3)用光标捕捉标记出来的捕捉点，单击选中捕捉点后，对象捕捉自动关闭。

使用运行对象捕捉的步骤：

(1)从“工具”下拉菜单中选择“草图设置…”命令，在“草图设置”对话框中单击“对象捕捉”选项卡，在状态栏上的“对象捕捉”按钮上单击右键，然后选择“设置…”命令也可以显示该选项卡。如图 2.94 所示。

(2)选择“启用对象捕捉”选项可打开对象捕捉模式，在下面的“对象捕捉模式”列表中可以根据需要选择一种或几种对象捕捉类型。单击“全部选择”按钮可以一次启用所有对象捕捉类型；单击“全部清除”按钮可以清除所有选定的对象捕捉类型。

(3)单击“确定”按钮退出对话框。所设置的对象捕捉将一直持续生效，直到用户在状态栏上单击“对象捕捉”按钮关闭对象捕捉模式，或者取消选择“启用对象捕捉”选项为止。如果同时选中了多个对象捕捉类型，当捕捉靶框移近对象时，可能会同时存在数个捕捉点，此时按 Tab 键可在这些捕捉点之间切换。

2. 对象捕捉类型

AutoCAD 提供了下列对象捕捉类型：

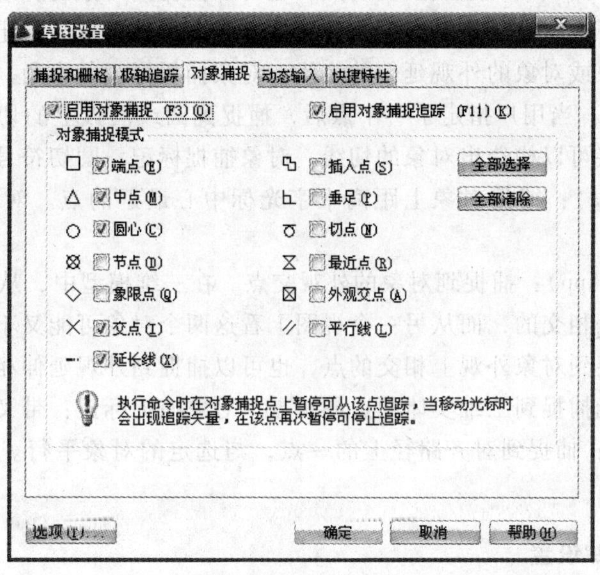

图 2.94 “草图设置”对话框的“对象捕捉”选项卡

- 端点(End)：捕捉到对象(如直线或圆弧)最近的端点，也可以用来捕捉三维实体(如长方体)和面域的边的端点。对象捕捉标记：正方形。
- 中点(Mid)：捕捉到对象(如直线或圆弧)的中点。中点捕捉也可以用来捕捉三维实体(如长方体)和面域的边的中点。对于向两个方向无限延长的构造线，捕捉到构造线的第一点(根)。对于样条曲线或椭圆弧，捕捉到从起点到终点的中点。对象捕捉标记：三角形。
- 圆心(Cen)：捕捉到圆弧、圆或椭圆的圆心。圆心捕捉也可以捕捉到实体、体或面域中圆的圆心。对象捕捉标记：圆形。
- 节点(Nod)：捕捉到单独绘制的点对象，也可以捕捉到通过定距等分和定长等分在对象上放置的等分点。对象捕捉标记：带叉的圆。
- 象限点(Qua)：捕捉到圆弧、圆或椭圆的最近象限点(0°，90°，180°，270°点)。象限点的捕捉还要由当前的坐标系方向决定。如果圆弧、圆或椭圆在一个旋转块中，那么象限点也随着块旋转一定角度。对象捕捉标记：菱形。
- 交点(Int)：捕捉到对象的交点，包括圆弧、圆、椭圆、椭圆弧、直线、多线、多段线、射线、样条曲线或构造线的交点。如果两个对象向外不断延伸，则可以捕捉到延伸的交点。交点捕捉不能捕捉到三维实体的边或角点。对象捕捉标记：叉号。
- 延伸(Ext)：捕捉对象的延伸路径。光标位于对象上时，将显示一条临时的延伸线，这样就可以通过延伸线上的点绘制对象。对象捕捉标记：延伸线。
- 插入点(Ins)：捕捉到块、形、文字、属性或属性定义的插入点。对象捕捉标记：相交的方块。
- 垂足(Per)：捕捉到与圆弧、圆、椭圆、椭圆弧、直线、多线、多段线、射线、实体、样条曲线或构造线正交的点，也可以捕捉到对象的外观延伸上的垂点。当用户指定了一个点后，捕捉到对象上的垂足点。垂足点与指定的第一点连接可创建一条对象或对象的外观延伸的法线。对象捕捉标记：直角。

- 切点(Tan)：当用户指定了一个点后，捕捉到圆或圆弧上的切点。切点与指定的第一点连接可以构造出对象的切线。对象捕捉标记：圆切符号。
- 最近点(Nea)：捕捉对象上距离十字光标中心最近的点。对象捕捉标记：沙漏形。
- 外观交点(App)：捕捉到对象的外观交点。在三维模型中，从一个视图上看两个对象可能是相交的，而从另一个视图上看这两个对象可能又不相交。外观交点捕捉能够捕捉到对象外观上相交的点，也可以捕捉到外观延伸相交的交点。外观交点捕捉不能捕捉到三维实体的边或角点。对象捕捉标记：带叉的方块。
- 平行(Par)：捕捉到对齐路径上的一点，与选定的对象平行。对象捕捉标记：平行线。

2.8.5 自动追踪设置

自动追踪可以帮助用户按特定的角度或与其他对象的特定的关系来确定点的位置。当打开自动追踪模式时，AutoCAD 会显示出临时的辅助线来帮助用户在精确的位置和角度创建对象。自动追踪包含两种追踪方式："极轴追踪"和"对象捕捉追踪"。"极轴追踪"是按事先给定的角度增量来追踪点，而"对象捕捉追踪"是按与对象的某种特定关系来追踪。分别在状态栏上单击如"极轴"或"对象追踪"按钮就可以打开或关闭这两种自动追踪模式。

1. 极轴追踪

极轴追踪对绘制对象的临时路径进行追踪。如果用户需要画一条与 X 轴成 45°角的直线，那么可以打开极轴追踪，并设置极轴角增量为 45°。用户指定了第一个点之后，当移动十字光标到与 X 轴的夹角到达 0°、45°、90°等 45°角的倍数时，AutoCAD 将显示一个临时路径和工具栏提示。当十字光标移开该角度时，临时路径和工具栏提示消失。当工具栏提示显示 45°角时，单击鼠标，则可以确保所画的直线与 X 轴成 45°角。

极轴追踪模式不能和正交模式同时使用，因为正交模式将光标限制在水平或垂直(正交)的轴上。在正交模式被打开时，AutoCAD 会自动关闭极轴追踪。

修改极轴追踪设置的步骤如下所示：

(1)从"工具"菜单中选择"草图设置…"命令，在"草图设置"对话框中选择"极轴追踪"选项卡，如图 2.95 所示。在状态栏上的"极轴"按钮上单击右键，然后选择"设置…"命令也可以显示这个选项卡。

(2)选择"启用极轴追踪"选项可以打开极轴追踪模式，清除此选项可以关闭极轴追踪模式。

(3)在"增量角"列表框中选择一个递增角。如果"增量角"列表中没有所需的角，则可以单击"新建"按钮，在"附加角"下的角框中输入 9 个环形角以外的非递增角。这些角不是递增的，只能追踪一次。选择一个角，然后选择"删除"可将该角从附加角列表中删除。创建附加角后，需要选择"附加角"选项才能在极轴追踪过程中应用这些角。

(4)在"极轴角测量"中选择一种角测量方式：

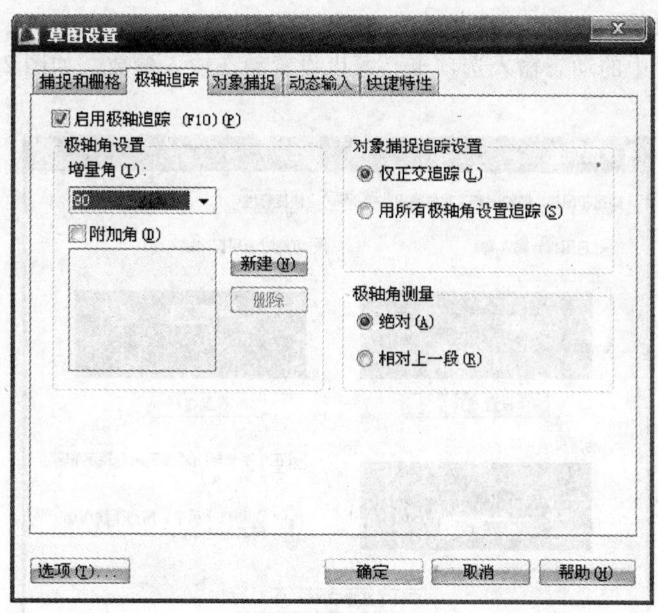

图 2.95　“草图设置”对话框的“极轴追踪”选项卡

- 绝对：相对于当前坐标系测量极轴追踪角。
- 相对上一段：相对于上一个绘制的对象测量极轴追踪角。

(5)单击“确定”按钮，关闭对话框。

2. 对象捕捉追踪

对象捕捉追踪沿着由对象捕捉点确定的临时路径进行追踪。修改对象捕捉追踪设置的步骤如下：

(1)从“工具”菜单中选择“草图设置…”。选择“草图设置”对话框的“对象捕捉”选项卡，选择“启用对象捕捉追踪”选项可打开对象捕捉追踪模式。在状态栏上的“对象捕捉追踪”按钮上单击右键，然后选择“设置…”也可以显示这个选项卡。

(2)选择“草图设置”对话框的“极轴追踪”选项卡，如图 2.95 所示。

(3)在“对象捕捉追踪设置”下选择下面两个选项之一：

- 仅正交追踪：只显示正交(水平/垂直)的追踪路径。
- 用所有极轴角设置追踪：将极轴追踪的设置应用到对象捕捉追踪中。

(4)单击“确定”按钮，关闭对话框。

2.8.6　动态输入

如果需要在绘图提示中输入坐标值，而不必在命令行中进行输入，这时需要使用动态输入功能。

动态输入功能对于习惯在绘图提示中进行数据信息输入的人来说，可以大大提高绘图工作效率。在绘图时，光标旁边显示的提示信息将随着光标的移动而动态更新。当某个命令处于活动状态时，可以在工具栏提示中输入值，动态输入不会取代命令窗口。

动态输入的方式有两种：一种是通过指针输入，用于坐标值；一种是标注输入，用于输入距离和角度数值。

选择草图设置中的动态输入选项卡，可以设置动态输入参数，如图 2.96 所示。

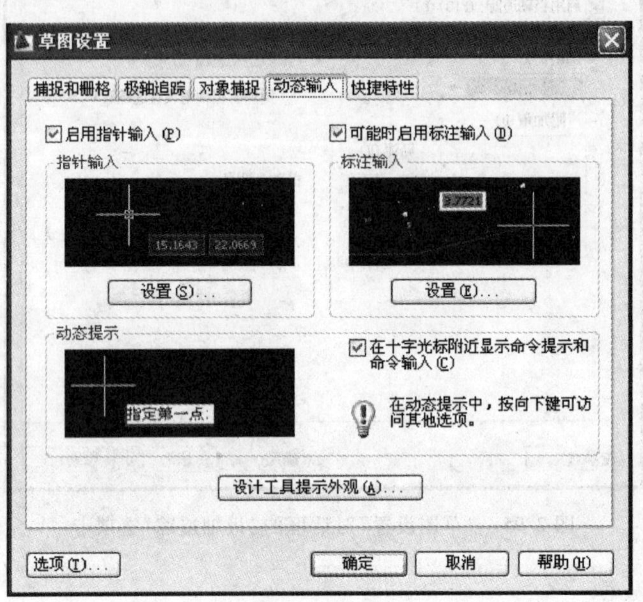

图 2.96 “草图设置”对话框的“动态输入”选项卡

作　业

上机实践，将本章介绍的每一个命令或功能亲手上机操作一遍，边操作，边体会，加强理解。通过上机实习，熟悉并透彻掌握本章所有命令的功能及操作过程。

第 3 章　建筑施工图的绘制方法

教学提示： 在读者熟练掌握 AutoCAD 基本功能的基础上，本章重点介绍建筑施工图的绘制方法和技巧。首先简要介绍现行国家制图标准的相关规定；其次介绍绘制施工图的基本思路，尤其是建立绘图模板；最后以一个三层学生宿舍楼为例具体介绍建筑施工图包括建筑平面图、建筑立面图、建筑剖面图、建筑详图等的绘制方法。

学习要求： 通过本章的学习，读者应该熟练掌握应用 AutoCAD 绘制建筑施工图的方法，能够绘制出符合制图标准要求的十分规范的施工图。

3.1 《房屋建筑制图统一标准》GB/T 50001—2001 和《建筑制图标准》GB/T 50104—2001 的有关基本规定

编者认为，读者要绘制出符合制图标准要求的高质量的施工图，必须具备以下基本素质：

(1) 对 AutoCAD 基本命令和基本功能非常熟练。做到这一点就相当于手工绘图中绘图者应该非常熟悉丁字尺、三角板等绘图仪器怎么正确使用，这是基本的技能，但达到这一点并不等于就能绘制出符合要求的施工图。我们常常发现对 AutoCAD 非常精通和熟练的同学，绘图速度也相当快，但画出来的施工图却是次品，质量很差，完全不符合要求，主要原因是缺乏专业素质的训练，不懂得制图标准的要求。

(2) 非常熟悉现行国家制图标准的要求。这是决定所绘制的施工图能否达到要求的关键。

(3) 应具有耐心、细心和精益求精的精神。施工图不能有丝毫的马虎，多一条线和少一条线都将有可能会带来严重的工程问题和巨大的经济损失。俗话说“一字值千金”，施工图可以说是“一线值千金或万金”。错画、多画或漏画图线，应及时改正，应做到精益求精，图线的线型、线宽、文字高度、文字字体、各种符号画法等应做到准确无误，所绘制的图让别人挑不出任何问题或毛病，打印出来是一幅幅十分精美的建筑图纸，这样才算达到了学习的要求。

有不少人很羡慕钢笔字写得非常漂亮的人，字如其人，字是一个人的门面，未见其人，但欣赏他漂亮的一手好字，也许就会留下十分美好的印象。实际上，对于工程技术人员来说，图就是他的门面，他的设计成果最终都通过设计图展现出来，不论他在设计过程中，计算结果正确与否，但是光就其绘制的十分美观、规范、漂亮的施工图，就能给人赏心悦目的感觉，能给人留下美好的第一印象。因此，读者要重视上述三个方面基本素质的训练和培养。

制图标准是每个工程技术人员必须遵守的技术法规，只有熟悉现行的制图标准，才能在设计时绘制出符合要求的施工图纸。本节简要介绍现行建筑制图国家标准的有关基本规定，为绘制建筑施工图奠定必要的基础。

3.1.1 图幅、标题栏、会签栏、线型、字体、比例、尺寸注法的基本规定

1. 图幅

图幅可分为横式幅面和立式幅面。如图 3.1 ~ 图 3.3 所示。图幅和图框的尺寸如表 3-1 所示。

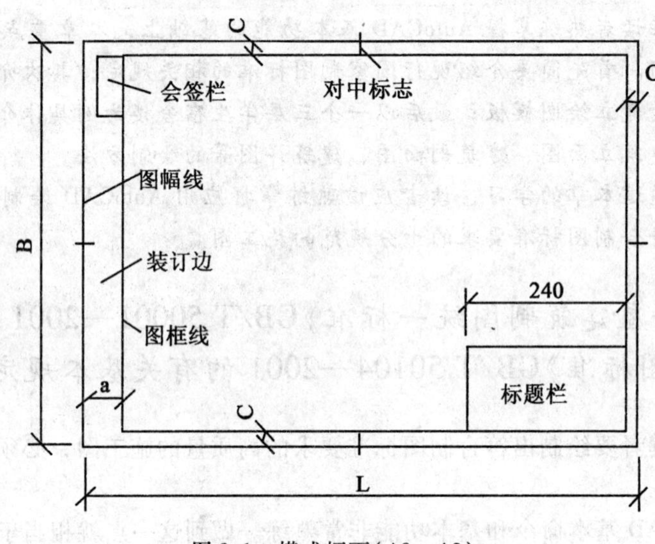

图 3.1 横式幅面（A0 ~ A3）

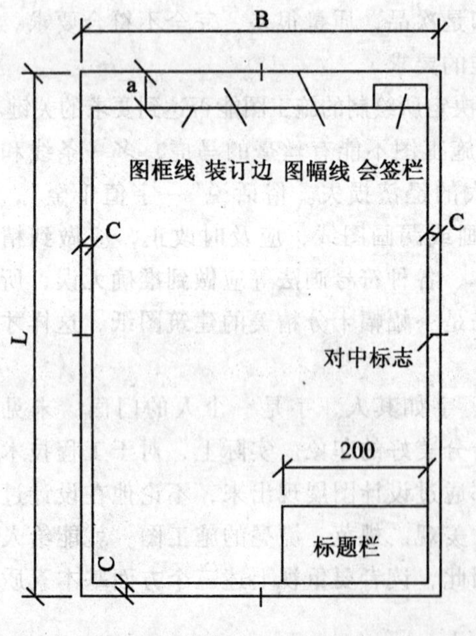

图 3.2 立式幅面（A0 ~ A3）

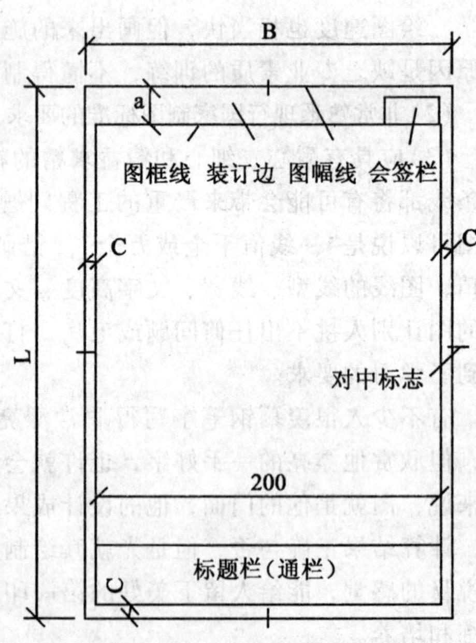

图 3.3 A4 立式幅面

表 3-1　　**图幅及图框尺寸**　　单位：mm

图幅代号 / 尺寸代号	A0	A1	A2	A3	A4
B×L	841×1189	594×841	420×594	297×420	210×297
C	10			5	
a	25				

从表 3-1 中可以看出，A1 图幅是 A0 图幅的对折，依此类推。图幅线用细实线绘制，图框线与标题栏外轮廓用粗实线绘制，标题栏内的分格线用细实线绘制。对中标志画在图幅线各边的中点处，线宽应为 0. 35mm，伸入框内应有 5mm。当标准的图幅不能满足要求时，图幅可以按规定加长，但图纸的短边不能加长，只能加长长边。具体加长多少，参见制图标准的规定。同一工程同一专业的设计图纸一般不应多于两种图幅，图纸目录及表格采用的 A4 幅面除外。

2. 标题栏

标题栏应按图 3. 4 所示根据工程需要选择确定其尺寸、格式及分区。签字区应包括实名列和签名列。涉外工程的标题栏内，各项内容的中文下方应附有译文，设计单位上方或左方应加"中华人民共和国"字样。

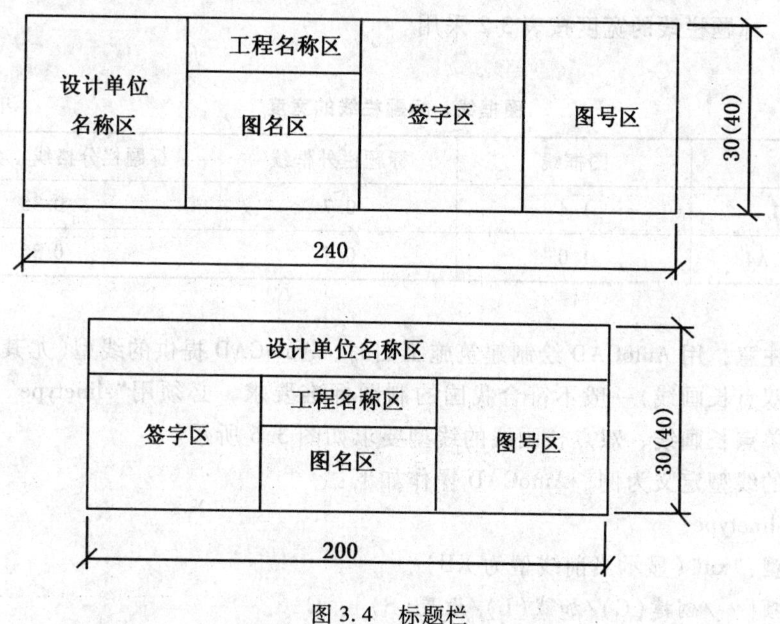

图 3. 4　标题栏

3. 会签栏

会签栏应按图 3. 5 所示绘制，一个会签栏不够时，可另加一个，两个会签栏应并列布置；不需会签栏的图纸可以不设会签栏。

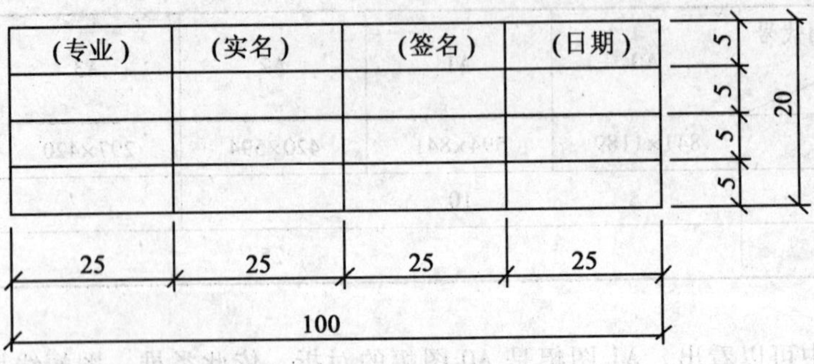

(专业)	(实名)	(签名)	(日期)

5 5 5 5 20

25 25 25 25

100

图 3.5 会签栏

4. 线型

从粗细程度来说，线条分为粗、中粗、细三种。若以 b 为粗线的宽度，中粗线、细线的宽度分别为 0.5b、0.25b。根据图形的复杂程度，b 的值应从下列线宽系列中选用：2.0、1.4、1.0、0.7、0.5、0.35(mm)。从线条的外观来说，分为实线、虚线、单点长画线、双点长画线、折断线、波浪线等。一般来说，用实线表达可见轮廓，用虚线表达不可见轮廓，单点长画线用来表示定位轴线、对称线、回转轴等，双点长画线用于表达假想轮廓线，折断线、波浪线用于表达断开部分的界线。用较粗的线条表达主要的轮廓，如粗实线表达主要轮廓线，中粗实线表达可见轮廓线，细实线表达可见轮廓线和图例线。

图框线、标题栏线的宽度按表 3-2 采用。

表 3-2 **图框线、标题栏线的宽度** 单位：mm

图幅	图框线	标题栏外框线	标题栏分格线、会签栏线
A0、A1	1.4	0.7	0.35
A2、A3、A4	1.0	0.7	0.35

读者应注意，用 AutoCAD 绘制建筑施工图时，AutoCAD 提供的线型(尤其是虚线、单点长画线、双点长画线)一般不符合我国的制图标准要求，必须用“-linetype”命令创建线型。虚线、单点长画线、双点长画线的线型要求如图 3.6 所示。

以虚线的线型定义为例，AutoCAD 操作如下：

命令：-linetype

当前线型："xu"(显示当前线型为 XU)

输入选项[？/创建(C)/加载(L)/设置(S)]：C

输入要创建的线型名：xuxian(指定创建的线型名，并在“创建或附加线型文件”对话框中给出线型库文件名，如以 ACADISO.LIN 等为给定文件名，则将“xuxian”线型定义追加到 AutoCAD 标准线型库文件 ACADISO.LIN 中)

请稍候，正在检查线型是否已定义…

说明文字：--- --- ---(连续键入键盘上的减号“-”键三次，再按空格键一次，依此类

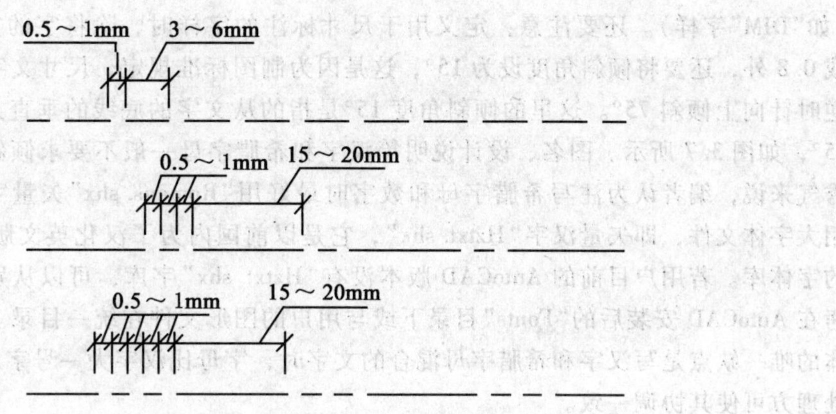

图 3.6　虚线、单点长画线、双点长画线的线型要求

推，也可以直接回车，不响应该提示。)

输入线型图案(下一行)：

A，5，-1

新线型定义已保存到文件。

5. 字体

按照制图标准的要求，图纸中的所有文字(包括表示尺寸标注的数字，设计说明的汉字及希腊字母等)都应该写成长仿宋字，即工程字。长仿宋字的字宽度约为字高度的$\frac{2}{3}$，所以在 AutoCAD 中定义字样时，应将宽度比例或宽度因子设为 0.7 $\left(\frac{2}{3}=0.66666\cdots\approx 0.7\right)$，新的制图标准中建议设为 0.8。字的高度的毫米数叫做字号，制图标准规定的字号一共有 6 种字号，它们是：20、14、10、7、5、3.5。长仿宋体字高宽关系如表 3-3 所示。可以看出小一号的字高度就是上一级字号的宽度。

表 3-3　长仿宋体字高宽关系　单位：mm

字高	20	14	10	7	5	3.5
字宽	14	10	7	5	3.5	2.5

很多读者和工程设计人员不注意制图标准的规定，在设计图中随意指定字的大小高度，以致图中字体、字的大小不一致，这是非常不好的作图习惯，不仅影响图面质量，也与制图标准相违背，必须加以重视。

在绘制施工图时，如何选用字号，不同的设计人员可能有不同的做法。编者建议一种较为合理的字号级配：10 号字用于在标题栏中注写设计单位名称等；7 号或 10 号字用于注写图名(如“1—1 剖面图”、“南立面图”、“钢筋表”、“结构设计说明”等文字)；5 号字用于注写设计说明的文字；3.5 号或 2.5 号字用于尺寸标注的数字注写。编者同时建议，定义字样时要至少定义两种字样，一种用于写汉字等(如"HZ"字样)，一种用于尺寸标注(如"DIM"字样)。还要注意：定义用于尺寸标注的字样时，除将字的宽度比例设为0.7或0.8外，还要将倾斜角度设为15°，这是因为制图标准规定，尺寸文字应从文字的底线逆时针向上倾斜75°。这里的倾斜角度15°是指的从文字的底线的垂直方向沿顺时针倾斜15°，如图3.7所示。图名、设计说明等汉字和希腊字母一般不要求倾斜。从字体的美观秀气来说，编者认为注写希腊字母和数字时最好用"Romans. shx"矢量字体，注写汉字时用大字体文件，即矢量汉字"Hztxt. shx"，它是以前国内为了汉化英文版 AutoCAD 而开发的字体库。若用户目前的 AutoCAD 版本没有"Hztxt. shx"字库，可以从别处拷贝一份，并拷在 AutoCAD 安装后的"Fonts"目录下或与用户的图形文件在统一目录。用"Hztxt. shx"字体的唯一缺点是写汉字和希腊字母混合的文字时，字母比汉字大一号字。要作一定的调整处理方可使其协调一致。

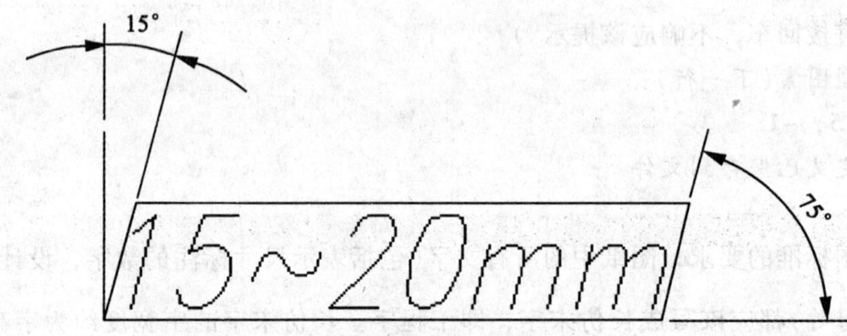

图 3.7　尺寸文字倾斜角度设为15°时的效果

《机械制图标准》推荐的字体为"gbeitc. shx，gbcbig. shx"，gbeitc. shx 用于写尺寸数字和拉丁字母且字体本身实现了宽度比例因子 0.8 和字体倾斜 15°的要求，大字体 gbcbig. shx 用于写汉字且字体本身实现了宽度比例因子 0.8 而倾斜 0°(汉字直立)的要求，因此，不需要在定义文字样式的对话框中再设定宽度比例因子 0.8 和倾斜 15°，而且"gbeitc. shx，gbcbig. shx"字体组合可以很好地解决上述"字母比汉字大一号字"的问题，字母和汉字是等高度的同一号字，且数字和拉丁字母自动倾斜15°，汉字自动直立不倾斜，故读者也可以采用该组合只定义一种字样就可以绘制所有施工图。

但编者认为 gbcbig. shx 的汉字不如 hztxt. shx 的汉字美观，所以建议采用"gbeitc. shx，hztxt. shx"字体组合，同时定义倾斜0°、宽度比例0.8(因为 hztxt. shx 字体默认情况下是宽度比例1∶1即正方形字体)。

此外，某些设计单位的绘图习惯上，不要求尺寸数字和拉丁字母倾斜15°，若是这样，请读者可以用 gbenor. shx 取代 gbeitc. shx 即可，其他不变。

编者不建议读者用"中文 Windows"系统提供的"T 仿宋—GB2312"等字体注写汉字、数字和字母，因为工程图中的文字应该用矢量字体而不能用点阵字体，"T 仿宋-GB2312"是点阵汉字。

在 AutoCAD 中定义字样的对话框如图 3.8 和图 3.9 所示(图中的定义参数仅供参考)。

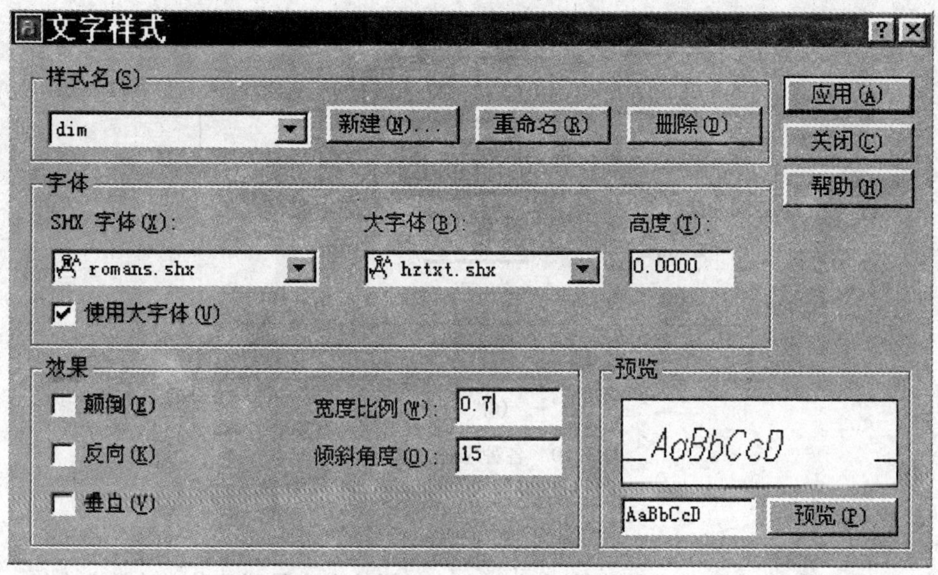

图 3.8　定义用于尺寸标注的字样“Dim”

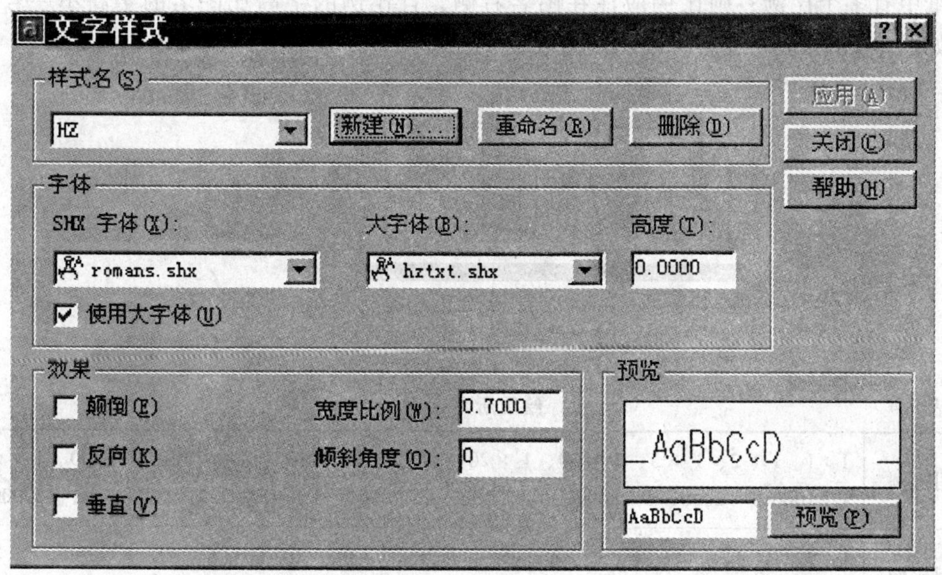

图 3.9　定义用于注写汉字和拉丁字母的字样“Hz”

各种字体效果的比较如图 3.10 所示。

图 3.10(a)是“Hztxt. shx”字体，7 号字，宽度比例 0.7，不倾斜或倾斜角度 0°。图 3.10(b)是“T 仿宋 - GB2312”字体，7 号字，宽度比例 0.7，不倾斜。图 3.10(c)是“Romans. shx”字体 3.5 号字，宽度比例 0.7，倾斜角度 15°。图 3.10(d)是“gbeitc. shx，hztxt. shx”字体 10 号字，宽度比例 0.8，倾斜角度 0°。

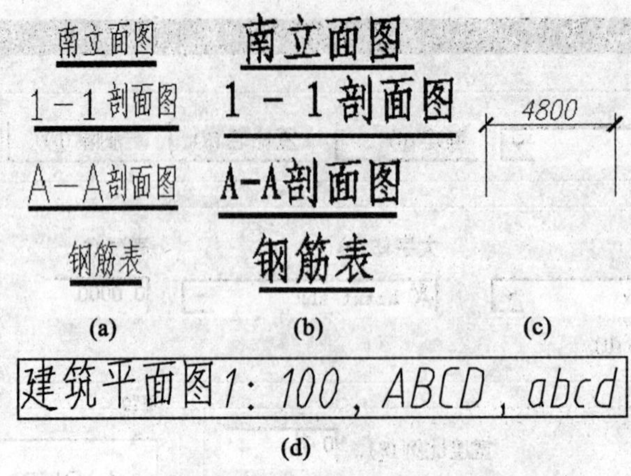

图 3.10　各种字体效果的比较

6. 比例

比例是图形与实物相对应的线性尺寸之比。比例的大小是指比值的大小，如 1∶50 大于 1∶100。同一张图纸中若只有一个比例，则在标题栏中统一注明比例大小。若在同一张图纸中有多个比例，则比例应注在图名右侧，且比例的字高比图名的字高小一号或二号。如图 3.11 所示。绘图所用比例如表 3-4 所示。

图 3.11　比例注法

表 3-4　　绘图所用比例

常用比例	1∶1、1∶2、1∶5、1∶10、1∶20、1∶50、1∶100、1∶150、1∶200、1∶500、1∶1000、1∶2000、1∶5000、1∶10000、1∶20000、1∶50000、1∶100000、1∶200000
可用比例	1∶3、1∶4、1∶6、1∶15、1∶25、1∶30、1∶40、1∶60、1∶80、1∶250、1∶300、1∶400、1∶600

7. 尺寸注法

任何形式的尺寸标注都由四部分组成。这四部分是：尺寸界线、尺寸线、尺寸起止符和尺寸数字。如图 3.12 所示。

尺寸界线用细实线绘制，一般与被注轮廓线垂直，距离轮廓线的间隙不小于 2mm，超出尺寸线的长度约 2～3mm，图样轮廓线可作尺寸界线（如图 3.12 所示）。

尺寸线也用细实线绘制，一般应与被注轮廓线平行，任何图线都不能作尺寸线。

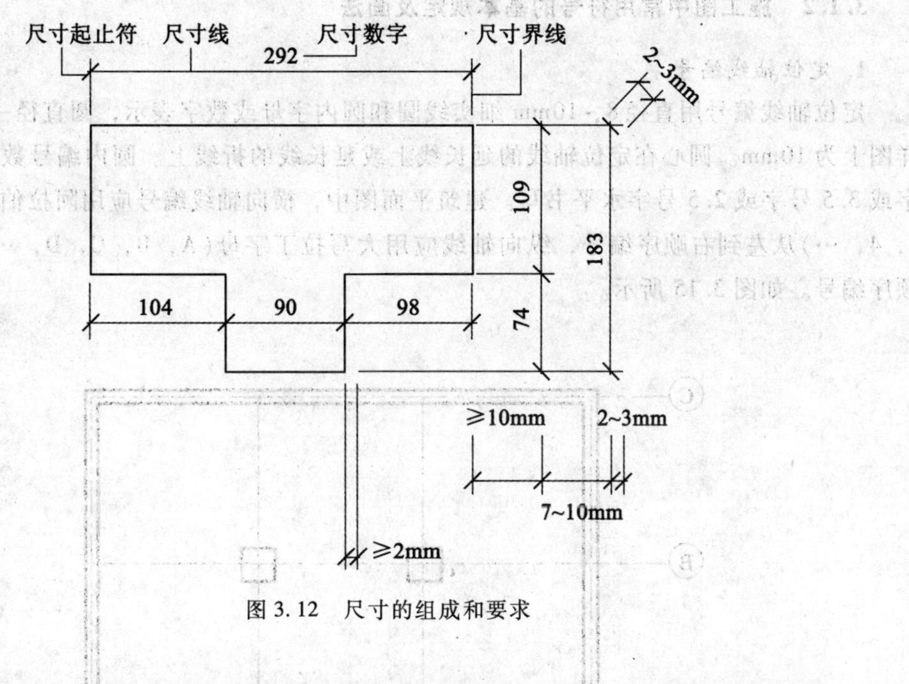

图 3.12　尺寸的组成和要求

尺寸起止符一般用 45°中粗斜短线绘制，其倾斜方向应与尺寸界线成顺时针 45°角，长度约为 2～3mm。半径、直径、角度和弧长的尺寸起止符用箭头，如图 3.13 所示。图中 b 为粗实线宽度。

尺寸数字宜用 3.5 号字或 2.5 号字书写，一般应注写在尺寸线上方的中部并与尺寸线平行。如果两尺寸界线间孔隙不足以注写尺寸数字，则最外边尺寸数字可注写在尺寸界线外侧，中间相邻的尺寸数字可错开注写，如图 3.14 所示。

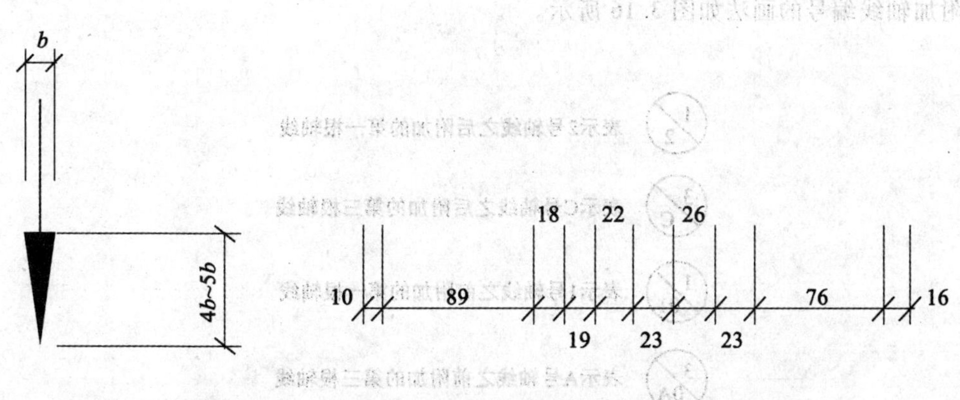

图 3.13　箭头尺寸起止符　　　　图 3.14　尺寸数字的注写位置

尺寸应标注在图样轮廓以外，不宜与图线、文字与符号等相交。如图 3.12 所示，多层平行尺寸标注时，应按小尺寸放在内层，大尺寸放在外层的顺序排列。靠近图样轮廓的最里层尺寸线距离图样轮廓不宜小于 10mm。多层平行尺寸线间的距离宜为 7～10mm。

3.1.2 施工图中常用符号的基本规定及画法

1. 定位轴线编号

定位轴线编号用直径 8～10mm 细实线圆和圆内字母或数字表示，圆直径一般为 8mm，详图上为 10mm。圆心在定位轴线的延长线上或延长线的折线上。圆内编号数字宜用 5 号字或 3.5 号字或 2.5 号字水平书写。建筑平面图中，横向轴线编号应用阿拉伯数字(1，2，3，4，…)从左到右顺序编号，纵向轴线应用大写拉丁字母(A，B，C，D，…)从下而上顺序编号。如图 3.15 所示。

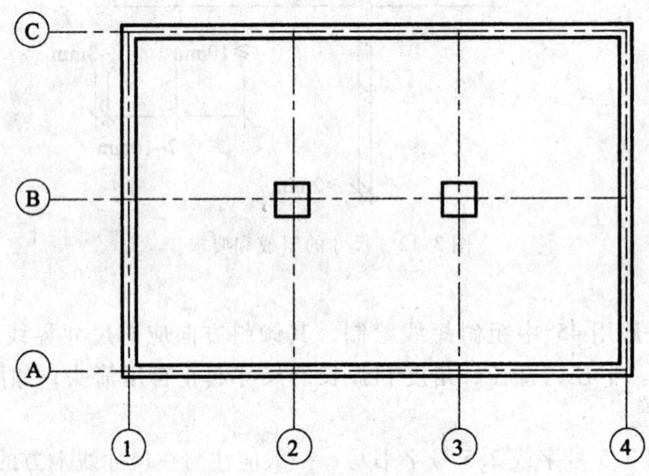

图 3.15 定位轴线编号顺序

附加轴线编号的画法如图 3.16 所示。

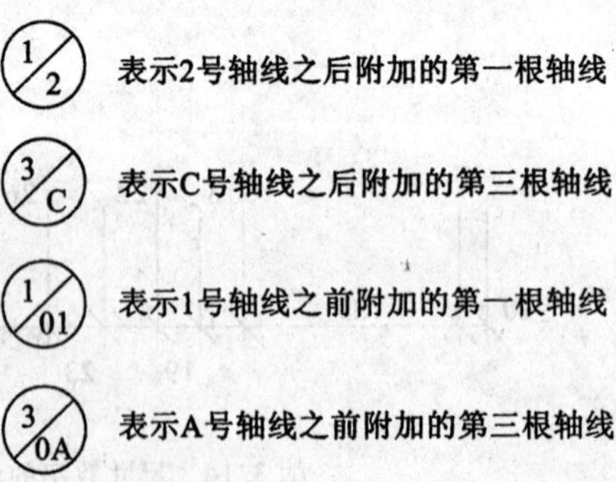

图 3.16 附加定位轴线编号

一个详图适用于几根轴线时，应同时标明各有关轴线的编号，如图 3.17 所示。

通用详图中的定位轴线，应只画圆，不注写轴线编号。

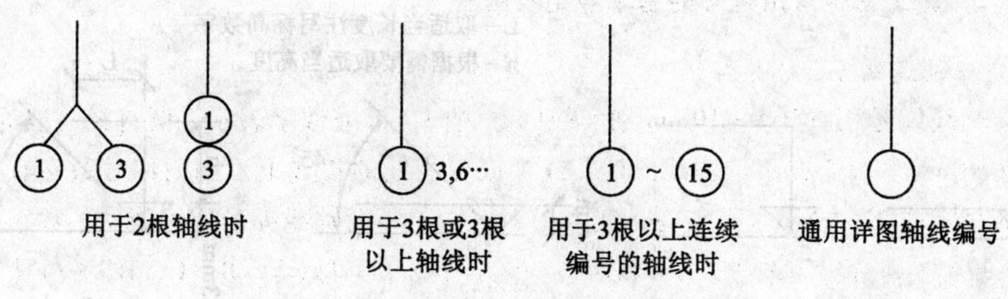

图 3.17　详图的轴线编号

圆形平面定位轴线的编号如图 3.18 所示。径向轴线用阿拉伯数字，并从左下角开始延逆时针方向顺序编号，环向轴线应用大写拉丁字母，并从外向内顺序编号。

折线形平面定位轴线的编号如图 3.19 所示。

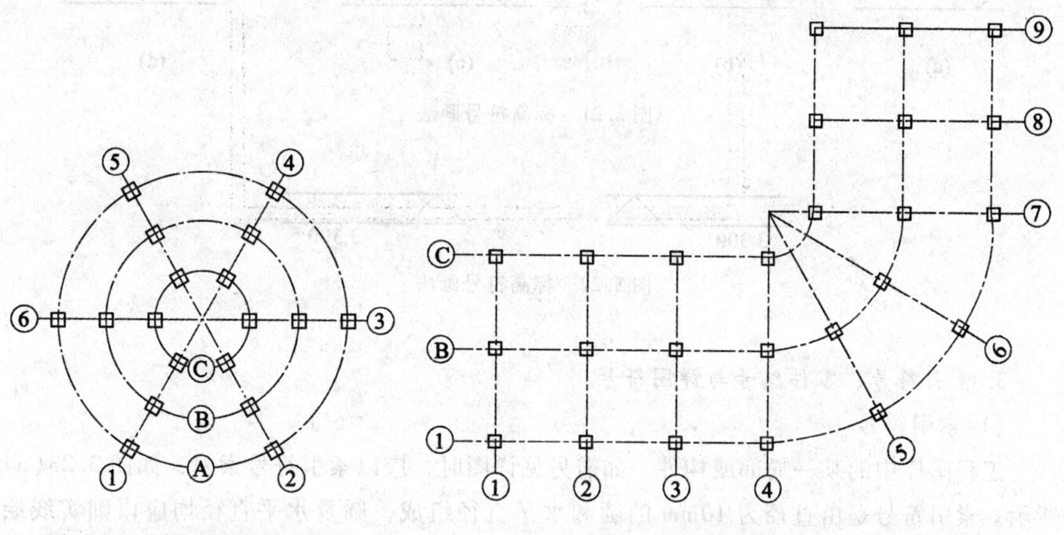

图 3.18　圆形平面的轴线编号

图 3.19　折线形平面的轴线编号

2. 标高符号

标高符号应用等腰直角三角形表示，如图 3.20(a)所示，用细实线绘制。如果标注位置不够，也可用图 3.20(b)所示的形式标注。具体画法如图 3.20(c)和图 3.20(d)所示。

总平面图中，室外地坪标高符号应为涂黑的等腰直角三角形，如图 3.21(b)、(c)所示。

标高单位以“米”记，室内标高保留三位小数，总平面图中可保留两位小数。除了相对零点标高注写为±0.000 外，正数标高不注“+”，负数标高应注“-”。若在图样的同一位置表示几个不同层高的标高尺寸时，标高尺寸可按图 3.21(d)所示标注。

如图 3.22 所示，标高符号尖端一般向下，也可以向上，标高数字可以注写在标高符号左端，也可以注写在右端。

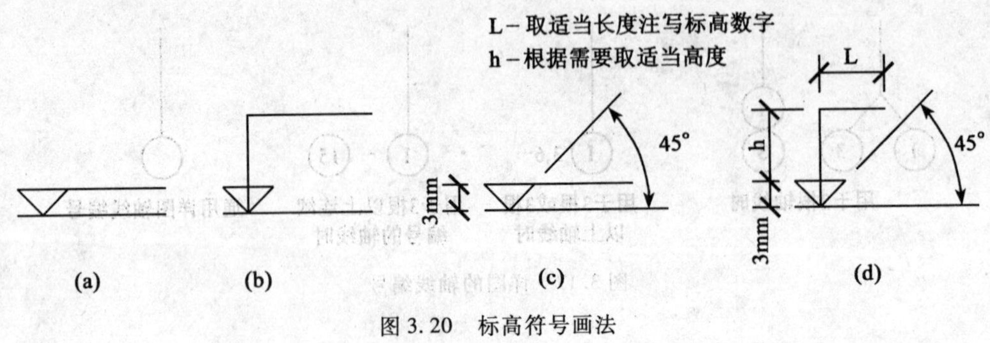

图 3.20　标高符号画法

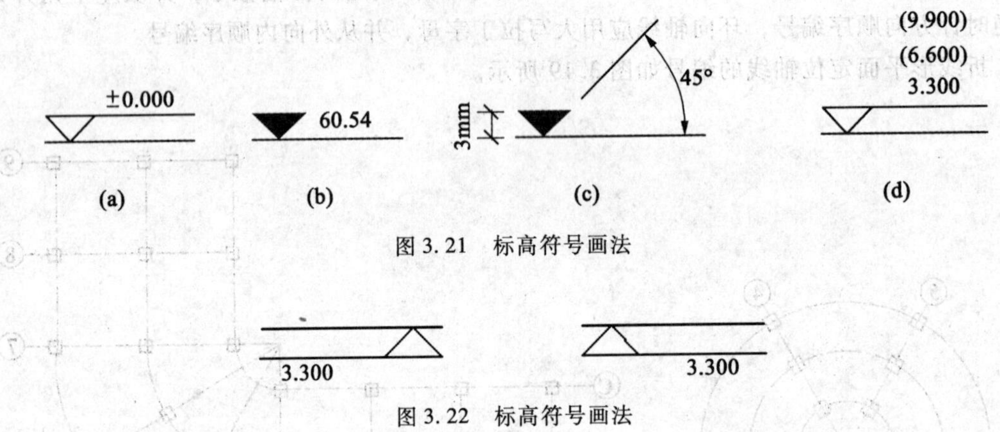

图 3.21　标高符号画法

图 3.22　标高符号画法

3. 索引符号、零件编号与详图符号

(1)索引符号

工程图样中的某一局部或构件，如需另见详图时，应以索引符号索引，如图 3.23(a)所示。索引符号是由直径为 10mm 的圆和水平直径组成，圆及水平直径均应以细实线绘制。索引符号应按下列规定编写：

①索引出的详图，如与被索引的详图同在一张图纸内，应在索引符号的上半圆中用阿拉伯数字注明该详图的编号，并在下半圆中间画一段水平细实线，如图 3.23(b)所示。

②索引出的详图，如与被索引的详图不在同一张图纸内，应在索引符号的上半圆中用阿拉伯数字注明该详图的编号，在索引符号的下半圆中用阿拉伯数字注明该详图所在图纸的编号，如图 3.23(c)所示。

③索引出的详图，如采用标准图，应在索引符号水平直径的延长线上加注该标准图册的编号，如图 3.23(d)所示。

索引符号圆中的数字宜用 2.5 号字或 3.5 号字书写。

索引符号如果用于索引剖视详图，应在被剖切的部位绘制剖切位置线，并以引出线引出索引符号，引出线所在的一侧应为投影方向。剖切位置线用 6 ~ 10mm 长的粗实线绘制，与引出线的间隙约 1mm。索引符号的编写仍然按照上述规定，如图 3.24 所示。

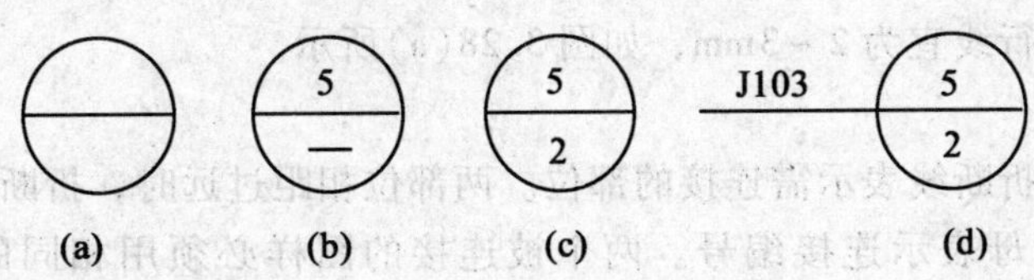

图 3.23　索引符号

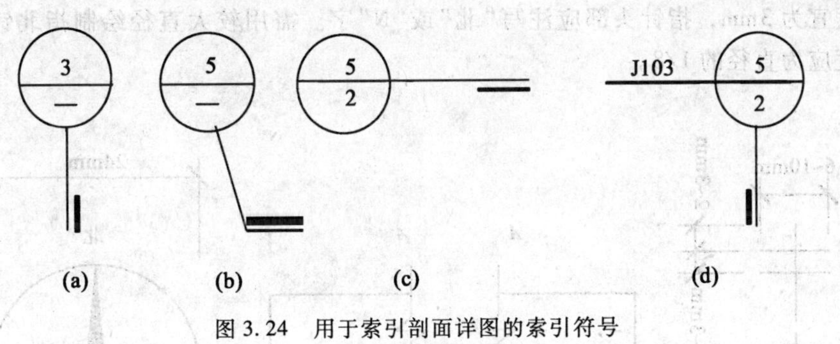

图 3.24　用于索引剖面详图的索引符号

(2)零件编号

零件、钢筋、杆件、设备等的编号，以直径为 4 ~ 6mm(同一图样应保持一致)的细实线圆表示，其编号应用阿拉伯数字按顺序编写，如图 3.25 所示。

(3)详图符号

详图的位置和编号，应以详图符号表示。详图符号应以直径为 14mm 的粗实线圆表示。详图应按下列规定编号：

①详图与被索引的图样同在一张图纸内时，应在详图符号内用阿拉伯数字注明详图的编号，如图 3.26 所示。

②详图与被索引的图样不在同一张图纸内，应用细实线在详图符号内画一水平直径，在上半圆中注明详图编号，在下半圆中注明被索引的图纸的编号，如图 3.27 所示。

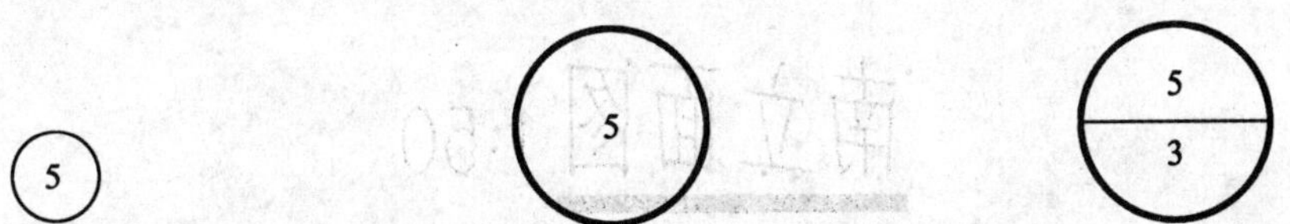

图 3.25　零件、钢筋等的编号

图 3.26　与被索引图样同在一张图纸内的详图符号

图 3.27　与被索引图样不在一张图纸内的详图符号

4. 指北针、连接符号和对称符号

(1)对称符号

对称符号由对称线和两端的两对平行线组成。对称线用细单点长画线绘制；平行线用细实线绘制，其长度宜为 6～10mm，每对的间距宜为 2～3mm；对称线垂直平分于两对平行线，两端超出平行线宜为 2～3mm，如图 3.28(a)所示。

(2)连接符号

连接符号应以折断线表示需连接的部位。两部位相距过远时，折断线两端靠图样一侧应标注大写拉丁字母表示连接编号。两个被连接的图样必须用相同的字母编号，如图 3.28(b)所示。

(3)指北针

指北针的形状应如图 3.28(c)所示。其圆的直径宜为 24mm，用细实线绘制；指针尾部的宽度宜为 3mm，指针头部应注写"北"或"N"字。需用较大直径绘制指北针时，指针尾部宽度应为直径的 1/8。

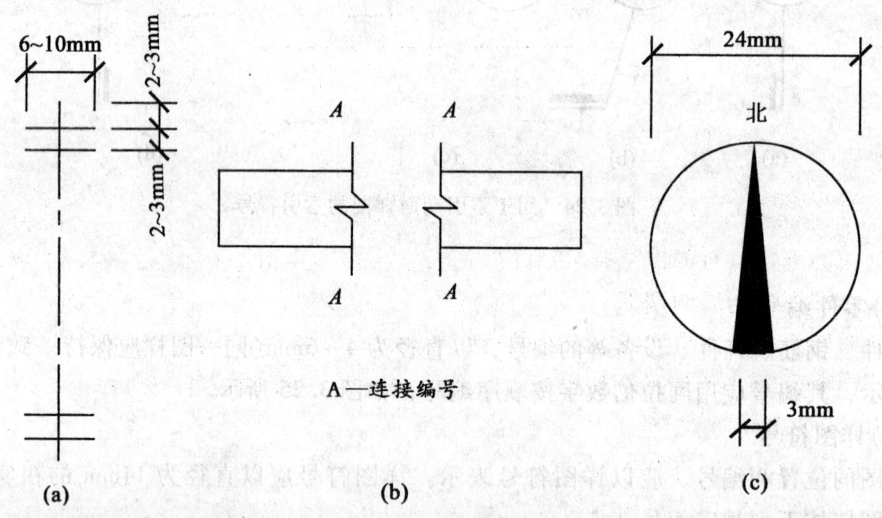

图 3.28 对称符号、连接符号和指北针

5. 图名

图名宜用 7 号长仿宋字书写。图名下方绘制水平的粗实线，长度约与图名长度相当。当需要注明比例时，比例应以 5 号字和 3.5 号字注在图名右侧，如图 3.29 所示。

图 3.29 图名的表示方法

6. 剖面、断面的剖切符号

(1)剖面的剖切符号

剖面的剖切符号应符合下列规定：

①剖面的剖切符号应由剖切位置线及投影方向线组成，均应以粗实线绘制。剖切位置

线的长度宜为 6～10mm；投影方向线应垂直于剖切位置线，长度应短于剖切位置线，宜为 4～6mm，如图 3.30 所示。绘制时，剖面的剖切符号不应与其他图线相接触。

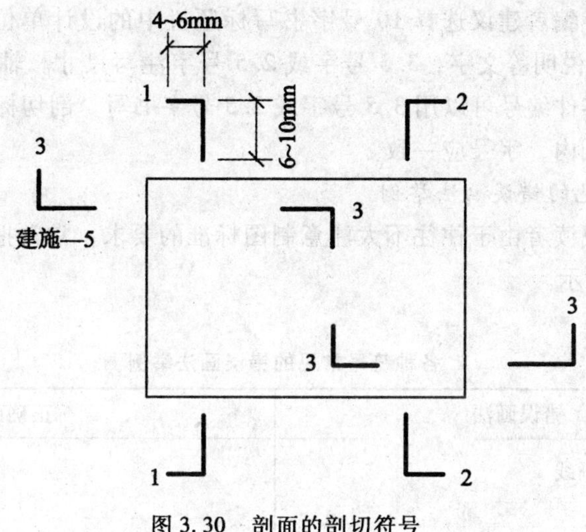

图 3.30　剖面的剖切符号

②剖面的剖切符号的编号宜采用阿拉伯数字、按顺序由左至右、由下至上连续编排，并应注写在剖视方向线的端部。

③需要转折的剖切位置线，应在转角的外侧加注与该符号相同的编号。

④建(构)筑物剖面图的剖切符号宜注在±0.000 标高的平面图上。

(2)断面的剖切符号

断面的剖切符号应符合下列规定：

①断面的剖切符号应只用剖切位置线表示，并应以粗实线绘制，长度宜为 6～10mm。

②断面的剖切符号的编号宜采用阿拉伯数字，按顺序连续编排，并应注写在剖切位置线的一侧；编号所在的一侧应为该断面的投影方向，如图 3.31 所示。

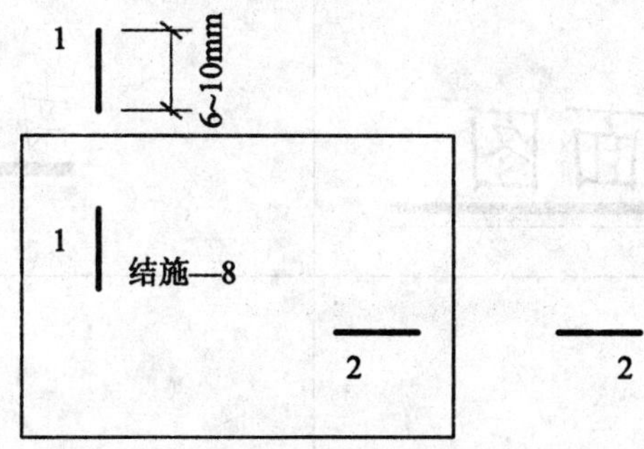

图 3.31　断面的剖切符号

剖面图或断面图，如与被剖切图样不在同一张图内，可在剖切位置线的另一侧注明其所在图纸的编号，也可以在图上集中说明。

剖切标注中的数字可用 7 号字或 5 号字书写。

7. 施工图中文字字号级配的选择

在此再一次强调，施工图中注写文字时，不能随意乱定文字高度，应按照制图标准规定的字号书写文字。编者建议选择 10 号字书写标题栏中的设计单位名称，7 号字注写图名，5 号字书写设计说明等文字，3. 5 号字或 2. 5 号字注写尺寸。轴线编号可以用 5 号字或 3. 5 号字书写。零件编号可以用 3. 5 号字或 2. 5 号字书写。剖切标注可用 7 号字或 5 号字书写。同一张图纸内，字号应一致。

8. 各种符号常见的错误画法举例

不少设计人员或读者由于往往不太注意制图标准的要求，常常把一些符号画错，现列表举例，如表 3-5 所示。

表 3-5 各种符号常见的错误画法举例

序号	错误画法	正确画法
1	虚线和单点长画线	
2	尺寸标注 102 102 102 102	102
3	图名 南立面图	南立面图
4	定位轴线 8	8

续表

序号	错误画法	正确画法
5	标高符号	
6	对称符号	
7	折断线	
8	指北针 北	北
9	详图符号 3	3
10	剖切符号 3 3	3 3

3.2 设置绘图环境(建立图形模板)

为了提高绘图效率，绘图前最好首先建立绘图模板。这里的绘图模板主要用来为后续绘图提供绘图环境，如绘图的线型、注写文字和尺寸的字体字样、在建筑平面图中绘制墙体的多线样式、标注样式、图层等。设置或创建好这些样式后，由于此时还没有绘制任何图形，屏幕上是空白的，将没有任何图形的图形保存为“ACADISO. DWT”文件或“ACAD. DWT”文件，或者将模板图文件的名字设置成为用户喜欢的其他文件名，如“ZHANG. DWT”。以后用 AutoCAD 绘图时，只要用上述模板图文件作为初始模板启动 AutoCAD，则所有设置的样式为当前所用。省去了每画一张图，就要定义一次样式的麻烦。打个比方，建立绘图模板相当于手工绘图前的准备工作(包括擦拭图板、丁字尺、三角板；用胶带纸固定图纸；削好铅笔等)。可以说建立好绘图模板是一劳永逸的工作，设计人员不再做重复性的劳动，可以永远使用它。

3.2.1 定义线型

绘制建筑施工图时，由于 AutoCAD 的标准线型库文件提供的线型适合于美国等西方国家的制图标准，但一般不符合我国的制图标准，所以，用户最好自己创建符合我国现行的建筑制图国家标准要求的线型。这里主要是虚线、单点长画线和双点长画线。创建的线型应严格满足图 3.6 所示的尺寸要求。

1. 虚线的创建

在 AutoCAD 中创建虚线的操作步骤如下：

命令：-linetype

当前线型："##"(显示当前线型为##)

输入选项[？/创建(C)/加载(L)/设置(S)]：C

输入要创建的线型名：xuxian(指定创建的线型名，可以用汉字做名字，并在“创建或附加线型文件”对话框中给出线型库文件名，如以 ACADISO. LIN 等为给定文件名，则将“xuxian”线型定义追加到 AutoCAD 标准线型库文件 ACADISO. LIN 中)

请稍候，正在检查线型是否已定义…

说明文字：--- --- ---(连续键入键盘上的减号“-”键三次，再按空格键一次，依此类推，也可以直接回车，不响应该提示。)

输入线型图案(下一行)：

A，5，-1

新线型定义已保存到文件。

2. 单点长画线的创建

在 AutoCAD 中创建单点长画线的操作步骤如下：

命令：-linetype

当前线型："##"(显示当前线型为##)

输入选项[？/创建(C)/加载(L)/设置(S)]：C

输入要创建的线型名：ddx(指定创建的线型名，并在“创建或附加线型文件”对话框中给出线型库文件名，如以 ACADISO. LIN 等为给定文件名，则将“ddx”线型定义追加到 AutoCAD 标准线型库文件 ACADISO. LIN 中)

请稍候，正在检查线型是否已定义…

说明文字：---- - ---- - ----(连续键入键盘上的减号“-”键和空格键，形成看似单点长画线的字符串，也可以直接回车，不响应该提示。)

输入线型图案(下一行)：

A，18，-1，1，-1

新线型定义已保存到文件。

3. 双点长画线的创建

与单点长画线的创建类似，所不同的是：A，18，-1，1，-1，1，-1

3.2.2 设置图层

为了图形的管理方便，绘图时应定义或设置若干图层。如“定位轴线”层、“墙线”层、“尺寸标注”层、“其他”层等。每个图层赋予不同的颜色、线型、线宽等属性。具体需要定义哪些图层，定义多少，由用户根据图形的复杂程度合理规划好，以便方便地管理图形。

3.2.3 定义字样

一般绘制建筑施工图时，最少要定义两种字样。一种字样用于注写设计说明等汉字，这些汉字不要求倾斜75°，所以定义字样时倾斜角度应设为0°，使用大字体，字体文件选为“Romans. shx”、“Hztxt. shx”，宽度比例设为0.8(或0.7)，字体高度可暂不设置(即为0)。另一种字样用于注写尺寸数字等，这些数字要求倾斜75°，所以定义字样时倾斜角度应设为15°，使用大字体，字体文件选为“Romans. shx”、“Hztxt. shx”，宽度比例设为0.8(或0.7)，字体高度可暂不设置(即为0)。

正如前面编者所建议的，也可以只定义一种字样绘制所有图，即将 AutoCAD 默认的 Standard 字样的参数设为：gbeitc. shx，hztxt. shx 字体组合，同时定义倾斜0°、宽度比例0.8。

3.2.4 定义尺寸标注样式

一般绘制建筑施工图时，最少要定义两种尺寸标注样式。一种尺寸标注样式用于标注长度型的尺寸，尺寸起止符为45°中粗短斜线，大小可以设为2～3mm，尺寸界线的起始端距离图形轮廓的偏移距离可设为大于等于2mm，尺寸线超出尺寸界线的长度设为0mm，尺寸界线超出尺寸线的长度可设为2～3mm，尺寸文本(数字)的高度可设为3.5mm或2.5mm，尺寸文本偏离尺寸线的距离设为1mm。

另一种尺寸标注样式用于标注角度、半径、直径型尺寸以及引线标注，尺寸起止符为实心箭头，大小可以设为 4mm(4×1.0mm，1.0 为粗实线的宽度)，尺寸界线的起始端距离图形轮廓的偏移距离可设为大于等于 2mm，尺寸界线超出尺寸线的长度可设为 2 ~ 3mm，尺寸文本(数字)的高度可设为 3.5mm 或 2.5mm，尺寸文本偏离尺寸线的距离设为 1mm。

3.2.5 保存模板图

定义好所有必要的样式后，执行“文件”菜单的“另存为”菜单项，将没有画任何图形的图形保存到“.DWT”后缀的图形文件中，以便以后作图时使用。模板图文件与用户创建的线型库文件可以一起保存到 U 盘中，若在某台机器上绘图，只需将这些文件拷入 AutoCAD 的相关文件夹即可，即模板图“.DWT”文件拷到“Template”文件夹，线型库“.LIN”文件拷入到“Support”文件夹。此外用于书写矢量汉字的大字体文件“Hztxt.shx”也应拷入到“Fonts”文件夹中。

3.2.6 施工图绘制的基本思路和步骤

第一步：设置绘图环境。即创建绘图模板，包括：

(1)定义创建符合我国制图标准要求的线型(虚线、单点长画线、双点长画线等)，并加载线型(linetype 命令)；

(2)定义一种文字样式或直接修改 Standard 字样的参数；

(3)由于尺寸标注起止符的不同，定义至少两种尺寸标注样式(用于长度尺寸，用于弧长、角度、直径、半径、引线标注)。

在同一张图中要绘制多个不同比例的图形时，建议将每个标注样式按图形比例不同派生多个标注样式，如：Length 100、Length 50、Length 25 分别用于标注比例为 1∶100、1∶50、1∶25 图形的长度尺寸。注意“标注特征比例”中的“使用全局比例”的设置和“测量单位比例”的“比例因子”的设置，前者控制尺寸标注符号的外观大小，后者控制标注文字的具体内容。具体参数的设定与用户考虑比例的绘图思路有直接关系。

(4)定义图层。按不同图形的特点创建若干图层，如建筑平面图，可以创建“轴线”、“墙体”、“门窗”、“台阶阳台”、“尺寸”、“其他”、“图名”等图层。不同的图层定义不同的颜色、线宽、线型。

(5)保存绘图环境。即保存图形模板。

第二步：设定绘图界限(Limits 命令)，按所绘图幅的大小，绘制图框和标题栏。这一步骤也可放在第一步里，使保存的图形模板带有图框和标题栏。

第三步：按不同的图形内容采取不同的绘图步骤和方法绘图。如绘制建筑平面图，应首先在轴线图层上绘制定位轴线；接着在墙体图层上绘制墙体；切换到门窗洞图层上，在墙体上开门窗洞口；在其他层上绘制台阶、雨棚、阳台等其他细部构造；在尺寸标注图层上标注尺寸；编辑修改图线；写图名；保存图形文件并打印出图。

3.2.7 施工图绘制中比例问题的处理方法

绘图中头脑应十分清楚屏幕上图形的比例、线型比例(Ltscale 命令)、尺寸标注特征的全局比例和测量比例因子、打印机出图的打印比例等多种比例的概念与区别。

对于一张图只有一个图形比例的施工图绘制，通常有两种处理方法或思路：一是把屏幕看成一张图纸绘图，输入的长度按比例缩放以后输入，文字高度按制图标准规定的字号设置如10号字文字高度就用10，标注特征全局比例设为1，测量比例因子设为100(假设图形比例为1∶100)，打印机打印比例设成1∶1；另一种思路是把屏幕看成空间的实际场地绘图(相当于现场施工放线)，输入的长度不按比例缩放，而直接输入空间实际的长度(如空间实际3600就输入3600)，文字高度按制图标准要求的字号乘以100(假设图形比例为1∶100)，即text命令写文字时7号字就输入字高700，标注特征全局比例设为100，测量比例因子设为1，打印机打印的比例设成为1∶100，即屏幕上的100个绘图单位打印到图纸上是1mm。

对于一张图纸有多个不同比例的绘图方法，一般有三种：先画后缩再出图、边缩边画再出图和先画不缩再出图。

3.3　建筑平面图的绘制方法

3.3.1　平面图的内容及有关规定

假想用一水平的剖切平面沿着门窗洞的位置将房屋剖切后，对剖切平面以下部分所做出的水平剖面图叫做建筑平面图，简称平面图。房屋建筑平面图应表达的内容有：

(1)表示墙、柱、墩、内外门窗位置及编号，房间的名称或编号，轴线编号。

(2)注出室内外的有关尺寸及室内楼、地面的标高(底层地面为±0.000)。

(3)表示电梯、楼梯位置及楼梯上下方向及主要尺寸。

(4)表示阳台、雨篷、踏步、斜坡、通气竖道、管线竖井、烟囱、消防梯、雨水管、散水、排水沟、花池等位置及尺寸。

(5)画出卫生器具、水池、工作台、厨、柜、隔断及重要设备位置。

(6)表示地下室、地坑、地沟、各种平台、阁楼(板)、检查孔、墙上留洞、高窗等位置尺寸与标高。如果是隐蔽的或在剖切面以上部位的内容，应用虚线表示。

(7)画出剖面图的剖切符号及编号(一般只注在底层平面图上)。

(8)标注有关部位上节点详图的索引符号。

(9)在底层平面图附近画出指北针(一般取上北下南)。

(10)屋面平面图一般内容有：女儿墙、檐沟、屋面坡度、分水线与落水口、变形缝、楼梯间、水箱间、天窗、上人孔、消防梯及其他构筑物、索引符号等。

以上表达内容根据具体情况有所取舍。当比例大于等于1∶50时，平面图上的断面应画出其材料图例和抹灰层的面层线。当比例为1∶100～1∶200时，抹灰面层线可以不画出，而断面材料图例可用简化画法(如砖墙涂红，钢筋混凝土涂黑等)。

绘制平面图时应注意以下三条：

(1)图示方法正确。

(2)线型分明。

(3)尺寸标注齐全。

平面图上的线型一般只有三种：粗实线、中粗实线、细实线。只有墙体、柱子等的断面轮廓线、剖切符号以及图名底线用粗实线绘制，门扇的开启线用中粗实线绘制，其余部分全部用细实线绘制。若有在剖切位置以上的构件，如隔板、高窗等可用细虚线或中粗虚线绘制。

底层平面图中，图样周围应标注三道尺寸，即第一道是反映建筑物总长总宽的总体尺寸，第二道是反映轴线间距的轴线尺寸，第三道是反映门窗洞口大小和位置的细部尺寸。其他细部尺寸可以直接标注在图样内部或就近标注。底层平面图上应有反映房屋朝向的指北针。反映剖面图剖切位置的剖切符号必须画在底层平面图上。

中间层或标准层，除了没有指北针、剖切符号外，其余绘制内容与要求同底层平面图类似。这些平面图上一般只标注两道尺寸：轴线间尺寸和总体尺寸，与底层平面相同的细部尺寸可以省略。屋顶平面图是反映屋顶排水组织状况的平面图，对于较简单的房屋可以省略不画，如果要画出，按正投影原理以中粗实线或细实线绘出，方法和要求与底层平面图类似。

3.3.2 平面图的绘制步骤

第一步：绘制定位轴线、画墙身和柱子。(假定采用“先画不缩再出图”)

绘制定位轴线时，首先将定位轴线所在的图层设为当前层，用 LINE 命令随便画出一条直线，用 ZOOM 命令实时缩小视图，在正交模式下用 STRETCH 命令拉伸图线，用 OFFSET 命令按指定的轴线间距(如 3600)以实际尺寸偏移轴线，用同样方法绘出所有轴线。

将墙体所在图层设为当前层，用多线命令 MLINE 绘制墙体，注意多线对正方式为 Z (Zero，即零对齐)，输入端点坐标时，捕捉轴线交点。然后用多线编辑命令 MLEDIT 编辑墙体的墙角。

柱子可用矩形命令 RECTANG 绘制。

第二步：切换目标层(如“其他”图层)为当前层，用 OFFSET 命令偏移轴线的方法确定门窗位置，画细部，如门窗洞、楼梯、台阶、卫生间、散水等。

第三步：用图形编辑命令 COPY、TRIM、MOVE、ERASE 等复制、修剪、移动、擦除图形，并用 MATCHPROP(特性匹配)命令整理图线，使得同一类图线在同一图层上。经过检查无误后，标注轴线、尺寸、门窗编号、剖切符号，注写图名、比例及其他文字说明。绘制指北针。指北针也可做成图块存盘，需要时插入图块即可。

注意：粗实线的线宽应根据图形的复杂程度在 0.35 ~ 2.0mm 范围内(制图标准要求的线宽系列为：2.0mm、1.4mm、1.0mm、0.7mm、0.5mm、0.35mm 六种)选取，确定后，中粗实线宽度应取为粗实线宽度的一半，细实线宽度应取为中粗实线宽度的一半。当图形复杂，线条密集时，粗实线宽度选择细一点，一般为 0.5mm、0.7mm、1.0mm。

平面图的绘制过程见图 3.32 ~ 图 3.34 所示。

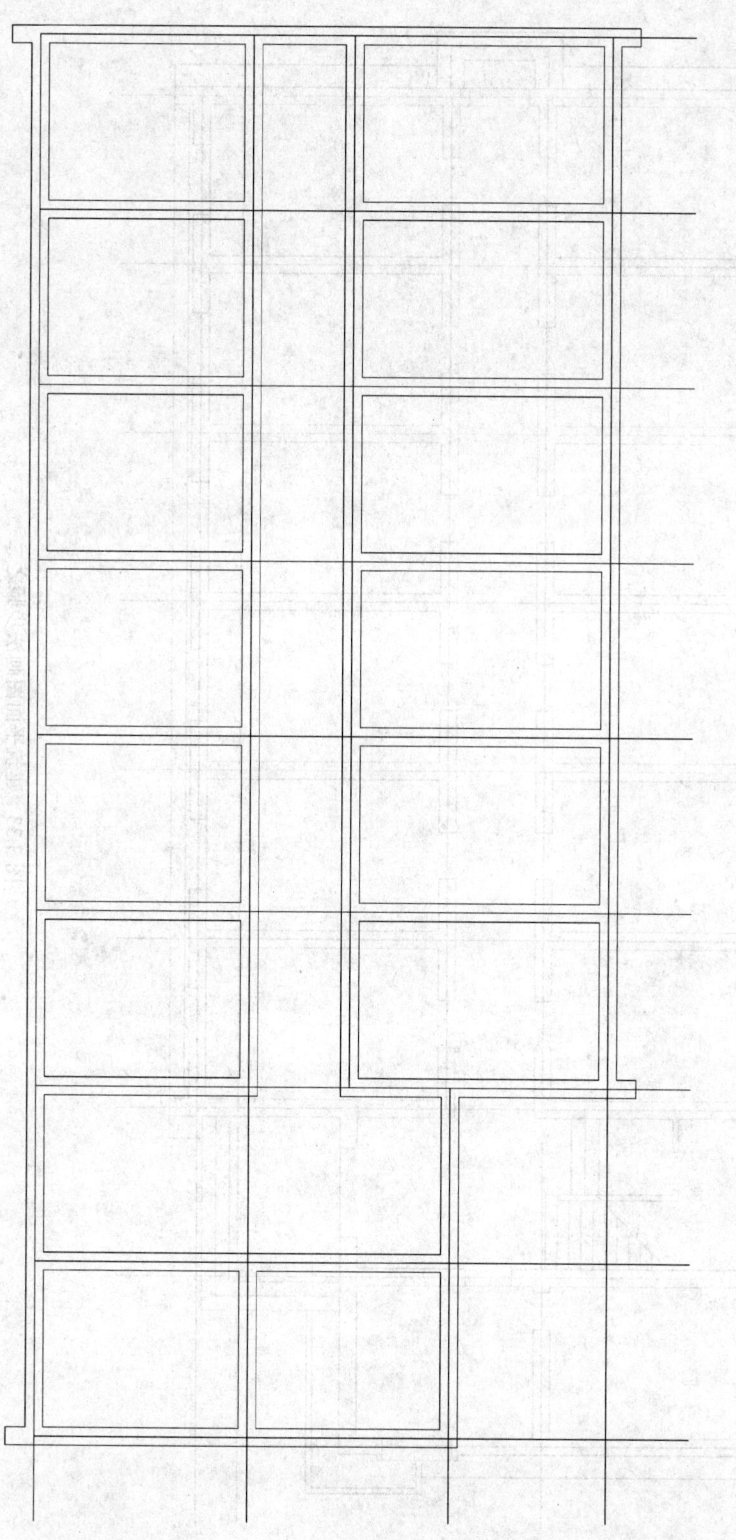

图 3.32　建筑平面图画法步骤之一

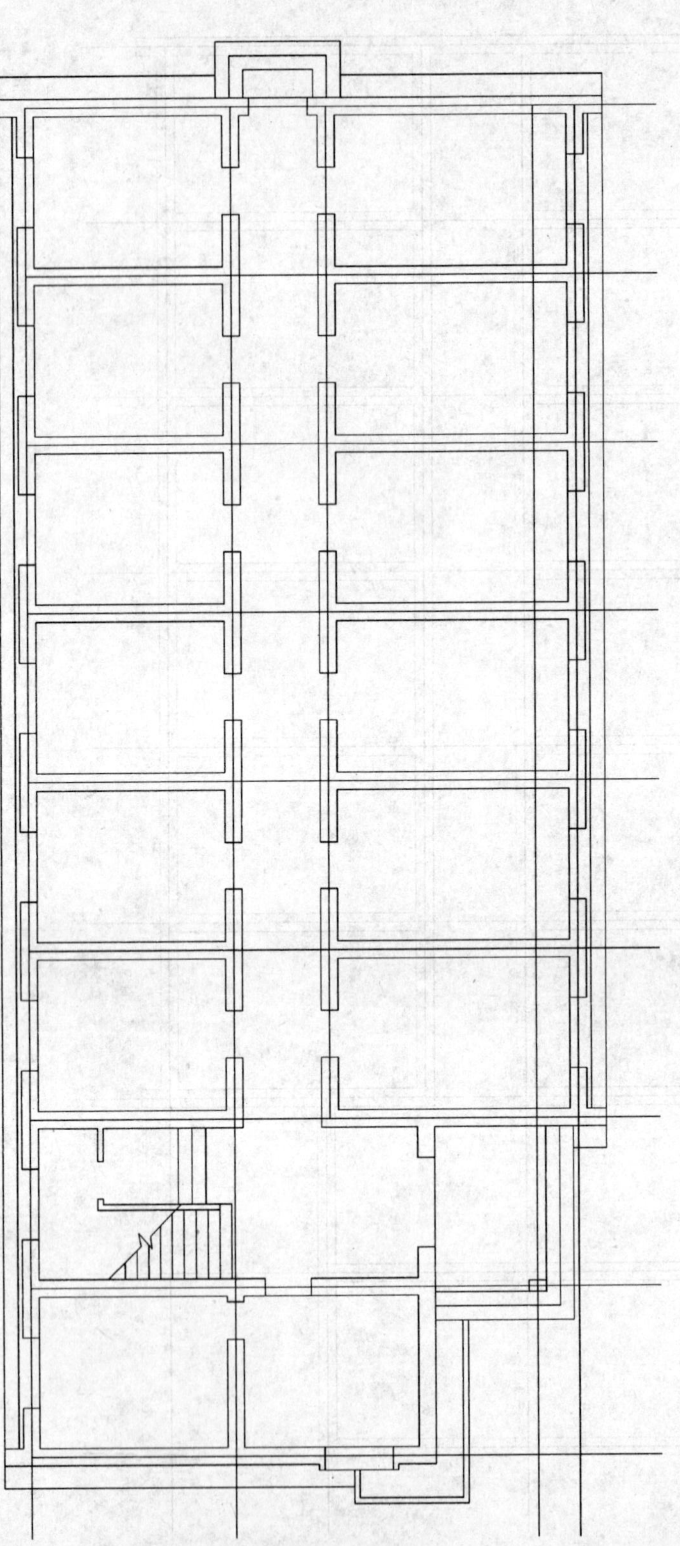

图 3.33 建筑平面图画法步骤之二

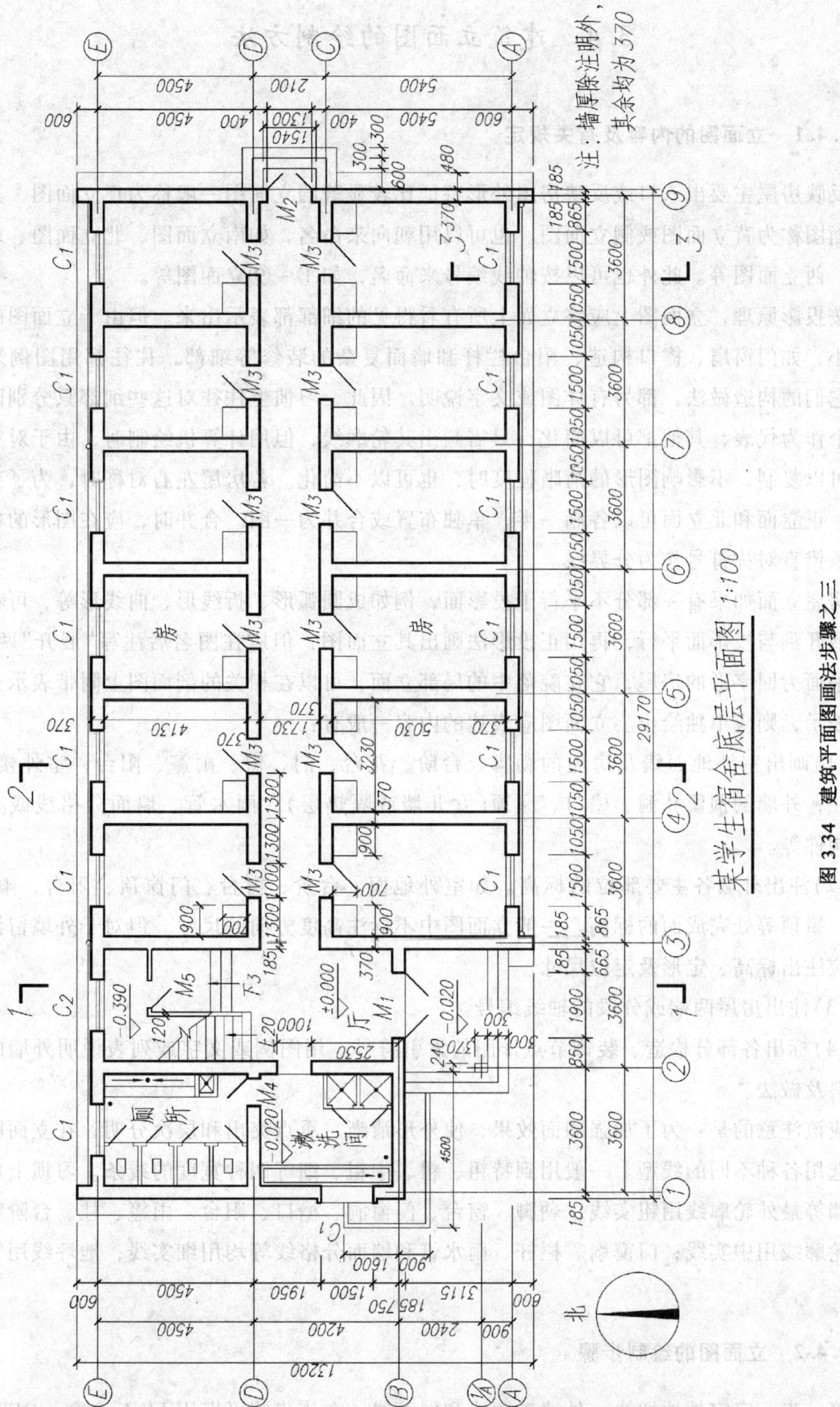

图 3.34　建筑平面图画法步骤之三

3.4 建筑立面图的绘制方法

3.4.1 立面图的内容及有关规定

反映房屋主要出入口或反映房屋外形特征比较显著的立面图一般称为正立面图，其余的立面图称为背立面图或侧立面图。也可以用朝向来命名，如南立面图、北立面图、东立面图、西立面图等。此外也可以按轴线编号来命名，如①～⑨立面图等。

按投影原理，立面图上应将立面上所有看得见的细部都表示出来。但由于立面图的比例较小，如门窗扇、檐口构造、阳台栏杆和墙面复杂的装修等细部，往往都用图例来表示。它们的构造做法，都另有详图或文字说明。因此，习惯上往往对这些细部只分别画出一两个作为代表，其他都可以简化，只需画出其轮廓线，但用计算机绘制时，由于对相同部分可以复制，不影响图形的清晰程度时，也可以不简化。若房屋左右对称时，为了节省图纸，正立面和北立面可以各画一半，单独布置或合并为一图。合并时，应在图形的中间画一条铅直对称符号作为分界线。

房屋立面如果有一部分不平行于投影面，例如成圆弧形、折线形、曲线形等，可将该部分展开到与投影面平行，再用正投影法画出其立面图，但应在图名后注写“展开”两字。对于平面为回字形的房屋，它在院落中的局部立面，可以在相关的剖面图上附带表示。如不能表示，则应单独绘出。立面图应表达的内容一般有：

(1)画出室外地面线及房屋的勒脚、台阶、花台、门、窗、雨篷、阳台；室外楼梯、墙、柱；外墙的预留孔洞、檐口、屋顶(女儿墙或隔热层)、雨水管、墙面分格线或其他装饰构件等。

(2)注出外墙各主要部位的标高。如室外地面、台阶、窗台、门窗顶、阳台、雨篷、檐口、屋顶等处完成面的标高。一般立面图中不标注高度方向的尺寸。但对于外墙留洞口时，应注出标高、定形及定位尺寸。

(3)注出房屋两端或分段的轴线编号。

(4)标出各部分构造、装饰节点详图的索引符号。用图例或文字或列表说明外墙的装修材料及做法。

应该注意的是：为了加强图面效果，使外形清晰、重点突出和层次分明，在立面图上往往选用各种不同的线型。一般用到特粗、粗、中粗、细等四种宽度的线条。习惯上屋脊和外墙等最外轮廓线用粗实线；勒脚、窗台、门窗洞、檐口、阳台、雨篷、柱、台阶和花池等轮廓线用中实线；门窗扇、栏杆、雨水管和墙面分格线等均用细实线；地坪线用特粗实线。

3.4.2 立面图的绘制步骤

第一步：定室外地坪线、外墙轮廓线和屋面线。在该步骤可以用 LINE 命令、OFFSET

命令来完成。并用 TRIM 命令修剪多余图线。

第二步：定门窗位置，画细部。如檐口、门窗洞、窗台、雨篷、阳台、花池、花格窗、雨水管等。在该步骤也可以用 LINE 命令、OFFSET 命令来完成。并用 TRIM 命令修剪多余图线。

第三步：画出少量门窗扇、装饰、墙面分格线、轴线，并标注标高，写图名、比例及有关文字说明。

绘制立面图时可以根据线宽度设置特粗、粗、中粗、细等四种图层，将不同宽度的图线放置到对应的图层上，同时可以第五种图层用来放置尺寸标注。立面图的绘制过程见图 3.35 ~ 图 3.37。

图 3.35　建筑立面图画法步骤之一

图 3.36　建筑立面图画法步骤之二

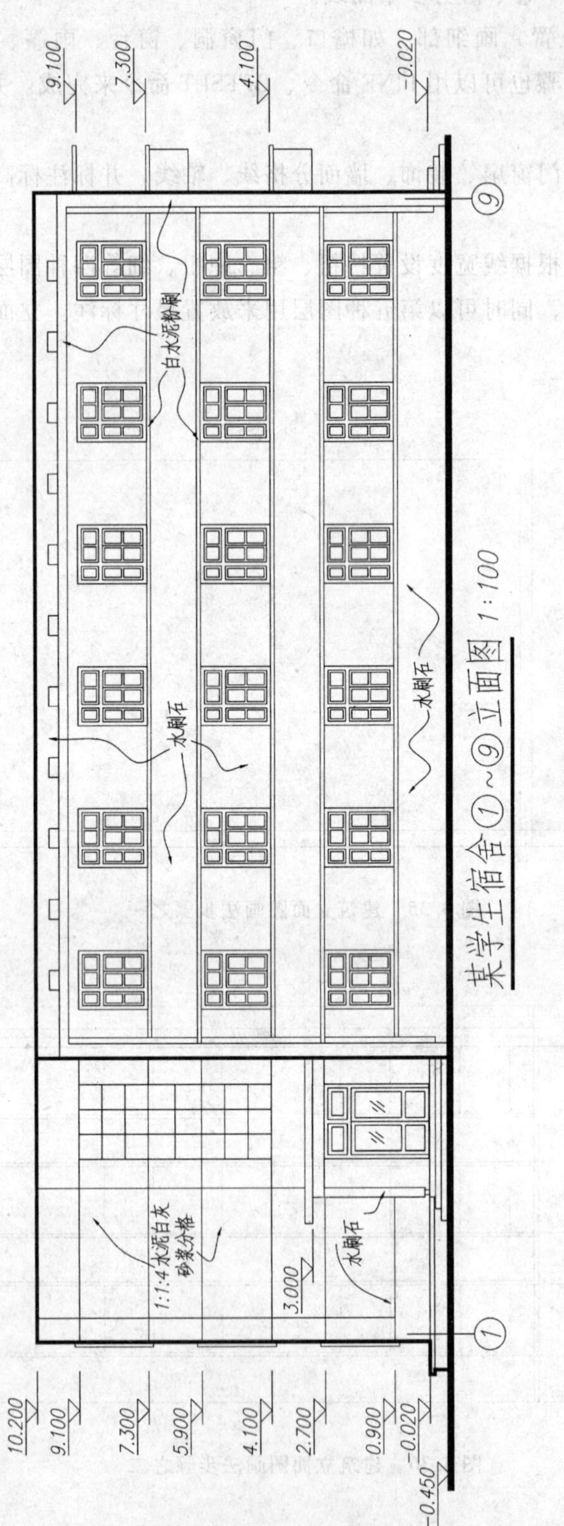

图 3.37 建筑立面图画法步骤之三

3.5　建筑剖面图的绘制方法

3.5.1　剖面图的内容及有关规定

剖面图用来表达房屋内部的结构或构造形式、分层情况和各部位的联系、材料及其高度等，是与平面图、立面图相互配合且不可缺少的图样。剖切平面一般平行于侧面，而得到横向剖面图，必要时也可以用平行于正立面的剖切平面剖切得到纵向剖面图。剖切位置多选在能反映房屋内部构造比较复杂与典型的部位，并通过门窗洞的位置；若为多层房屋，应选择楼梯间或层高不同、层数不同的部位。剖面图图名应与底层平面图上的标注相一致。如 1—1 剖面图、2—2 剖面图等。图例表达原则与平面图相同。

剖面图的图示内容有：

(1)表示墙、柱及其定位轴线。

(2)表示室内底层地面、地坑、地沟、各层楼面、顶棚、屋顶(包括檐口、女儿墙、隔热层或保温层、天窗、烟囱、水池等)、门、窗、楼梯、阳台、雨篷、留洞、墙裙、踢脚板、防潮层、室外地面、散水、排水沟及其他装修等剖切后能见到的内容。

(3)标出各部位完成面的标高和高度方向尺寸。

(4)表示楼、地面各层的构造做法。一般用引出线并按构造的层次顺序分层加以文字说明。

(5)表示需画详图之处的索引符号。

剖面图上一般用到两种线型，即粗实线、细实线。断面轮廓线用粗实线绘制，其余线条用细实线绘制。

3.5.2　剖面图的绘制步骤

剖面图的画法步骤如下：第一步：定轴线、室内外地坪线、楼面线和顶棚线，并画墙身。此步骤可用 OFFSET 命令完成。

第二步：定门窗和楼梯位置，画细部，如门洞、楼梯、梁板、雨篷、檐口、屋面、台阶等。此步骤可用 OFFSET 命令完成。画台阶时，可以只画出一个台阶，其余台阶用多重复制命令并用对象捕捉功能来完成。

第三步：通过修剪等操作进行编辑，删除多余图线。画材料图例，注写标高、尺寸、图名、比例及有关文字说明。图层的设置同平面图类似。剖面图的绘制过程见图 3.38 ~ 图 3.40。

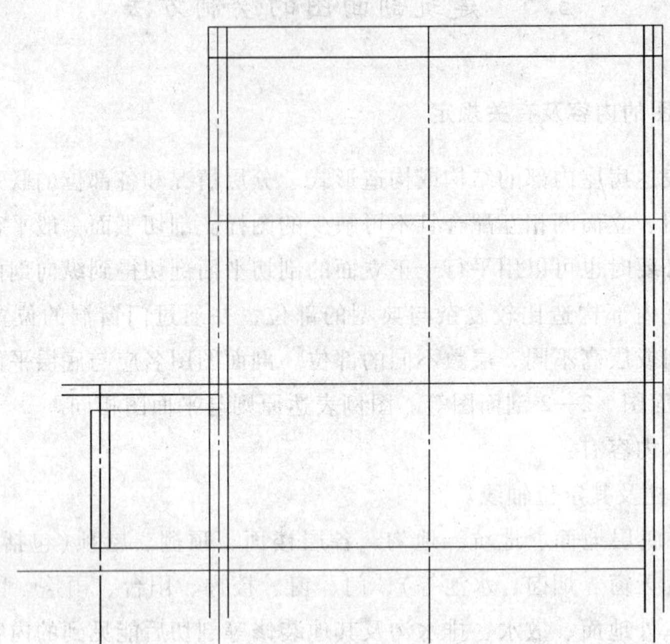

图 3.38 建筑剖面图画法步骤之一

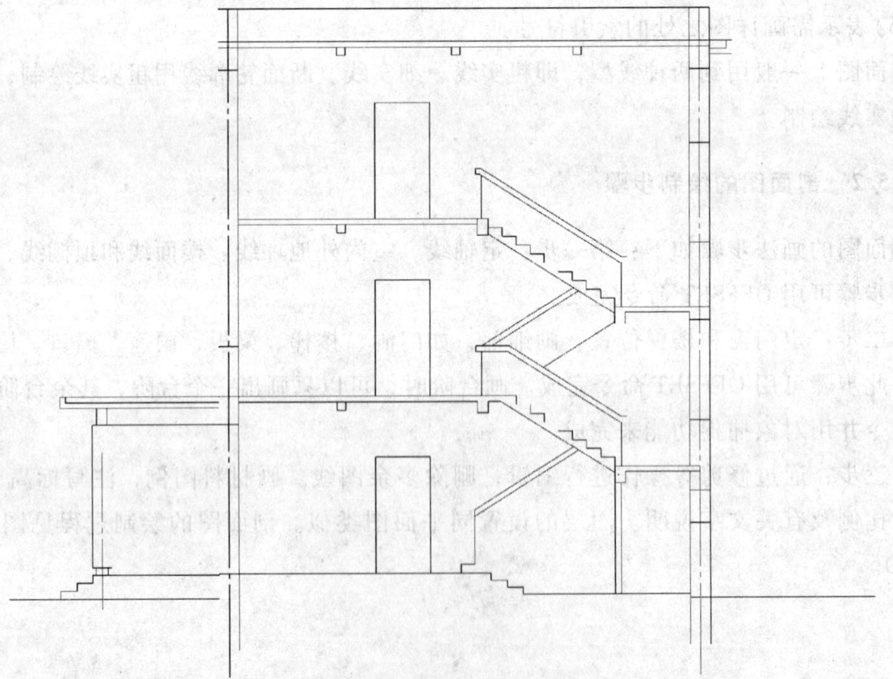

图 3.39 建筑剖面图画法步骤之二

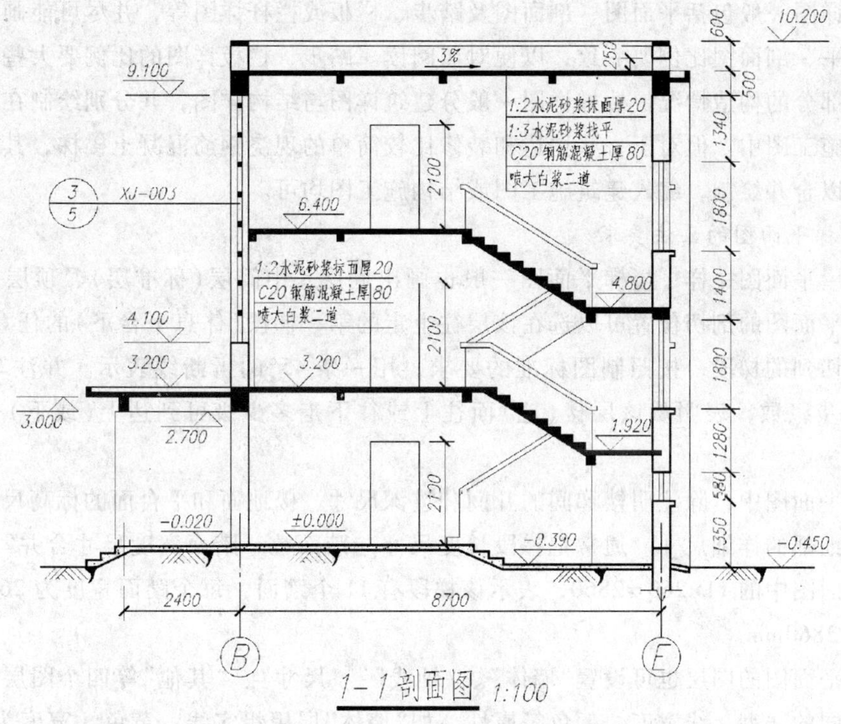

图 3.40　建筑剖面图画法步骤之三

3.6　建筑详图的绘制方法

3.6.1　建筑详图

建筑详图一般也叫节点大详图或简称详图。通常用来反映房屋的细部或构、配件的形状、大小、材料和做法。一般用较大的比例绘制，如 1∶20、1∶10、1∶5、1∶2、1∶1 等。详图的特点是：比例大；图示详尽清楚；尺寸标注齐全。详图的图示方法视细部的构造复杂程度而定。有时，只需一个剖面详图就能表达清楚(如外墙身详图)。有时，还需另加平面详图(如楼梯间、卫生间等)或立面详图(如门窗)，有时还要另加一轴测图作为补充说明。

详图数量的选择与房屋的复杂程度及平、立、剖面图的内容及比例有关。现以楼梯详图为例介绍详图的图示特点及绘制方法。

3.6.2　楼梯详图

楼梯是由楼梯段(简称梯段，包括踏步和斜梁)、平台(包括平台板和梁)和栏板(或栏杆)等组成。楼梯详图主要表示楼梯的类型、结构形式、各部位的尺寸及装修做法，是楼梯放样的主要依据。

楼梯详图一般包括平面图、剖面图及踏步、栏板或栏杆详图等，并尽可能画在同一张图纸内。平、剖面图比例要一致，以便对照阅读。踏步、栏板详图的比例要大些，以便表达清楚该部分的构造情况。楼梯详图一般分建筑详图与结构详图，并分别绘制在建筑施工图和结构施工图中。但对于一些构造和装修比较简单的现浇钢筋混凝土楼梯，其建筑和结构详图可以合并绘制，编入建筑施工图或结构施工图均可。

1. 楼梯平面图的画法要求

和房屋平面图一样，楼梯平面图一般也画出底层、中间层(标准层)、顶层三个平面图。楼梯平面图的剖切位置可以选在该层往上走的第一梯段(休息平台下)的任意位置处。各层被剖切到的梯段，按照制图标准的要求，用一条45°的折断线表示。并注写“上”或“下”字和步级数，表明从该层楼(地)面往上或往下走多少级可到达上(或下)一层的楼(地)面。

楼梯平面图中，除注明楼梯间的开间和进深尺寸、楼地面和平台面的标高尺寸外，还需注出各细部的详细尺寸。通常把梯段长度尺寸与踏面数、踏面宽度尺寸合并写在一起。如底层平面图中的11×260=2860，表示该梯段有11个踏面，每个踏面宽度为260mm，梯段长度为2860mm。

楼梯平面图的图层也可设置“墙体”、“轴线”、“尺寸”、“其他”等四个图层，每个图层设置不同的线型、线宽度、颜色等属性，如“墙体”层用粗实线、黄色，宽度为1.0mm，“轴线”层用细单点长画线、洋红色，线宽度为0.25mm。“尺寸”层为细实线、绿色、线宽度为0.25mm，“其他”层为细实线、天蓝色、线宽度为0.25mm。具体绘制时，可以用Devide命令定数等分线段，用Ddptype命令选择等分点的表示形式与大小，再用Line命令使用对象捕捉方式画出平行线，然后删除等分点标记，修剪图线，编辑图形即可。

楼梯平面图的线型要求及画图步骤与建筑平面图相同。

2. 楼梯剖面图的画法要求

用假想的铅垂面将各层通过某一梯段和门窗洞切开，向另一未剖切到的梯段方向投影，所作的剖面图，即为楼梯剖面图。剖面图应能完整地、清晰地表示出各梯段、平台、栏板等的构造及其相互关系情况。按照习惯，若楼梯间的屋面无特别之处，可不画出。多层房屋中，若中间各层楼梯的构造相同，则剖面图只画出底层、中间层和顶层剖面，中间用折断线分开。楼梯剖面图应能表达出房屋的层数、楼梯梯段数、步级数以及楼梯的类型及其结构形式。剖面图中应注明地面、平台面、楼面等的标高和梯段、栏板的高度尺寸。

楼梯剖面图中的图层设置、画图方法及步骤可以同楼梯平面图类似进行。应注意的一点是当图形比例大于等于1∶50时，剖面图中应表达出材料图例。除断面轮廓线用粗实线绘制外，其余线条一般用细实线绘制。图3.41～图3.43分别给出了楼梯平面图、楼梯剖面图及楼梯踏步详图绘制的实例，图中表示出了必须的详图符号和详图索引符号。读者可以作为练习的例子亲手操作绘制一下。

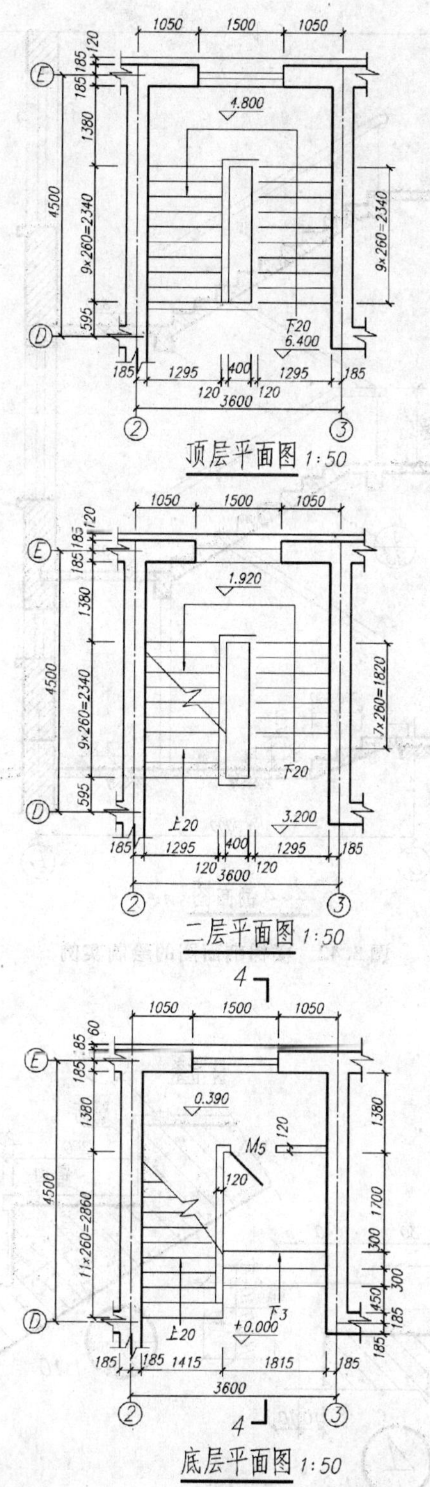

图 3.41　楼梯平面图的绘制实例

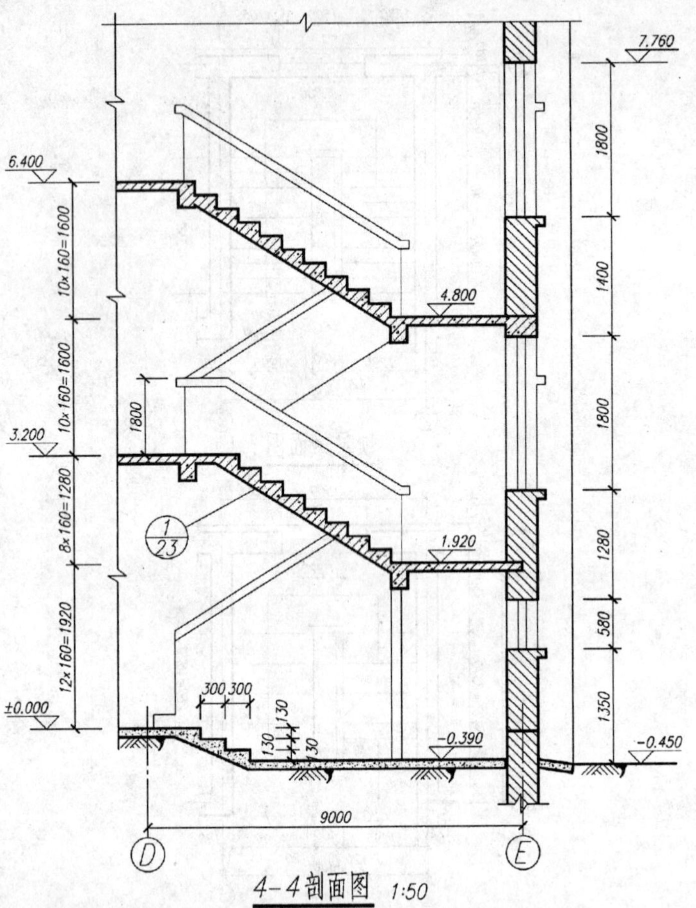

图 3.42 楼梯剖面图的绘制实例

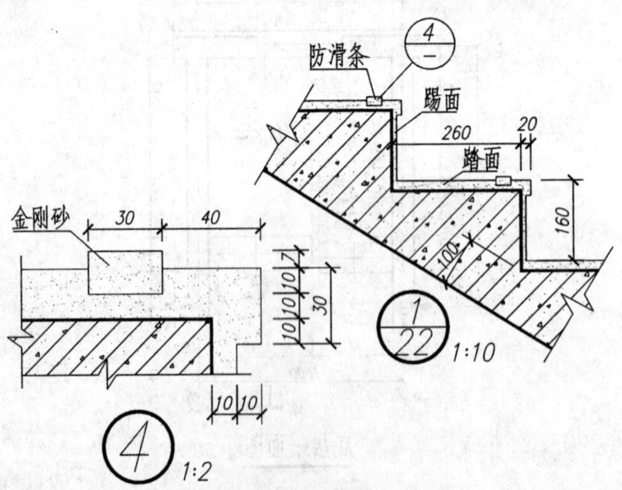

图 3.43 楼梯踏步详图的绘制实例

作　　业

精确绘制图 3. 34、图 3. 37、图 3. 40 ~ 图 3. 43 所示的建筑施工图。

第 4 章 结构施工图的绘制方法

教学提示：本章重点介绍结构施工图的绘制方法和技巧。首先简要介绍建筑结构制图标准的相关规定；然后介绍钢筋混凝土结构施工图和钢结构施工图的绘制方法。

学习要求：通过本章的学习，读者应该熟练掌握应用 AutoCAD 绘制结构施工图的方法，能够绘制出符合制图标准要求的十分规范的结构施工图。

4.1 《建筑结构制图标准》GB/T 50105—2001 的有关基本规定

建筑结构制图标准仍然执行《房屋建筑制图统一标准》GB/T50001—2001 中的有关基本规定，如图幅、线型、标题栏、字体、尺寸注法等。本节只简要地介绍结构制图中常常遇到且应加以注意的有关要求。

1. 线型

线条宽度仍然分为粗、中粗、细三种。若以 b 为粗线的宽度，中粗线、细线的宽度分别为 0.5b、0.25b。根据图形的复杂程度，b 的值应从下列线宽系列中选用：2.0mm、1.4mm、1.0mm、0.7mm、0.5mm、0.35mm。结构制图中，线型的选用如表 4-1 所示。

表 4-1 线型的选用

名称		线型	线宽	一般用途
实线	粗		b	螺栓、主钢筋线、结构平面图中的单线结构构件线、钢木支撑及系杆线，图名下横线、剖切线
	中		0.5b	结构平面图及详图中剖到或可见的墙身轮廓线、基础轮廓线、钢、木结构轮廓线、箍筋线、板钢筋线
	细		0.25b	可见的钢筋混凝土构件轮廓线、尺寸线、标注引出线，标高符号，索引符号

续表

名称		线型	线宽	一般用途
虚线	粗		b	不可见的钢筋、螺栓线，结构平面图中的不可见的单线结构构件线及钢、木支撑线
	中		0.5b	结构平面图中的不可见构件、墙身轮廓线及钢、木构件轮廓线
	细		0.25b	基础平面图中的管沟轮廓线、不可见的钢筋混凝土构件轮廓线
单点长画线	粗		b	柱间支撑、垂直支撑、设备基础轴线图中的中心线、吊车轨道线
	细		0.25b	定位轴线、对称线、中心线、分水线
双点长画线	粗		b	预应力钢筋线
	细		0.25b	假想轮廓线、成型前结构原始轮廓线
折断线			0.25b	不需画全的断开界线
波浪线			0.25b	不需画全的断开界线

2. 比例

结构绘图时，根据所绘结构的复杂程度，应选用表 4-2 中的常用比例。特殊情况下也可以选用可用比例。

当构件的纵、横向断面尺寸相差悬殊时，可以在同一详图中的纵向、横向选用不同的比例绘制。轴线尺寸和构件尺寸也可以选用不同的比例绘制。如钢屋架详图绘制时，通常杆件轴线方向用小比例，杆件断面方向用大比例绘出。

表 4-2　　绘图所用比例

图　　名	常用比例	可用比例
结构平面图 基础平面图	1∶50、1∶100 1∶150、1∶200	1∶60
圈梁平面图、总图中管沟、地下设施等	1∶200、1∶500	1∶300
详图	1∶10、1∶20	1∶5、1∶25、1∶4

3. 剖面图、断面详图的编号顺序

结构平面图中的剖面图、断面详图的编号顺序按下列顺序编排：

(1)外墙按顺时针方向从左下角开始编号；

(2)内横墙从左至右，从上至下编号；

(3)内纵墙从下至上，从左至右编号。

4. 折断省略表示

构件详图的纵向较长，重复较多时，可用折断线断开，适当省略重复部分，以节省图纸空间。

5. 钢筋的一般表示方法及画法

钢筋混凝土结构图中，钢筋是最主要的表达对象，为了突出钢筋的配置状况，在构件的立面图和断面图上，构件轮廓线用中粗线或细实线画出，图内不画材料图例，而用粗实线(立面图)和小黑圆点(断面图)表示钢筋。并要对钢筋加以标注说明。钢筋的一般表示方法及画法如表 4-3 所示。

表 4-3 钢筋的一般表示方法及画法

序号	名称	图例	画法说明
1	钢筋横断面	●	可用圆环 Donut(内径为 0，外径为粗线宽度略多一点)命令绘制并复制而成
2	无弯钩的钢筋端部		钢筋可以用多段线命令 Pline 绘制，下图表示长短钢筋投影重合时，短钢筋端部用 2～3mm长的 45°短画线表示
3	预应力钢筋横断面	 +	用 Pline 命令绘制，大小约为 3mm
4	无弯钩的钢筋搭接		用 Pline 命令绘制，45°短画线长 2～3mm
5	带半圆弯钩的钢筋端部		用 Pline 命令绘制，半圆半径约为 1mm 左右，与半圆上端相连的短直线长 2～3mm
6	带半圆弯钩的钢筋搭接		同上

续表

序号	名称	图例	画法说明
7	带直弯钩的钢筋端部		用 Pline 命令绘制，直钩长度 2～3mm
8	带直弯钩的钢筋搭接		同上
9	带丝扣的钢筋端部		用 Pline 命令绘制，用 Line 绘制三条长 4～5mm 的 45°短斜线
10	花篮螺丝钢筋接头		用 Pline 命令绘制钢筋，用矩形 Rectang 命令绘制接头
11	机械连接的钢筋接头		同上
12	预应力钢筋或钢绞线		粗双点长画线表示
13	后张法预应力钢筋断面 无粘结预应力钢筋断面		细实线圆
14	锚具的端视图	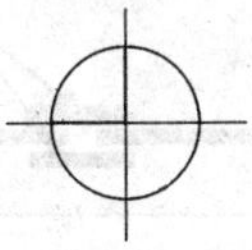	同上
15	预应力筋张拉端锚具		用 Pline 命令绘制钢筋，用正多边形 Polygon 命令绘制三角形
16	预应力筋固定端锚具		同上

续表

序号	名称	图例	画法说明
17	预应力筋可动联结件		用 Pline 命令绘制钢筋，用 Line 命令绘制细实线
18	预应力筋固定联结件		同上
19	一片钢筋网平面图	W-1	用矩形 Rectang 命令绘制，Line 命令绘制对角线，文字高度取为 3.5 号字
20	一行相同的钢筋网平面图	3W-1	用矩形 Rectang 命令绘制，Line 命令绘制对角线，文字高度取为 3.5 号字，用 Divide，Line，offset 等命令绘制等分线
21	单面焊接的钢筋接头		用 Pline 命令绘制钢筋，用引线标注 Qleader 命令标注焊缝尺寸
22	双面焊接的钢筋接头		同上
23	用帮条单面焊接的钢筋接头		同上
24	用帮条双面焊接的钢筋接头		同上
25	接触对焊的钢筋接头（闪光焊，压力焊）		同上
26	坡口平焊的钢筋接头	60^0 *b*	用 Pline 命令绘制钢筋，用引线标注 Qleader 命令标注焊缝尺寸

续表

序号	名称	图例	画法说明
27	坡口立焊的钢筋接头	60° b	同上
28	用角钢或扁钢作连接板焊接的钢筋接头		同上
29	钢筋或螺(锚)栓与钢板穿孔塞焊的接头		同上

6. 钢筋的标注方法

钢筋(或钢丝束)的说明应给出钢筋的数量、代号、直径、间距、编号及所在位置，其说明应沿钢筋的长度方向标注或标注在有关钢筋的引出线上(一般如注出数量，可不注间距，如注出间距，就可不注出数量。简单的构件钢筋可不编号)。钢筋的编号原则是：相同规格(即代号)、相同直径、相同长度、相同形状的钢筋编为同一个号，钢筋编号的圆圈为 6mm 直径的细实线圆。完整的标注方式如图 4.1 所示。

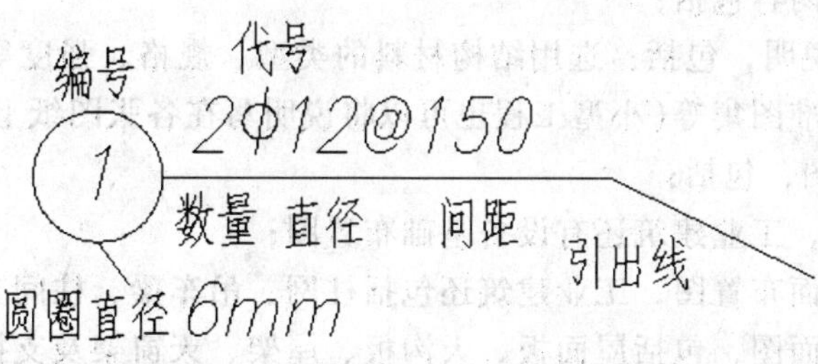

图 4.1　钢筋的标注方法

7. 钢筋的弯钩画法

对于光面一级热轧钢筋，为了增加钢筋在混凝土中的锚固粘结力，应在钢筋两端画出弯钩，弯钩分机械弯钩(直弯钩)和半圆弯钩(人工弯钩)。钢筋的弯钩画法如图 4.2 所示。

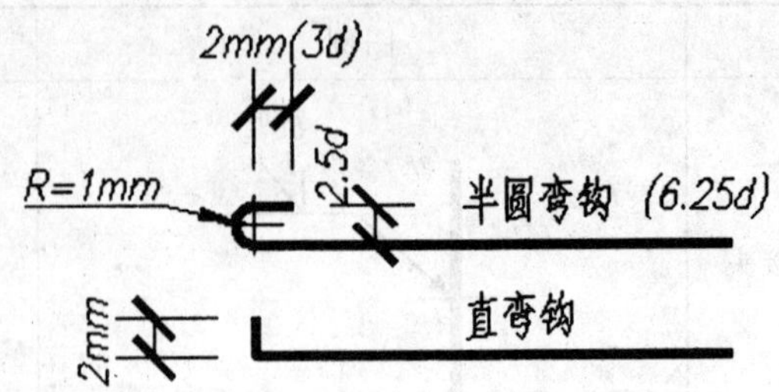

（图中单位为 mm 的尺寸为绘图时图纸上尺寸，其余为钢筋的实际尺寸，d 为钢筋直径）

图 4.2 钢筋弯钩的画法

8. 预应力钢筋混凝土空心板的标注

预应力钢筋混凝土空心板的标注方式，各地区表示方式有所不同，见相应的标准图集。如图 4.3 所示为广州地区的表示方式。

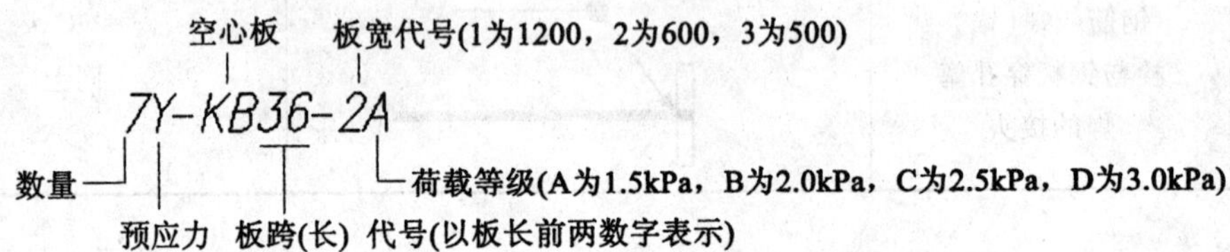

图 4.3 预应力空心板的标注方法

其他有关基本规定同建筑制图相同，此处不再赘述。

4.2 钢筋混凝土结构施工图的绘制方法

结构施工图的内容包括：

(1)结构设计说明，包括：选用结构材料的类型、规格、强度等级；地基情况；施工注意事项；选用标准图集等(小型工程也可以将说明写在各张图纸上)。

(2)结构平面图，包括：

①基础平面图，工业建筑还有设备基础布置图；

②楼层结构平面布置图，工业建筑还包括柱网、吊车梁、柱间支撑、联系梁布置等；

③屋面结构平面图，包括屋面板、天沟板、屋架、天窗架及支撑系统布置等。

(3)构件详图，包括：

①梁、板、柱及基础结构详图；

②楼梯结构详图；

③屋架结构详图；

④其他详图，如支撑详图等。

本节仅以楼层结构平面布置图和构件配筋详图为例，简要介绍钢筋混凝土结构施工图的绘制特点。

4.2.1　楼层结构平面布置图的绘制方法

假想用一水平的剖切平面沿着楼板面将房屋剖切后，对剖切平面以下部分所做出的水平剖面图叫做楼层结构平面布置图，简称结构平面图。用来表达每层的梁、板、柱、墙等承重构件的平面布置，或现浇板的构造和配筋，以及它们之间的结构关系。楼层结构平面图的图示内容包括：

(1)标注出与建筑图一致的轴线网及墙、柱、梁等构件的位置和编号。

(2)注明预制板的跨度方向、代号、型号或编号、数量和预留洞的大小及位置。

(3)在现浇板的平面上画出其钢筋配置，并标出预留孔洞的大小和位置。

(4)注明圈梁或门窗洞过梁的编号。

(5)注出各种梁、板的底面结构标高和轴线间尺寸。有时还可标注出梁的断面尺寸。

(6)注出有关剖切符号或详图索引符号。

(7)附注说明选用预制构件的图集编号、各种材料的强度等级，板内分布筋的级别、直径、间距等。

楼层结构平面布置图的绘制步骤和建筑平面图类似。但应注意以下几点：

(1)比例一般取为 1：100，简单时可用 1：200，现浇板可用 1：50。

(2)用中粗实线表示剖到或可见的构件轮廓线。用中粗虚线表示不可见的轮廓线(门窗洞一般不画出)。用细实线画出预制板。

(3)预制板的画法。

用细实线分块画出预制板的铺设方向(如板数太多，可只画一部分)并画出一条对角线，在对角线上(下)方写出预制板的数量、代号和编号。在图中还应注出梁、柱的代号，用重合断面画法画出板与梁或墙柱的连接关系并注出板底的结构标高。如有相同的结构单元，可简化在其上注出相同的单元编号，其余内容都可以省略。

(4)现浇板的画法。

除了在平面图中画出梁、柱、墙的平面布置外，主要应画出板的钢筋详图(配筋图)，表示受力筋的形状和配置情况，并注明其编号、规格、直径、间距或数量等。每种规格的钢筋只画一根，按其立面形状画在钢筋安放的位置上。对弯起钢筋要注明弯起点到轴线的距离以及伸入临板的长度。当配筋复杂时，图中每组相同的钢筋(包括箍筋和环筋)可用图 4.4(a)中的方式表示该号筋的起始范围。如图中有双层钢筋时，底层钢筋(剪力墙远面钢筋)弯钩应向上或向左画出，顶层钢筋(剪力墙近面钢筋)弯钩应向下或向右画出，如图 4.4(b)所示。如图中钢筋布置表示不清楚时，可在图外画出钢筋大样详图及说明，如图 4.5 所示。在结构平面图中与受力筋垂直的分布钢筋(属于构造筋，一般放置于受力筋的上部，作用是：固定受力筋；将板所受的力均匀地传给受力筋；抵抗温、湿度引起的内应力)为了使图面简洁可以不画出，但应在附注中或设计说明中或钢筋表中说明其级别、直径、间距(或数量)及长度等。板的轮廓线与外墙重合时，可以不画出。配筋相同的板，只需将其中一块的配筋画出，其余可在该板范围内画一对角线，注明相同板的代号或分类符号，分类符号用直径为 8mm 或 10mm 的细实线圆圈表示。有时也可在平面图中用重合断面画法，画出梁、板的断面图(将断面涂黑或画上图例，并注明板底的结构标高)来表达板梁的连接关系。

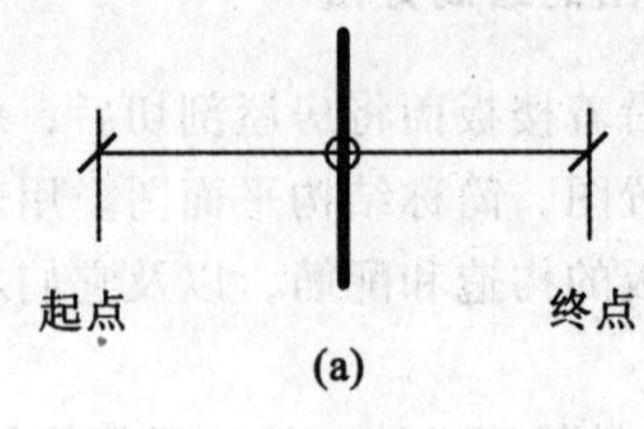

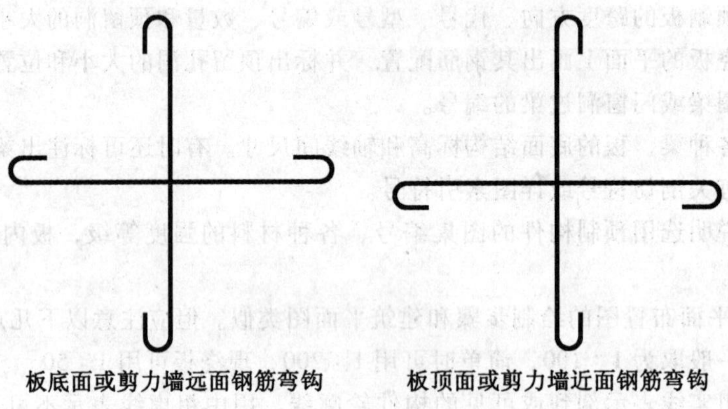

图 4.4 钢筋画法

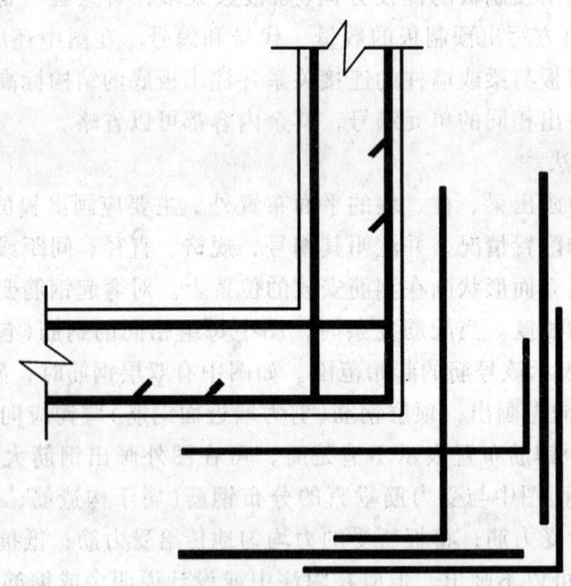

图 4.5 钢筋详图

(5)如有圈梁或其他过梁，在中心位置用粗单点长画线画出。

楼层结构平面布置图的绘制实例见图 4.6 所示。

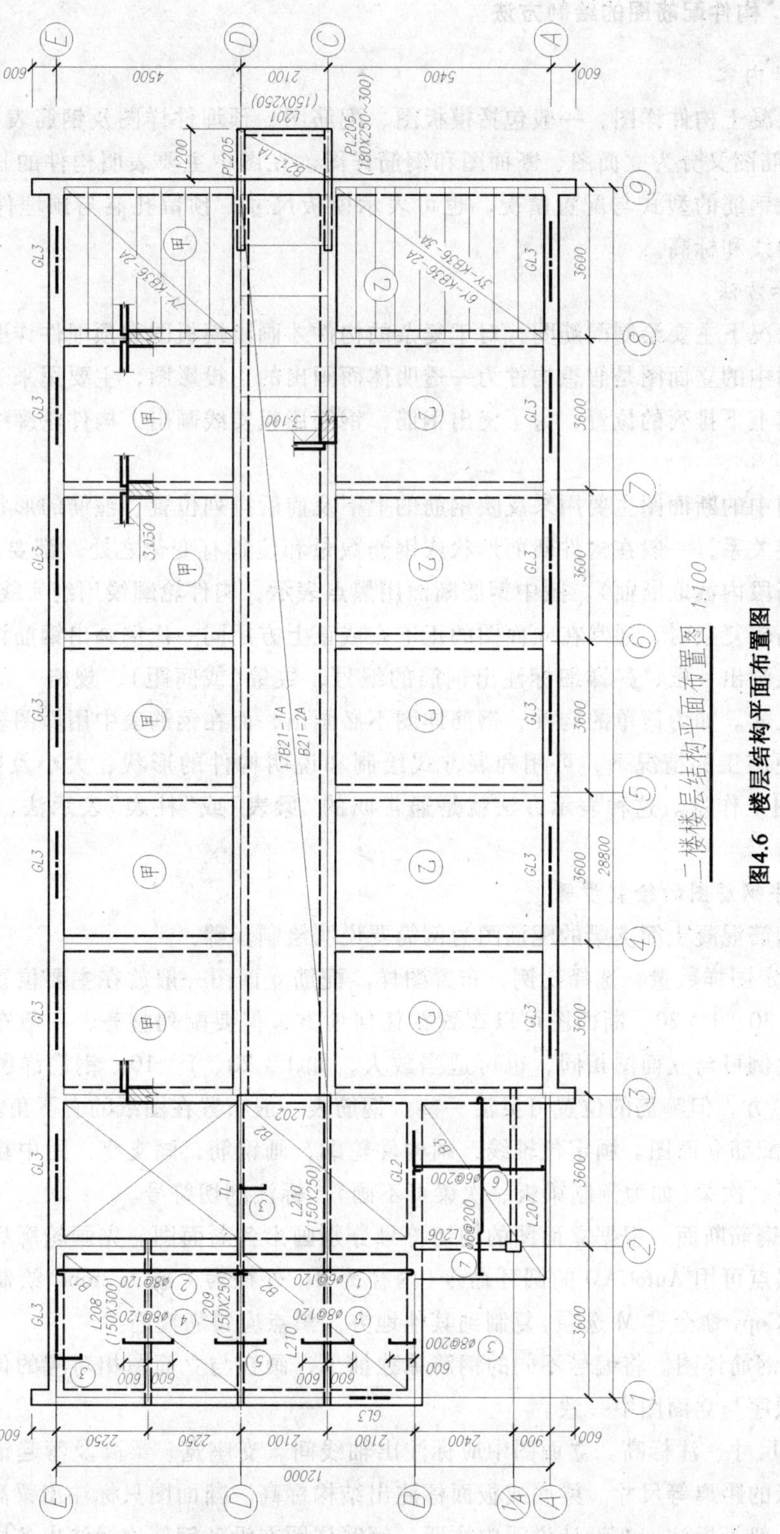

图4.6　楼层结构平面布置图

4.2.2 构件配筋图的绘制方法

1. 图示内容

钢筋混凝土构件详图，一般包括模板图、配筋图、预埋件详图及钢筋表(或材料用量表)。而配筋图又分为立面图、断面图和钢筋详图。在图中主要表明构件的长度、断面形状与尺寸及钢筋的型式与配置情况，也可表示模板尺寸，预留孔洞与预埋件的大小和位置，以及轴线和标高。

2. 图示方法

一般情况下主要绘制配筋图，对于复杂的构件才画出模板图和预埋件详图。

配筋图中的立面图是假想构件为一透明体而画出的正投影图，主要用来表达钢筋的立面形状及其上下排列的位置，为了突出钢筋，钢筋用粗实线画出，构件轮廓线用细实线画出。

配筋图中的断面图主要用来反映钢筋的上下及前后排列位置、箍筋的形状及其与其他钢筋的连接关系，一般在构件断面形状或钢筋数量和位置有变化之处，都要画一断面(但不宜在斜筋段内截取断面)。图中钢筋断面用黑点表示，构件轮廓线用细实线表示。

当配筋较复杂时，通常在立面图的正下方或正上方用同一比例画出钢筋详图。同一编号的钢筋只画出一根，并详细标注出钢筋的编号、数量(或间距)、规格、直径及各段的尺寸与总尺寸。如为简单的构件，钢筋详图不必画出，而在钢筋表中用简图表示。

在方便施工的情况下，可用列表方式绘制和说明构件的形状、大小及配筋等情况，以减轻绘图工作量。这种表示方法就是通常叫的“梁表”或“柱表”表示法，流行于广东地区。

3. 构件钢筋图的绘制步骤

现以钢筋混凝土简支梁的配筋图为例简要说明绘制步骤。

(1)确定图样数量，选择比例，布置图样。配筋立面图一般放在主要位置，比例可取1：50、1：30、1：20。断面图可以布置在任何地方，但要配列整齐，一般布置在立面图的周围，比例可与立面图相同，也可适当放大，如1：20、1：10。钢筋详图一般在立面图的下(上)方，但箍筋的位置可灵活一些。钢筋表一般布置在图纸的右下角。

(2)画配筋立面图。画定位轴线，画构件轮廓，画钢筋，画支座，用中粗虚线表示与梁有关的板、次梁(如为预制梁板、次梁可不画)，标注剖切符号。

(3)画钢筋断面。根据立面图的剖切符号分别画出各断面图。先画轮廓后画钢筋。钢筋的断面黑点可用 AutoCAD 的圆环命令(内径为 0，外径为 1 或 1.2mm)绘制，再用多重复制命令(Copy 命令选 M 选项)复制到其他地方。黑点应紧靠箍筋。

(4)画钢筋详图。将编号不同的钢筋单独抽出，画在与立面图相对应的位置，各号钢筋的排列顺序与立面图中一致。

(5)标尺寸、注标高。立面图中应标注出轴线间、支座宽、梁高及弯起钢筋弯起点距离支座边缘的距离等尺寸。梁底或板面标注出结构标高。断面图只标注出梁高和梁宽。保护层尺寸一般不标注，在设计说明中注明。钢筋详图在沿各钢筋边标注出各段的设计长度和总的下料长度。

(6)标注钢筋的编号、数量(或间距)、规格和直径。这些内容一般标注在引出线的上方。引出线端部画一直径为 6mm 的细实线圆，圆内用 3.5 或 2.5 号字注明钢筋编号，引出线沿长线必须通过圆心，引出线可以转折但角度一般要统一，引出线避免交叉，方向及长短要整齐。各钢筋编号的圆圈最好在一条竖线或水平线上。标注形式如图 4.1 和图 4.7 所示。

(7)绘制钢筋表。

(8)注写设计说明，如混凝土、砖、砂浆强度等级，保护层厚度等，以及其他的技术要求。

绘图时，总的思路和顺序是从总体轮廓，再到细部，图中最好设置相应的图层。钢筋混凝土简支梁的配筋图绘制结果如图 4.7 所示。

4.2.3　钢筋混凝土结构配筋的平面整体表示法——平法表示简介

平法表示是钢筋混凝土框架结构、框架剪力墙结构以及剪力墙结构等各构件配筋表达的一种全新的表示方法。该方法的最大特点是绘图简单，表达简洁。不用单独绘制框架或剪力墙的配筋图，而是直接在楼层结构平面布置图上表达框架或剪力墙的配筋情况，对构件各控制断面(支座和跨中)的钢筋类型和用量表达得一目了然。该方法的缺点是不能直接反映各类钢筋的长短及伸入支座的长度，必须查看标准图集才能知晓。该方法之所以能独立形成并具有生命力，其重要的基础是钢筋混凝土结构配筋构造的标准化。即在平面图中直接表示构件的配筋用量，而具体构造由标准图集来反映，这样形成了各项工程设计钢筋用量的多样化和配筋构造详图的统一化。该方法使得设计人员绘图工作量大大减少，但施工技术人员的工作量有所增加，即施工技术人员必须结合平法表示并对照标准图集计算和确定各类钢筋的具体位置和放置方式，但如果对标准图集表达的钢筋构造一旦十分熟悉后，该方法对施工技术人员来说，也增加不了多少工作量，反而变得方便快捷。

1996 年 11 月 28 日，建设部正式批准了由山东省建筑设计研究院和中国建筑标准研究所共同编制的《混凝土结构施工图平面整体表示方法制图规则和构造详图》(96G101)图集，并向全国推广，现在绝大多数设计单位和设计人员已经认识到该方法的好处，并乐于在设计绘图中使用它。该方法把结构构件尺寸和配筋等，直接表达在该构件(梁、柱、剪力墙等)所在的结构平面布置图上，再配合标准构件详图，构成了完整的混凝土结构施工详图。

平法表示，具体来说又分为三种表示方式：①平面注写方式(标注梁)；②列表注写方式(标注柱、剪力墙)；③截面注写方式(标注柱、剪力墙和梁)。其中，列表注写方式表示柱的平法施工图时，在柱平面布置图上将所有柱进行编号，在同一编号的柱中选择一个或几个柱的截面，以轴线为基准标注柱子的尺寸，并列出柱表，在柱表中注写柱号、柱段起止标高、柱几何尺寸与配筋的具体数值，并配以各种柱截面形状及其箍筋类型图；柱截面注写方式表示柱平法施工图时，是在各标准层上对同一编号的柱选择一个截面，按另一种比例原位放大绘制柱截面配筋图，并在柱配筋图上继其编号后再注写截面尺寸 $b\times h$、角筋或全部纵筋、箍筋等的具体数值。

下面以两跨连续梁的平法表示(如图 4.8 所示)简要说明平法的图示特点。

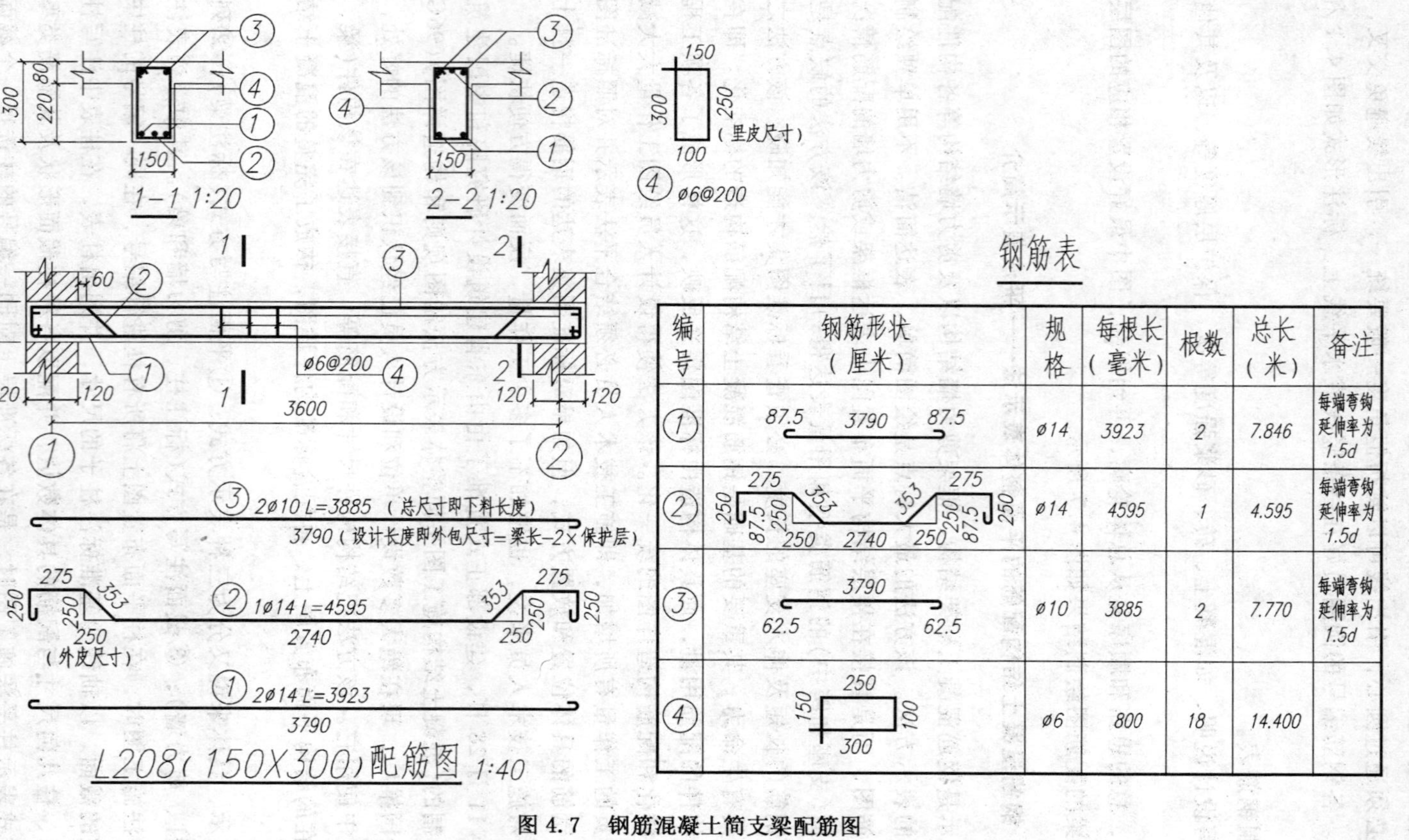

编号	钢筋形状（厘米）	规格	每根长（毫米）	根数	总长（米）	备注
①	87.5 3790 87.5	ø14	3923	2	7.846	每端弯钩延伸率为1.5d
②	275 353 250 87.5 250 2740 250 353 275 250 87.5 250	ø14	4595	1	4.595	每端弯钩延伸率为1.5d
③	3790 62.5 62.5	ø10	3885	2	7.770	每端弯钩延伸率为1.5d
④	250 150 100 300	ø6	800	18	14.400	

图 4.7 钢筋混凝土简支梁配筋图

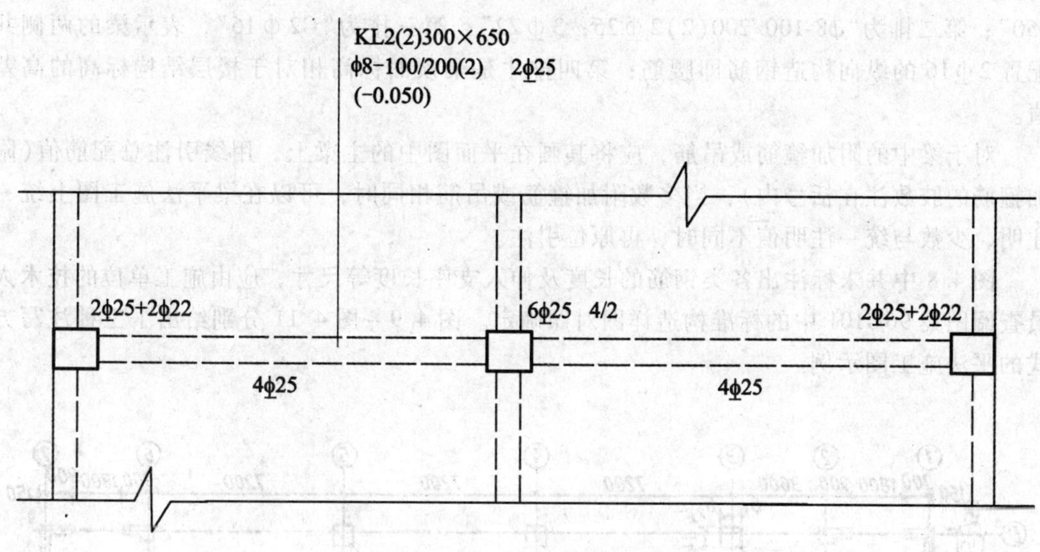

图 4.8　梁平面注写方式

图 4.8 采用的是梁的平面注写方式。分别表示出了梁的上部钢筋用量、支座钢筋用量、梁的下部钢筋用量。图中引出线表示的部分共有三排数字，表示梁的箍筋、上部贯通筋(或架立筋)，“KL2(2)300×650”的含义是，KL 表示这是一根框架梁，“2”表示框架梁编号为 2，括号中的 2 表示梁为两跨，“300×650”表示梁的截面尺寸，及宽度 300mm，高度 650mm。图中第二排数字“ϕ8-100/200(2)2ф25”的含义是，箍筋用量即直径为 8mm 的一级钢筋，间距为 200mm，靠近支座处箍筋加密段的间距为 100mm，括号中的 2 表示双肢箍筋，“2ф25”表示梁上部配有贯通钢筋，为 2 根直径为 25mm 的二级钢筋。图中第三排数字“(-0.050)”表示梁顶面标高相对于楼层结构标高的高差值，需写在括号里面，梁顶面高于楼层结构标高时，该值取正值(+)，反之取负值(-)，该例中可以看出，梁顶面低于楼层结构平面标高 0.050m。

此外，梁的平面注写方式又分为两种：①集中标注；②原位标注。上面介绍的引出线部分就是集中标注，它反映的是整根梁上的通用数值。当梁的集中标注中的某项数值不适用于该梁的某些部位时，则将该项数值在该部位原位标注，施工时原位标注取值优先。图 4.8 中支座部位的标注就是原位标注，边支座的“2ф25+2ф22”表示 2 根直径为 25mm 的钢筋为梁顶部贯通钢筋，2 根直径为 22mm 的钢筋为梁顶部支座负钢筋。中间支座的“6ф25”表示除了 2 根直径为 25mm 的梁顶部贯通钢筋外，还有 4 根直径为 25mm 的梁顶部支座负钢筋，共 6 根，“4/2”表示分上下两排布置，上排 4 根，下排 2 根。梁的下部钢筋为“4ф25”，为非贯通钢筋，所以它也属于原位标注。

另外，图 4.8 中的引出线部分的集中标注中，第二排数值主要反映梁顶贯通钢筋或架立钢筋的配置情况，本例中没有架立钢筋，若有架立钢筋则应表示为：“ϕ8-100/200(2)2ф25+(2ф12)”，括号中的 2 根直径为 12mm 的钢筋是除了贯通钢筋之外的架立钢筋。如果梁的上、下部都有贯通钢筋，则在此处统一表示，并用分号(;)隔开，如“ϕ8-100/200(2)2ф25；3ф22”，表示梁上部贯通筋为 2ф25，梁下部贯通筋为 3ф22。

有时，引出线部分的集中标注中，可能有四排数据。如：第一排为“KL2(2)300×650”；第二排为“ϕ8-100/200(2)2Φ25；3Φ22”；第三排为“G2Φ16”，表示梁的两侧共配置2Φ16的纵向构造钢筋即腰筋；第四排才是梁顶面标高相对于楼层结构标高的高差值。

对于梁中的附加箍筋或吊筋，应将其画在平面图中的主梁上，用线引注总配筋值(附加箍筋的肢数注在括号内)，当多数附加箍筋或吊筋相同时，可以在梁平法施工图上统一注明，少数与统一注明值不同时，再原位引注。

图4.8中并未标注出各类钢筋的长度及伸入支座长度等尺寸，应由施工单位的技术人员查阅图集96G101中的标准构造详图对照确定。图4.9~图4.11分别给出了三种注写方式的平法施工图示例。

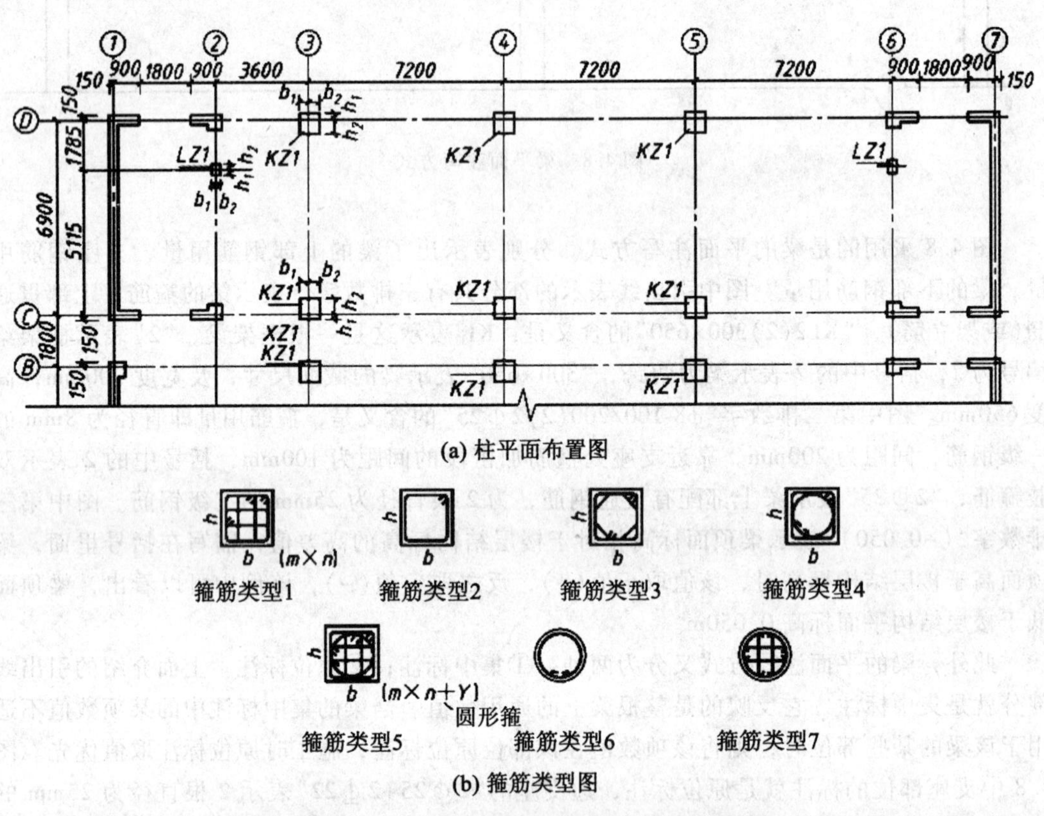

(a) 柱平面布置图

(b) 箍筋类型图

柱号	标高	$b\times h$(圆柱直径D)	b_1	b_2	h_1	h_2	全部纵筋	角部	b边一侧中部筋	h边一侧中部筋	箍筋类型号	箍筋	备注
KZ1	−0.030—19.470	750×700	375	375	150	550	24Φ25				1(5×4)	φ10@100/200	
	19.470—37.470	650×600	325	325	150	450		4Φ22	5Φ22	4Φ20	1(4×4)	φ10@100/200	
	37.470—59.070	550×500	275	275	150	350		4Φ22	5Φ22	4Φ20	1(4×4)	φ8@100/200	
XZ1	−0.030—8.670						8Φ25				按标准构造详图	φ10@200	③×⑧轴KZ1中设置

(c) 柱表

图4.9 柱平法施工图列表注写方式

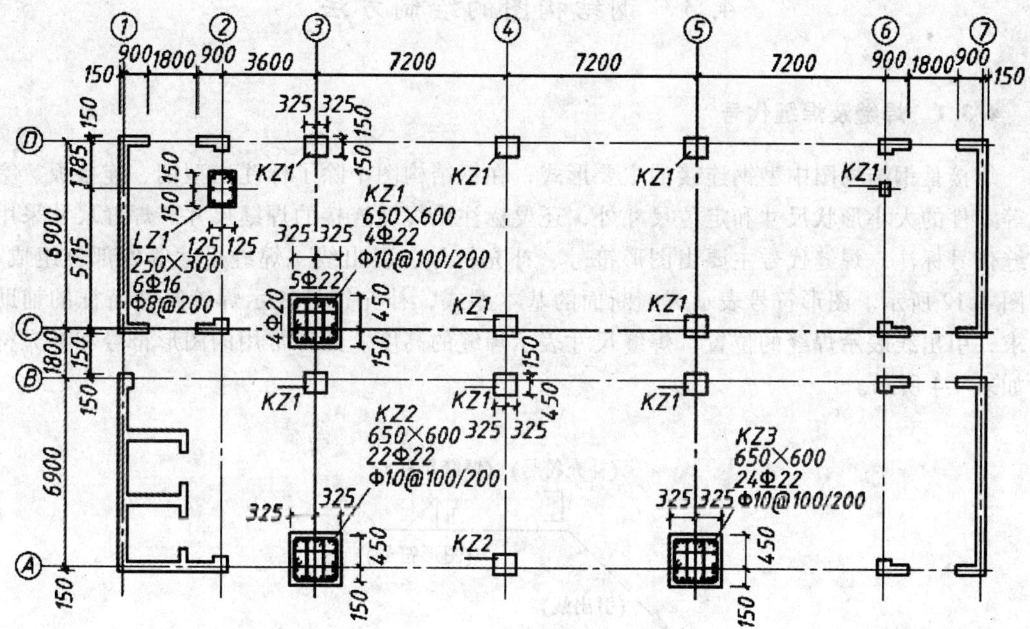

图 4.10　柱平法施工图截面注写方式

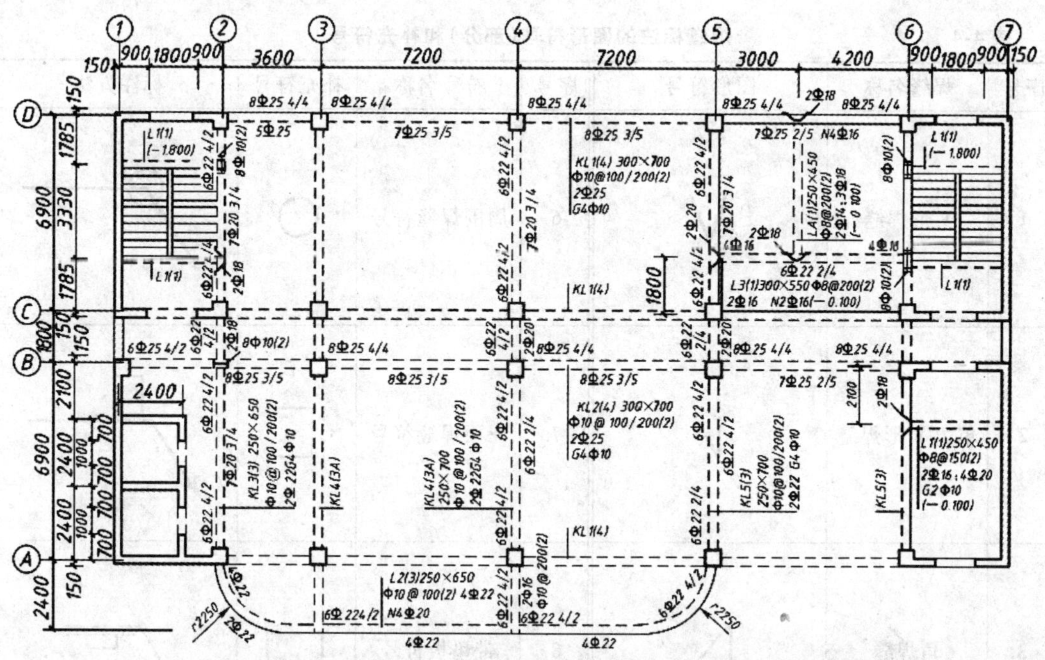

图 4.11　梁平法施工图平面注写方式综合示例

4.3 钢结构图的绘制方法

4.3.1 焊缝及焊缝代号

焊接是钢结构图中型钢连接的主要形式，在钢结构图中除了标注出型钢、连接板、缀板等零件的大小形状尺寸和定位尺寸外，还要标注出焊缝连接的焊缝尺寸。焊缝尺寸采用焊缝代号标注。焊缝代号主要由图形符号、补充符号、引出线、焊缝尺寸等四部分组成。如图 4.12 所示。图形符号表示焊缝断面的基本型式，补充符号表示焊缝某些特征的辅助要求，引出线表示焊缝的位置，焊缝尺寸表示焊缝的高度。几种常用的图形符号和补充符号如表 4-4 所示。

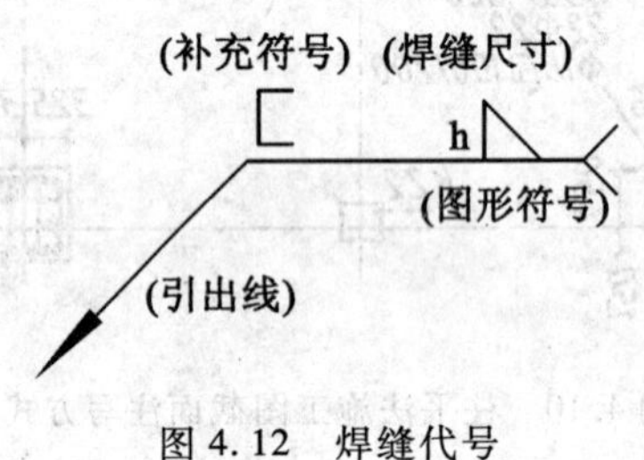

图 4.12 焊缝代号

表 4-4 焊缝标注的图形符号(部分)和补充符号

序号	焊缝名称	图形符号	序号	符号名称	补充符号	标注方法
1	V 形焊缝	V	6	周围焊缝符号	○	
2	单边 V 形焊缝	∨	7	三面焊缝符号	⊏	
3	角焊缝	◺	8	带垫板符号	▭	

续表

序号	焊缝名称	图形符号	序号	符号名称	补充符号	标注方法
4	I 形焊缝		9	现场焊接符号		
5	点焊缝		10	相同焊缝符号		
			11	尾部符号		

相同焊缝符号应按下列方法表示：

(1)在同一图形上，当焊缝型式、辅助要求、断面尺寸都相同时，可只选择一处标注代号。并加注相同焊缝符号。

(2)同一图形中当有数种相同焊缝符号时，可将焊缝分类编号标注，在同一类焊缝中可选择一处标注代号，分类编号采用 A，B，C，…，并写在横线尾部符号内。

引出线由箭头线和基准线组成，如图 4.13 所示。基准线一般画成横线，在它的上侧或下侧来标注各种符号和尺寸。有时在横线的末端加一尾部符号，作其他说明用，如相同焊缝符号的分类号。箭头线指向焊缝，它可画在横线的左端或右端，也可将其指向上方或下方，必要时可以转折一次。

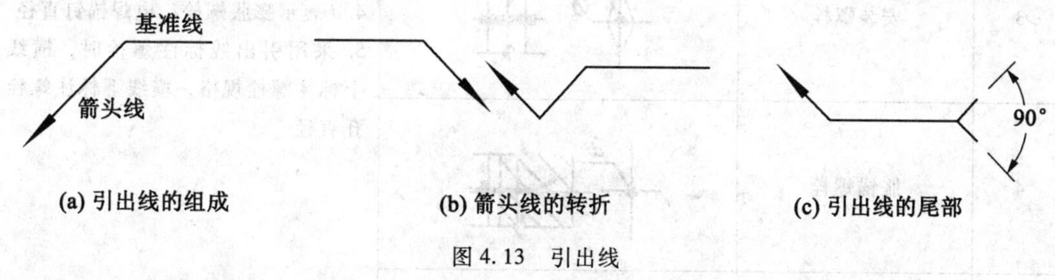

(a) 引出线的组成　(b) 箭头线的转折　(c) 引出线的尾部

图 4.13　引出线

4.3.2　焊缝的标注

焊缝的标注方法如表 4-4 所示。当焊缝分布不规则时，在标注焊缝代号的同时，应在焊缝处加粗线(表示可见焊缝)或栅线(表示不可见焊缝)，如图 4.14 所示。

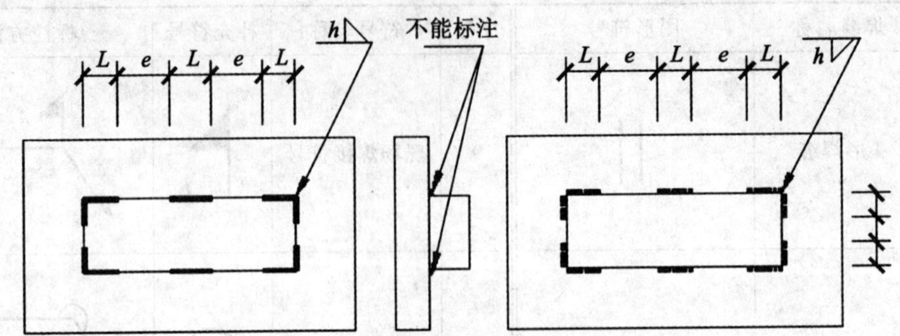

图 4.14　焊缝分布不规则时的画法和标注

4.3.3　螺栓、孔、电焊锚钉的表示方法

螺栓、孔、电焊锚钉的表示方法如表 4-5 所示。

表 4-5　螺栓、孔、电焊锚钉的表示方法

序号	名　称	图　例	说　明
1	永久螺栓		1. 细“+”表示定位线 2. M 表示螺栓型号 3. ϕ 表示螺栓孔直径 4. d 表示膨胀螺栓、电焊锚钉直径 5. 采用引出线标注螺栓时，横线上标注螺栓规格，横线下标注螺栓孔直径
2	高强螺栓		
3	安装螺栓		
4	胀锚螺栓		
5	圆形螺栓孔		

续表

序号	名　称	图　例	说　明
6	长圆形螺栓孔	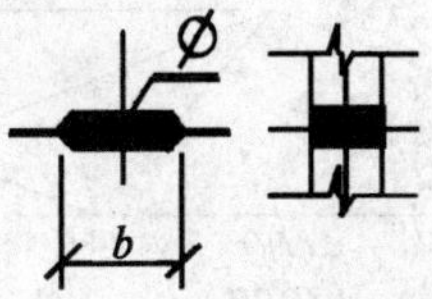 Ø b	同上
7	电焊锚钉	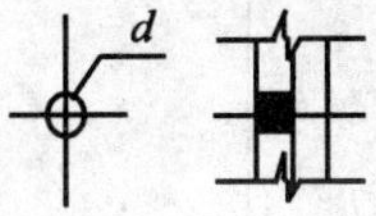 d	

4.3.4　钢屋架节点详图的绘制

钢屋架结构详图是表示钢屋架的形式、大小、型钢规格、杆件的组合和连接情况的图样，其主要内容包括屋架简图、屋架详图(包括立面图和节点图)、杆件详图、连接板详图、预埋件详图和钢材用量表等。现以节点详图为例，说明其绘制方法和图示特点。如图 4.15 所示。钢屋架节点详图的绘制步骤如下：

(1)按规定比例(如 1 : 20)，根据屋架简图画出各杆件的轴线。屋架的轴线与杆件的重心线重合(各种型钢截面的重心位置可以从有关钢结构设计手册中查得)。相交杆件的轴线交汇于一点。

(2)根据杆件的型号、重心线位置和节点中心至杆件端面的距离，画出各杆件的轮廓线，然后画出节点板、拼接角钢、连接板。节点中心至杆件端面的距离、节点板尺寸等取决于各杆件的焊缝长度，而焊缝长度取决于杆件所受的轴向力及杆件截面尺寸。必要时画出节点板详图。

(3)标注焊缝尺寸即焊缝代号，包括焊缝图形符号、补充符号及焊缝高度尺寸等。

(4)注写尺寸、材料代号、杆件或零件编号、图形比例及有关说明文字。原则上，不同形状不同大小尺寸的零件编为同一号。

(5)绘制钢材用量表。

绘图时要注意以下几点：

(1)钢结构详图中的线型主要用到粗实线、中粗虚线、细实线三种，粗实线用于表达杆件轮廓线，中粗虚线用于表达不可见的杆件轮廓线，其余线条用细实线绘制。另外需注意，由于角钢肢厚很薄，若按比例绘出时，两条粗实线太近(几乎近于重合)，为了使得整张图纸内的图线宽度协调均匀，并取得良好的视觉差，建议读者绘图时，绘制角钢肢厚的粗实线宽度取小一点(如 0.5mm)，其余粗实线宽度(如 0.7mm)不变。

(2)在同一钢屋架详图中，因杆件长度与杆件截面尺寸相差太大，故常常用两种比例绘制。屋架杆件轴线长度采用较小的比例(1 : 20)，而杆件的断面则用较大的比例(如 1 : 10)绘出，这样即节省图纸，又能把细部表达清楚。钢屋架节点详图的绘制过程如图

4.15～图 4.18 所示。

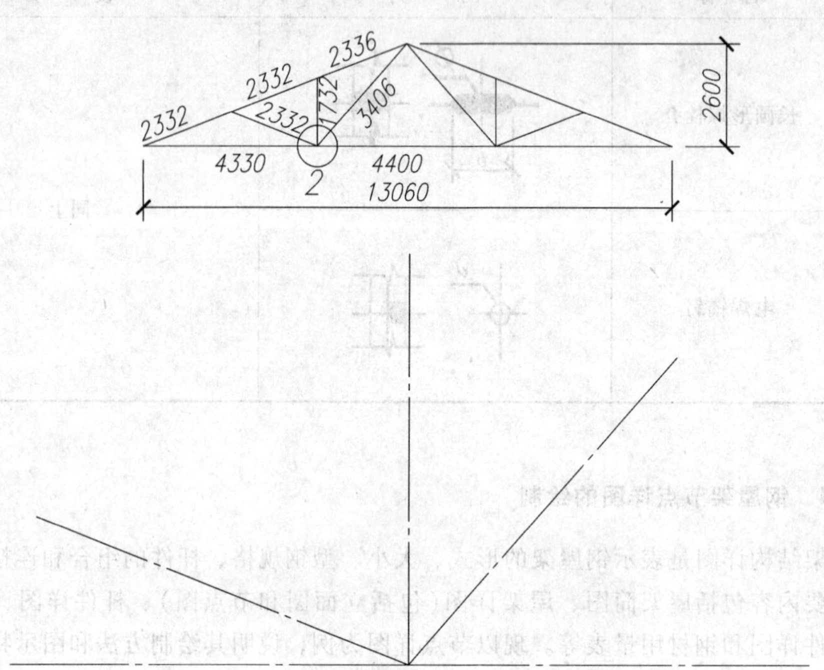

图 4.15 钢屋架节点详图的绘制(第一步)

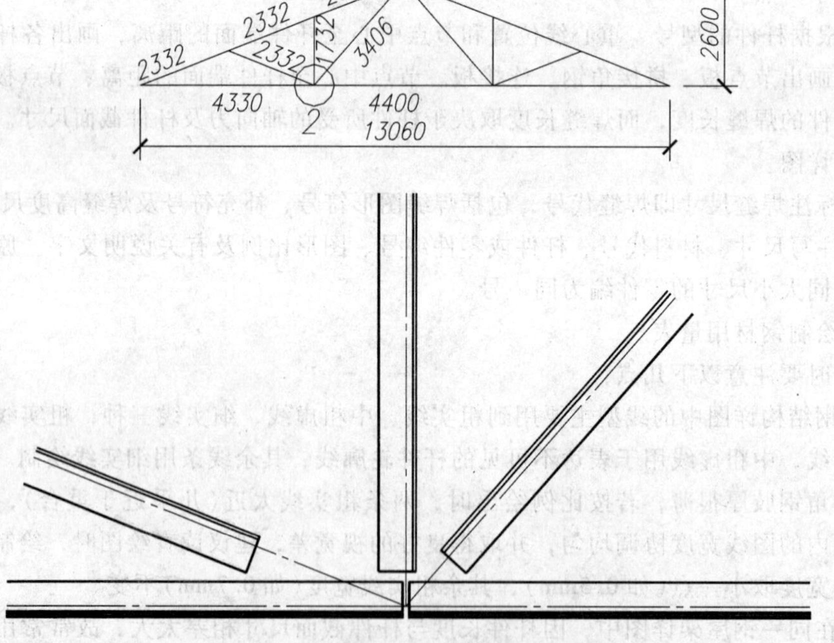

图 4.16 钢屋架节点详图的绘制(第二步)

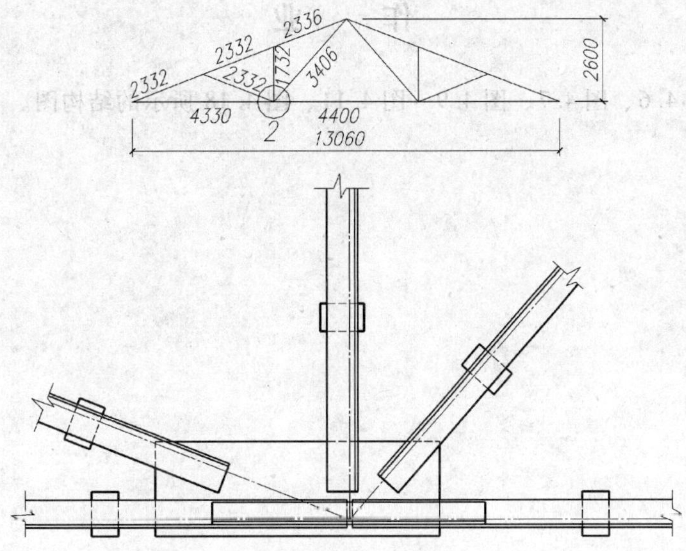

图 4.17　钢屋架节点详图的绘制(第三步)

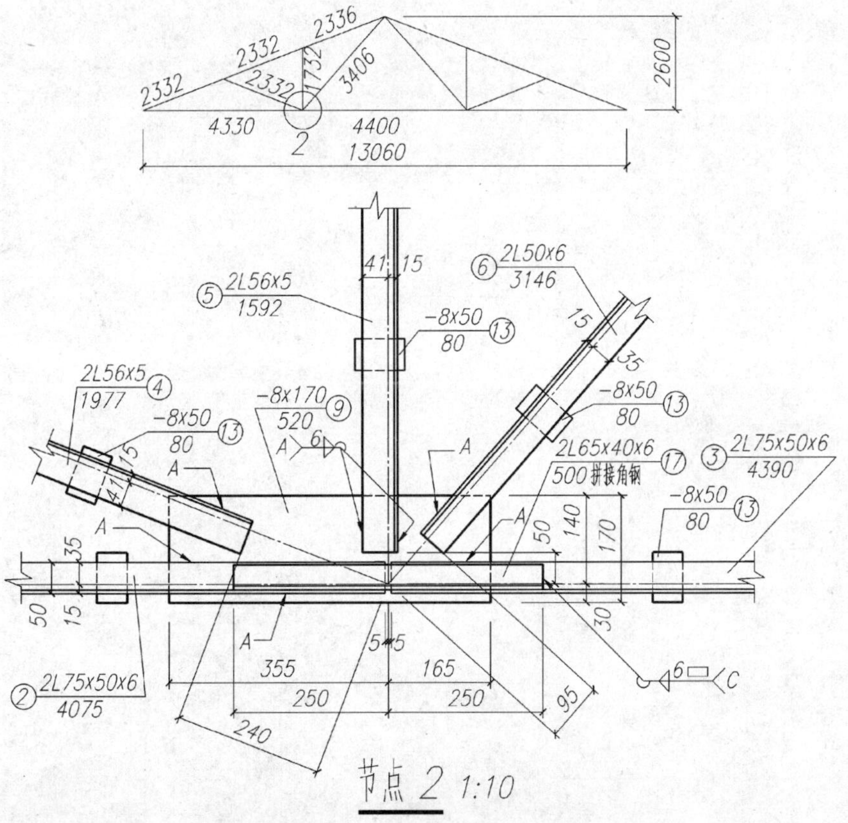

图 4.18　钢屋架节点详图的绘制(第四步)

作　业

精确绘制图 4.6、图 4.7、图 4.9 ~ 图 4.11、图 4.18 所示的结构图。

第 5 章　道路、桥梁、涵洞、隧道工程图及给水排水工程图的绘制方法

教学提示：道路、桥梁、涵洞、隧道等是土木工程的主要领域。本章首先主要介绍道路工程、桥梁工程、涵洞工程、隧道工程的施工图图示特点和绘制方法，其次简要介绍室内给水排水工程图的图示特点和绘制方法。

学习要求：通过本章的学习，读者应该熟练掌握应用 AutoCAD 绘制道路及桥梁、涵洞、隧道工程图及给水排水工程图的方法，重点弄清上述工程图样与一般房屋建筑施工图、结构施工图相比，在图示内容、图示方式和绘制方法等方面的异同。

5.1 概　述

道路是一种供车辆行驶和行人步行的带状结构物，其基本组成包括路基、路面、桥梁、涵洞、隧道、防护工程和排水设施等。道路根据它们不同的组成和功能特点，可分为公路和城市道路两种。位于城市郊区和城市以外的道路称为公路，位于城市范围以内的道路称为城市道路。道路工程图的图示方法与一般工程图不同，它是以地形图作为平面图、以纵向展开断面图为立面图、以横断面图作为侧面图，并且大都各自画在单独的图纸上。道路路线设计的最后结果是以平面图、纵断面图和横断面图等三种工程图来表达道路的空间位置、线型和尺寸。此外，道路工程图还包括反映从路基到路面不同材料层状组成的路面结构图、路面排水系统和防护工程图、道路交叉口图和交通工程图（主要包括交通标线和交通标志）等。绘制道路工程图时，应遵守《道路工程制图标准》（GB 50162-92）中的有关规定。

桥梁是道路工程中常见的构筑物，当道路跨越河流湖泊、峡谷以及道路互相交叉或与其他路线（如铁路）交叉时需要修筑桥梁。通常桥梁由上部桥跨结构（主梁或主拱圈和桥面系）、下部结构（桥台、桥墩和基础）及附属结构（栏杆、灯柱、护坡、导流结构物等）三部分组成。桥梁按结构形式分为梁桥、拱桥、刚架桥、桁架桥、悬索桥、斜拉桥等；按建筑材料分为钢桥、钢筋混凝土桥、石桥、木桥等；按桥梁全长和跨径的不同分为特大桥、大桥、中桥和小桥；按上部结构中行车位置的不同分为上承式桥、下承式桥和中承式桥。桥梁工程图一般分 4 类：①桥位平面图；②桥位地质断面图；③桥梁总体布置图；④桥梁构件结构图等。

涵洞是宣泄路堤下水流的工程构筑物，根据《公路工程技术标准》中的规定，凡是单孔跨径小于 5m，多孔跨径总长小于 8m，以及圆管涵、箱涵，不论其管径或跨径大小、孔数多少均称为涵洞。涵洞按构造形式分有圆管涵、拱涵、箱涵、盖板涵等；按建筑材料分类有钢筋混凝土涵、混凝土涵、砖涵、石涵、木涵、金属涵等；按洞顶有无覆盖土分类有

明涵和暗涵(洞顶填土大于50cm)等。涵洞一般由洞口、洞身和基础三部分组成。尽管涵洞的种类很多，但图示方法和表达内容基本相同。涵洞工程图主要有纵剖面图、平面图、侧面图，除上述三种投影图外，还应画出必要的构造详图，如钢筋布置图、翼墙断面图等。在图示表达时，涵洞工程图以水流方向为纵向(即与路线前进方向垂直)并以纵剖面图代替立面图；平面图一般不考虑涵洞上方的覆土，或假想土层是透明的，有时平面图与侧面图以半剖形式表达，水平剖面图一般沿基础顶面剖切；横剖面图则垂直于纵向剖切。洞口正面往往在侧面图上表达，当进出水洞口形状不一样时，则需分别画出其进出水洞口布置图。

隧道是道路穿越山岭的建筑物，它虽然形体很长，但中间断面形状很少变化。隧道主要由洞身和洞门组成，此外，还有安全避让、照明设备、通风设备、防水排水设施等。隧道工程图除了用平面图表示它的位置外，主要图样还包括隧道洞门图、纵断面图、横断面图(表示洞身形状和衬砌)及避车洞图等。

给水排水工程图一般有管道平面布置图(或管网平面布置图)、管道纵剖面图、管道轴测图、管道配件及其详图等。

(1)管道平面布置图：绘制范围可大到一个城市，也可小到一个房间。室内给水、排水管网平面布置图中，要画出卫生设备、盥洗用具、给水(排水)管道、热水管道等。

(2)管道纵剖面图：反映平面布置图中管道的敷设深度。

(3)管道轴测图：为了说明管道的空间相对位置和相互联系，通常将室内管网画成轴测图，它和室内管网平面布置图一起构成了给水排水工程图的重要图样。

(4)管道配件及其详图：表达管道上的阀门井、水表井、管道穿墙、排水管相交处的检查井等的构造详图。

(5)水处理工艺设备图：表达给水厂、污水处理厂的各种水处理设备构筑物，如沉淀池、过滤池、曝气池、消化池等的全套图样。

由于管道截面尺寸比其长度尺寸小得多，所以在小比例的施工图中均以单线表示管道，用图例表示管道上的配件。所以要熟悉线型要求及各种图例符号。有关图例符号和要求可查阅《给水排水制图标准》GB/T 50106-2001 和给水排水设计手册。

5.2 道路路线工程图的绘制方法

5.2.1 道路路线工程图图示内容

道路路线是指道路沿长度方向的行车道中心线。道路的位置和形状与所在地区的地形、地物以及地质密切相关。道路路线有竖向高度变化(上坡、下被、竖曲线)和平面弯曲变化(左向、右向、平曲线)，实质是一条空间曲线。公路工程图由表达线路整体状况的路线工程图和表达各工程实体构造的桥梁、隧道、涵洞等工程图组合而成。路线工程图主要包括路线平面图、路线纵断面图和路线横断面图。

1. 路线平面图

路线平面图的作用是表达路线的方向、平面线型(包括直线和左、右弯道)以及沿线两侧一定范围内的地形、地物情况。实际上是用标高投影法所绘制的道路沿线周围区域的地形图，图示内容包括线路和地形两大部分。

(1)地形部分

①比例。通常在城镇区为 1∶500 或 1∶1000，山岭区为 1∶2000，丘陵区和平原区为 1∶5000 或 1∶10000。

②方向。在路线平面图上应画出指北针或测量坐标网，用来指明道路在该地区的方位与走向。

③地形。严格来说地形是地貌和地物的总称。但地形有时候也叫地貌，地貌反映地面的起伏变化，平面图中地形起伏情况主要是用等高线表示。由等高线的疏密来判断地势的陡峭与平缓。

④地物。平面图中的地物有河流、房屋、道路、桥梁、电力线、植被等，都是按规定图例绘制的。常见的地形图图例如表 5-1 所示。

表 5-1　常用道路工程图例与地物图例

名称	图例	名称	图例	名称	图例
机场		港口		井	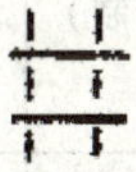
学校		交电室		房屋	
土堤	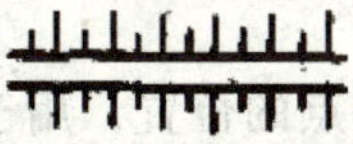	水渠	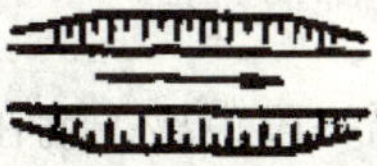	烟囱	
河流		冲沟		人工开挖	
铁路		公路		大车道	
小路		低压电力线、高压电力线	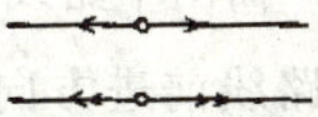	电信线	
果园		旱地	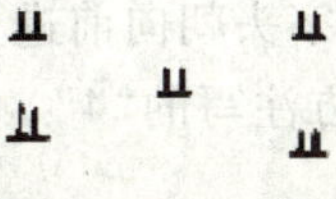	草地	
林地	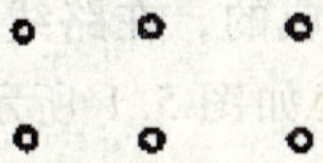	水田		菜地	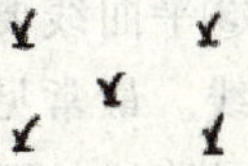

续表

名称	图例	名称	图例	名称	图例
导线点	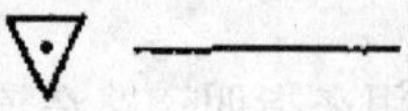	三角点		图根点	
水准点		切线交点		指北针	
涵洞		通道	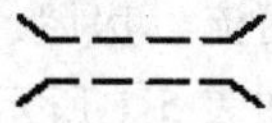	隧道	
桥梁(大、中桥按实际长度绘制)	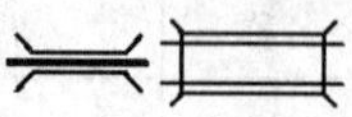	分离式立交 a)主线上跨 b)主线下穿	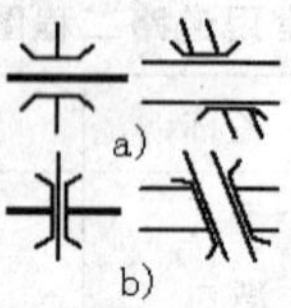 a) b)	养护机构	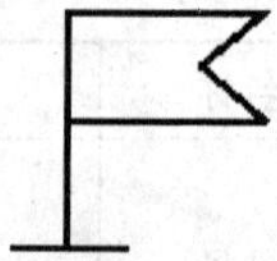
隔离墩		防护栏		管理机构	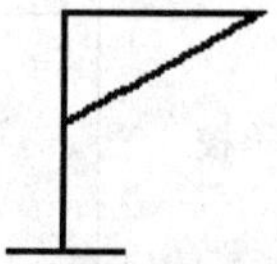

⑤水准点。沿路线附近每隔一段距离，就在图中标有水准点的位置，用于路线的高程测量。如$\otimes\frac{BM8}{7.563}$，表示路线的第 8 个水准点，该点高程为 7.563m。

(2)路线部分。

①设计路线。用加粗实线(2b)表示路线，由于道路的宽度相对于长度来说尺寸小得多，公路的宽度只有在较大比例的平面图中才能画清楚，因此通常是沿道路中心线画出一条加粗的实线来表示新设计的路线。如果有比较路线，可以用加粗虚线绘出。

②里程桩。道路路线的总长度和各段之间的长度用里程桩号表示。里程桩号应从路线的起点至终点依次顺序编号，在平面图中路线的前进方向总是从左向右的。里程桩分公里桩和百米桩两种，公里桩宜注在路线前进方向的左侧，用符号"⚲"表示桩位，公里数注写在符号的上方，如"K6"表示离起点 6km。百米桩宜标注在路线前进方向的右侧，用垂直于路线的细短线表示桩位，用字头朝向前进方向的阿拉伯数字表示百米数，注写在短线的端部，例如在 K6 公里桩的前方注写的"4"，表示桩号为 K6+400，说明该点距路线起点为 6400m。

③平曲线要素。道路路线在平面上是由直线段和曲线段组成的，在路线的转折处应设平曲线。最常见的较简单的平曲线为圆弧，其基本的几何要素如图 5.1 所示。JD 为交角点，是路线的两直线段的理论交点；α为转折角，是路线前进时向左(α_Z)或向右(α_Y)偏

转的角度；R 为圆曲线半径，是连接圆弧的半径长度；T 为切线长，是切点与交角点之间的长度；E 为外距，是曲线中点到交角点的距离；L 为曲线长，是圆曲线两切点之间的弧长。在路线平面图中，转折处应注写交角点代号并依次编号，如 JD6 表示第 6 个交角点。还要注出曲线段的起点 ZY(直圆)、中点 QZ(曲中)、终点 YZ(圆直)的位置。为了将路线上各段平曲线的几何要素值表示清楚，一般还应在图中的适当位置列出平曲线要素表。如果设置缓和曲线，则将缓和曲线与前、后段直线的切点，分别标记为 ZH(直缓点)和 HZ(缓直点)；将圆曲线与前、后段缓和曲线的切点，分别标记为：HY(缓圆点)和 YH(圆缓点)。图 5.2 是典型的路线平面图实例。

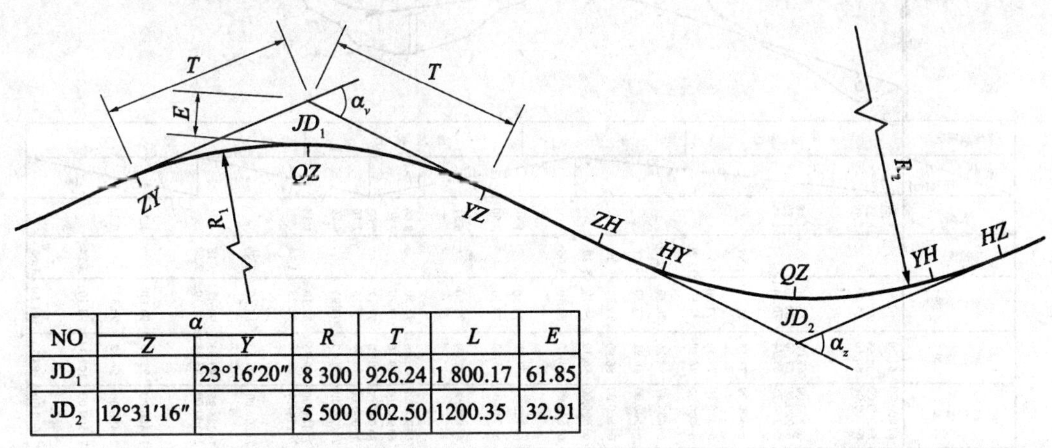

NO	α		R	T	L	E
	Z	Y				
JD_1		23°16′20″	8 300	926.24	1 800.17	61.85
JD_2	12°31′16″		5 500	602.50	1200.35	32.91

图 5.1　平曲线几何要素

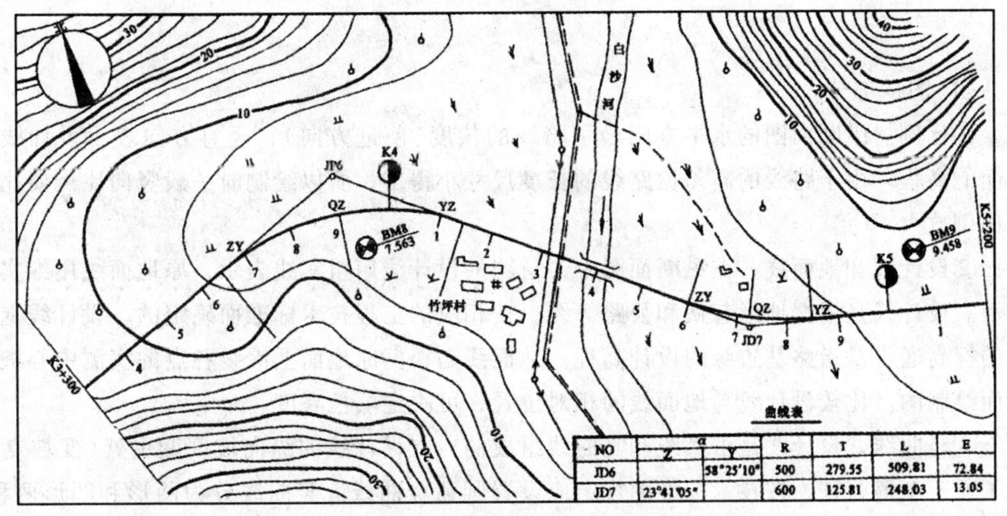

NO	α		R	T	L	E
	Z	Y				
JD6		58°25′10″	500	279.55	509.81	72.84
JD7	23°41′05″		600	125.81	248.03	13.05

图 5.2　典型的路线平面图

2. 路线纵断面图

路线纵断面图是通过公路中心线用假想的铅垂剖切面纵向剖切然后展开绘制得到。其作用主要是表达道路的纵向设计线形以及沿线地面的高低起伏状况、地质和沿线设置构造物的概况。路线纵断面图包括图样和资料表两部分，一般图样画在图纸的上部，资料表布置在图纸的下部。图 5.3 所示为某公路从 K6 至 K7+600 段的纵断面图。

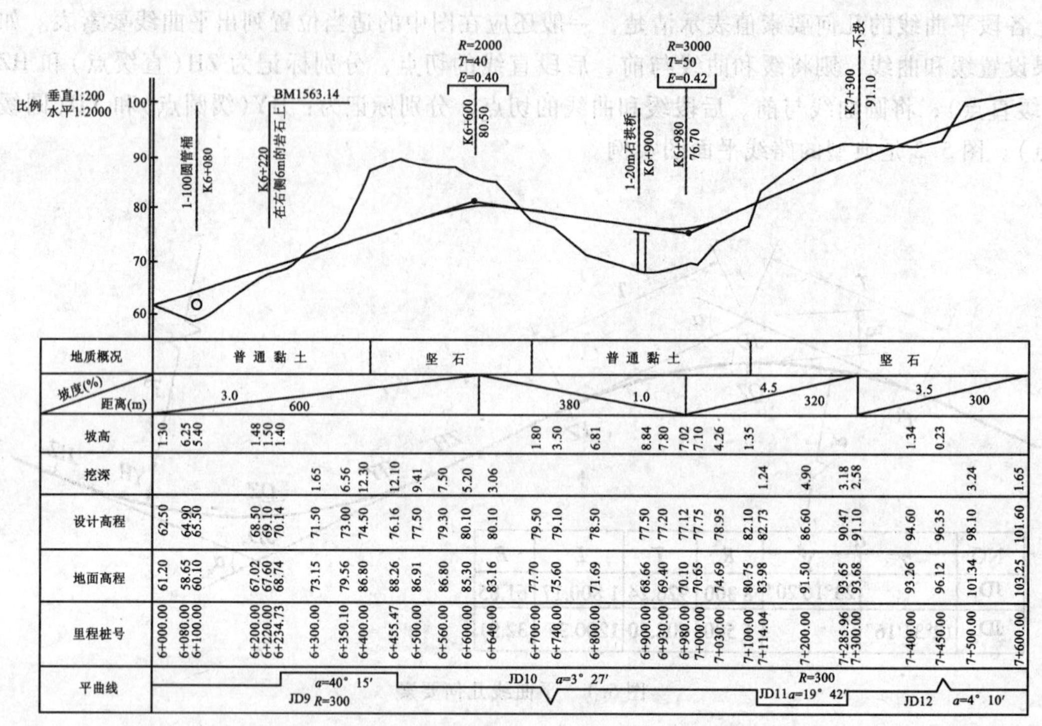

图 5.3 路线纵断面图

(1)图样部分。

①比例。纵断面图的水平方向表示路线的长度(前进方向)，竖直方向表示设计线和地面的高程。由于路线的高差比路线的长度尺寸小得多，所以绘制时一般竖向比例要比水平比例放大 10 倍。

②设计线和地面线。在纵断面图中，道路的设计线用粗实线表示，原地面线用细实线表示。设计线是根据地形起伏和公路等级，按相应的工程技术标准而确定的，设计线上各点的标高通常是指路基边缘的设计高程。地面线是根据原地面上沿线各点的实测中心桩高程而绘制的。比较设计线与地面线的相对位置，可决定填挖高度。

③竖曲线。设计线是由直线和竖曲线组成的，在设计线的纵向坡度变更处(变坡点)，为了便于车辆行驶，按技术标准的规定应设置圆弧竖曲线。竖曲线分为凸形和凹形两种，在图中分别用"┌┴┐"和"└┬┘"的符号表示。符号中部的竖线应对准变坡点，竖线左侧标注变坡点的里程桩号，竖线右侧标注竖曲线中点的高程。符号的水平线两端应对准竖曲线的始点和终点。竖曲线要素(半径 R、切线长 T、外距 E)的数值标注在水平线上方。

④工程构筑物。道路沿线的工程构筑物如桥梁、涵洞等，应在设计线的上方或下方用

竖直引出线标注，竖直引出线应对准构筑物的中心位置，并注出构筑物的名称、规格和里程桩号。例如图 5.3 中在里程桩 K6+080 处设有一座直径为 100cm 的单孔圆管涵洞。例：$\dfrac{\text{4-20 预应力混凝土连续 }T\text{ 梁}}{\text{K128+600}}$表示在里程桩K128+600处设有一座桥，该桥为预应力混凝土T形连续梁桥，共四跨，每跨 20m。

⑤水准点。沿线设置的测量水准点也应标注，竖直引出线对准水准点，左侧注写里程桩号，右侧写明其位置，水平线上方注出其编号和高程。如水准点 BM15 设置在里程 K6+220 处的右侧距离为 6m 的岩石上，高程为 63.14m。

(2)资料表部分。

①地质概况。根据实测资料，在图中注出沿线各段的地质情况。

②坡度距离。标注设计线各段的纵向坡度和水平长度距离。表格中的对角线表示坡度方向，左下至右上表示上坡，左上至右下表示下坡，坡度和距离分注在对角线的上下两侧。如图 5.3 中标注“3.0/600”，表示此段路线是上坡，坡度为 3.0%，路线长度为 600m。

③标高。表中有设计标高和地面标高两栏，它们应和图样互相对应，分别表示设计线和地面线上各点(桩号)的高程。

④填挖高度。设计线在地面线下方时需要挖土，设计线在地面线上方时需要填土。挖或填的高度值应是各点(桩号)对应的设计标高与地面标高之差的绝对值。

⑤里程桩号。沿线各点的桩号是按测量的里程数值填入的，单位为 m，桩号从左向右排列。在平曲线的起点、中点、终点和桥涵中心点等处可设置加桩。

⑥平曲线。为了表示该路段的平面线型，通常在表中画出平曲线的示意图。直线段用水平线表示，道路左转弯用凹折线表示，右转弯用凸折线表示，有时还需注出平曲线各要素的值。

3. 路线横断面图

路线横断面图是用假想的剖切平面，垂直于路中心线剖切而得到的图形。工程上要求在路线的每一中心桩处，应根据实测资料和设计要求，画出一系列的路基横断面图，以路基边缘的标高作为路中心的设计标高。在横断面图中，**路面线、路肩线、边坡线、护坡线均用粗实线表示，路面厚度用中粗实线表示，原有地面线用细实线表示，路中心线用细单点长画线表示**。横断面图的水平方向和高度方向宜采用相同比例，一般比例为 1∶200、1∶100或 1∶50。

路基横断面图的基本形式有三种：

①填方路基。如图 5.4(a)所示，整个路基全为填土区称为路堤。填土高度等于设计标高减去路面标高。填方边坡一般为 1∶1.5。在图下注有该断面的里程桩号、中心线处的填方高度 H_T(m)以及该断面的填方面积 A_T(m^2)。

②挖方路基。如图 5.4(b)所示，整个路基全为挖土区称为路堑。挖土深度等于地面标高减去设计标高，挖方边坡一般为 1∶1。图下注有该断面的里程桩号、中心线处挖方高度 H_W(m)以及该断面的挖方面积 A_W(m^2)。

③半填半挖路基。如图 5.4(c)所示，路基断面一部分为填土区，一部分为挖土区，

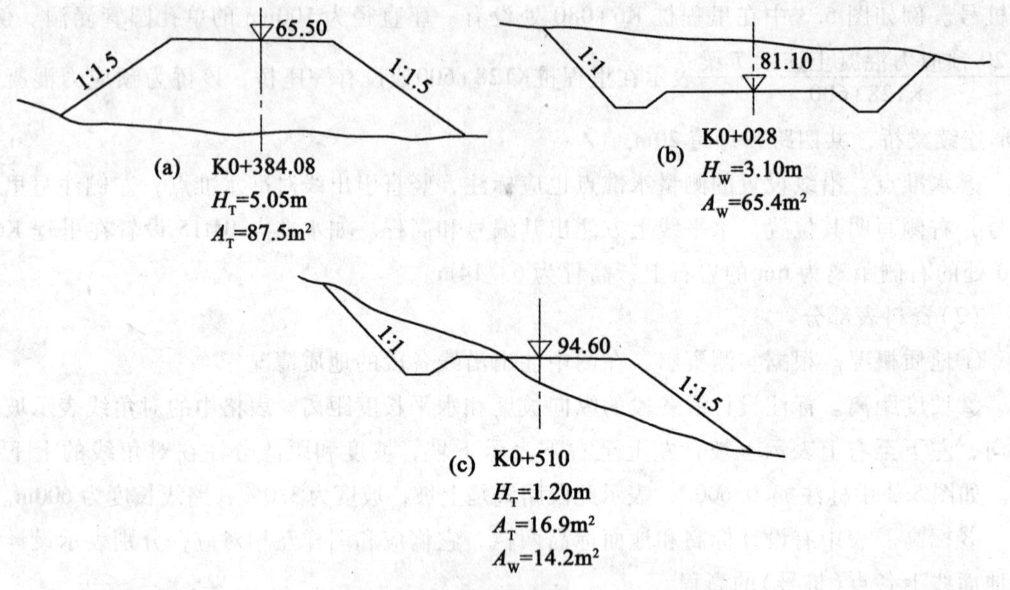

图 5.4 路基横断面的三种形式

是前两种路基的综合，在图下仍注有该断面的里程桩号、中心线处的填(或挖)高度 H 以及该断面的填方面积 A_T和挖方面积 A_W。

5.2.2 道路路线工程图的绘制步骤

1. 路线平面图的绘制

(1)创建绘图模板，注意应有三种线宽：加粗 2b、粗 b、细 0.25b；三种线型：实线、虚线、单点长画线。其中，创建图层可以有等高线计曲线层(粗实线)、一般等高线层(细实线)、路线中心线层(加粗实线)、路线比较线层(加粗虚线)、地物层、标注层及其他层。

(2)先画地形图，在相应的图层上画出等高线(用样条曲线命令)。

(3)画路线中心线、路线比较线。

(4)画出地物。

(5)进行标注。

画图中应注意：

(1)路线平面图应从左向右绘制，桩号为左小右大。

(2)平面图的植物图例，应朝上或向北绘制；每张图纸的右上角应有角标，注明图纸序号及总张数。

(3)平面图的拼接。由于道路很长，不可能将整个路线平面图画在同一张图纸内，通常需分段绘制在若干张图纸上，使用时再将各张图纸拼接起来。每张图纸的右上角应画有角标，角标内应注明该张图纸的序号和总张数。平面图中路线的分段宜在整数里程桩处断开，断开的两端均应画出垂直于路线的细单点长画线作为接图线。相邻图纸拼接时，路线中心对齐，接图线重合，并以正北方向为准，如图 5.5 所示。

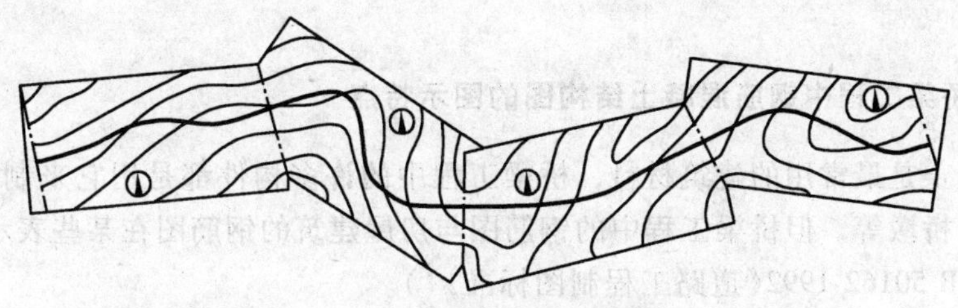

图 5.5　路线平面图的拼接

2. 路线纵断面图的绘制

(1) 创建绘图模板。注意按前面所述的线宽和线型要求及图示内容创建若干图层。

(2) 画纵横坐标。左侧纵坐标表示标高尺，横坐标表示里程桩。

(3) 点绘地面线。将各里程桩处的地面高程点到图样坐标中，用细折线连接各点即为地面线。

(4) 设计线拉坡。绘制时将各里程桩处的设计高程点到图样坐标中，用粗实线拉坡即为设计线。

(5) 绘制其他图形符号、填写资料表、完成标注。

画图中应注意：

(1) 里程桩号从左向右按桩号大小排列。

(2) 变坡点。当路线坡度发生变化时，变坡点应用直径为 2mm 的中粗实线圆圈表示；切线应用细虚线表示，竖曲线应用粗实线表示。如图 5.6 所示。

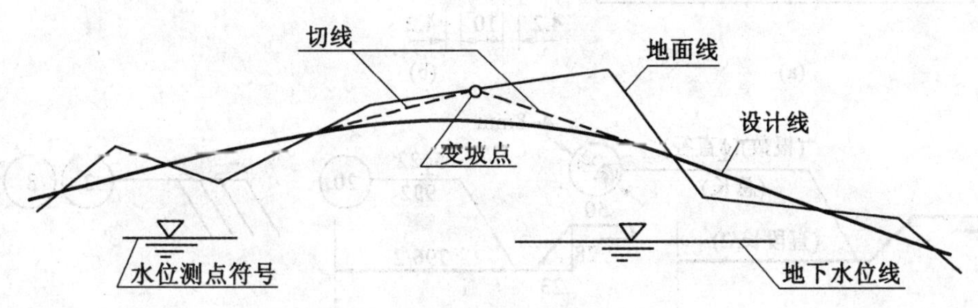

图 5.6　道路设计线

3. 路线横断面图的绘制

画路线横断面图时应注意：

(1) 横断面图的地面线一律用细实线，设计线用粗实线。

(2) 在同一张图纸内，路基横断面图，应按里程桩号顺序排列，从图纸的左下方开始，先由下而上，再自左向右排列。

(3) 在每张路基横断面图的右上角应写明图纸序号及总张数，在最后一张图的右下角绘制标题栏。

5.3 桥梁工程图的绘制方法

5.3.1 桥梁工程中钢筋混凝土结构图的图示特点

钢筋混凝土是最常用的建筑材料，桥梁工程中的许多构件都是用它来制作的，如梁、板、柱、桩、桥墩等。但桥梁工程中的钢筋图与房屋建筑的钢筋图在某些表示方式上有些不同(参见“GB 50162-1992《道路工程制图标准》”)。

1. 尺寸单位

在路桥工程图中，钢筋直径的尺寸单位采用 mm，其余长度尺寸单位均采用 cm，图中无需注出单位。而房屋建筑制图中所有长度单位均为 mm。

2. 钢筋标注

(1)如图 5.7(a)所示，在构件立面图中钢筋的编号与标注采用简略形式标注，根数注在字母 N 之前，编号注在 N 字之后。如 20N24 表示 24 号钢筋 20 根。

(2)如图 5.7(b)所示，在构件断面图中钢筋的编号直接在断面图附近用方格中的数字表示，并与断面图中钢筋的位置圆点一一对应。

(3)如图 5.7(c)所示，在钢筋详图或大样图中钢筋的编号与标注采用在引出线右侧的细实线圆圈(4 ~ 8mm 直径)内注写编号，并注出钢筋根数、直径和级别、总长(cm)或间距(cm)。

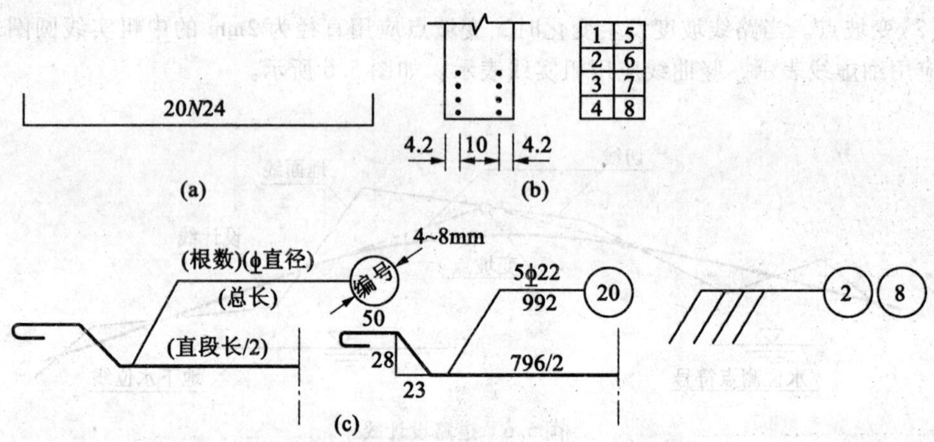

图 5.7 路桥工程中钢筋的编号与标注方式

(4)钢筋的总长是钢筋的下料长度，一般钢筋因弯钩使其实际下料长度比图中钢筋端点长度即外皮尺寸增长，故应加上增加值；钢筋因弯起使得钢筋实际下料长度小于图中切线长度，故应减去差值。所以，钢筋的实际下料长度=钢筋大样图中线性尺寸总和+弯钩增加值-弯起减少值。为了简化计算，弯钩增加值与弯起减少值都有表可查(见“GB 50162-1992《道路工程制图标准》”)。

5.3.2　桥梁工程图图示内容

1. 桥位平面图

桥位平面图是桥梁设计与施工定位的依据。它主要用来表示桥梁的所在位置，与路线的连接情况，以及与附近的地形和地物的关系，其表达内容和画法与路线平面图几乎完全相同，只是所用的比例较大，比例一般为 1∶500、1∶1000、1∶2000 等，此外，在桥位附近应画出桥位地质钻孔。如图 5.8 所示，为某桥的桥位平面图。除了表示路线平面形状、地形和地物外，还表明了钻孔、里程、水准点的位置和数据。图中“◐孔 1、◐孔 2、◐孔 3”表示了桥台、桥墩的地质钻孔编号。

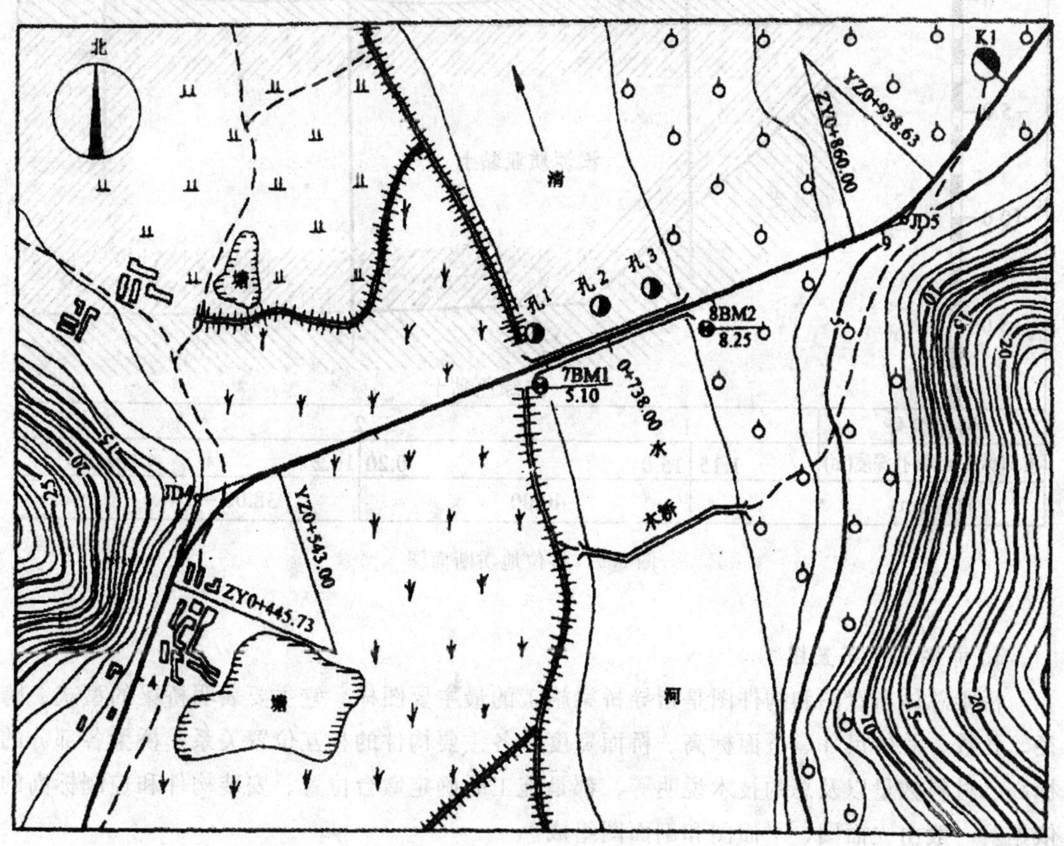

图 5.8　桥位平面图

2. 桥位地质断面图

桥位地质断面图是根据水文调查和地质钻探所得的资料绘制的河床地质断面图，表示桥梁所在位置的地质水文情况，包括河床断面线、最高水位线、常水位线和最低水位线，作为桥梁设计的依据，小型桥梁可不绘制桥位地质断面图，但应写出地质情况说明。地质断面图为了显示地质和河床深度变化情况，特意把地形高度（标高）的比例较水平方向比例放大数倍画出。如图 5.9 所示，地形高度的比例采用 1∶200，水平方向比例采用 1∶500。

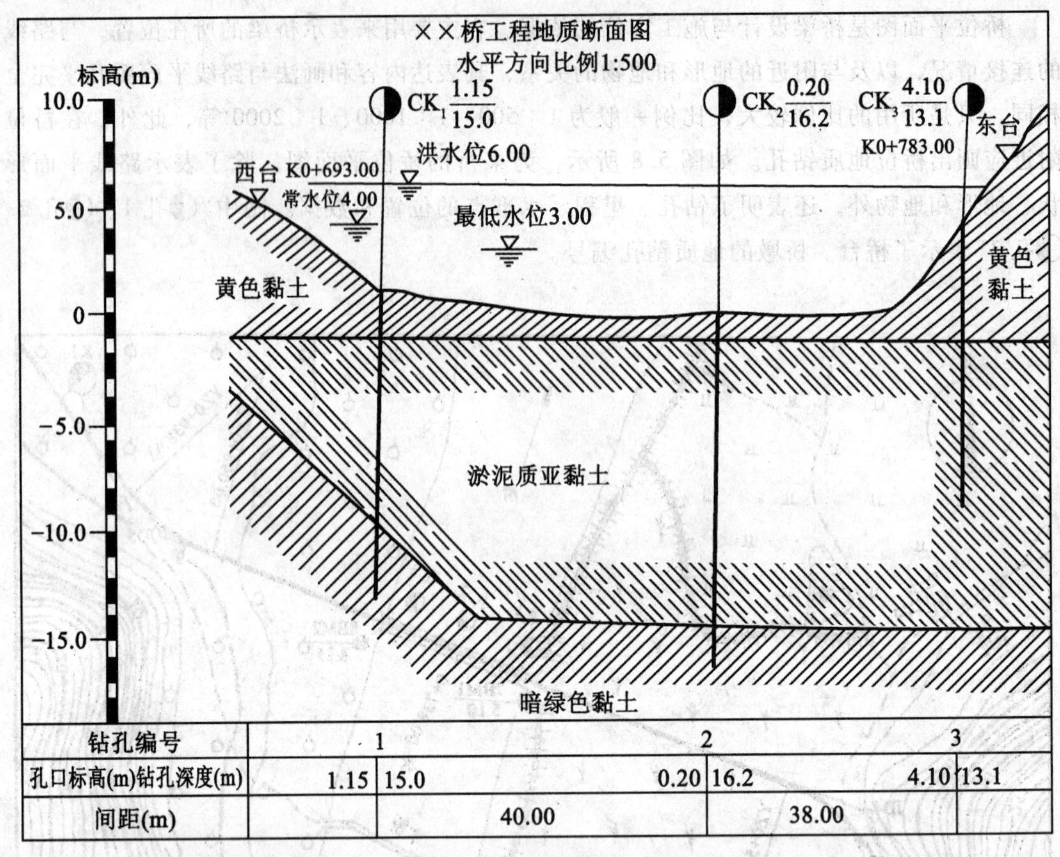

图 5.9 桥位地质断面图

3. 桥梁总体布置图

桥梁总体布置图和构件图是指导桥梁施工的最主要图样，它主要表明桥梁的型式、跨径、孔数、总体尺寸、桥面标高、桥面宽度、各主要构件的相互位置关系，桥梁各部分的标高、材料数量以及总的技术说明等，都是施工时确定墩台位置、安装构件和控制标高的依据。一般由立面图、平面图和剖面图组成。

图 5.10 为某桥梁的总体布置图，绘图比例采用 1∶200，该桥为三孔钢筋混凝土空心板简支梁桥，总长度 34.90m，总宽度 14m，中孔跨径 13m，两边孔跨径 10m。桥中设有两个柱式桥墩，两端为重力式混凝土桥台，桥台和桥墩的基础均采用钢筋混凝土预制打入桩。桥上部承重构件为钢筋混凝土空心板梁。

(1)立面图：桥梁一般是左右对称的，所以立面图常常是由半立面和半纵剖面合成的。图中还注出了桥梁各重要部位如桥面、梁底、桥墩、桥台、桩尖等处的高程，以及常水位(即常年平均水位)。

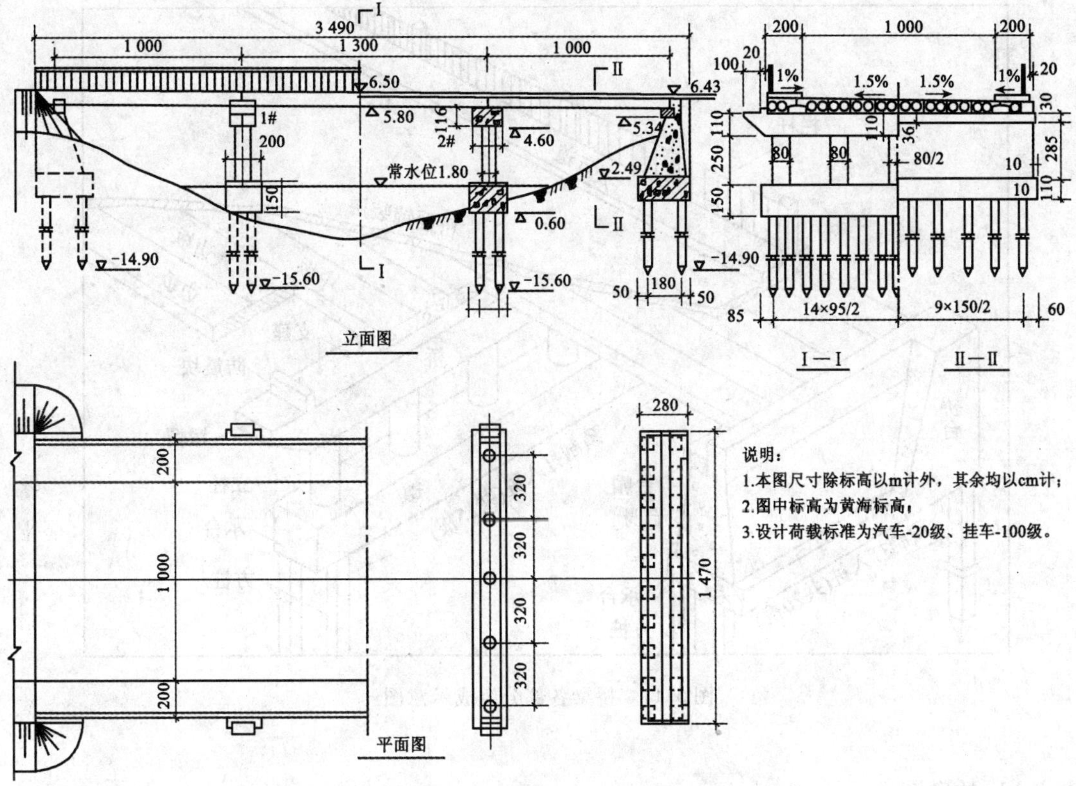

图 5.10　桥梁总体布置图

(2)平面图：桥梁的平面图也常采用半剖的形式。左半平面图是从上向下投影得到的桥面俯视图，主要画出了车行道、人行道、栏杆等的位置。由所注尺寸可知，桥面车行道净宽为 10m，两边人行道各 2m。右半部采用的是剖切面法(或分层揭开画法)，假想把上部结构移去后，画出了 2 号桥墩和右侧桥台的半面形状和位置。

(3)横剖面图：根据立面图中所标注的剖切位置可以看出，Ⅰ-Ⅰ剖面是在中跨位置剖切的，Ⅱ-Ⅱ剖面是在边跨位置剖切的，桥梁的横剖面图是左半部Ⅰ-Ⅰ剖面和右半部Ⅱ-Ⅱ剖面拼成的。桥梁中跨和边跨部分的上部结构相同，桥面总宽度为 14m，是由 10 块钢筋混凝土空心板拼接而成，图中由于板的断面形状太小，没有画出其材料符号。

4. 构件图

图 5.11 为该桥梁各主要构件的立体示意图。在总体布置图中，由于比例较小，不可能将桥梁各种构件都详细地表示清楚。为了实际施工和制作的需要，还必须用较大的比例画出各构件的形状大小和钢筋构造。构件图常用的比例为 1 : 10 ~ 1 : 50，某些局部详图可采用更大的比例，如 1 : 2 ~ 1 : 5。常用的构件图有桥墩图、桥台图、墩台基桩钢筋图、主梁配筋图、钢筋混凝土空心板图、支座布置图、人行道及桥面铺装构造图等。

限于篇幅，这里只给出桥墩图、桥台图。

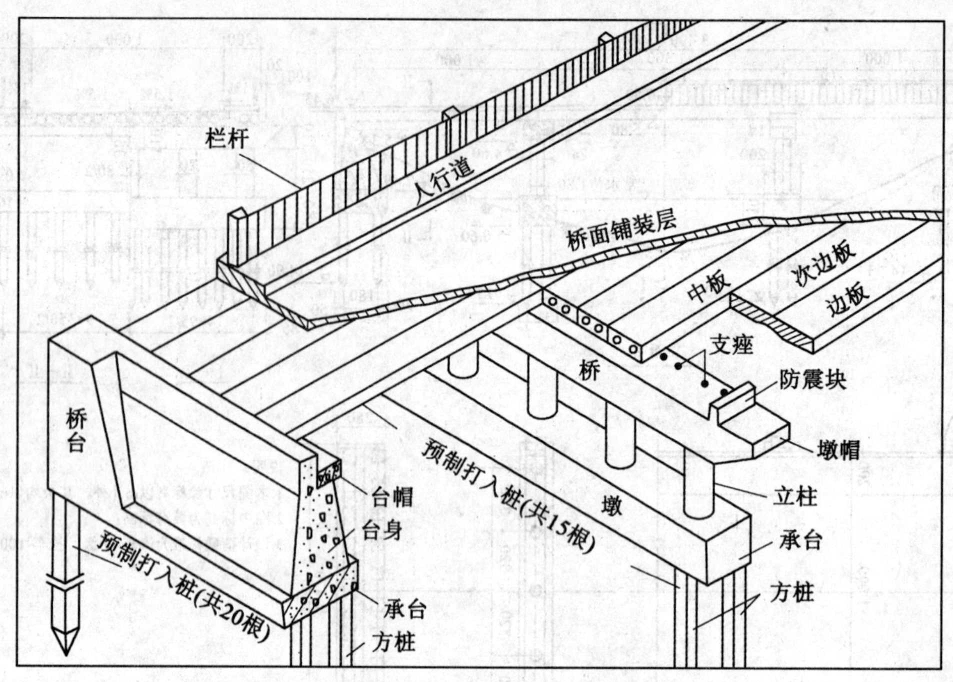

图 5.11 桥梁各部分组成示意图

(1)桥墩图。

图 5.12 为桥墩构造图，主要表达桥墩各部分的形状和尺寸。这里绘制了桥墩的立面图、侧面图和Ⅰ-Ⅰ剖面图，由于桥墩是左右对称的，故立面图和剖面图均只画出一半。该桥墩由墩帽、立柱、承台和基桩组成。根据所标注的剖切位置可以看出，Ⅰ-Ⅰ剖面图实质上为承台平面图，承台基本为长方体，长1500cm，宽200cm，高150cm。承台下的基桩分两排交错(呈梅花形)布置，施工时先将预制桩打入地基，下端到达设计深度(标高)后，再浇筑承台，桩的上端伸入承台内部80cm。承台上有五根圆形立柱，直径为80cm，高为250cm。立柱上面是墩帽，墩帽的全长为1650cm，宽为140cm，高度在中部为116cm，在两端为110cm，有一定的坡度，为的是使桥面形成1.5%的横坡。墩帽的两端各有一个20cm×30cm的抗震挡块，是防止空心板移动而设置的。墩帽上的支座，可由支座布置图表达。桥墩的各部分均是钢筋混凝土结构，应绘制钢筋布置图。如图 5.13 所示，是一种双柱式桥墩墩帽的配筋图(与该桥墩不匹配，仅作示例)。

(2)桥台图。

桥台属于桥梁的下部结构，主要是支承上部的板梁，并承受路堤填土的水平推力。公路桥梁桥台的型式主要有实体式桥台(又称重力式桥台)、埋置式桥台、轻型桥台、组合式桥台等。下面以重力式混凝土桥台为例说明桥台构造。

图 5.14 为重力式混凝土桥台的构造图，用剖面图、平面图和侧面图表示。该桥台由台帽、台身、侧墙、承台和基桩组成。这里桥台的立面图用Ⅰ-Ⅰ剖面图代替，既可表示

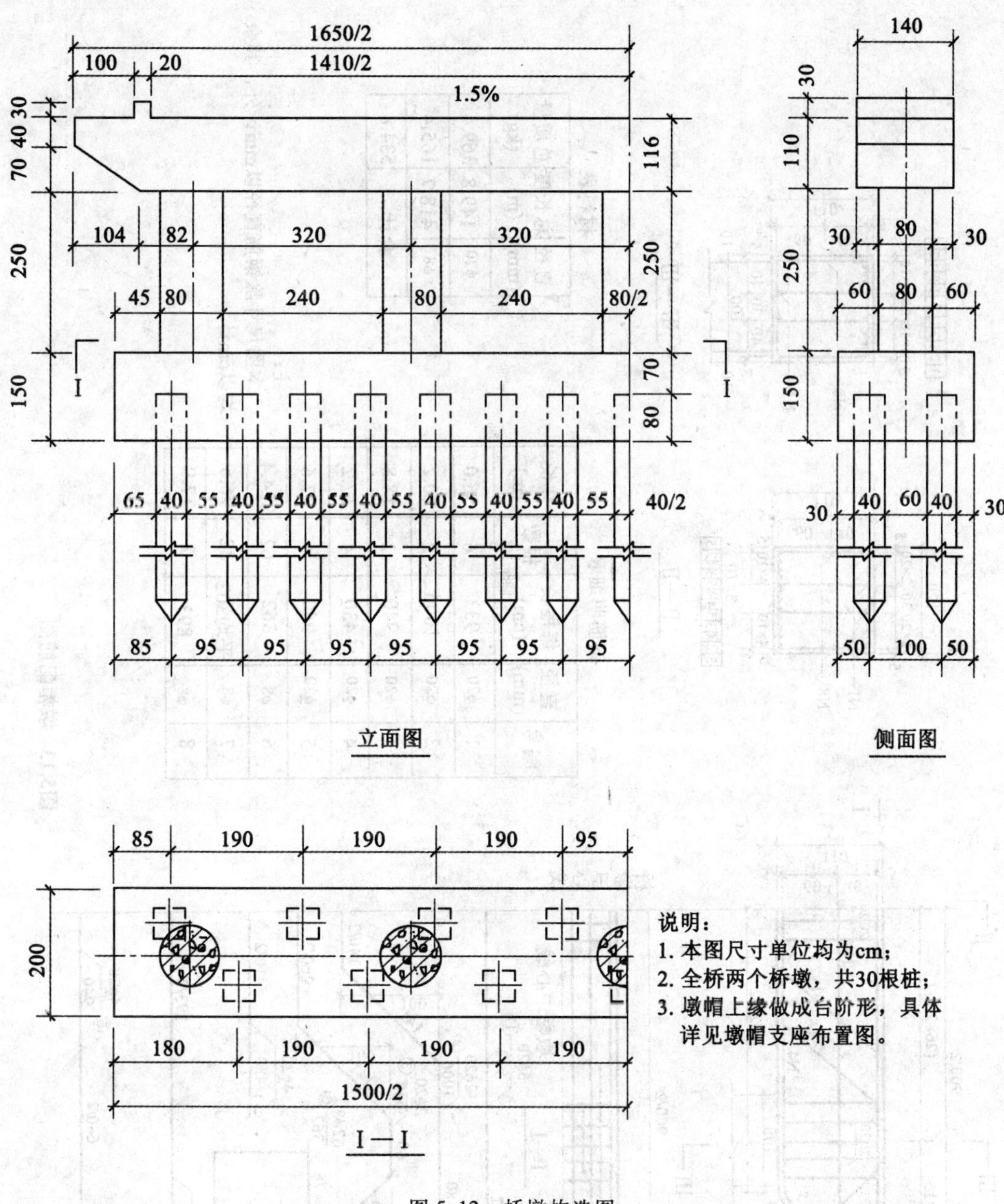

图5.12　桥墩构造图

出桥台的内部构造，又可画出材料符号。该桥台的台身和侧墙均用C30混凝土浇筑而成，台帽和承台的材料为钢筋混凝土。桥台的长为280cm，高为493cm，宽1470cm。由于宽度尺寸较大且对称，所以平面图只画出了一半。侧面图由台前和台后两个方向视图各取一半拼成，所谓台前是指桥台面对河流的一侧，台后则是桥台面对路堤填土的一侧。为了节省图幅，平面图和侧面图都采用了断开画法。桥台下的基桩分两排对齐布置，排距为180cm，桩距为150cm，每个桥台有20根桩。桥台的承台等处的配筋图从略。

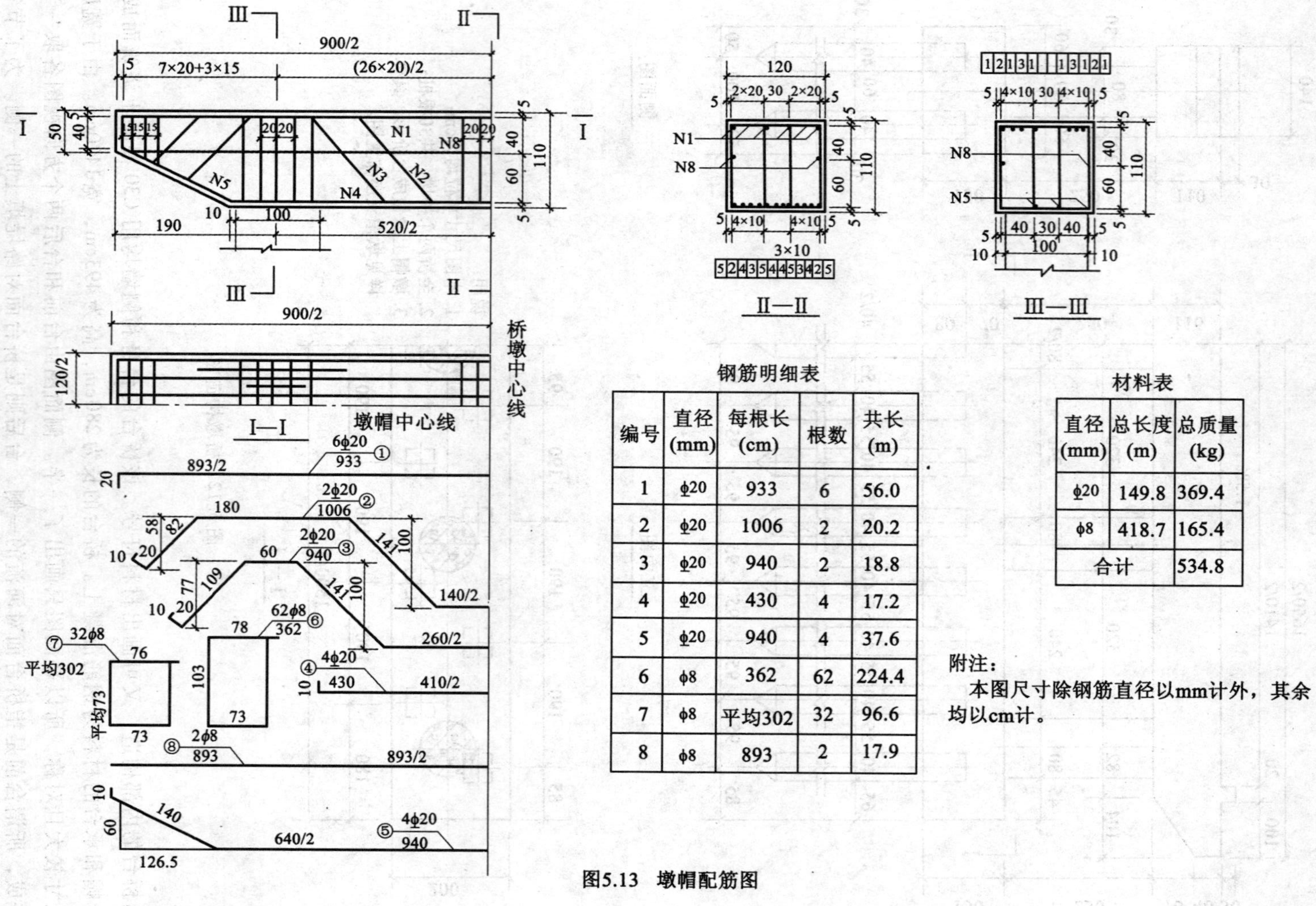

钢筋明细表

编号	直径 (mm)	每根长 (cm)	根数	共长 (m)
1	φ20	933	6	56.0
2	φ20	1006	2	20.2
3	φ20	940	2	18.8
4	φ20	430	4	17.2
5	φ20	940	4	37.6
6	φ8	362	62	224.4
7	φ8	平均302	32	96.6
8	φ8	893	2	17.9

材料表

直径 (mm)	总长度 (m)	总质量 (kg)
φ20	149.8	369.4
φ8	418.7	165.4
合计		534.8

附注：
本图尺寸除钢筋直径以mm计外，其余均以cm计。

图5.13 墩帽配筋图

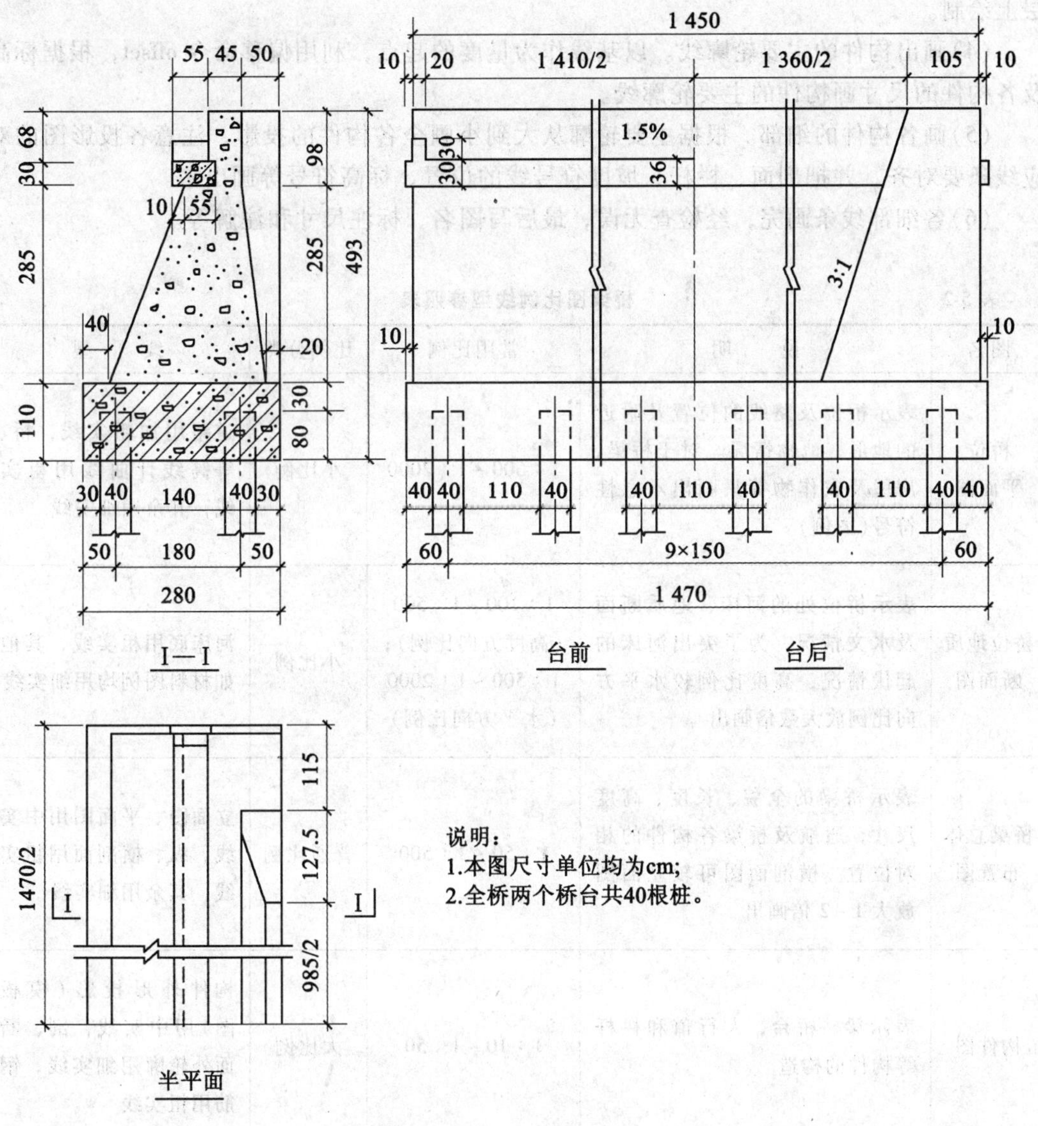

图 5.14　桥台构造图

5.3.3　桥梁工程图的绘制步骤

画桥梁工程图，基本上和其他工程图一样，有着共同的规律。首先是确定投影图数目(包括剖面、断面)、比例和图纸尺寸，然后按手工绘图的思路，先整体后局部，一步步完成施工图绘制。画图中特别要注意对线宽与线型的要求，不要想当然。桥梁工程图的比例线型可参考表 5-2 选用。以桥梁总体布置图的绘制为例，大致的绘图步骤为：

(1)创建绘图模板。包括创建线型、图层、文字样式、尺寸标注样式等。

(2)绘出图框和标题栏。

(3)布置和画出各投影图的基线。根据所选定的比例和各投影图的相对位置在图框内布图，画出各投影图的基线。一般选取各投影图的中心线为基线。该工作一般在中心线图层上绘制。

(4)画出构件的主要轮廓线。以基线作为量度的起点，利用偏移命令 offset，根据标高及各构件的尺寸画构件的主要轮廓线。

(5)画各构件的细部。根据主要轮廓从大到小画全各构件的投影，注意各投影图的对应线条要对齐，并把剖面、栏杆、坡度符号线的位置、标高符号等画出来。

(6)各细部线条画完，经检查无误，最后写图名、标注尺寸和注解等。

表 5-2 **桥梁图比例线型参照表**

图名	说　明	常用比例	比例分类	线　型
桥位平面图	表示桥位及路线的位置及附近的地形、地物情况。对于桥梁、房屋及农作物等只画出示意性符号(图例)	1∶500～1∶2000	小比例	道路用加粗实线，桥、等高线计曲线用粗实线，其余用细实线
桥位地质断面图	表示桥位处的河床、地质断面及水文情况，为了突出河床的起伏情况，高度比例较水平方向比例放大数倍画出	1∶100～1∶500（高度方向比例）；1∶500～1∶2000（水平方向比例）	小比例	河床底用粗实线，其他如材料图例均用细实线
桥梁总体布置图	表示桥梁的全貌、长度、高度尺寸，通航及桥梁各构件的相对位置。横剖面图可较立面图放大1～2倍画出	1∶50～1∶500	普通比例	立面图、平面图用中实线，纵、横剖面用粗实线，其余用细实线
构件图	表示梁、桥台、人行道和栏杆等构件的构造	1∶10～1∶50	大比例	构件外形投影（模板图）用中实线，剖、断面外轮廓用细实线，钢筋用粗实线
大样图（详图）	钢筋的弯曲和焊接、栏杆的雕刻花纹、细部等	1∶3～1∶10	大比例	钢筋用粗实线，其余一般用细实线

5.4 涵洞工程图的绘制方法

5.4.1 涵洞工程图图示内容

现以常用的盖板涵、圆管涵为例介绍涵洞的一般构造图，说明涵洞工程图的表示方法。

1. 钢筋混凝土盖板涵

图 5.15 所示为单孔钢筋混凝土盖板涵立体图。图 5.16 所示则为其构造图，比例为 1∶50，洞口两侧为八字翼墙，洞高 220cm，净跨 200cm，总长 1120cm。由于其构造对称故仍采用半纵剖面图、半剖平面图和侧面图等来表示。

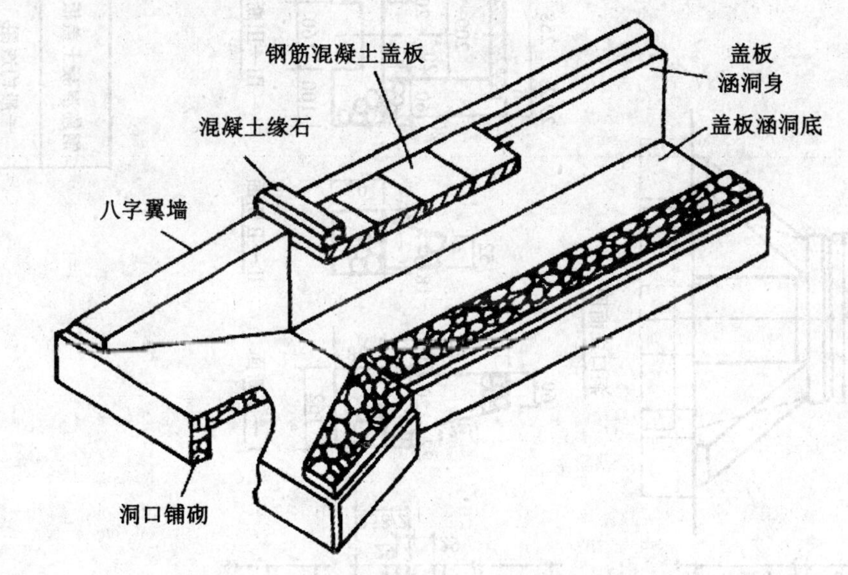

图 5.15　钢筋混凝土盖板涵立体示意图

(1)半纵剖面图。

本图把带有 1∶1.5 坡度的八字翼墙和洞身的连接关系以及洞高、洞底铺砌厚度、基础纵断面形状、设计流水坡度 1% 等表示出来。盖板及基础所用材料亦可由图中看出，但未画出沉降缝位置。

(2)半平面图及半剖面图。

图中把涵洞的墙身宽度、八字翼墙的位置表示得更加清楚，涵身长度、洞口的平面形状和尺寸以及墙身和翼墙的材料均在图上可以看出。为了便于施工，在八字翼墙的Ⅰ-Ⅰ和Ⅱ-Ⅱ位置进行剖切，并另作Ⅰ-Ⅰ和Ⅱ-Ⅱ断面图来表示该位置冀墙墙身和基础的详细尺寸、墙背坡度以及材料情况。Ⅲ—Ⅲ断面则为洞身横断面图。

(3)侧面图。

本图反映出洞高和净跨，同时反映出缘石、盖板、八字翼墙、基础等的相对位置和它们的侧面形状，侧面图按习惯称洞口立面图。

2. 圆管涵

图 5.17 为圆管涵洞分解图。图 5.18 所示为钢筋混凝土圆管涵洞构造图，比例为 1∶50,洞口为端墙式，端墙前洞口两侧有 20cm 厚干砌片石铺面的锥形护坡，涵管内径为 75cm，涵管长为 1060cm，再加上两边洞口铺砌长度得出涵洞的总长为 1335cm。由于其构造对称，故采用半纵剖面图、半平面图和侧面图来表示。

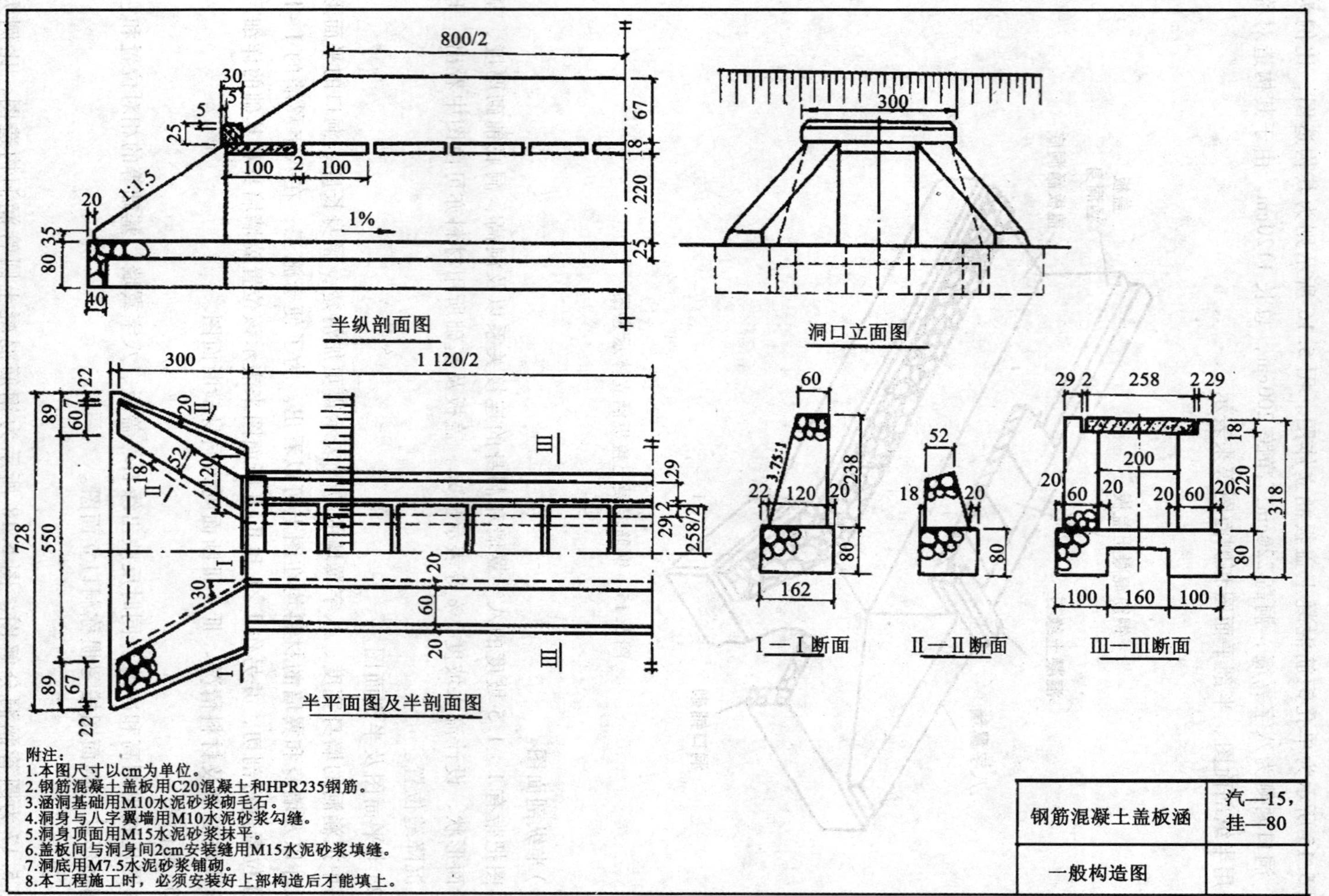

图5.16 单孔钢筋混凝土盖板涵构造图

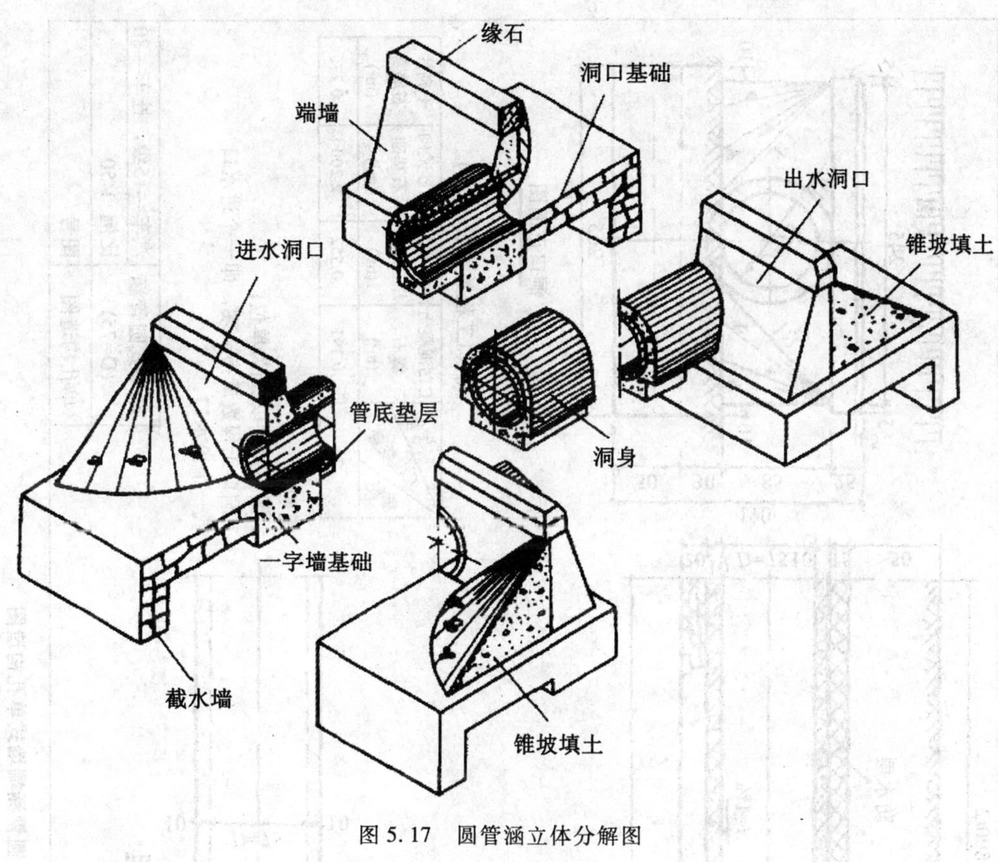

图5.17 圆管涵立体分解图

(1)半纵剖面图。

由于涵洞进出洞口一样，左右基本对称，所以只画半纵剖面图，以对称中心线为分界线。纵剖面图中表示出涵洞各部分的相对位置和构造形状，由图可知：管壁厚10cm，防水层厚15cm，设计流水坡度1%，涵身长1060cm，洞身铺砌厚20cm，以及基础、截水墙的断面形式等，路基覆土厚度>50cm，路基宽度800cm，锥形护坡顺水方向的坡度与路基边坡一致，均为1∶1.5。各部分所用材料均于图中表达出来，但未示出洞身的分段。

(2)半平面图。

为了同半纵剖面图相配合，故平面图也只画一半。图中表达了管径尺寸与管壁厚度，以及洞口基础、端墙、缘石和护坡的平面形状和尺寸，涵顶覆土作透明处理，但路基边缘线应予画出，并以示坡线表示路基边坡。

(3)侧面图。

侧面图主要表示管涵孔径和壁厚、洞口缘石和端墙的侧面形状及尺寸、锥形护坡的坡度等。为了使图形清晰起见，把土壤作为透明体处理，并且某些虚线未予画出，如路基边坡与缘石背面的交线和防水层的轮廓线等。侧面图按习惯称为洞口正面图。

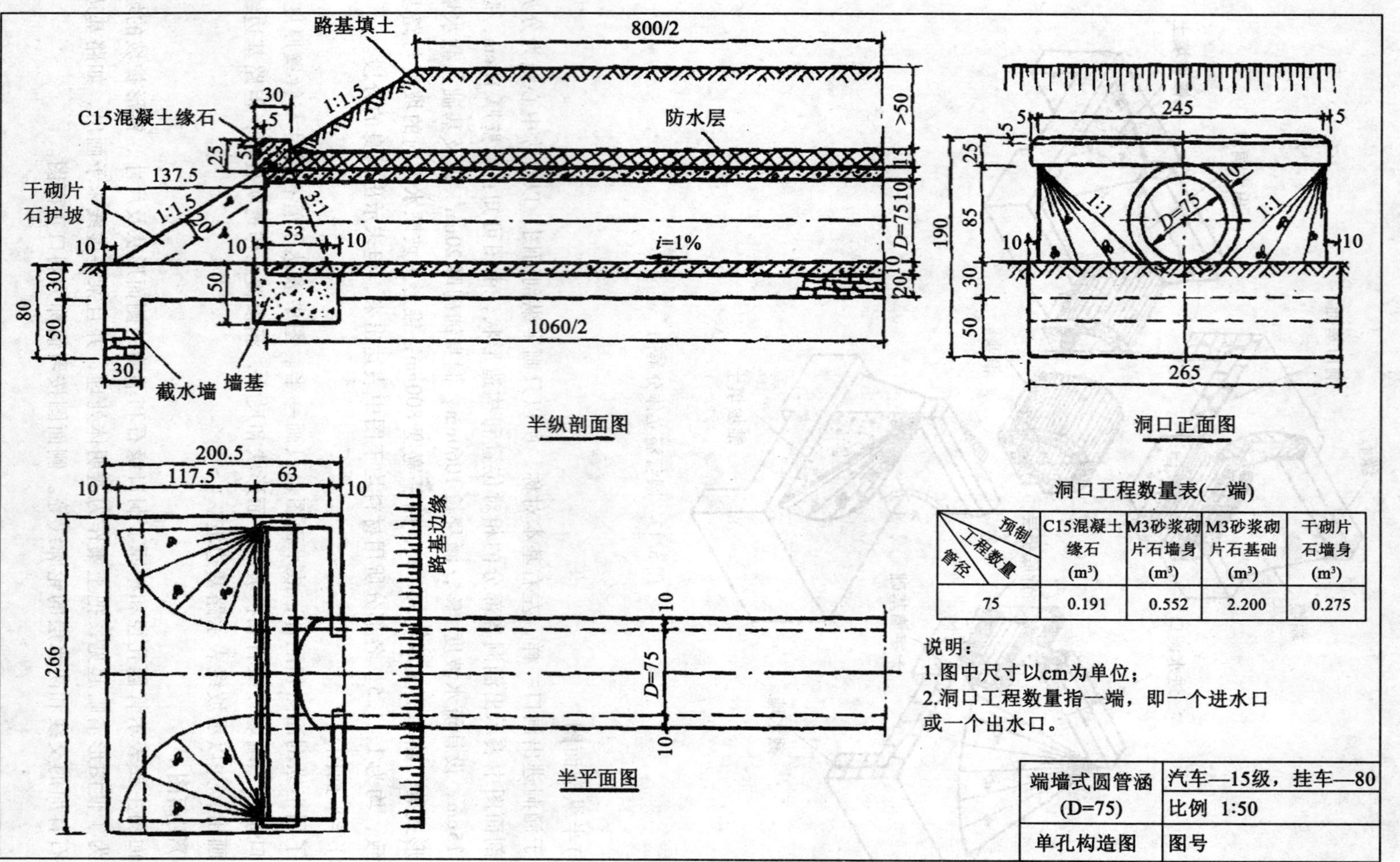

洞口工程数量表(一端)

管径 \ 工程数量 \ 预制	C15混凝土缘石 (m³)	M3砂浆砌片石墙身 (m³)	M3砂浆砌片石基础 (m³)	干砌片石墙身 (m³)
75	0.191	0.552	2.200	0.275

图5.18 圆管涵端墙式单孔构造图

5.4.2 涵洞工程图的绘制步骤

(1)创建绘图模板。包括创建线型、图层、文字样式、尺寸标注样式等。

(2)绘出图框和标题栏。

(3)布置和画出各投影图的基线。

(4)画出构件的主要轮廓线。

(5)画各构件的细部。

(6)检查无误后写图名、标注尺寸和注解等。

绘图中注意线宽选择，应有三种线宽。粗实线表示剖断面轮廓，中实线表示构件可见轮廓，其余用细线。

5.5 隧道工程图的绘制方法

5.5.1 隧道工程图图示内容

1. 隧道平面图

表示隧道轴线、洞口及各组成部分的平面位置、隧道位置的地形、地物状况及地质状况。图 5.19 为某隧道平面图，结合图例可知，该隧道地区的工程地质平面分布情况及地质年代和节理产状。隧道进口里程桩号 K20+935，出口桩号 K21+062，全长 127m。高程控制点 BM_8 位于隧道出口原小路附近。隧道平面图可根据隧道长短及地质、地形情况绘制，比例可选 1∶500 或 1∶1000。

2. 隧道纵断面图

隧道纵断面图主要反映洞口设计标高、纵坡形式、竖曲线及其大小。还反映山体地面的起伏及地质围岩类别的分布情况、断层走向和洞身衬砌形式的段落划分情况。图 5.20 为某隧道的纵断面图，其岩体地质为轻亚黏土覆盖花岗岩，隧道采用+3.0%单坡，洞身拱顶衬砌厚度 60cm。一般纵断面图的竖向比例采用 1∶100，水平向比例采用 1∶1000，如果高差过大，隧道较长时，竖向比例可用 1∶200，水平向比例采用 1∶2000。

3. 隧道横断面图

隧道横断面图主要包括限界标准、横断面形式、人行道布置和路面结构等内容。为保证隧道内各交通的正常运行与安全，在规定的一定宽度和高度的空间限界内，不得有任何部件或障碍物(包括隧道本身的通风、照明、安全、监控及内装修等附属设施)，这一空间限界称为隧道建筑限界。如图 5.21(a)所示，为某隧道的横断面的净空标准图。隧道的横断面形式一般边墙多为直墙式，若围岩的地质条件较差，用曲墙式；拱部可有单心圆拱、尖顶三心圆拱及坦顶三心圆拱等形式。如图 5.21(b)所示，为某隧道的洞身断面(直墙单心圆拱)。

4. 隧道洞门图

隧道洞门的形式很多，常用的有端墙式、翼墙式、柱式、台阶式和环框式等。如图 5.22 所示是翼墙式洞门的组成立体示意图。隧道洞门图一般用三面投影图来表达。以洞门正面为立面图，洞门正常工作位置的水平投影为平面图，侧面图常用剖面图代替。如图 5.23 所示为端墙式洞门的工程图。

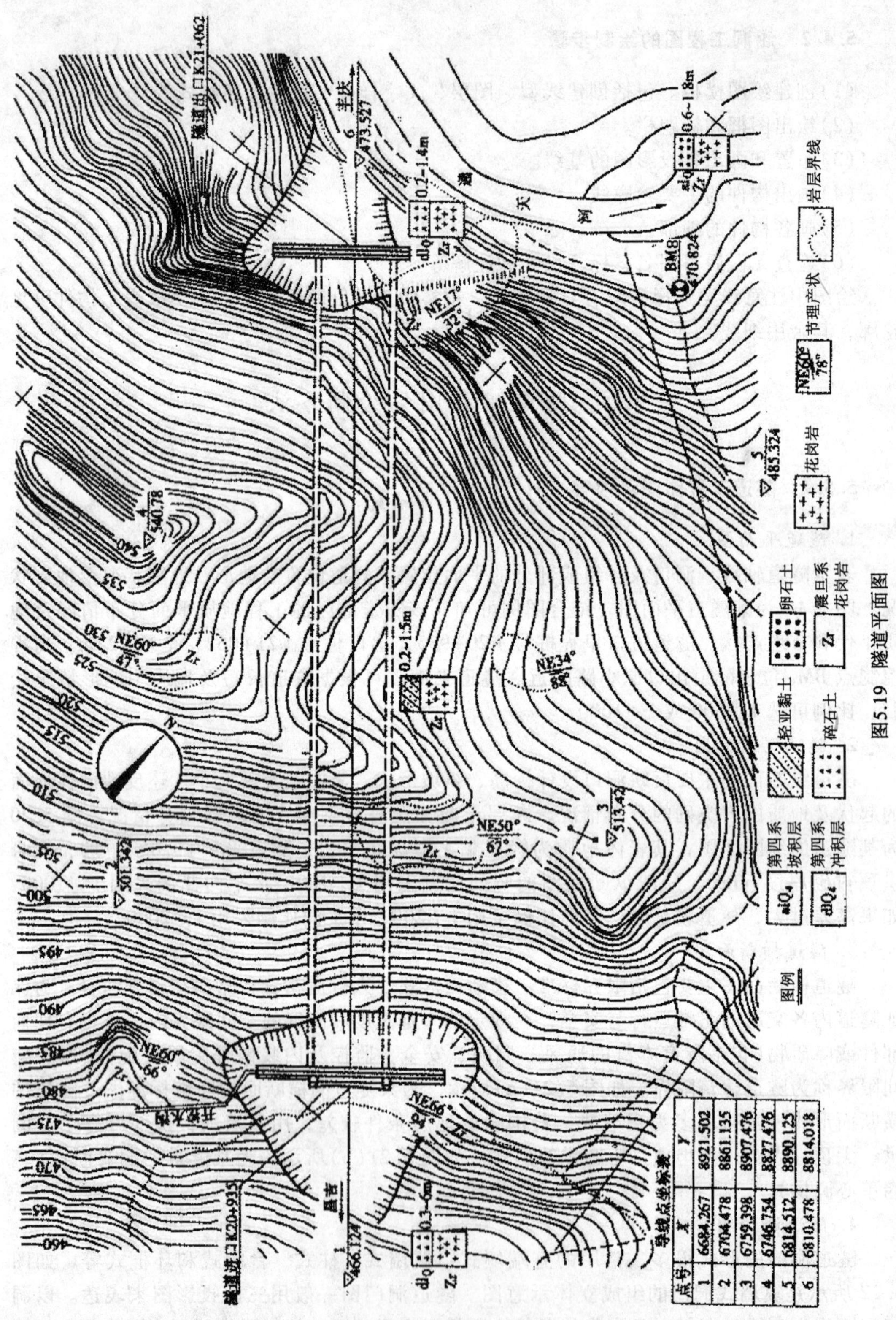

导线点坐标表

点号	X	Y
1	6684.267	8921.502
2	6704.478	8861.135
3	6759.398	8907.476
4	6746.754	8827.476
5	6814.512	8890.125
6	6810.478	8814.018

图5.19 隧道平面图

纵断面图
至昌吉
至丰庆
510
500
490
480
470
460
进口桩号K20+935.00
出口桩号K21+062.60
12760
花岗岩
60
+3%
路面中心线
1 围岩类别
2 衬砌形式
3 坡度 坡长
4 设计高程
5 地面高程
6 里程桩号
S=IV
S=V
S=IV
明洞
直墙式变截面圆拱
直墙式等截面圆拱
直墙式变截面圆拱
明洞
图例
轻亚黏土
花岗岩
说明：
1.本图尺寸以cm计，高程及桩号以m为单位。
2.衬砌型式为直墙式单心圆拱。
3.设计标高为路面中心。
图5.20　隧道纵断面图

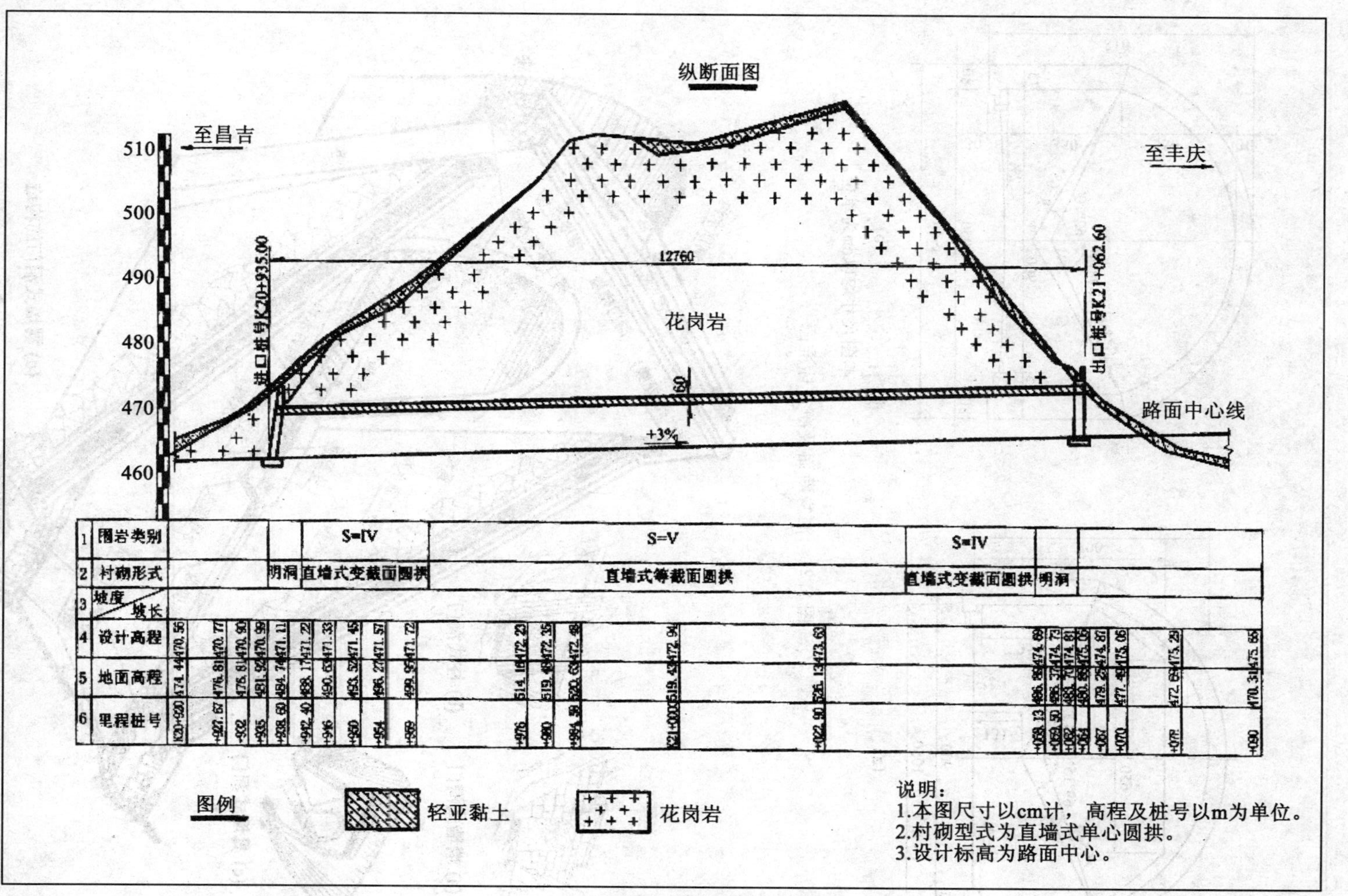

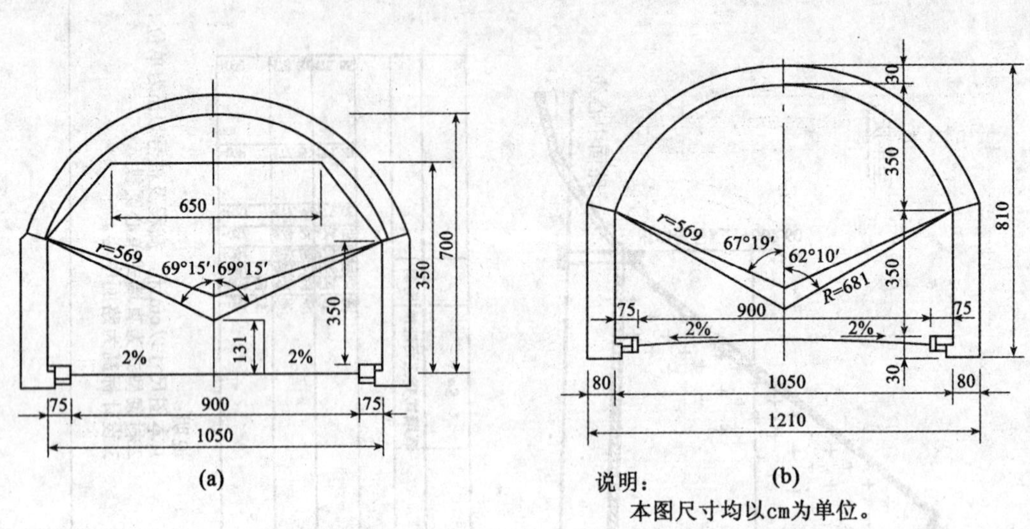

说明：
本图尺寸均以cm为单位。

图 5.21 洞身断面及净空标准图

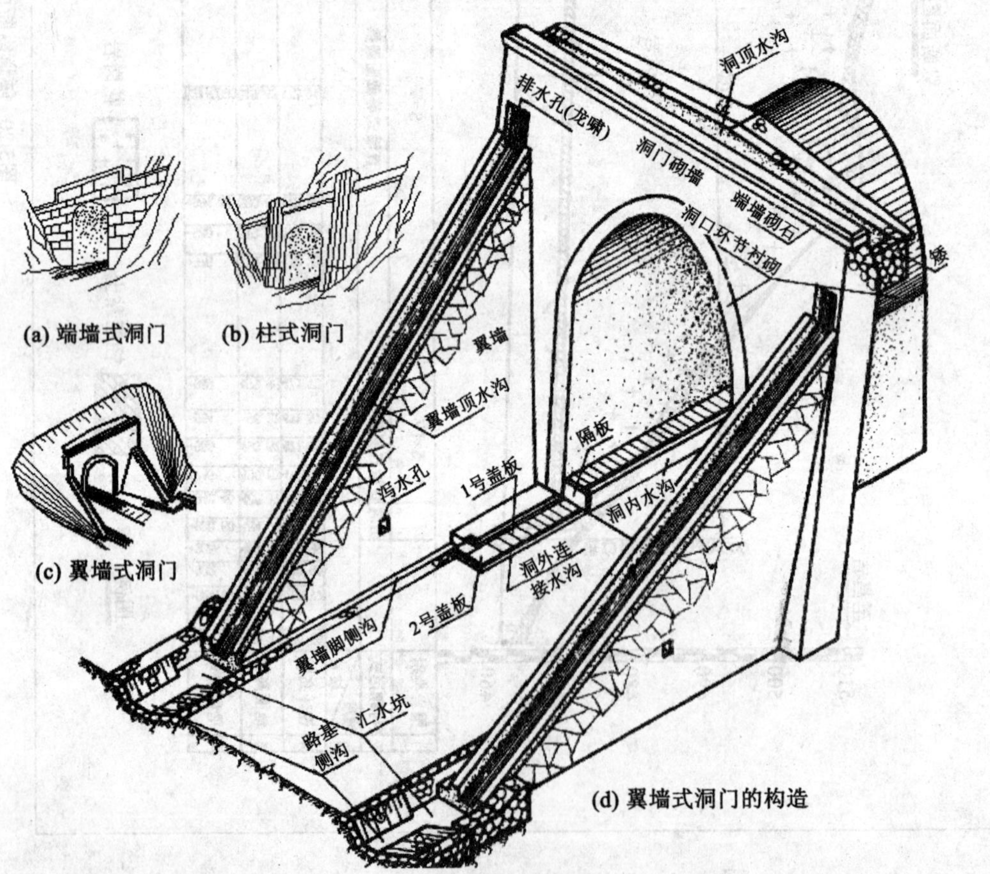

图 5.22 隧道洞门型式及翼墙式洞门的组成

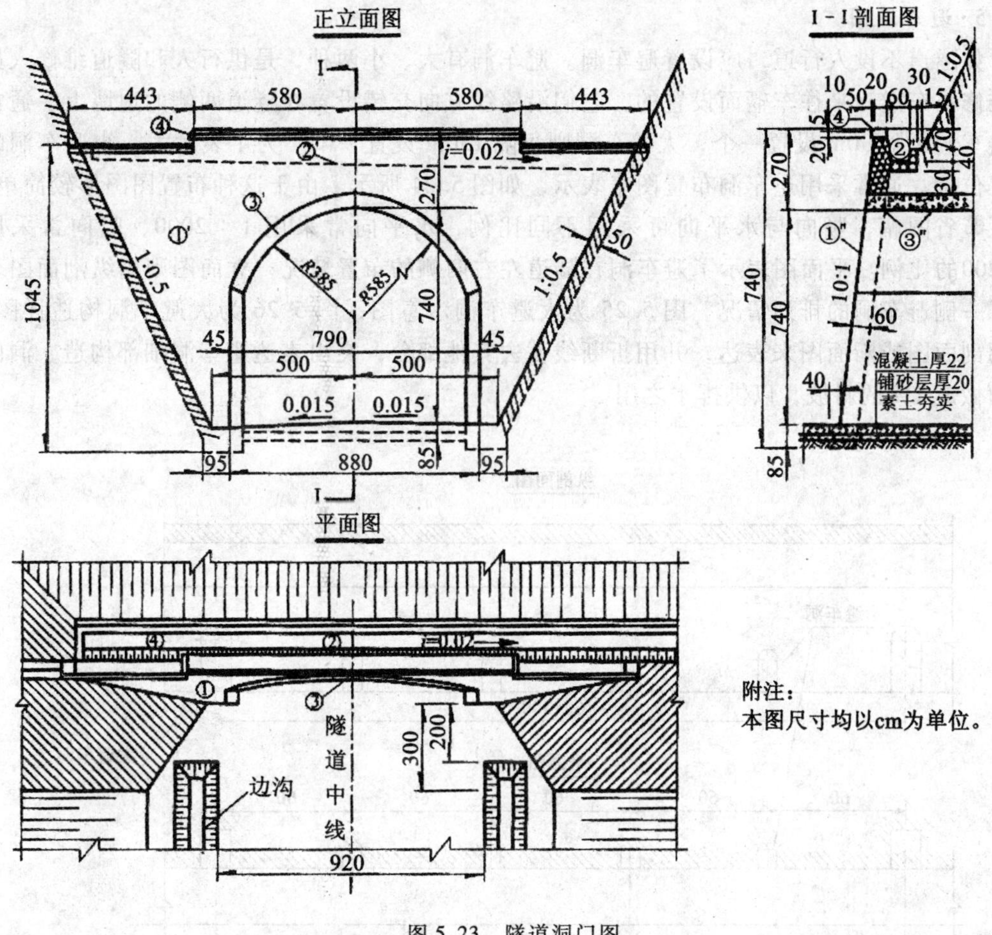

图 5.23 隧道洞门图

(1) 立面图：反映洞口墙的式样和各细部尺寸。洞门墙高出的凸起部分称为顶帽，墙顶部从左往右倾斜的虚线表示设在墙顶的洞口顶部排水沟，坡度为 2%，箭头表示流水方向。洞口衬砌断面采用直墙坦顶三心圆拱，它由两个不同的半径（R1 = 385cm 和 R2 = 585cm）的三段圆弧和两边直墙组成，边墙及圈拱厚均为 45cm，洞口净空尺寸高 740cm，宽 790cm；洞内路面采用 1.5% 的双向横坡，路面各分层采用虚线分隔，洞口路堑段两侧边坡均为1∶0.5的斜面，其坡脚距洞中心线的每边为 500cm，其他虚线反映了洞门墙和隧道地面的不可见轮廓线，它们被洞口前两侧路堑边坡和路面所遮挡，故用虚线表示。

(2) 平面图：采用折断面法，仅画出了洞门外露部分的投影，并用示坡线表示出各坡面的倾斜方向，同时也画出了各平面间的交线。洞门墙顶帽的宽度、洞顶排水沟的平面构造以及洞门口两外侧边构的位置均得以表达。由于洞门墙向后仰斜，水平投影图中没有产生积聚线。

(3) 侧面图：用折断线截去其他部分，只画靠近洞口的一小段。从图中可以看出，洞顶上部仰坡为 1∶0.5，洞顶排水沟及顶帽的断面尺寸得以充分表达，其施工所用材料为浆砌片石，洞身衬砌为混凝土，端墙仰坡为 10∶1，端墙厚 60cm，端墙基础底宽 92cm，埋深 85cm，路面为 22cm 厚的混凝土及 20cm 厚的铺砂层，其下为夯实素土。

5. 避车洞图

如隧道不设人行道，应设置避车洞。避车洞有大、小两种，是供行人和隧道维修人员及维修小车避让来往车辆而设置的，它们沿路线方向交错设置在隧道两侧的边墙上。通常小避车洞每隔 30m 设置一个，大避车洞则每隔 150m 设置一个。为了表示大、小避车洞的相互位置，通常采用避车洞布置图来表示，如图 5.24 所示。由于这种布置图图形较简单，为了节省图幅，竖向与水平向可采用不同比例，水平向常采用 1：2000、竖向常采用 1：200的比例。平面图表示了避车洞在隧道左右两侧的布置情况，立面图则用纵剖面图表示了一侧避车洞的排列情况。图 5.25 为大避车洞示意图，图 5.26 为大避车洞构造详图，采用剖面图或断面图来表达，并用折断线截去其他部分，突出表达避车洞细部构造，洞内底面做成 1% 的斜坡，以供排水之用。

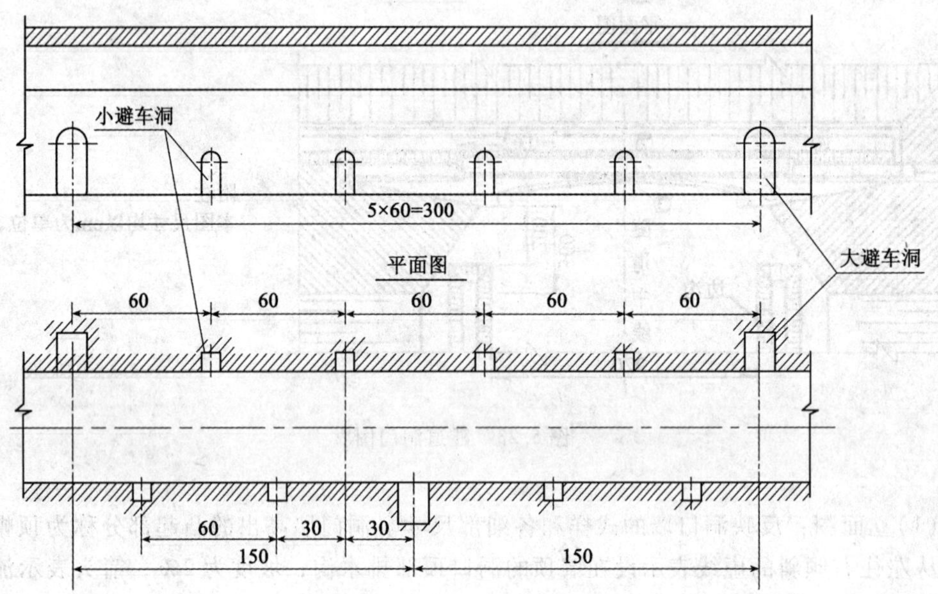

图 5.24 隧道避车洞布置图

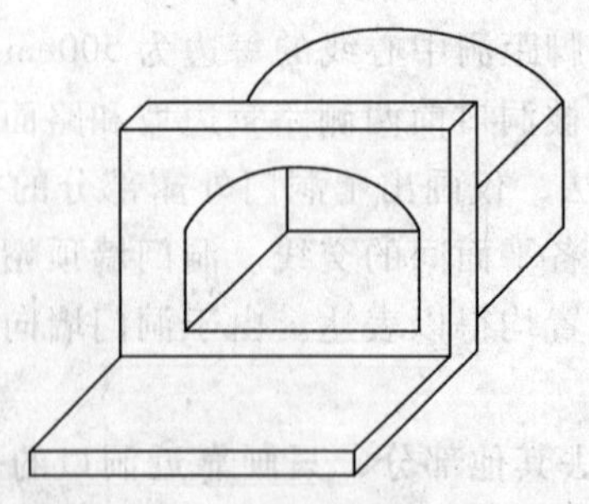

图 5.25 大避车洞示意图

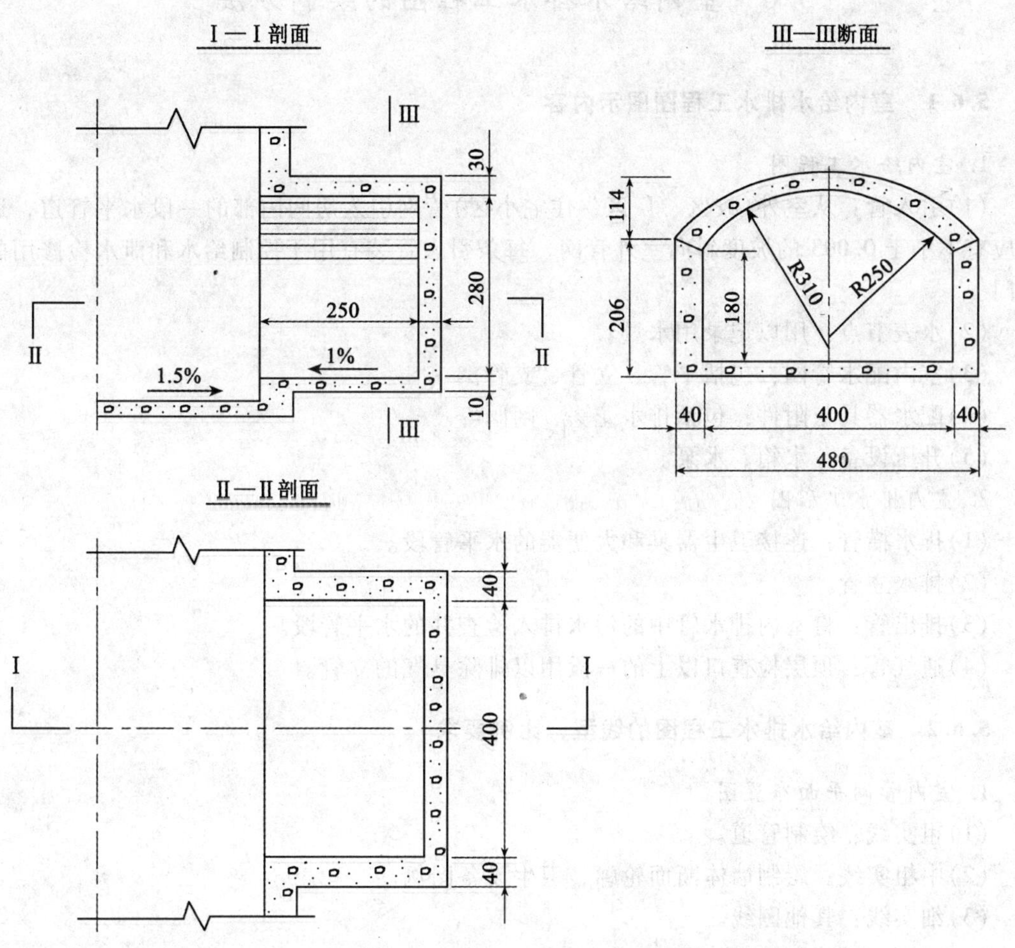

图 5.26　大避车洞构造详图

5.5.2　隧道工程图的绘制步骤

隧道工程图的绘制步骤如下：

(1)创建绘图模板。包括创建线型、图层、文字样式、尺寸标注样式等。

(2)绘出图框和标题栏。

(3)布置和画出各投影图的基线。

(4)画出构件的主要轮廓线。

(5)画各构件的细部。

(6)检查无误后写图名、标注尺寸和注解等。

绘图中注意线宽选择，应有三种线宽。粗实线表示剖断面轮廓，中实线表示构件可见轮廓，其余用细线。

5.6 室内给水排水工程图的绘制方法

5.6.1 室内给水排水工程图图示内容

1. 室内给水工程图

(1)引入管：从室外(校区、厂区、住宅小区)管网引入房间内部的一段水平管道，通常应有不小于0.003的坡度斜向室外管网。每条引入管装有用于控制给水和泄水检修用的阀门。

(2)水表节点：用以记录用水量。

(3)室内配水管网：包括干管、立管、支管。

(4)配水器具与附件：包括排水龙头、闸阀等。

(5)升压设备：水箱、水泵。

2. 室内排水工程图

(1)排水横管：连接卫生器具和大便器的水平管段。

(2)排水立管。

(3)排出管：将室内排水管中的污水排入检查井的水平管段。

(4)通气管：顶层检查口以上的一段用以排除臭气的立管。

5.6.2 室内给水排水工程图的线型、比例要求

1. 室内管网平面布置图

(1)粗实线：绘制管道。

(2)中粗实线：绘制墙体断面轮廓、卫生设备图例。

(3)细实线：其他图线。

2. 室内管网轴测图

(1)粗实线：绘制管道。

(2)中粗实线：卫生设备图例。

(3)细实线：其他图线。

室内给水排水工程图的比例一般取为1∶50或1∶25，且管网平面布置图和轴测图比例相同。

5.6.3 室内给水排水工程图的绘制步骤

本节仅以室内给水管网轴测图为例介绍给水排水工程图的绘制方法。

1. 选择轴向

通常室内给水管网轴测图是按正面斜等测绘制。即将房屋高度方向作为轴测轴 *OZ* 轴方向。将卫生设备多的横方向作为轴测轴 *OX* 轴方向，纵方向作为轴测轴 *OY* 轴方向。

2. 由于轴测图与管网室内平面布置图相同的比例，所以有关 *OX*、*OY* 轴方向的尺寸，如管道水平长度等可直接在平面图上量取

具体绘图时可用 AutoCAD 的查询命令 List(列表显示)或 Dist(距离)来获取。高度方

向即 OZ 轴方向尺寸则根据房屋的层高和配水龙头的习惯安装高度决定。例如盥洗槽、洗涤池的水龙头高度一般采用 1.2m 左右，淋浴喷头的高度采用 2.4m，大便器、小便槽的高位水箱高度采用 2.4m，其上的球形阀门高度采用 2.2m。

3. 轴测图绘图步骤

(1)设置图层：如管道为一个层，卫生器具、排水龙头为一个图层，标注为一个图层。

(2)将各种图例符号事先做成图块保存。

(3)打开 AutoCAD 的“极轴”追踪功能，并设置增量角为 45°，以便在绘制 OY 轴方向图线时使用极轴追踪功能锁定方向 45°。

(4)如图 5.27 所示，从引入管开始(设引入管标高为-1.000m)，画出靠近引入管的立管 1。

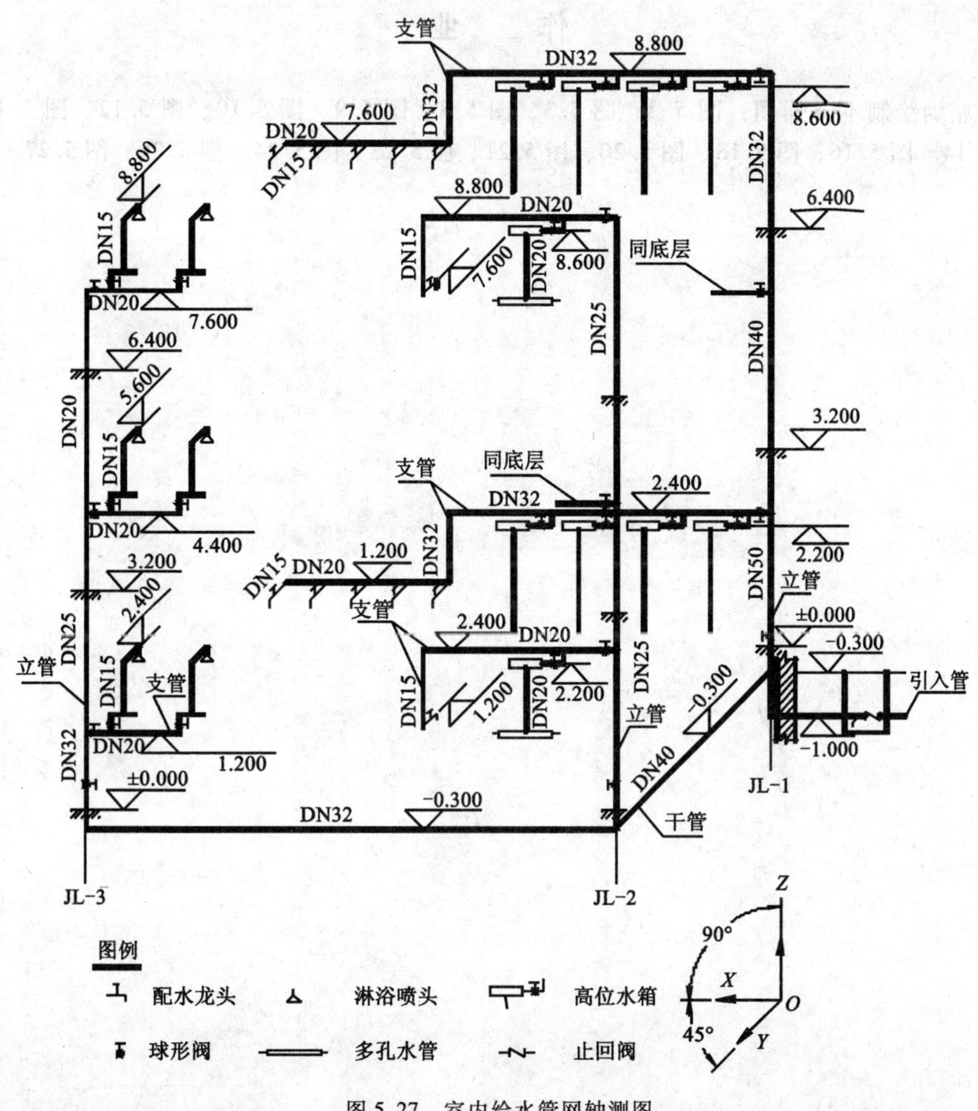

图 5.27　室内给水管网轴测图

(5)根据水平干管的标高(-0.300m)画出 OX、OY 方向的水平干管。

(6)画出立管 2 和立管 3。

(7)使用 offset 偏移命令，在三根立管上定出楼地面标高和各支管的高度。

(8)根据各支管的方向画出与立管 1、2、3 相连的支管。

(9)用插入图块的方式，画出水表、淋浴喷头、大便器高位水箱、水龙头等图例符号。

(10)标注管道的直径和标高。

为了使轴测图表达清楚，当各层管网布置相同时，轴测图中中间层的管路可以省略不画，在折断的支管处注上"同底层"即可，如图 5.27 所示，立管 1 和立管 2 的第二层的管路均省略未画。

作　业

精确绘制本章插图：图 5.2、图 5.3、图 5.8、图 5.9、图 5.10、图 5.12、图 5.13、图 5.14、图 5.16、图 5.18、图 5.20、图 5.21、图 5.23、图 5.24、图 5.26、图 5.27。

第 6 章　利用 ObjectARX 对 AutoCAD 进行二次开发

教学提示： 本章重点介绍 AutoCAD 二次开发的主流接口 ObjectARX，它是以 AutoCAD 为图形支撑平台，应用 VC++6.0 进行面向对象编程来开发 CAD 程序的。目前国内许多单位开发的 CAD 软件都是基于 AutoCAD 的 ObjectARX 开发的。本章简要介绍开发 ObjectARX 程序的基本过程和方法，给出的例子程序具有很强的可操作性，读者可以阅读后直接上机实践。

学习要求： 通过本章的学习，读者应该掌握 ObjectARX 编程的基本方法，能够编写一些简单的 ObjectARX 程序来绘制图形。

6.1　AutoCAD 二次开发概述

6.1.1　AutoCAD 开发的意义与方法

广义 CAD 的核心是一套图形数据库，用于描述为点、线、面等基本元素，并将这些图形元素按照一定数据结构建立数据集合。所有的 CAD 基本操作，实际上就是对数据库的读写、增减和修改，二次开发能够将这些基本操作重新定义和组装。AutoCAD 发展伊始，就为用户提供了接口函数与语言，统称之为二次开发工具。用户通过它提供的开发工具进行定制开发，能极大的提高设计效率。国内有很多大型设计单位和专业的软件设计公司从事 CAD 二次开发工作，已开发出诸如天正建筑、广厦 CAD、探索者 CAD 等专业软件。与普通的 AutoCAD 相比，专业 CAD 能提供更加丰富的功能，极大提高了绘图效率。

AutoCAD 先后推出的开发工具包括 AutoLisp/Lisp 解释器、ADS 应用程序和 ObjectARX。AutoLisp/LISP 是一种解释性语言，它提供了一个简单扩充 AutoCAD 命令的机制，ADS 则是通过 IPC(Inter-Process Communication)和 LISP 调用 AutoLisp 执行操作，ADS 是用 C 语言进行编译的。

ObjectARX 则是面向对象编程的新型开发工具，它继承了 C++等语言强大的功能特性，ObjectARX 应用程序以 dll(动态链接库)的方式共享 AutoCAD 的地址空间，对 AutoCAD 的图形数据库进行直接函数调用。相比 ADS 和 AutoLisp 更加简单明了，执行效率大幅度提高，为更加复杂的 CAD 二次开发提供了有力工具。ObjectARX 已经成为 AutoCAD 二次开发的主流，本章以介绍 ObjectARX 为主，使读者了解 CAD 二次开发的基本流程。AutoCAD 与开发工具之间的通信如图 6.1 所示。

本章涉及 C++语言和 AutoCAD 的专有库，初学者最大的困难可能是不断涌现的新名

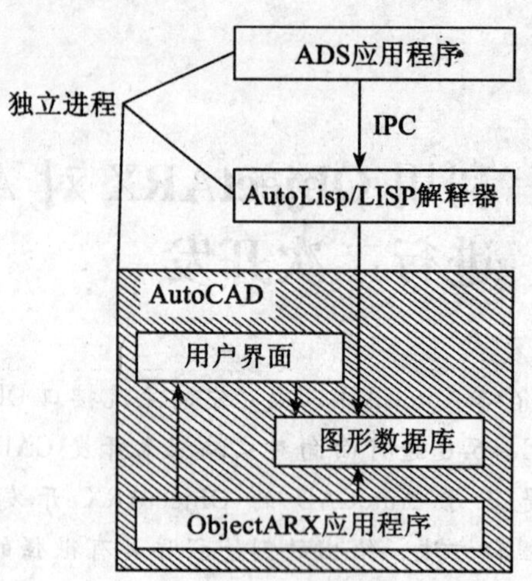

图 6.1 AutoCAD 与开发工具之间的通信

词，因此初学者应具备 C++基本知识，了解类(Class)、库(Library)等基本概念。同时 CAD 二次开发是一门实践性极强的课程内容，许多东西需要自己在实践中掌握。动手实践本章的程序实例是唯一快速入门的捷径。

6.1.2 ObjectARX 库文件简介

ObjectARX 提供的接口函数都包含在函数库中，主要有以下五个类库：AcRx、AcEd、AcDb、AcGi 和 AcGe，以及与原来的 ADS 相兼容的函数库。其核心是两组关键 API：AcDb 和 AcEd 类库。

(1)AcDb 类库。即为 AutoCAD 数据类库，为访问 AutoCAD 数据库提供直接接口。这一接口可以使开发人员定义专业对象和直线、圆、圆弧等图元，也可以通过扩展协议来扩展 AutoCAD 对现有对象和图元集所支持的行为。

(2)AcEd 类库，即为 AutoCAD 编辑类，为 AutoCAD 图形编辑器提供核心接口，这一接口允许二次开发人员注册新的 AutoCAD 命令，并与原有核心中的命令等同执行。

(3)AcRx 类库(实时扩展类)，主要用于初始化和链接动态链接库，同时用于实时类注册和识别。

(4)AcGi 类库(图形接口类)，提供用于绘制 AutoCAD 实体的图形接口。

(5)AcGe 类库(几何类)，由 AcDb 库所使用，它提供如向量、点、矩阵等用于完成普通 2D 和 3D 图形操作的实用类。

兼容 ADS 的全局函数库，这是一组标准 C 的函数库，用于由 ADS 向 ARX 过渡。

6.1.3 ObjectARX 开发向导的安装及应用程序的加载

1. ObjectARX 开发向导的安装

要使用 ObjectARX，首先必须确定目标平台，获得适当的开发环境。如果是在 AutoCAD2002 平台上开发，你就需要具备下面的工具和软件：

(1)AutoCAD 2002 中文版或英文版。

(2)VC++ 6.0 中文版或英文版。

(3)ObjectARX 2002 开发包。

一般来说，ObjectARX 开发包的版本和 AutoCAD 的版本是对应的。不同版本的 AutoCAD 的 ARX 程序需要使用不同版本的 ObjectARX 开发包以及不同版本的编译器。AutoCAD 和 ObjectARX 开发包版本及编译器的对应关系基本如表 6-1 所示。

表 6-1　**AutoCAD 和 ObjectARX 开发包版本及编译器的对应关系**

AutoCAD 版本	ObjectARX 版本	Microsoft Visual Studio 版本
AutoCAD R12/R13	ADS/ARX1.0	VC 2.0
AutoCAD R14	ObjectARX2.02	VC 4.2
AutoCAD2000/2002 即 R15/R15.0.6	ObjectARX3.0/ObjectARX 2002	VC 6.0
AutoCAD2004 即 R16	ObjectARX 2004	VS. NET 2002(即 VC7.0)
AutoCAD2005 即 R16.1	ObjectARX 2005	VS. NET 2003(即 VC7.1)
AutoCAD2006 即 R16.2	ObjectARX 2006	VS. NET 2003(即 VC7.1)
AutoCAD2007 即 R17	ObjectARX 2007	VS. NET 2005(即 VC8.0)

以"VC++6.0 英文版+AutoCAD 2002 中文版+ObjectARX 2002"开发环境为例，按照下面的步骤，一步一步构建开发环境：

(1)安装 AutoCAD 2002 和 VC++6.0。

(2)获得 ObjectARX 开发包，可以到 Autodesk 公司的官方网站免费下载。

解压下载得到的压缩文件，能够得到下面几个文件夹：

arxlabs：包含了 ObjectARX 的教程，和对应的示例文件。

classmap：包含一个 DWG 图形，其中显示了 ObjectARX 类层次的结构。

docs：包含所有的联机帮助文件。

docsamps：包含在《ObjectARX 开发者向导》(在 docs 文件夹中，为英文的资料)中所提到的源代码和说明文件。

inc：包含 ObjectARX 的头文件。

lib：包含 ObjectARX 的库文件。

redistrib：包含一些动态链接库(DLL)，其中一些可能是运行 ObjectARX 应用程序所必需的。

samples：包含了许多 ObjectARX 应用程序的例子。

utils：包含扩展 ObjectARX 的应用程序。

(3)安装 ObjectARX 开发向导。按照开发包中的路径 \ utils \ ObjARXWiz \ ，找到一个名称为 wizards.exe 的自解压文件，将其解压到一个文件夹中，运行其中的

WizardSetup. exe 文件，系统弹出如图 6.2 所示的对话框，单击【Install】按钮开始安装向导。

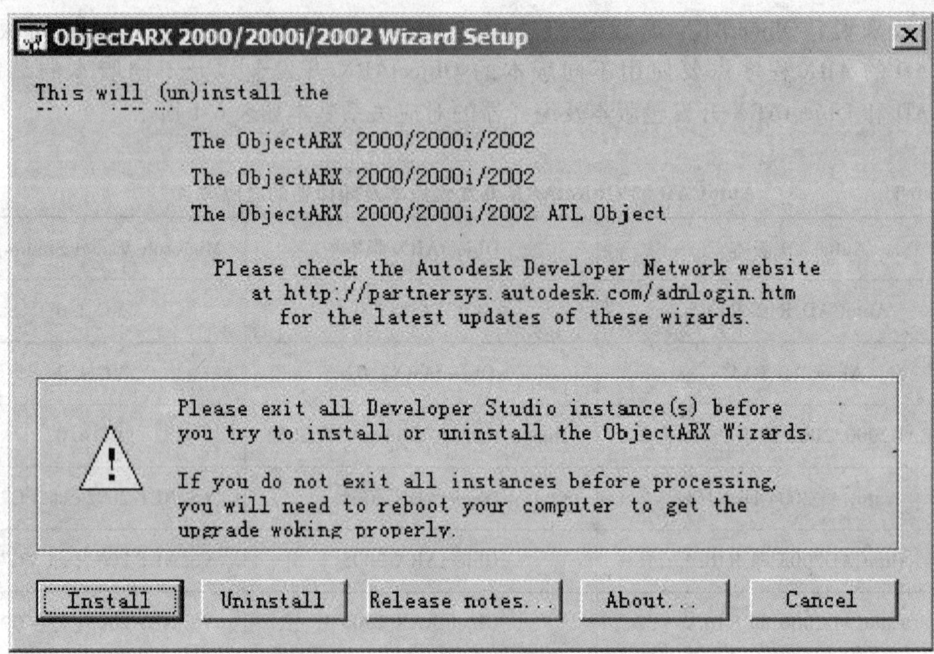

图 6.2 安装 ObjectARX 开发向导

经过一段时间，系统弹出如图 6.3 所示的对话框，单击【确定】按钮完成 ObjectARX 向导的安装。

图 6.3 向导安装完成

此时启动 VC++6.0，选择【文件】下的【新建】菜单项，系统会弹出【新建】对话框，其中的项目列表中已经包含了 ObjectARX 2000/2000i/2002 AppWizard，如图 6.4 所示。

(4)添加 ObjectARX 库文件。选择菜单项中的【工具】，系统会弹出下拉菜单，然后点击【选项】弹出如图 6.5 所示的对话框。进入【目录】选项卡，向路径列表中添加 ObjectARX 头文件的路径。

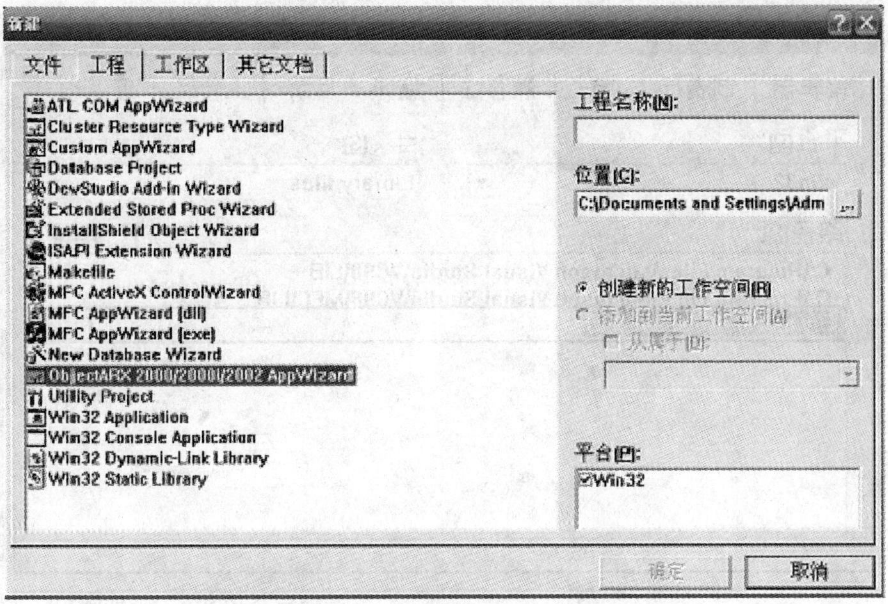

图 6.4　ObjectARX 开发向导被添加到列表中

图 6.5　添加 ObjectARX 的头文件路径

从【目录】列表框中选择【Library files】选项，然后在路径列表中添加 ObjectARX 的库文件路径，如图 6.6 所示。

(5)配置 ObjectARX 的帮助信息。安装 ObjectARX 开发向导之后，除了【新建】对话框

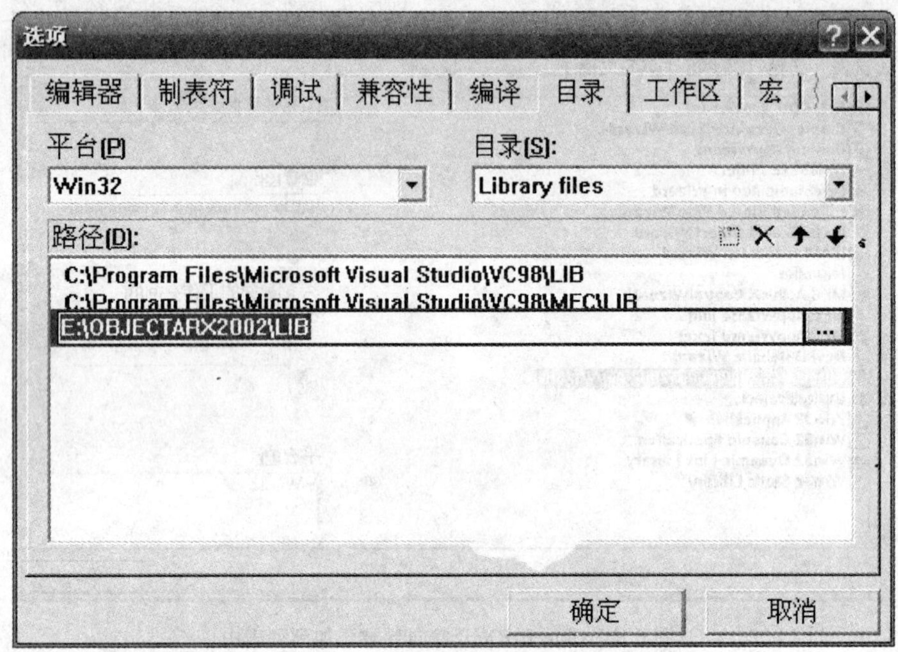

图 6.6 添加 ObjectARX 的库文件路径

的项目列表增加了对 ObjectARX 项目的支持，还增加了一个专门的嵌入工具栏，如图 6.7 所示。

图 6.7 ObjectARX 的嵌入工具栏

单击 ObjectARX 嵌入工具栏的“ObjectARX AddIn Configuration”按钮，系统会弹出如图 6.8 所示的对话框。在【Help configuration】选项组的第一个文本框中输入 ObjectARX 帮助文档的位置，也可以单击文本框右侧的按钮从计算机中查找该文件。最好选择 arxdoc.chm，这个文件包含了其他的几个文件。

在 VC++6.0 中，选择【工具/定制】菜单项，系统会弹出如图 6.9 所示的对话框。切换到【键盘】选项卡中，从【类别】列表中选择【Add-ins】选项，从【命令】列表中选择【ObjectARXAddInArxHelp】选项，也就是对应了 ObjectARX 嵌入工具栏的帮助按钮。在【按下新快捷键】文本框中单击左键，然后按下快捷键 Alt+F1(为了避免和 VC++本身的 F1 快捷键冲突，你可以自己选择适当的快捷键)，单击【分配】按钮，然后单击【关闭】按钮完成设置。

这时，在 VC ++ 中编写 ObjectARX 代码时，就可以按下快捷键 Alt + F1，获得 ObjectARX 的相关帮助。到此，ObjectARX 开发向导的安装基本完成。

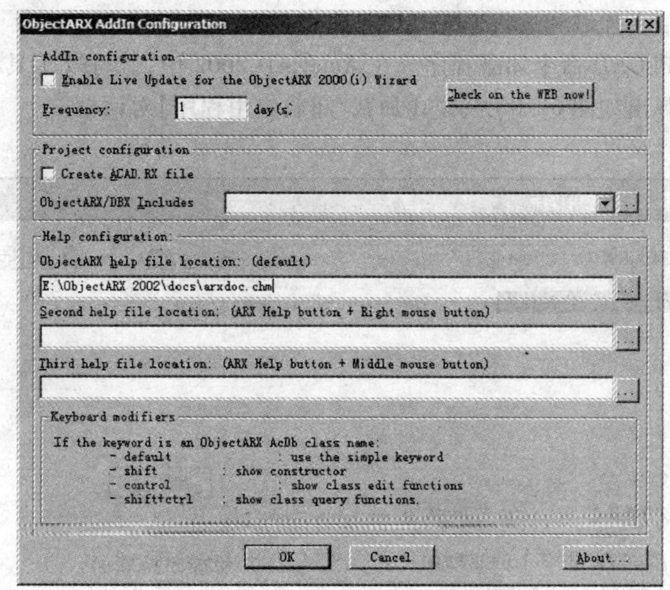

图 6.8　添加帮助文件的位置

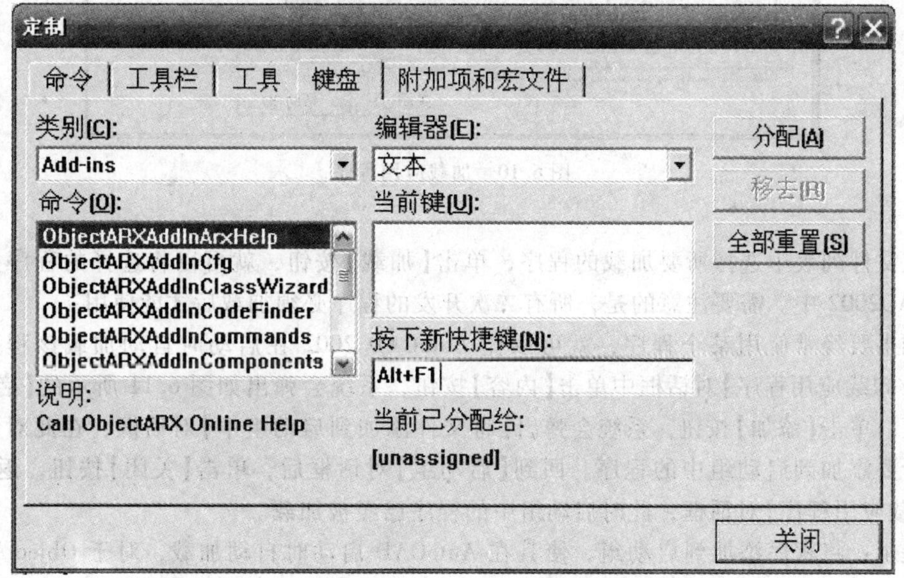

图 6.9　为帮助文件指定快捷键

2. ObjectARX 应用程序的加载和运行

加载 ObjectARX 应用程序可以通过多种方法：

(1)使用 APPLOAD 命令。

(2)使用 ARX 命令。

(3)直接拖放 ARX 文件。

执行 ObjectARX 应用程序仅可在命令行输入程序中注册的命令。

下面的步骤演示加载和运行 ObjectARX 应用程序的方法：

(1)使用 APPLOAD 命令加载程序。在 AutoCAD 2002 中，选择【工具/加载应用程序】菜单项，系统会弹出如图 6.10 所示的【加载/卸载应用程序】对话框。

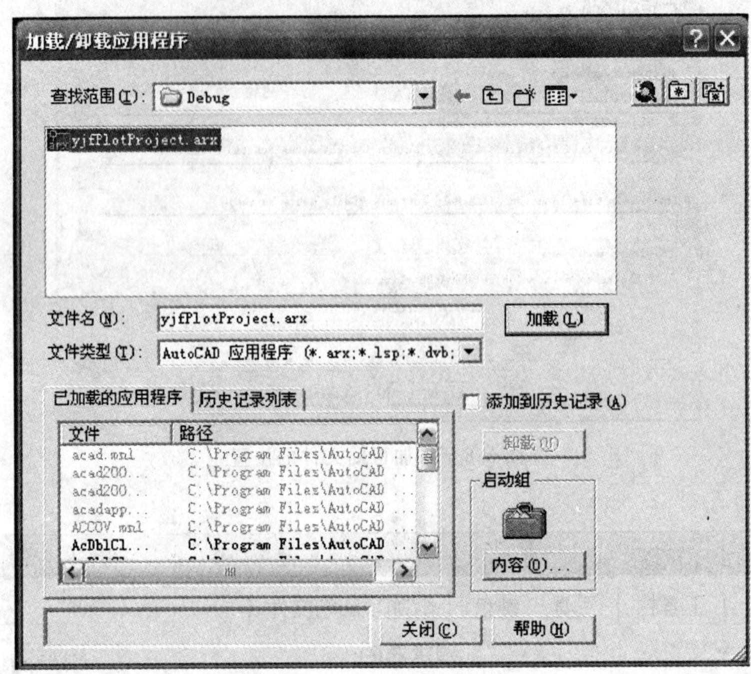

图 6.10　加载应用程序

从文件列表中选择所要加载的程序，单击【加载】按钮，就可以将选择的程序加载到 AutoCAD2002 中。需要注意的是，所有二次开发的程序必须加载后才能使用。

如果要经常使用某个程序，就可以让 AutoCAD 2002 在启动时自动加载该程序。在【加载/卸载应用程序】对话框中单击【内容】按钮，系统会弹出如图 6.11 所示的【启动组】对话框。单击【添加】按钮，系统会弹出【将文件添加到启动组中】对话框，在此对话框中选择所要添加到启动组中的程序。回到【启动组】对话框后，单击【关闭】按钮，返回【加载/卸载应用程序】对话框，此时启动组中的程序已经被加载。

提示：将程序添加到启动组，使其在 AutoCAD 启动时自动加载，对于 ObjectARX 程序的调试很有帮助。

(2)使用 ARX 命令加载程序。在命令行执行 ARX 命令，按照命令提示进行操作：

命令：arx

输入选项[？/加载(L)/卸载(U)/命令(C)/选项(O)]：1【输入 L 并按下 Enter 键，系统弹出“选择 ARX/DBX 文件”对话框】

ARX 命令还能够完成多种功能：

①查看当前已经加载的 ARX 文件。

②查看系统中已经定义的外部命令。

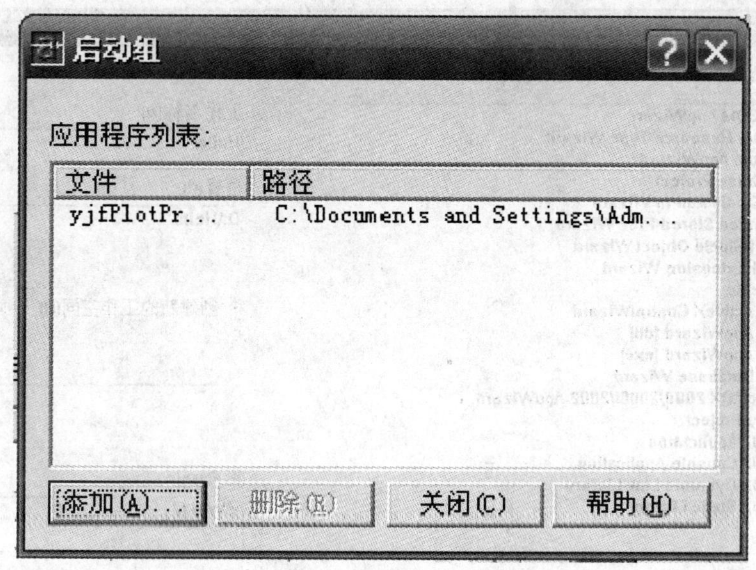

图 6.11　将程序添加到启动组

③卸载应用程序。

(3)要运行 ObjectARX 程序中注册的命令，可以直接在命令行键入命令名称并按下 Enter 键，前提是指定的程序已经加载到 AutoCAD 中。

6.2　ObjectARX 程序开发实例

6.2.1　创建 Hello，World 程序

1. 说明

本实例使用 ObjectARX 向导创建一个 Hello，World 程序，程序所要展示的效果非常简单：当用户在 AutoCAD 中加载该程序并在命令行执行相应的命令时，AutoCAD 会在命令行输出“Hello，World”。

2. 步骤

(1)启动 VC++6.0，选择【文件/新建】菜单项，系统会弹出如图 6.12 所示的对话框。从项目列表中选择【ObjectARX 2000/2000i/2002 AppWizard】选项，输入 Hello 作为项目名称，指定适当的保存位置，单击【确定】按钮。

(2)系统会弹出如图 6.13 所示的对话框。输入你的注册名称(可用公司名称或你的个人名称作为前缀，避免和其他工程在命名上的重复)，其他选项使用默认值，单击【下一步】按钮。

(3)系统会弹出如图 6.14 所示的对话框，显示了已经创建的项目信息，包含了向导创建的各个文件。

(4)单击【确定】按钮关闭对话框，完成项目的创建。

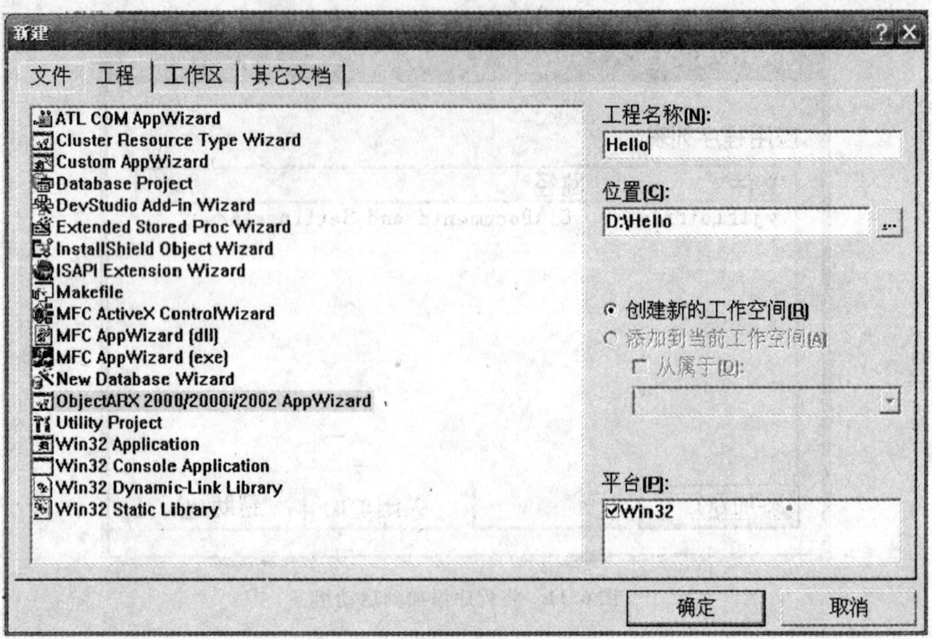

图 6.12　输入项目名称和保存位置

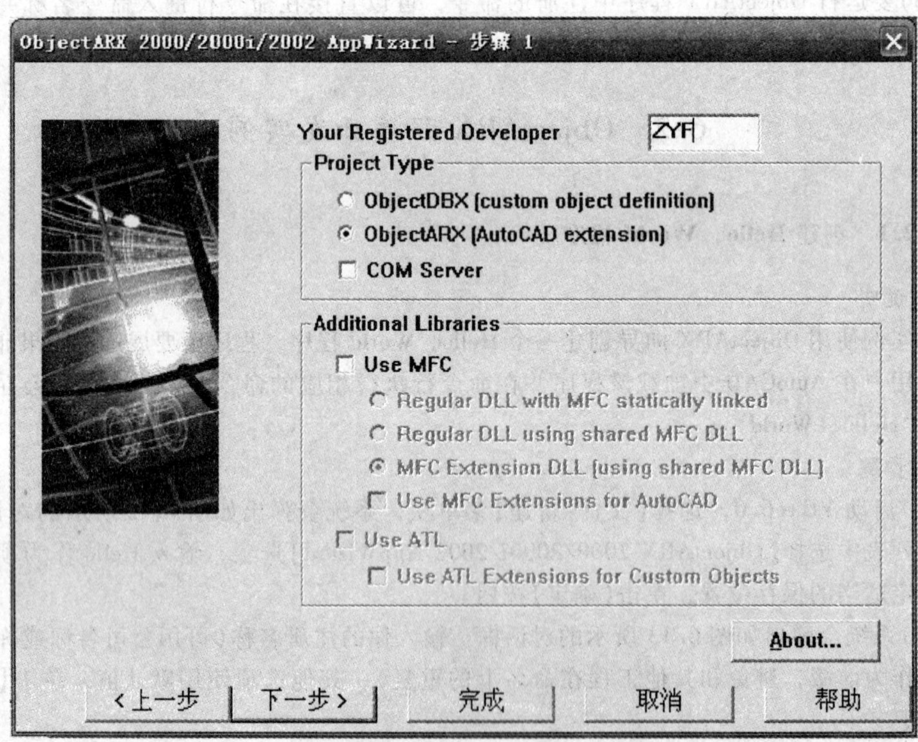

图 6.13　输入工程选项

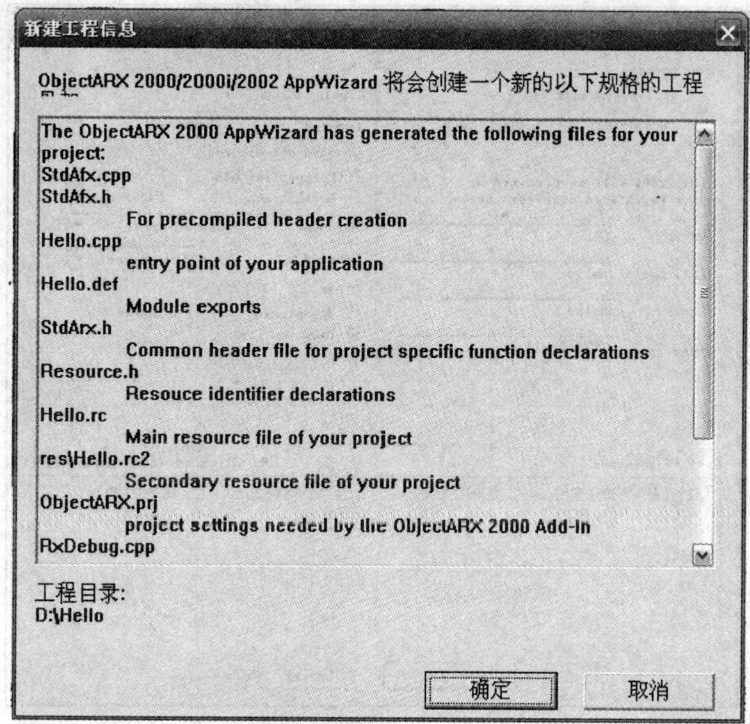

图 6.14　项目信息的汇总

(5)注册一个新的 Hello 命令。单击 ObjectARX 嵌入工具栏的"ObjectARX commands"按钮，系统会弹出如图 6.15 所示的注册命令对话框。在【Command flags】选项组中，从【Document】列表中选择【Shared write】选项，取消选择【Use pickset】复选框。在【Group】文本框中输入 CAD，【International】文本框中输入 Hello，左键在【Local】文本框内单击，系统自动添加 Hello 文本，使用系统自动给出的名称 ZYFCADHello 作为 Hello 命令执行的函数名称。

设置命令名称和标记之后，单击【Add】命令就能注册该命令。单击【OK】按钮关闭命令注册的对话框。

(6)注册命令之后，系统自动生成了一个 HelloCommands. cpp 文件，其中包含了 Hello 命令的实现函数 ZYFCADHello 的定义，当然还没有任何的内容。在该函数中添加代码：

```
void ZYFCADHello()
{
    acutPrintf("Hello, World!");
}
```

至此，项目创建完成！

3. 效果

启动 AutoCAD 2002，使用 APPLOAD 命令加载生成的 ARX 文件，在命令行执行 Hello 命令，能够得到如图 6.16 所示的结果。

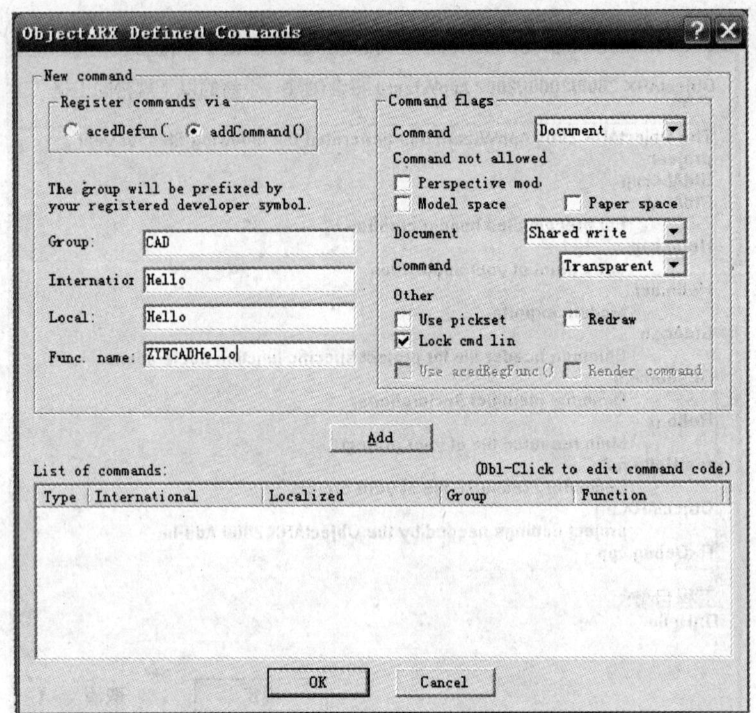

图 6.15　注册新的 Hello 命令

图 6.16　程序运行的结果

6.2.2　创建一个自动绘制实体程序

我们用 AutoCAD 进行绘图就是对其图形数据库进行操作。那么到底什么是图形数据库呢？我们先来看看图形数据库的结构，如图 6.17 所示。

从图 6.17 可以看出，图形数据库就是由符号表和命名对象字典组成。所以我们操作图形数据库过程其实就是设置或修改符号表和命名对象的过程。接下来我们会遇到相当多陌生名词、类名和函数名，事实上，它们与图形数据库的树形结构都是一一对应的。

工作中的图形数据库：workingDatabase

层表：AcDbLayerTable　　　　　　　　//图层信息

层表记录：AcDbLayerTableRecord　　　　//具体图层信息记录

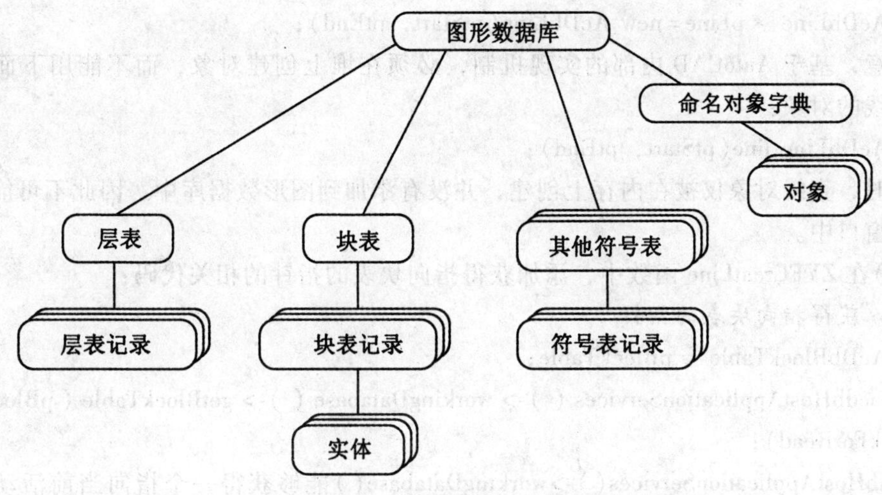

图 6.17　图形数据库的结构

块表：AcDbBlockTable　//块表，相当于实体容器
块表记录：AcDbBlockTableRecord　//块表记录，相当于实体容器详细记录
实体：AcDbEntity　//实体，包括直线、圆、椭圆、标注等类型
直线：AcDbLine　//直线实体
词典：AcRxDictionary　//字符到对象的映射，用于初始数据库
点：AcGePoint3d　//基本几何三维点
……

通过前缀为 set、get、append 的成员函数就能对相应的数据库内容进行设置、获取、添加等操作。例如设置新图层就在 AcDbLayerTable 增加 AcDbLayerTableRecord，画实体就是在 AcDbBlockTableRecord 增加一个 AcDbEntity。接下来分别详细介绍绘制直线、圆、文字的实例。

实例一：绘制直线

1. 说明

本实例使用 ObjectARX 向导创建一个能够自动绘制一条直线的应用程序，该直线的起点是(0，0，0)，终点是(100，100，0)。

2. 步骤

(1)在 VC++6.0 中，使用向导创建一个新的 ObjectARX 项目(名称为 CreateLine)，使用 ObjectARX 嵌入工具注册一个新命令(Group：Create，International：CreatLine，Local：CreatLine，Func. name：ZYFCreatLine)。

(2)在 ZYFCreatLine 函数中，添加创建直线对象(在 ObjectARX 中，AcDbLine 类代表直线)的代码：

```
//在内存上创建一个新的 AcDbLine 对象
AcGePoint3d ptStart(0, 0, 0); //AcGe 三维点类
```

```
AcGePoint3d ptEnd(100, 100, 0);
AcDbLine *pLine=new AcDbLine(ptStart, ptEnd);
```

注意，基于 AutoCAD 内部的实现机制，必须在堆上创建对象，而不能用下面的语句创建直线的对象：

```
AcDbLine line(ptStart, ptEnd);
```

此时，直线对象仅被在内存上创建，并没有添加到图形数据库中，因此不可能会显示在图形窗口中。

(3)在 ZYFCreatLine 函数中，添加获得指向块表的指针的相关代码：

```
//获得指向块表的指针
AcDbBlockTable *pBlockTable;
acdbHostApplicationServices()->workingDatabase()->getBlockTable(pBlockTable,
AcDb::kForRead);
```

acdbHostApplicationServices()->workingDatabase()能够获得一个指向当前活动的图形数据库的指针，这在后面还要经常遇到。getBlockTable 是 AcDbDatabase 类的一个成员函数，用于获得指向图形数据库的块表的指针，其定义为：

```
Acad::ErrorStatus getBlockTable(AcDbBlockTable * & pTable, AcDb::OpenMode
mode);
```

该函数的返回值 Acad::ErrorStatus 是 ObjectARX 中定义的一个枚举类型，主要用于判断函数的返回状态，如果函数成功执行会返回 Acad::eOk。第一个参数 pTable 返回指向块表的指针；第二个参数同样是一个枚举类型的变量，其类型 AcDb::OpenMode 包含了 AcDb::kForRead、AcDb::kForWrite 和 AcDb::kForNotify 三个可取的值，创建直线的时候不需要更改块表，因此这里打开的模式为 AcDb::kForRead。

(4)在 ZYFCreatLine 函数中，添加获得指向特定块表记录的指针的相关代码：

```
//获得指向特定的块表记录(模型空间)的指针
AcDbBlockTableRecord *pBlockTableRecord;
pBlockTable->getAt(ACDB_MODEL_SPACE, pBlockTableRecord, AcDb::kForWrite);
```

getAt 函数是 AcDbBlockTable 类的一个成员函数，用于获得块表中特定的记录，其定义为：

```
Acad::ErrorStatus getAt(
const char* entryName,
AcDbBlockTableRecord* & pRec,
AcDb::OpenMode openMode,
bool openErasedRec=false) const;
```

第一个参数 ACDB_MODEL_SPACE 是 ObjectARX 中定义的一个常量，其内容是“*Model_Space”；第二个参数用于返回指向块表记录的指针；第三个参数指定了块表记录打开的模式，下一步要向块表记录中添加实体，所以就用写的模式(AcDb::kForWrite)打开；第四个参数指定是否查找已经被删除的记录，一般使用默认的参数值。

(5)在 ZYFCreatLine 函数中，添加向块表记录中附加实体的代码：

```
//将 AcDbLine 类的对象添加到块表记录中
```

```
AcDbObjectId lineId;
pBlockTableRecord->appendAcDbEntity(lineId, pLine);
```

appendAcDbEntity 是 AcDbBlockTableRecord 类的成员函数，用于将 pEntity 指向的实体添加到块表记录和图形数据库中，其定义为：

```
Acad::ErrorStatus appendAcDbEntity(AcDbObjectId& pOutputId, AcDbEntity * pEntity);
```

第一个参数返回图形数据库为添加的实体分配的 ID 号；第二个参数指定了所要添加的实体。

(6)在 ZYFCreatLine 函数中，添加关闭图形数据库各种对象的代码：

```
//关闭图形数据库的各种对象
pBlockTable->close();
pBlockTableRecord->close();
pLine->close();
```

在操作图形数据库的各种对象时，必须遵守 AutoCAD 的打开和关闭对象的协议。该协议确保当对象被访问时在物理内存中，而未被访问时可以被分页存储在磁盘中。创建和打开数据库的对象之后，必须在不用的时候关闭它。

(7)ZYFCreatLine 函数完整的代码：

```
void ZYFCreatLine()
{
        // TODO: Implement the command
        //在内存上创建一个新的 AcDbLine 对象
        AcGePoint3d ptStart(0, 0, 0);
        AcGePoint3d ptEnd(100, 100, 0);
        AcDbLine *pLine=new AcDbLine(ptStart, ptEnd);
        //获得指向块表的指针
        AcDbBlockTable *pBlockTable;
        acdbHostApplicationServices()->workingDatabase()
        ->getBlockTable(pBlockTable, AcDb::kForRead);
        //获得指向特定的块表记录(模型空间)的指针
        AcDbBlockTableRecord *pBlockTableRecord;
        pBlockTable->getAt(ACDB_MODEL_SPACE, pBlockTableRecord,
        AcDb::kForWrite);
        //将 AcDbLine 类的对象添加到块表记录中
        AcDbObjectId lineId;
        pBlockTableRecord->appendAcDbEntity(lineId, pLine);
        //关闭图形数据库的各种对象
        pBlockTable->close();
        pBlockTableRecord->close();
        pLine->close();
```

(8)添加包含头文件的语句，在 CreateLineCommands. cpp 文件的开头添加下面的语句：

```
#include "dbents. h"
```

后面小节中的实例类同，在步骤中不再说明。

3. 效果

编译应用程序之后，在 AutoCAD 2002 中加载并运行程序中注册的 CreatLine 命令，能够得到如图 6.18 所示的结果。

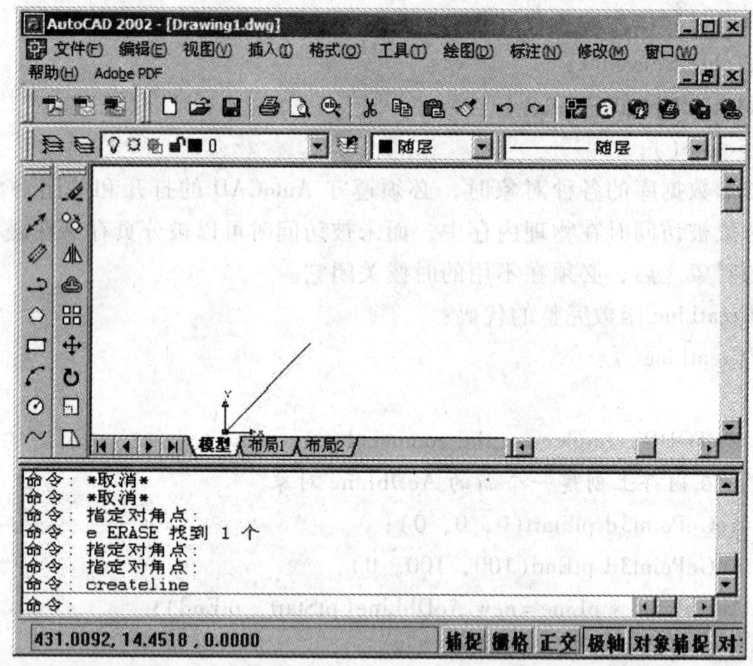

图 6.18 运行后的结果

实例二：自动绘制圆

1. 说明

本实例使用 ObjectARX 向导创建一个能够自动绘制一个圆的应用程序。

在 ObjectARX 中，AcDbCircle 类用来表示圆。该类有两个构造函数，其形式分别为：

```
AcDbCircle( );

AcDbCircle( const AcGePoint3d& cntr, const AcGeVector3d& nrm, double radius);
```

两个构造函数的名称相同，接受不同的参数，这是 C++中函数的重载。重载是 C++提供的一个很有用的特性，相同功能的函数采用同样的名称，大大减少了程序员的记忆量。创建一个圆需要三个参数：圆心、半径和圆所在的平面(一般用平面的法向量来表示)。第一个构造函数不接受任何参数，创建一个圆心为(0, 0, 0)、半径为 0 的圆，其所在平面法向量为(0, 0, 1)；第二个构造函数则接受了圆心、圆所在平面法向量和半径三个参数。

2. 步骤

(1)在 VC++6.0 中，使用向导创建一个新的 ObjectARX 项目(名称为 CreateCircle)，使用 ObjectARX 嵌入工具注册一个新命令(Group：Create，International：CreatCircle，Local：CreatCircle，Func. name：ZYFCreatCircle)。

(2)注册函数 ZYFCreateCreatCircle 的完整代码：

```
void ZYFCreateCreatCircle( )
{
    //TODO：Implement the command
    //在内存上创建一个新的 AcDbCircle 对象
    AcGePoint3d centerPt(0, 0, 0);
    AcGeVector3d normal(0.0, 0.0, 1.0);
    double radius = 100;
    AcDbCircle * pCircle = new AcDbCircle(centerPt, normal, radius);
    //获得指向块表的指针
    AcDbBlockTable * pBlockTable;
    acdbHostApplicationServices( )->workingDatabase( )
            ->getBlockTable(pBlockTable, AcDb::kForRead);
    //获得指向特定的块表记录(模型空间)的指针
    AcDbBlockTableRecord * pBlockTableRecord;
    pBlockTable->getAt(ACDB_MODEL_SPACE, pBlockTableRecord,
                        AcDb::kForWrite);
    //将 AcDbCircle 类的对象添加到块表记录中
    AcDbObjectId CircleId;
    pBlockTableRecord->appendAcDbEntity(CircleId, pCircle);
    //关闭图形数据库的各种对象
    pBlockTable->close( );
    pBlockTableRecord->close( );
    pCircle->close( );
}
```

3. 效果

编译应用程序之后，在 AutoCAD 2002 中加载并运行程序中注册的 CreatCircle 命令，能够得到如图 6.19 所示的结果。

实例三：创建文字程序

1. 说明

创建文字对象可以使用 AcDbText 类的构造函数，其构造函数定义为：

```
AcDbText(const AcGePoint3d& position,
const char * text,
AcDbObjectId style = AcDbObjectId::kNull,
```

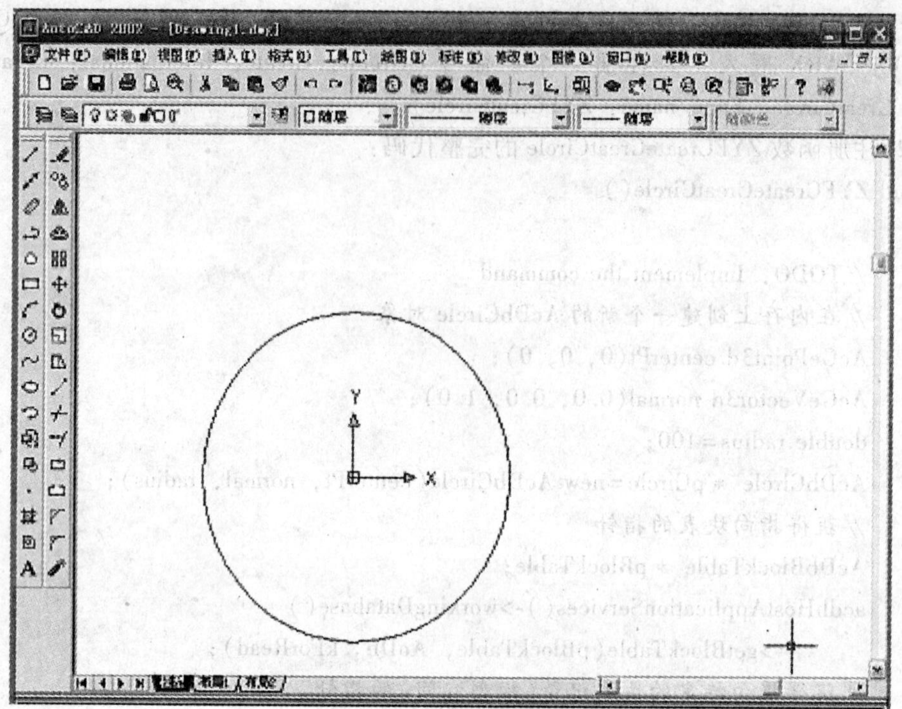

图 6.19 运行后的结果

```
double height=0,
double rotation=0);
```

position 指定文字的插入点；text 是将要创建的文字对象的内容；style 指定要使用的文字样式的 ID，默认情况下使用 AutoCAD 中缺省的文字样式；height 为文字的高度；rotation 为文字的旋转角度。

AcDbMText 类对应 AutoCAD 中的多行文字，该类的构造函数不接受任何参数，仅能创建一个空的多行文字对象。要创建多行文字，在调用构造函数之后，必须在将其添加到模型空间之前调用 setTextStyle 和 setContents 函数，也可同时调用其他函数来设置多行文字的特性。

2. 步骤

(1)在 VC++6.0 中，使用向导创建一个新的 ObjectARX 项目(名称为 CreateText)，使用 ObjectARX 嵌入工具注册一个新命令(Group：Create，International：AddWord，Local：AddWord，Func. name：ZYFAddWord)。

(2)创建单行文字的注册函数 ZYFCreateAddWord 的完整代码：

```
void ZYFCreateAddWord()
{
//TODO：Implement the command
//创建文字对象
    AcGePoint3d ptInsert(0, 0, 0);
```

```
    double height=10; //文字高度
    double rotation=0; //文字旋转角度
    AcDbText * pText = new AcDbText ( ptInsert," 欢迎使用张玉峰老师的教材!",
AcDbObjectId :: kNull, height, rotation);

        //获得指向块表的指针
        AcDbBlockTable * pBlockTable;
        acdbHostApplicationServices()->workingDatabase()
                ->getBlockTable(pBlockTable, AcDb :: kForRead);
        //获得指向特定的块表记录(模型空间)的指针
        AcDbBlockTableRecord * pBlockTableRecord;
        pBlockTable->getAt(ACDB_MODEL_SPACE, pBlockTableRecord,
                            AcDb :: kForWrite);
        //将AcDbText类的对象添加到块表记录中
        AcDbObjectId TextId;
        pBlockTableRecord->appendAcDbEntity(TextId, pText);
        //关闭图形数据库的各种对象
        pBlockTable->close();
        pBlockTableRecord->close();
        pText->close();
    }
```

(3)创建多行文字的注册函数ZYFCreateAddMWord的完整代码:

```
    voidZYFCreateAddMWord()
    {
    // TODO: Implement the command
    //创建文字对象
        AcGePoint3d ptInsert(0, 20, 0);
    double height=10; //文字高度
    double rotation=0; //文字旋转角度
        AcDbMText * pMText=new AcDbMText();
        //设置多行文字的特性
        pMText->setTextStyle(AcDbObjectId :: kNull);
        pMText->setContents("欢迎使用张玉峰老师的教材!");
        pMText->setLocation(ptInsert);
        pMText->setTextHeight(height);
        pMText->setWidth(5);
        pMText->setAttachment(AcDbMText :: kBottomLeft);
        //获得指向块表的指针
        AcDbBlockTable * pBlockTable;
```

```
acdbHostApplicationServices()->workingDatabase()
      ->getBlockTable(pBlockTable, AcDb::kForRead);
//获得指向特定的块表记录(模型空间)的指针
AcDbBlockTableRecord * pBlockTableRecord;
pBlockTable->getAt(ACDB_MODEL_SPACE, pBlockTableRecord,
                   AcDb::kForWrite);
//将 AcDbMText 类的对象添加到块表记录中
AcDbObjectId MTextId;
pBlockTableRecord->appendAcDbEntity(MTextId, pMText);
//关闭图形数据库的各种对象
pBlockTable->close();
pBlockTableRecord->close();
pMText->close();
}
```

3. 效果

编译应用程序之后，在 AutoCAD 2002 中加载并运行程序中注册的 AddWord 命令，能够得到如图 6.20 所示的结果。

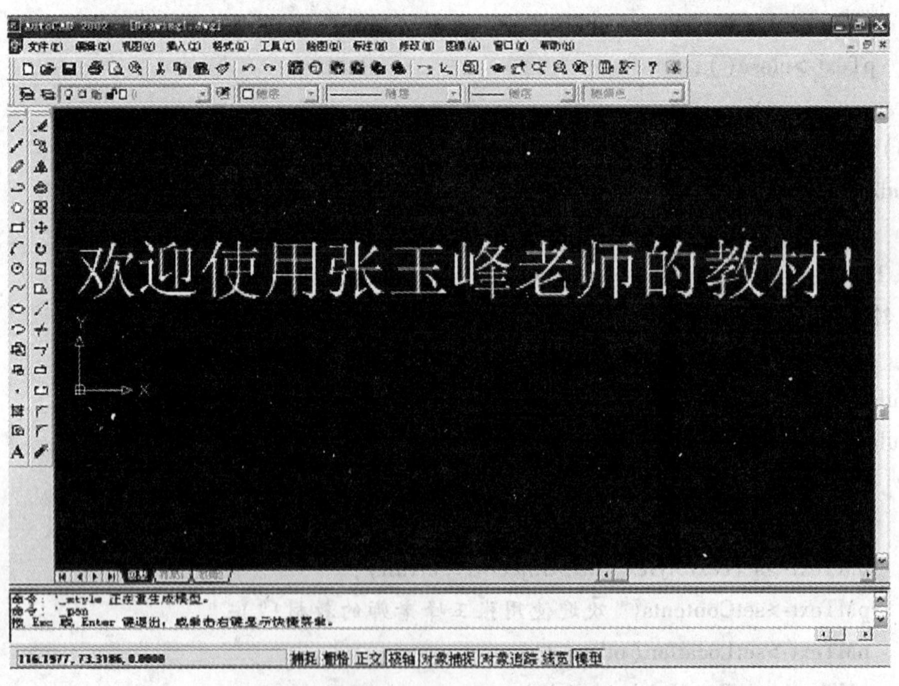

图 6.20 单行文字运行效果图

在 AutoCAD 2002 中加载并运行程序中注册的 AddMWord 命令，能够得到如图 6.21 所示的结果。

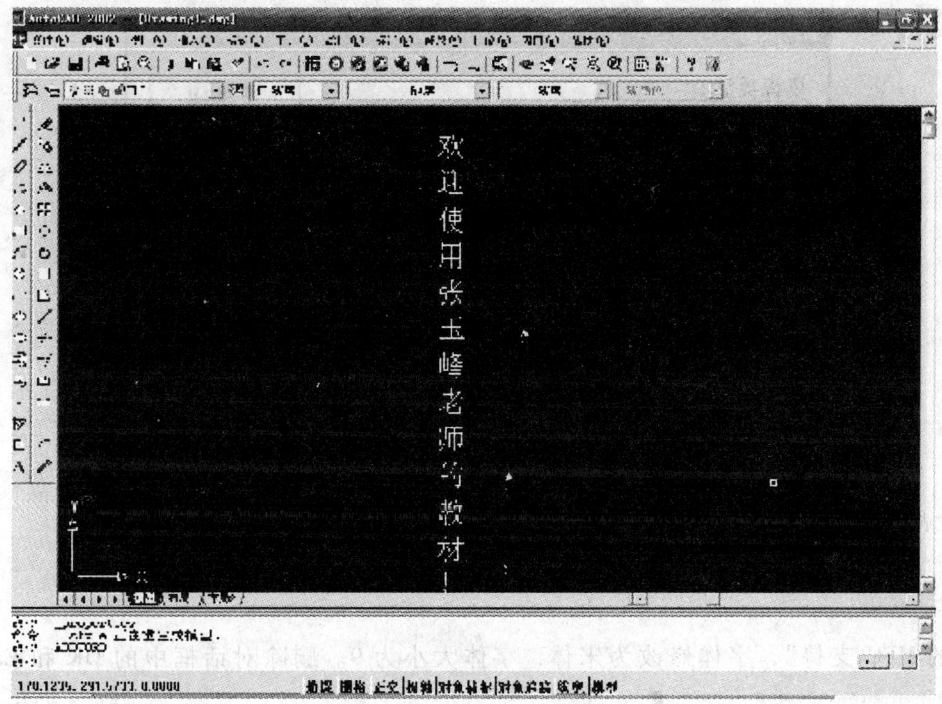

图 6.21　多行文字运行效果图

6.3　ObjectARX 与 MFC 混合编程

ObjectARX 与 C++语言关系密切，高级 C++程序员能做的更多，例如用户如果掌握了 MFC，就能很快掌握 ObjectARX 与 MFC 的混合编程，对于 C++的标准模板库（STL, Standard Template Library）和数据结构的理解能够帮助用户开发具有高级特性的 ObjectARX 程序。ObjectARX 除了单独用来辅助绘图以外，还作为一个父程序的子模块，对父程序的数据进行图形化表示。

在 ObjectARX 中可以直接使用 MFC 的对话框，也可以使用 ObjectARX 中的 AcUi 类库来构建对话框。前者使用简单，与普通的 MFC 用户界面构建完全相同，后者要使用 ObjectARX 提供的类库，可以创建与 AutoCAD 风格完全一致的用户界面。本节使用基于 ObjectARX 的对话框演示创建模态对话框过程，从而创建与 AutoCAD 风格相同的用户界面。

1. 操作步骤

(1)启动 VC++6.0，使用 ObjectARX 向导创建一个新工程 ModalDialog，注意要选择“Use MFC”和“Use MFC Extensions for AutoCAD”选项。选择【插入/Resource】菜单项，系统会弹出【插入资源】对话框，如图 6.22 所示。

选择【Dialog】选项，单击【新建】按钮向当前工程添加一个新的对话框，即插入一个新的对话框资源，分别将其 ID 修改为“IDD_ARX_MODAL”，标题修改为“使用 ObjectARX

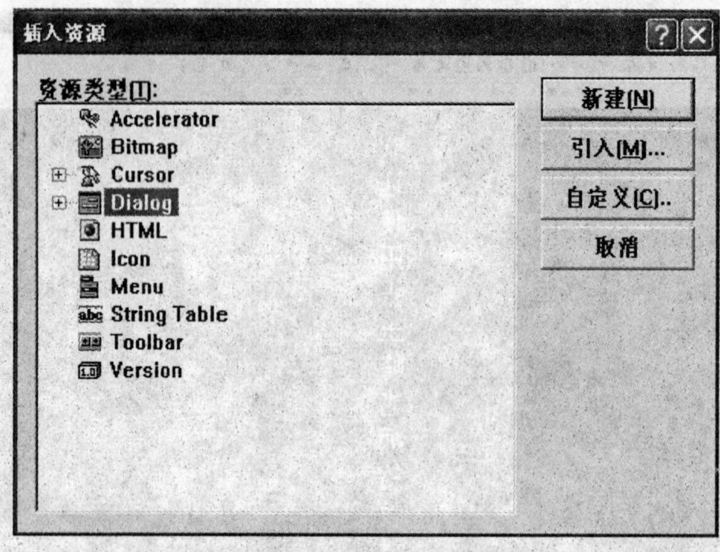

图 6.22　插入资源对话框

提供的 MFC 支持”，字体修改为宋体，字体大小为 9。删除对话框中的 OK 和 Cancel 按钮。

(2)在对话框中添加 2 个按钮、4 个标签和 4 个文本框，其在窗体中的位置如图 6.23 所示。其中，2 个按钮的 ID 分别设置为 IDC_BUTTON_POINT 和 IDC_BUTTON_ANGLE，4 个文本框的 ID 分别设置为 IDC_EDIT_XPT、IDC_EDIT_YPT、IDC_EDIT_ZPT 和 IDC_EDIT_ANGLE。

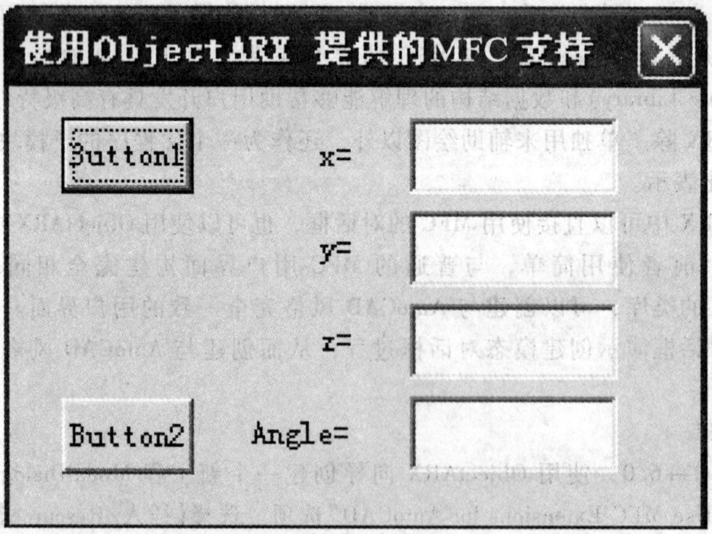

图 6.23　新的对话框

分别选择 2 个按钮，在属性对话框的【样式】选项卡中选中【所有者绘制】复选框，如图 6.24 所示。

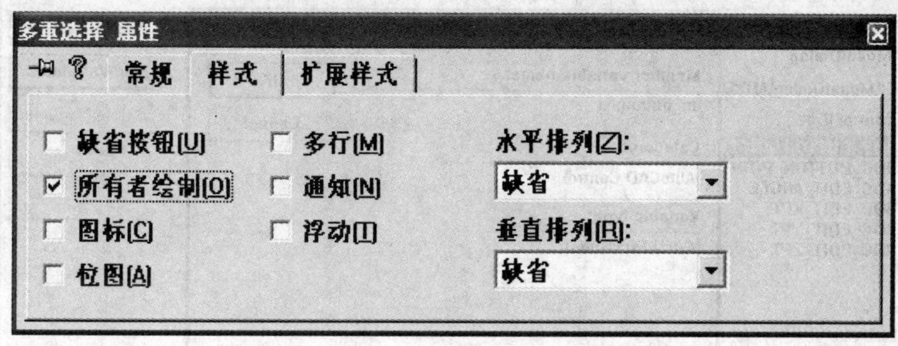

图 6.24　选择对话框的样式为所有者绘制

(3) 在对话框设计界面中选择新建的对话框，单击 ObjectARX 嵌入工具栏的 "ObjectARXMFC Support" 按钮，系统会弹出如图 6.25 所示的对话框。在【Name】文本框中输入 CARXDialog，选择 CAcUiDialog 作为新类的基类，单击【Create Class】按钮创建 CARXDialog 类，然后单击【OK】按钮关闭对话框。

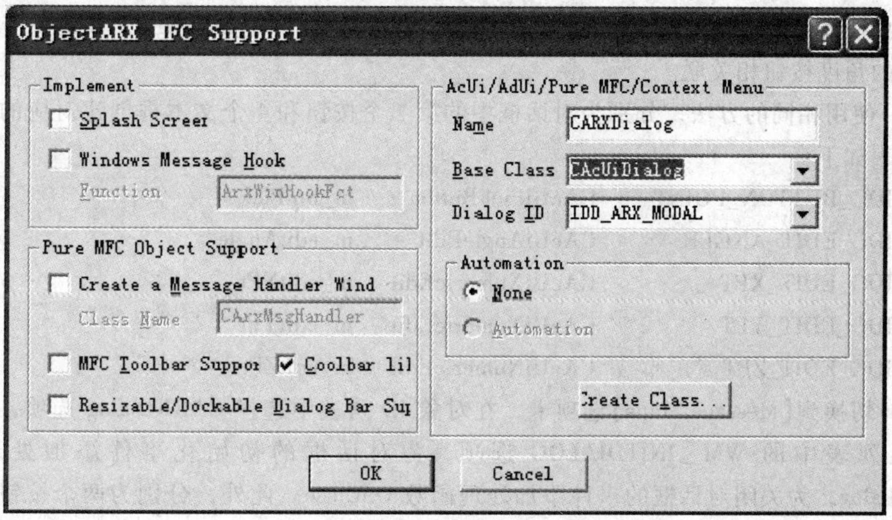

图 6.25　使用 ObjectARX 嵌入工具创建对话框的类

(4) 在对话框设计界面中选择新建的对话框，按下 Ctrl+W 快捷键，系统会弹出【MFCClassWizard】对话框，切换到【Member Variables】选项卡。双击控件列表中的 IDC_BUTTON_ANGLE 选项，系统会弹出如图 6.26 所示的【Add Member Variable】对话框，从【Category】列表框中选择 AutoCAD Control 选项，从【Variable type】列表框中选择 CAcUiPickButton 选项，输入 m_btnAngle 作为成员变量的名称，单击【OK】按钮完成成员变量的添加。

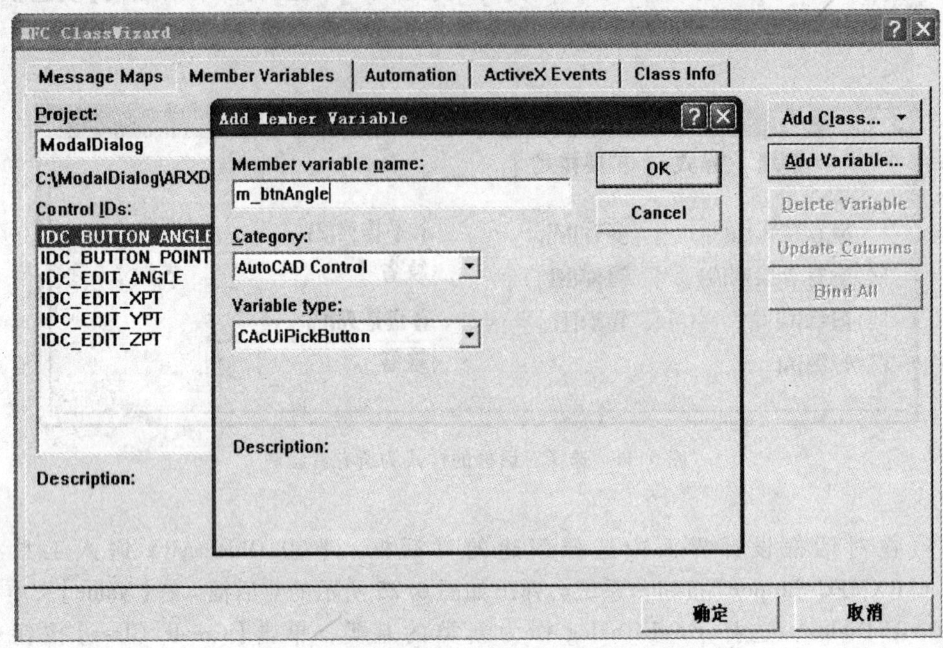

图 6.26 为对话框所有控件添加成员变量

完成操作后，会在 CARXDialog 类中创建一个成员变量 m_btnAngle，该成员变量与对话框中的角度按钮相关联。

(5)使用相同的方法，分别为对话框中的第二个按钮和 4 个文本框创建对应的成员变量，列表如下：

IDC_BUTTON_POINT	CAcUiPickButton	m_btnPick
IDC_EDIT_ANGLE	CAcUiAngleEdit	m_editAngle
IDC_EDIT_XPT	CAcUiNumericEdit	m_editXPt
IDC_EDIT_YPT	CAcUiNumericEdit	m_editYPt
IDC_EDIT_ZPT	CAcUiNumericEdit	m_editZPt

(6)切换到【Message Maps】选项卡，在对象 ID 列表中选择 CARXDialog 选项，然后双击消息列表中的 WM_INITDIALOG 选项，为对话框的初始化事件添加处理函数 OnInitDialog，为关闭对话框的事件添加处理函数 OnClose。此外，分别为两个按钮的单击事件添加处理函数 OnButtonAngle 和 OnButtonPoint，为 4 个文本框的失去焦点事件分别添加处理函数 OnKillfoucsEditAngle、OnKillfoucsEditXPt、OnKillfoucsEditYPt 和 OnKillfoucsEditZPt，如图 6.27 所示。单击【OK】按钮关闭【MFC ClassWizard】对话框。

(7)在 CARXDialog 类中添加 4 个公有成员变量，用于作为用户在图形窗口中输入的点坐标、角度与文本框成员变量之间的“沟通工具”：

```
CString m_strAngle;
CString m_strZPt;
CString m_strYPt;
```

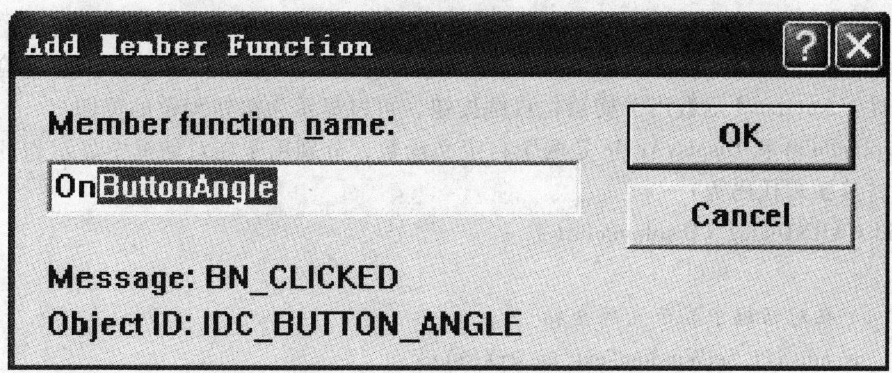

图 6.27　为对话框添加消息处理函数

```
CString m_strXPt;
```

注意：上述 4 个公有成员变量在类 CARXDialog 的声明文件 CARXDialog. h 中，而且应在文件 CARXDialog. h 中添加#include "resource. h"，以便声明“IDD_ARX_MODAL”。

(8)在对话框初始化事件的处理函数 OnInitDialog 中，设置文本框控件的有效值范围和默认值，并且为按钮加载默认的位图，其相关代码为：

```
BOOL CARXDialog::OnInitDialog()
{
    CAcUiDialog::OnInitDialog();
    //设置输入点的范围
    m_editXPt. SetRange(-100.0, 100.0);
    m_editYPt. SetRange(-100.0, 100.0);
    m_editZPt. SetRange(-100.0, 100.0);

    //设置角度的输入范围
    m_editAngle. SetRange(0.0, 90.0);
    //加载默认的位图
    m_btnPick. AutoLoad();
    m_btnAngle. AutoLoad();
    //设置文本框的默认值
    m_strAngle = "0.0";
    m_strXPt = "0.0";
    m_strYPt = "0.0";
    m_strZPt = "0.0";
    //显示初始点的坐标和角度值
    DisplayPoint();
    DisplayAngle();
    return TRUE; // return TRUE unless you set the focus to a control
```

```
//EXCEPTION：OCX Property Pages should return FALSE
}
```

SetRange 函数用于设置文本框内容的有效值范围，可以使用 Validate 函数来检查内容的有效性。AutoLoad 函数用于初始化自画按钮，可以显示为按钮预设的位图。

DisplayPoint 和 DisplayAngle 是两个自定义函数，分别用于在对话框中显示点的坐标和角度值，其实现代码为：

```
void CARXDialog::DisplayPoint()
{
    //在对话框中显示点的坐标
    m_editXPt.SetWindowText(m_strXPt);
    m_editXPt.Convert(); //更新控件和其关联的成员变量
    m_editYPt.SetWindowText(m_strYPt);
    m_editYPt.Convert();
    m_editZPt.SetWindowText(m_strZPt);
    m_editZPt.Convert();
}
    void CARXDialog::DisplayAngle()
    {
    //在对话框中显示角度值
    m_editAngle.SetWindowText(m_strAngle);
    m_editAngle.Convert();
}
```

SetWindowText 函数是 CacUiEdit 类的基类 CWindow(MFC 中的一个类)的一个成员函数，用于修改文本框的内容。Convert 函数则用于更新控件和其关联的成员变量，使两者的值保持一致。

(9)在"选择点"按钮的单击事件中，隐藏对话框，提示用户在图形窗口中选择一个点，然后重新显示该对话框，其处理函数为：

```
void CARXDialog::OnButtonPoint()
{
    //隐藏对话框把控制权交给 AutoCAD
    BeginEditorCommand();
    //提示用户输入一个点
    ads_point pt;
    if(acedGetPoint(NULL,"\n输入一个点:", pt)==RTNORM)
    {
        //如果点有效，继续执行
        CompleteEditorCommand();
        m_strXPt.Format("%.2f", pt[X]);
        m_strYPt.Format("%.2f", pt[Y]);
```

```
        m_strZPt. Format( "%.2f" , pt[Z]);
        //显示点的坐标
        DisplayPoint( );
    }
    else
    {
        //否则取消命令(包括对话框)
        CancelEditorCommand( );
    }
}
```

BeginEditorCommand 函数用于将控制权(焦点)交给 AutoCAD，一般用于开始一个交互操作；CompleteEditorCommand 函数用于从一个在 AutoCAD 中完成的交互命令返回到应用程序；CancelEditorCommand 函数用于从一个在 AutoCAD 中被取消的交互命令返回到应用程序。这三个函数组合使用，能够在模态对话框中实现用户和 AutoCAD 的交互操作。

(10)在“选择角度”按钮的单击事件中，隐藏对话框，提示用户在图形窗口中输入一个角度值，然后重新显示该对话框，其实现函数为：

```
void CARXDialog :: OnButtonAngle( )
{
    //隐藏对话框把控制权交给 AutoCAD
    BeginEditorCommand( );
    //将当前选择的点的位置作为基点
    ads_point pt;
    acdbDisToF( m_strXPt, -1, &pt[X]);
    acdbDisToF( m_strYPt, -1, &pt[Y]);
    acdbDisToF( m_strZPt, -1, &pt[Z]);
    //提示用户输入一点
    double angle;
    const double PI = 4 * atan(1); //注意：在实现文件 ARXDialog. cpp 中应#include
"math. h"
    if( acedGetAngle( pt," \ n 输入角度:", &angle) = = RTNORM)
    {
        //如果正确获得角度，返回对话框
        CompleteEditorCommand( );
        //将角度值转换为弧度值
        m_strAngle. Format( "%.2f" , angle * (180.0/PI));
        //显示角度值
        DisplayAngle( );
    }
    else
```

```
    {
        //否则取消命令(包括对话框)
        CancelEditorCommand( );
    }
}
```

acdbDisToF 函数根据指定的单位将一个字符串形式保存的实数转换成一个实数，其定义为：

```
int acdbDisToF(
const char * str,
int unit,
ads_real * v);
```

其中，str 保存了要转换的字符串；unit 指定使用的单位，如果设置为-1，会使用 AutoCAD 图形中 LUNITS 系统变量的值作为使用的单位；v 返回转换结果。

(11)如果用户直接在对话框的文本框中修改其内容，而不是使用“选择点”或“选择角度”按钮来指定，那么在文本框内容被修改之后应该改变与其关联的成员变量，可在文本框失去焦点的事件中进行处理：

```
void CARXDialog::OnKillfocusEditAngle( )
{
    //获得并更新用户输入的值
    m_editAngle. Convert( );
    m_editAngle. GetWindowText( m_strAngle);
}
void CARXDialog::OnKillfocusEditXpt( )
{
    //获得并更新用户输入的值
    m_editXPt. Convert( );
    m_editXPt. GetWindowText( m_strXPt);
}
void CARXDialog::OnKillfocusEditYpt( )
{
    //获得并更新用户输入的值
    m_editYPt. Convert( );
    m_editYPt. GetWindowText( m_strYPt);
}
void CARXDialog::OnKillfocusEditZpt( )
{
    //获得并更新用户输入的值
    m_editZPt. Convert( );
    m_editZPt. GetWindowText( m_strZPt);
```

```
}
```

Convert 函数用于更新控件的内容和其对应的成员变量；GetWindowText 函数能够获得文本框中的内容，将其保存在对应的中间变量(例如 m_strXPt)中。

(12)为了模拟使用用户输入的点和角度，在对话框关闭的时候将其输出到 AutoCAD 的命令窗口，可以在对话框关闭的事件中进行处理，其实现函数为：

```
void CARXDialog::OnClose()
{
    //在 AutoCAD 命令窗口输出选择点的结果
    double x=atof(m_strXPt);
    double y=atof(m_strYPt);
    double z=atof(m_strZPt);
    acutPrintf("\n选择的点坐标为(%.2f,%.2f,%.2f).", x, y, z);
    CAcUiDialog::OnClose();
}
```

atof 函数用于将一个字符串常量转换成实数，而 CString 类型的变量可以直接用于代替 const char * 类型作为函数的参数。

(13)注册一个新命令 ArxModal，用于以模态方式显示对话框，其实现函数为：

```
void ArxModal()
{
    //防止资源冲突
    CAcModuleResourceOverride resOverride;
    //显示 ObjectARX 的模态对话框
    CARXDialog theDialog;
    theDialog.DoModal();
}
```

如果同时加载了多个包含对话框资源的 ObjectARX 应用程序，很可能会导致资源的冲突而使一些程序无法正确运行(对话框无法正确弹出，系统提示"AutoCAD 无法打开对话框")，解决的方法就是在显示对话框之前使用"CAcModuleResourceOverride resOverride;"语句。

(14)最后，在 ArxModal 函数所在的文件开头处添加对 CARXDialog 类的包含：

```
#include "ARXDialog.h"
```

2. 程序运行效果

编译链接程序，启动 AutoCAD 2002，加载生成的 ARX 文件。执行 ArxModal 命令，系统会弹出如图 6.28 所示的对话框。单击"选择点"按钮，系统在命令窗口提示"输入一个点:"，选择一点之后返回到对话框中，并且在文本框中显示选择点的坐标值。单击"选择角度"按钮则可以在图形窗口中指定角度值。

关闭对话框之后，系统会在命令窗口输出下面的提示：

选择的点坐标为(517.14，233.77，0.00)。

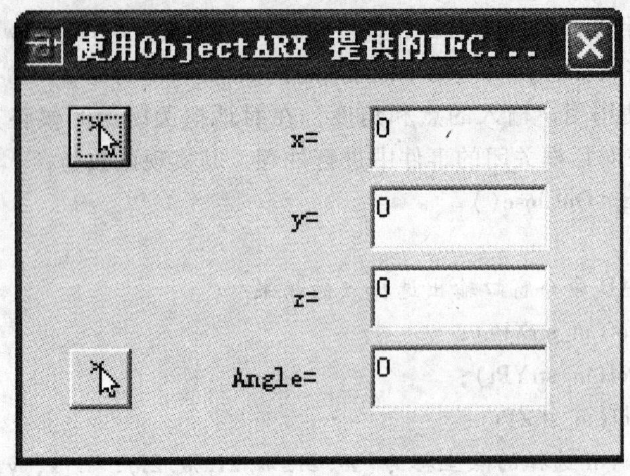

图 6.28 基于 ObjectARX 的对话框

作 业

阅读并上机操作本章的所有例题程序。

编写一个简支梁的配筋 CAD 程序。要求具有一定的通用性，即可以有不同的荷载形式(跨中作用一集中荷载、全跨作用均布荷载)和荷载大小，断面尺寸，跨度，钢筋强度等级，混凝土强度等级；自动计算，自动绘制出内力图(弯矩图和剪力图)，自动选配钢筋，自动绘制钢筋图(包括梁的配筋图、钢筋标注、模板几何尺寸标注、钢筋材料表等)(见图 6.29)。

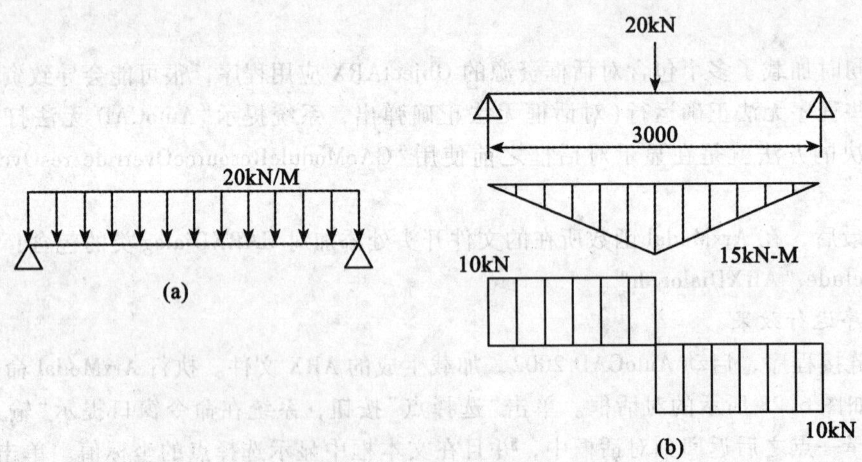

图 6.29 简支梁计算简图

第 7 章　结构平面计算机辅助设计软件 PMCAD 的使用方法

教学提示：本章重点介绍 PKPM 系列软件中的 PMCAD 的功能和使用方法。

学习要求：通过本章的学习，读者应能操作和应用 PMCAD 建立整栋楼房的结构模型，计算输出任意一层楼板的内力和配筋，绘制出任意一层楼板的结构平面布置图(如预制板的铺设与布置，现浇板的配筋详图等)。

7.1　PKPM 简介

PKPM 系列 CAD 软件是由中国建筑科学研究院研制开发的一套集建筑设计、结构设计、设备设计、工程量统计和概预算报表等于一体的大型综合建筑工程 CAD 系统，也是目前国内土建行业应用最广、用户最多的 CAD 系统。它具有以下技术特点：

(1)各专业、各模块能够实现数据共享，大大提高了工作效率。

(2)人机交互方式建模，避免了繁琐的数据文件填写，直观易学。

(3)计算数据自动生成技术，如自动计算和传导荷载，上部结构布置信息和荷载内力计算信息自动传递给各种基础，以便接力完成基础的计算和设计。

(4)结构计算方法成熟可靠，紧跟规范更新，能及时满足国内设计要求。

(5)智能化绘制施工详图，如根据规范、计算结果和构造要求自动选配钢筋，自动布置图面，辅以少量的人工干预，可以实现施工图设计的自动化。

(6)完全自主版权的图形支撑平台，使得软件系统不依赖于任何国外软件，整个软件系统具有自主知识产权。

(7)除了中国大陆中文版本外，还推出了不同国家和地区规范(英国规范、新加坡规范、香港规范和台湾规范)的英文版软件，为拓展国产软件的国际市场和我国工程师设计国外工程起到了巨大的推导作用。新版本 PKPMCAD 系统包括：结构、特种结构、建筑、设备、概预算及钢结构等 6 个主要专业模块，每个专业模块下，又包含了各自相关的若干软件。各专业模块包含软件名称及基本功能如表 7-1 所示。

本章重点介绍结构专业的 PMCAD、PK、TAT(SATWE)的使用方法。

以房屋建筑结构设计为例，应用 PKPM 进行建筑结构设计分三步进行：①设计数据的输入；②结构计算及计算结果的输出；③施工图的绘制及输出。用户一般使用 PMCAD 进行结构的几何建模、布置梁板柱等构件、定义荷载，然后使用 PK、SATWE、TAT 等模块进行结构计算和配筋设计，然后交由绘图软件归并截面和构件，绘制出施工图。由于大部分建模工作是在 PMCAD 中完成的，其他模块运行需要 PMCAD 给它提供结构模型和数据，因此 PMCAD 模块在所有各结构专业软件模块中起着核心和关键作用。

表 7-1 **PKPM 系列 CAD 软件各模块名称及功能**

专业	模块	包含软件	功　能
结构	S-1	PMCAD	结构平面计算机辅助设计
		PK	钢筋混凝土框排架及连续梁结构计算与施工图绘制
		TAT-8	8 层及 8 层以下建筑结构三维分析程序
		SATWE-8	8 层及 8 层以下建筑结构空间有限元分析软件
	S-2	TAT	高层建筑结构三维分析程序
		TAT-D	高层建筑结构动力时程分析
		FEQ	高精度平面有限元框支剪力墙计算及配筋
	S-3	SATWE	高层建筑结构空间有限元分析软件
		TAT-D	高层建筑结构动力时程分析
		FEQ	高精度平面有限元框支剪力墙计算及配筋
	S-4	LTCAD	楼梯计算机辅助设计
		JLQ	剪力墙结构计算机辅助设计
		GJ	钢筋混凝土基本构件设计计算
	S-5	JCCAD	独基、条基、桩基、筏基以及上述多种基础组合起来的大型混合基础设计
	PREC		预应力混凝土结构设计软件
	QIK		混凝土小型空心砌块 CAD 软件
	BOX		箱形基础计算机辅助设计
	EPDA		多层及高层建筑结构弹塑性动力时程分析软件
	PMSAP		特殊多、高层建筑结构分析与设计软件
	STS		钢结构 CAD 软件
建筑装修	APM		三维建筑设计软件
	DEC		三维建筑造型及装修设计软件
设备	WPM		建筑给水排水设计软件
	HPM		建筑采暖设计软件和采暖能耗计算软件
	CPM		建筑通风空调设计软件
	EPM		建筑电气设计软件
	WNET		室外给排水设计软件
	HNET		室外热网设计软件
	CHEC		夏热冬冷地区居住建筑节能设计分析软件
概预算	STAT1-3		建筑工程概预算图形计算量与钢筋翻样软件
	STAT4		建筑工程概预算套价报表施工软件
施工	SG-1		建筑施工管理软件
	SG-2		建筑施工技术软件

PMCAD 在 PKPM 系列 CAD 系统中的地位及作用如图 7.1 所示。本章以 PKPM2005 版为例，介绍 PMCAD 的使用方法。

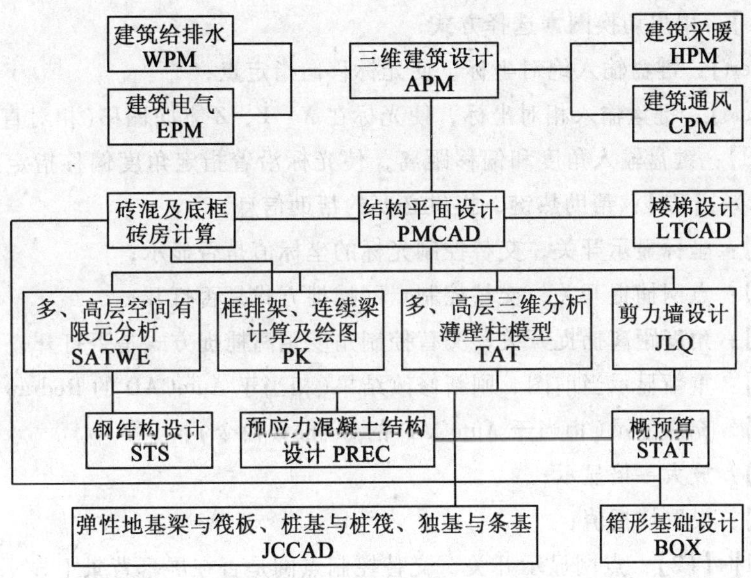

图 7.1　PKPM 系列 CAD 各功能软件联系网络图

7.2 建模概述

建模是 PKPM 的第一步，PKPM 建模有以下四种方式：

(1) PMCAD：PKPM 常用的建模方式，是本章介绍的重点；

(2) 由 APM 传来：将建筑 APM 模型转化为结构模型，应注意的是非承重构件一律考虑成荷载加入计算，而承重墙、剪力墙则应补充完整；

(3) 将 AutoCAD 平面模型转化为结构模型；

(4) SPASCAD 复杂空间结构建模：用于建立复杂不规则的三维结构模型。

PMCAD 建模采用菜单、对话框和仿 AutoCAD 的绘图窗口与命令行进行交互建模，其三维建模的基本思路是先建立平面轴网、然后建立标准层，布置好构件与荷载后，分层组装成整体模型。

熟练掌握快捷键能大大提高建模速度。读者要熟练使用鼠标键、常用键盘功能键和各种捕捉方式，以及根据需要切换选择图素的方式。下面介绍 PMCAD 的重要常用操作方式。

- 鼠标

  鼠标左键：同键盘【Enter】，用于确认、输入等；

  鼠标右键：同键盘【Esc】，用于否定、放弃、返回菜单等；

  鼠标中轮滚动：用于动态缩放图形；

鼠标中轮平移：用于拖动平移图形；

鼠标中轮平移+【Ctrl】：用于动态改变三维透视图的观察角度。

- 键盘功能键

【Tab】：用户切换图素选择方式；

【Insert】：键盘输入绝对坐标，使光标移向指定点；

【Home】：键盘输入相对坐标，使光标在 *X*、*Y*、*Z* 方向偏移(相对直角坐标)；

【End】：键盘输入角度和偏移距离，使光标沿着指定角度偏移指定距离(相对极坐标)；【F1】：帮助热键，提供必要的帮助信息；

【F2】：坐标显示开关，交替控制光标的坐标值是否显示；

【F3】：点网捕捉开关，交替控制点网捕捉方式是否打开；

【F4】：角度距离捕捉开关，交替控制角度距离捕捉方式是否打开；

【F5】：重新显示当前图、刷新修改结果(相当于 AutoCAD 的 Redraw 命令)；

【F6】：充满显示(相当于 AutoCAD 的 Zoom E 命令)；

【F7】：放大一倍显示；

【F9】：设置捕捉值；

【Ctrl】+【F2】：点网显示开关，交替控制点网是否在屏幕背景上显示；

【Ctrl】+【F3】：节点捕捉开关，交替控制节点捕捉方式是否打开；

【Ctrl】+【F4】：十字准线显示开关，可以打开或关闭十字准线；

【Ctrl】+【F5】：恢复上次显示(相当于 AutoCAD 的 Zoom P 命令)；

【Ctrl】+【F6】：显示全图(相当于 AutoCAD 的 Zoom All 命令)；

【U】：在绘图时，后退一步操作；

【S】：在绘图时，选择节点捕捉方式。

- 人机对话(在屏幕下方命令行)

输入英文命令或缩写命令：执行制定操作；

输入“?”：显示命令功能对照文件 WORK. ALI。

- 下拉菜单

【状态设置/点网设置】：等同于【F9】，设置捕捉值；

【状态设置/定时存盘】：用于设置自动存盘时间间隔。

7.3 快速建模入门

7.3.1 工程概况

例题：某工程为五层框架结构，各层层高为 3.3m，顶层为四坡屋顶，屋脊高度为 3m。平面各网格边长为 6000mm×6000mm，柱截面为 500mm×500mm，梁截面为300mm×600mm。基础为柱下独立基础。结构平面图和结构轴测图如图 7.2、图 7.3 所示。

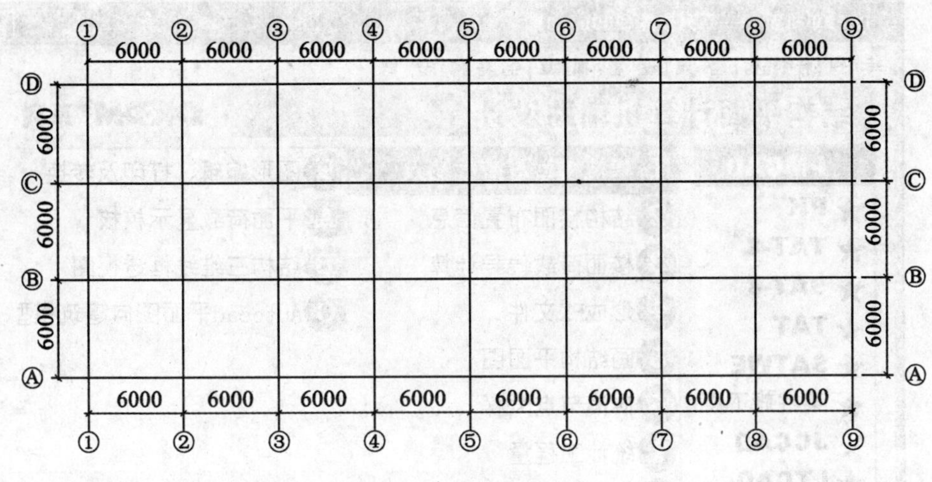

图 7.2　结构平面图

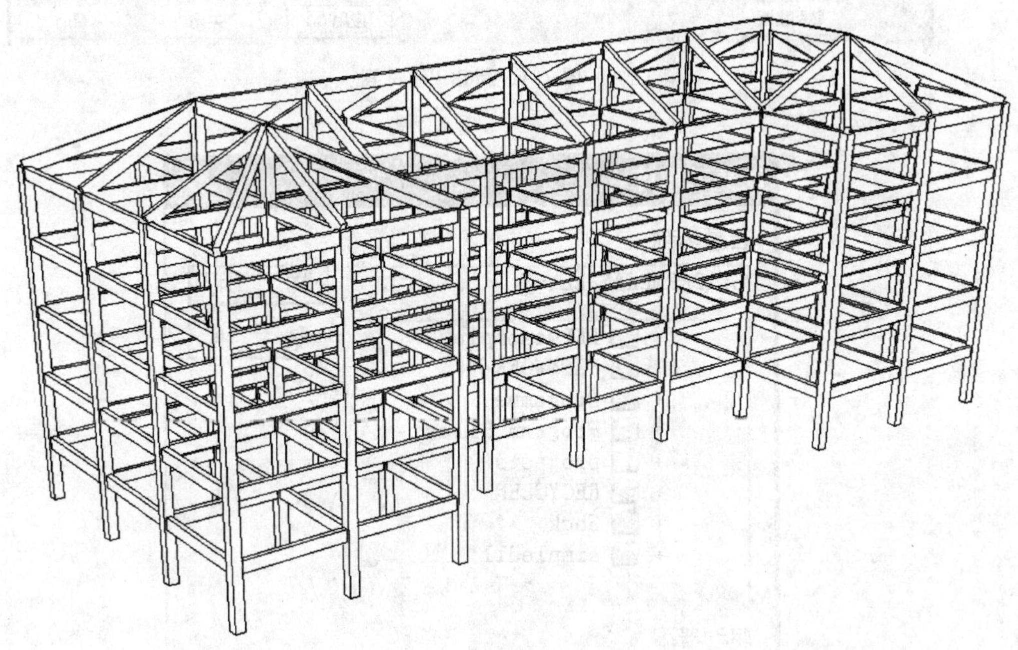

图 7.3　结构轴测图

7.3.2　建立新工程

建立新工程的步骤如下：

(1)双击桌面 PKPM 图标启动 PKPM 程序，软件主界面如图 7.4 所示。

(2)点击【改变目录】，设置新工作目录为 PKPMEXAMPLE，如图 7.5 所示。

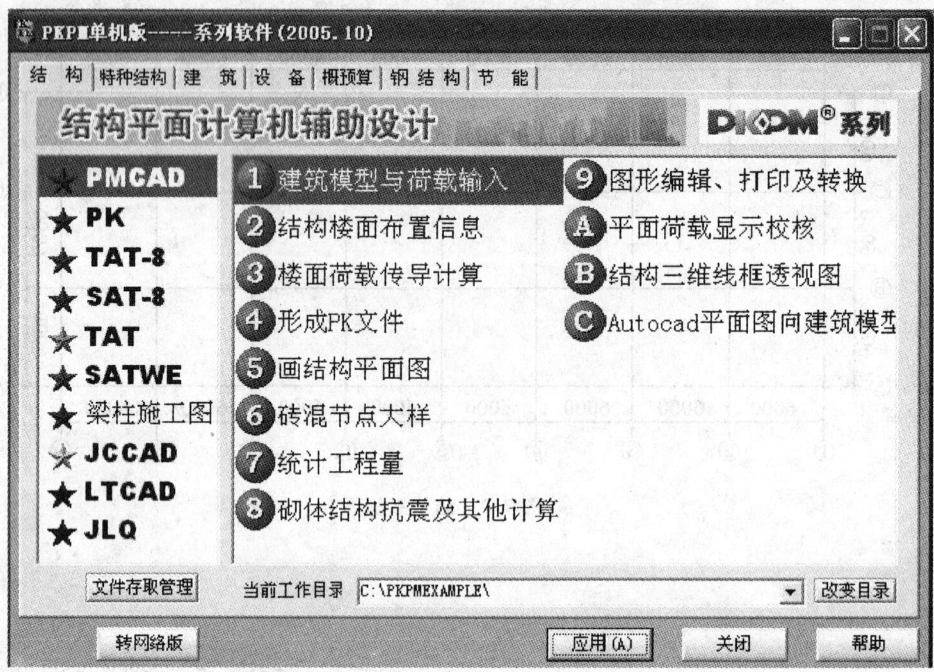

图 7.4 新建 PM 工程

图 7.5 设置新的工作目录

(3)在结构程序主页面中选择【PMCAD】之【建筑模型与荷载输入】，单击【应用】启动建模程序，输入工程名“project1”，如图 7.6 所示。

图 7.6　输入工程名

7.3.3　建立轴网

点取【轴线输入 \ 正交轴网】，在“直线轴网输入对话框”中输入正交轴网参数：

鼠标双击“常用值”中的数字，或用键盘输入参数值，在“上开间”一栏中输入“6000 * 8”，在“左进深”一栏中输入“6000 * 3”，其他参数都取默认值，点击“确定”。如图 7.7 所示。

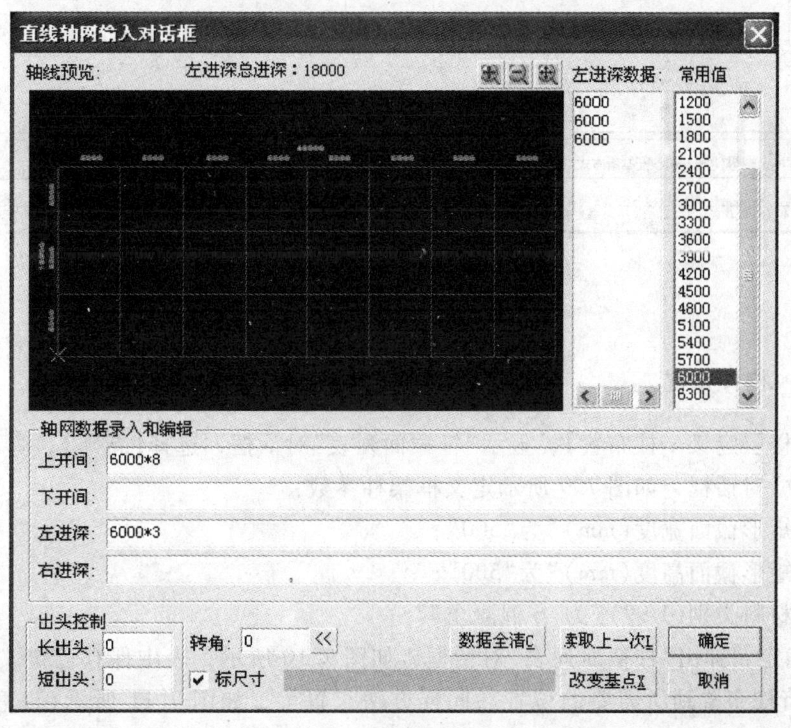

图 7.7　建立正交轴网

点取【轴线输入 \ 轴线命名】，屏幕下方提示："轴线名输入：请用光标选择轴线([Tab]成批输入)"。按键盘上的【Tab】键，选择成批轴线命名方式，屏幕下方提示："移光标选取起始轴线"，点取起始轴线，提示："移光标去掉不标注轴线(【Esc】没有)"，本例没有不标注的轴线，按键盘上的【Esc】或鼠标右键，提示："输入起始轴线名：(1)"，回车或输入"1"，表示起始轴线从"1"开始命名，该方向所有轴线也会自动命名。同样方法将另一个方向的轴线也全部命名，如图 7.8 所示。

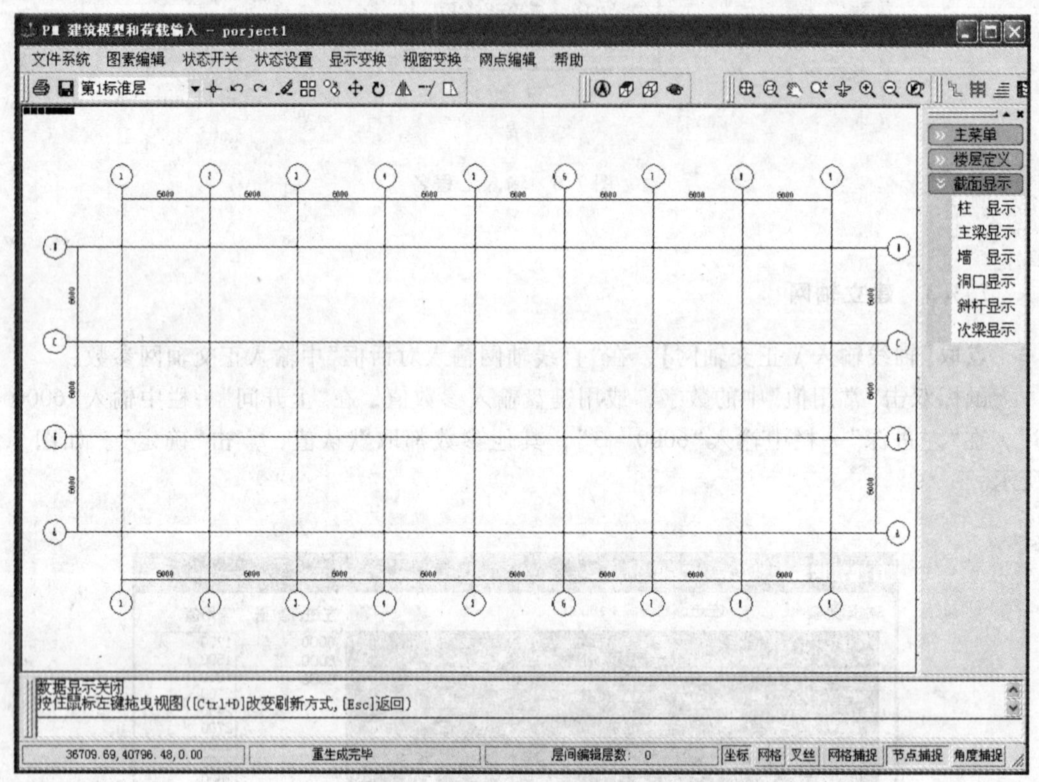

图 7.8 轴线命名

7.3.4 构件布置

点取【楼层定义 \ 柱布置】，显示"柱截面列表"对话框，选择【新建】，弹出"输入第 1 标准柱参数"对话框，如图 7.9 所示定义框架柱参数：

- "矩形截面宽度(mm)"为"500"；
- "矩形截面高度(mm)"为"500"；
- "材料类别(1-99)"为"6 混凝土"。

点击确定，弹出"柱截面列表"对话框，如图 7.10 所示，表中保存已定义的柱，点击【布置】，将柱布置到所需要的位置。同样方法布置梁，如图 7.11 所示(注意用"本层修改"菜单的"删除柱"删除不需要的柱子，用"网格生成"菜单下的子菜单"网点编辑"下的"删除节点"、"删除网格"删除不需要的网格和节点)。

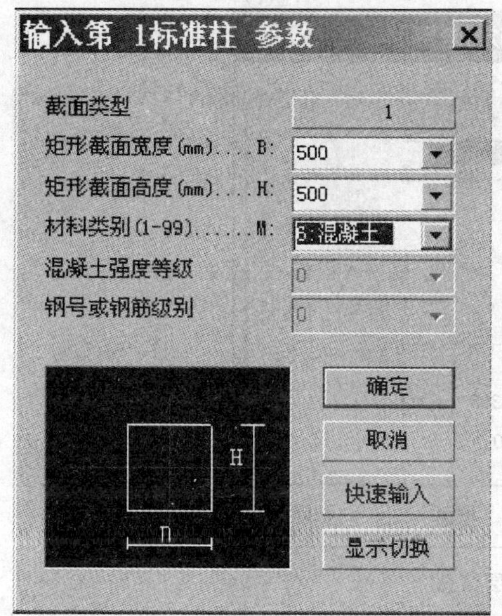

图 7.9 输入柱截面参数

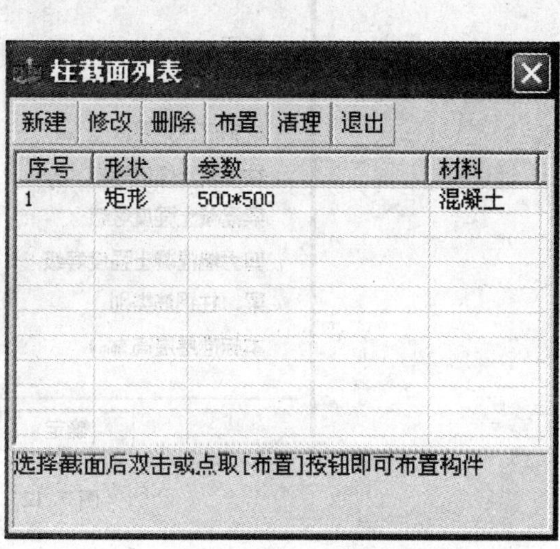

图 7.10 柱截面列表

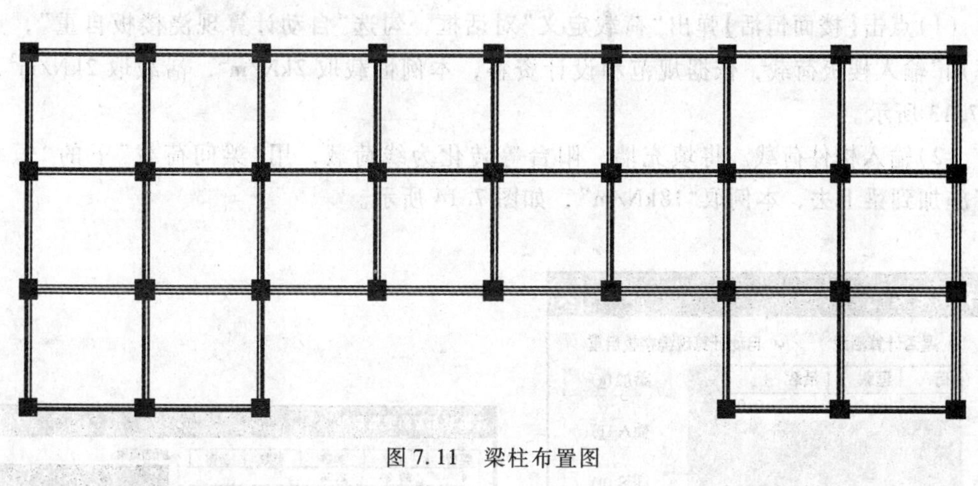

图 7.11 梁柱布置图

7.3.5 楼板布置与本层信息

点击【楼层定义 \ 本层信息】，弹出“用光标点明要修改的项目【确定】返回”对话框，点击【确定】，使用默认参数即可，如图 7.12 所示。

注意：

程序默认为构件围成的闭合区域为一个房间并添加楼板，在楼梯间，电梯间等没有楼板的地方，在 SATWE 计算的时候可以修改其板厚为 0，并在上面施加相关荷载。

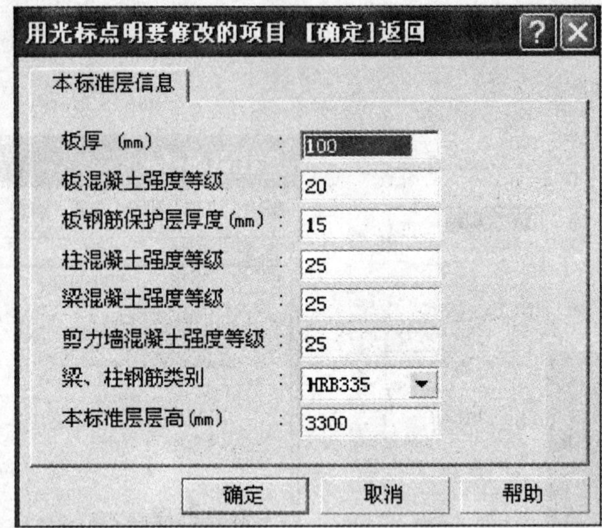

图 7.12 本层信息

7.3.6 施加荷载

(1)点击【楼面恒活】弹出"荷载定义"对话框，勾选"自动计算现浇楼板自重"，点击"添加"输入楼板荷载，依据规范和设计资料，本例恒载取 $2\mathrm{kN/m^2}$，活载取 $2\mathrm{kN/m^2}$，如图 7.13 所示。

(2)输入构件荷载。将填充墙、阳台等转化为线荷载，用"梁间荷载"下的"恒载输入"施加到梁上去，本例取"18kN/m"，如图 7.14 所示。

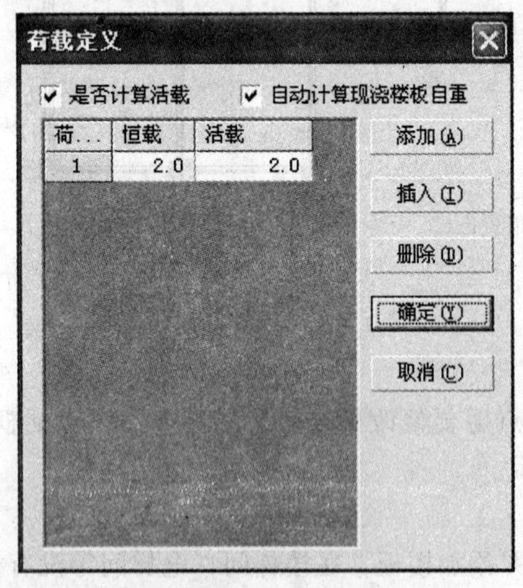

图 7.13 定义楼面荷载

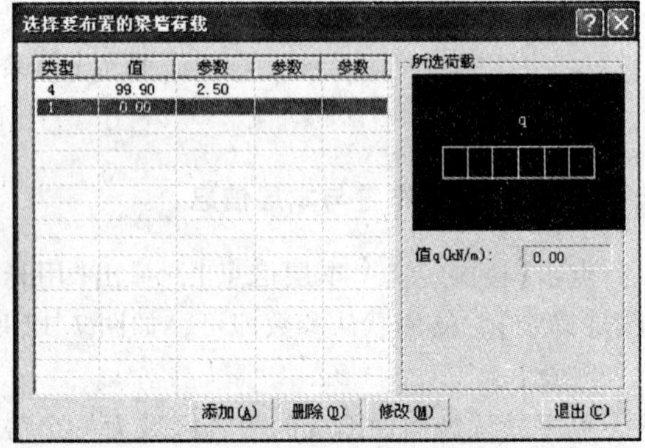

图 7.14 定义梁墙荷载

注意：

填充墙有洞口时，荷载要折减。

7.3.7　第二标准层布置

该层为屋顶层，需布置斜梁。

(1)复制标准层。点击【楼层定义 \ 换标准层】，弹出“选择/添加标准层”对话框，如图 7.15 所示，该对话框提供了三种复制方式：

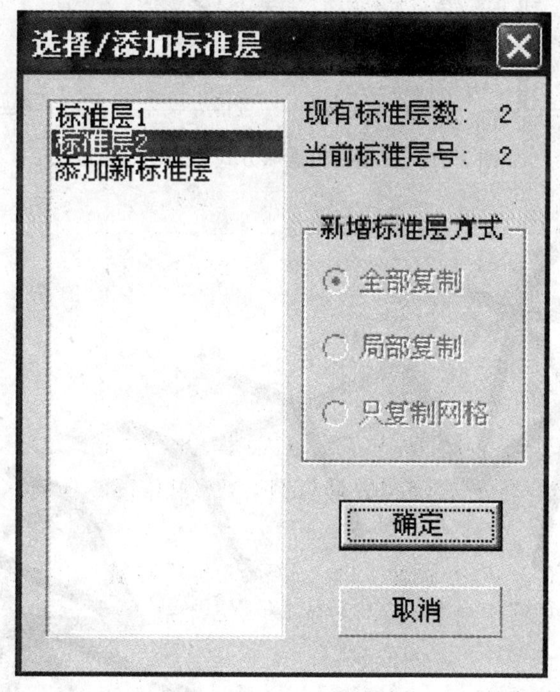

图 7.15　添加标准层

- 全部复制：用于复制基本相同的标准层；
- 局部复制：用于复制局部楼层相同的标准层；
- 只复制网格：用于复制楼层布置不同的标准层。

本例点击“添加新标准层”，在“新增标准层方式下”勾选【局部复制】，屏幕下方提示：“光标方式：用光标选择目标(【Tab】转换方式，【Esc】返回)”。按【Tab】键切换到“围栏选取方式”选取如图 7.16 所示的构件。

(2)布置斜梁构件。单击【楼层定义 \ 斜杆布置】，屏幕下方提示：“按节点布置/按网格布置？(Y[Enter]/N[Esc])”。按 Y 选择按节点布置斜杆，弹出“斜杆截面列表”，新建并选择 500×500 的截面，单击【布置】，屏幕下方提示：“请用光标选择斜杆第一节点”。用光标选取节点，屏幕下方继续提示：“输入第一节点相对本层地面的标高：(0)(输入 1 表示标高与层高相同)”。屋檐的高度为 0(等于层底面标高)，中间节点的高度为 1(等于层高)，依次操作，如图 7.17 所示。

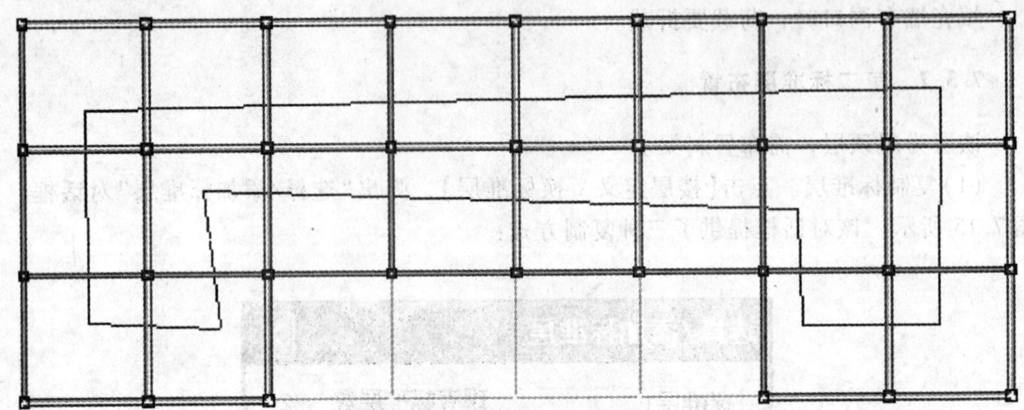

图 7.16 使用围栏选取方式部分复制标准层

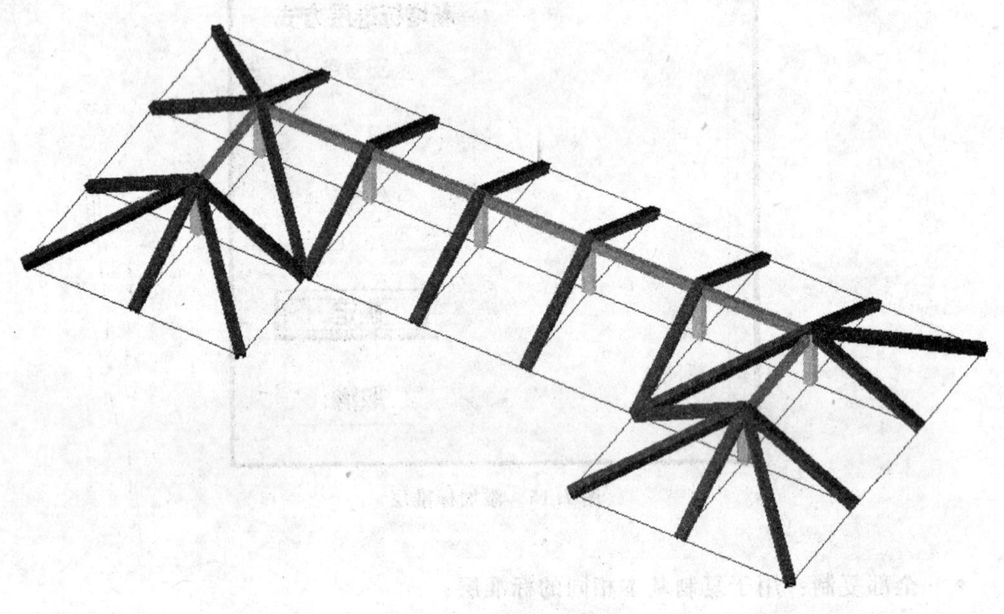

图 7.17 布置斜梁构件

(3)布置顶层屋面荷载(保温层、风、雪荷载),查阅相关规范和设计资料即可。

7.3.8 楼层组装

(1)选择【楼层组装 \ 楼层组装】,标准层 1,修改层高为 4000,单击【增加】第一层,第二、三、四、五层层高为 3300,然后选择标准层 2,增加屋顶,层高为 3000。如图 7.18 所示。

(2)选择【楼层组装 \ 整楼模型】,在“组装方案”中选择“按上次方案组装”,然后“确定”。按住【Ctrl】,并按住鼠标中键拖动即可改变视向查看三维结构模型,如图 7.19 所示。

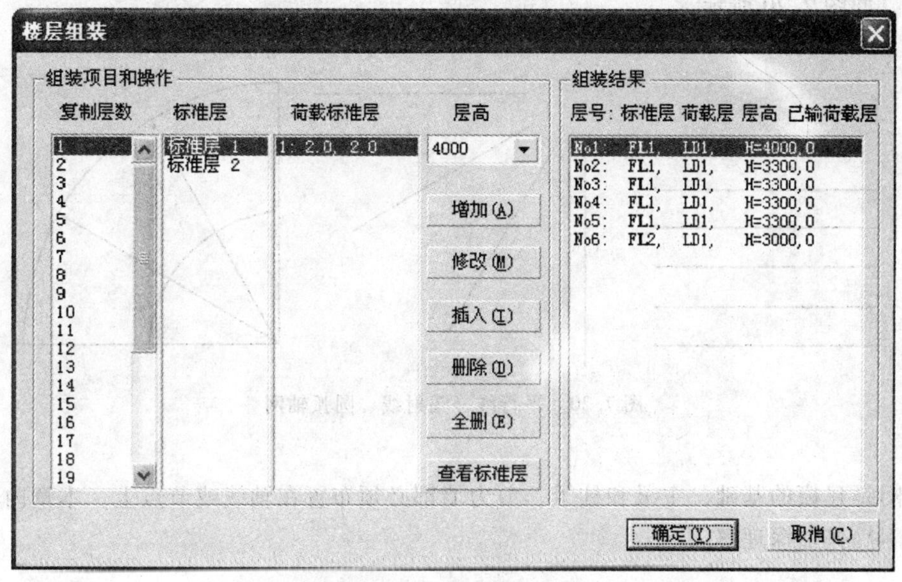

图 7.18　楼层组装对话框

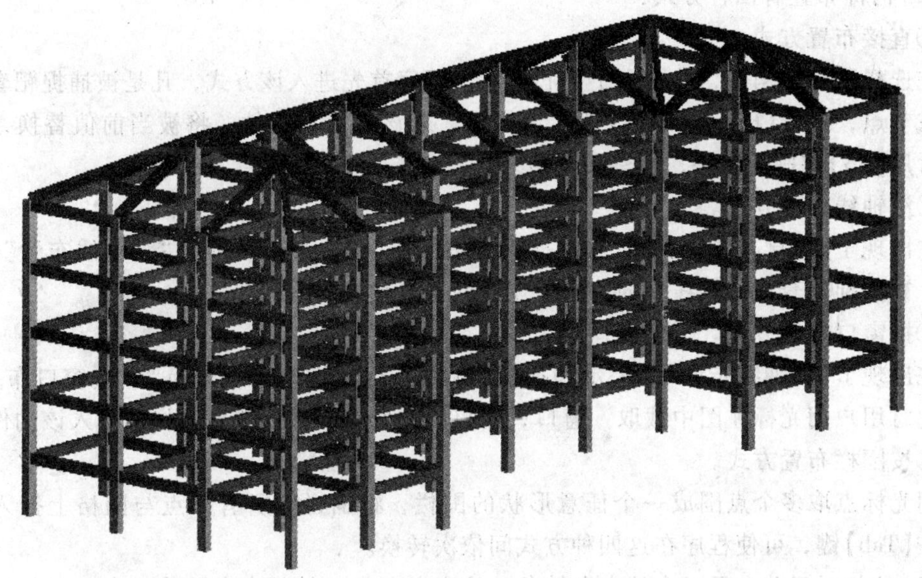

图 7.19　查看三维结构模型

7.4　建模深入了解与常见问题

7.4.1　轴线输入

常见轴线输入不再赘述，读者还应掌握其他批量轴线输入方法：平行线、辐射线、圆弧轴网，如图 7.20 所示。

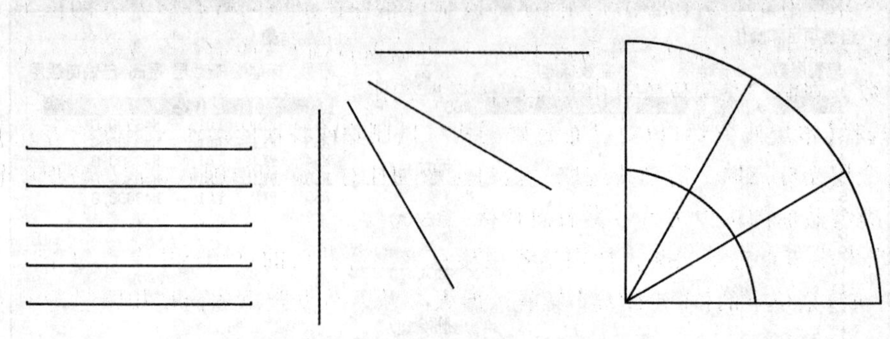

图 7.20 平行线、辐射线、圆弧轴网

轴网是建模的基础，主梁和柱子、剪力墙都必须布置在轴线或节点上。本章内容都应通过实际操作加深理解。

7.4.2 布置构件

(1)构件布置有四种方式：

①直接布置方式。

在选择了标准构件，并输入了偏心值后，程序首先进入该方式，凡是被捕捉靶套住的网格或节点，在按【Enter】后即被插入该构件，若该处已有构件，将被当前值替换，用户可随时用【F5】键刷新屏幕，观察布置结果。

②沿轴线布置方式。

在出现了"直接布置"的提示和捕捉靶后按【Tab】键，程序转换为"沿轴线布置"方式，此时，被捕捉靶套住的轴线上的所有节点或网格将被插入该构件。

③按窗口布置方式。

在出现了"沿轴线布置"的提示和捕捉靶后按【Tab】键，程序转换为"按窗口布置"方式，此时用户用光标在图中截取一窗口，窗口内的所有网格或节点上将被插入该构件。

④按围栏布置方式。

用光标点取多个点围成一个任意形状的围栏，将围栏内所有节点与网格上插入该构件。按【Tab】键，可使程序在这四种方式间依次转换。

(2)柱相对于节点可以有偏心和转角，柱宽方向与 X 轴的夹角称为转角，沿柱宽方向(转角方向)的偏心称为沿轴偏心，右偏为正，沿柱高方向的偏心称为偏轴偏心，以向上(柱高方向)为正。柱沿轴线布置时，柱的方向自动取轴线的方向。

(3)设梁或墙的偏心时，一般输入偏心的绝对值，布置梁墙时，光标偏向网格的哪一边，梁墙就偏向哪一边。

(4)布置墙体只针对承重墙而言，不要填充墙、雨棚、阳台，但要在【输入荷载】中将其重量计算为梁上的线荷载加到梁上。

(5)布置洞口时，输入洞口左下节点距网格左节点距离和与层底面的距离。除此之外，还有中点定位方式，右端定位方式和随意定位方式，在提示输入洞口距左(下)点距离时，若键入大于 0 的数，则为左端定位，若键入 0，则该洞口在该网格线上居中布置，若键入一个小于 0 的负数(如-D)，程序将该洞口布置在距该网格右端为 D 的位置上。如需洞口紧贴左或右节点布置，可输入 1 或-1(再输窗台高)，如第一个数输入一大于 0 小于 1 的小数，则洞口左端位置可由光标直接点取确定。

(6)选择【本层修改】可以对已布置好的构件做删除或替换的操作，删除的方式也有四种，即逐个用光标点取、沿轴线选取、窗口选取和任意开多边形围栏选取，替换就是把平面上某一类型截面的构件用另一类截面替换。

(7)当发生节点过密状况，特别是各结构标准层合并后的总网格中节点过密时，可点击【网格生成】菜单下的【节点距离】菜单，加大合并的节点距离从而把相距过近的多个节点合并为一。

(8)上下层位置应对齐的网格节点应确保对齐，以免形成总节点网格后的节点过多过密。

(9)多使用偏心布置构件，以减少过近过密的网格节点产生。但不应把杆件偏心至另一个相邻节点上。

(10)为减少荷载导算出错机会，布置墙处的各层上下节点尽量对应一致，即该部位各层网格节点不宜不同。

(11)墙悬空时其下层的相应部位一定要布置梁。

(12)洞口不能跨越墙的两个节点和上下层之外，对跨越节点的洞口应作为两个洞口输入，但是，如果按先输入大洞口，再输入洞口上节点网格的次序，则程序会自动切割跨越新增节点的洞口为两个洞口。

(13)另一方面，如在两个节点之间输入了两个洞口，则程序会在形成后面菜单数据后，在两个洞口中间自动加上一个节点。

(14)两个节点之间只能有一个杆件相连，对于两个节点间有弧梁又有直梁的情况，应在弧梁上设置一个节点。

(15)布屋面斜梁时既可使用【斜杆布置】，也可改变轴网的上节点高(见下一节)，请读者自己注意其中的差别。

7.4.3　工程拼装

工程拼装的作用是将多个分别建模的工程拼装到一起，形成一个完整的模型。适用于多人协同完成大型建模工作，如图 7.21 所示。

点击【工程拼装】，插入已建好的 PM 模型(jwn 结尾的文件)，选择待被插入的标准层或新标准层编号，然后按提示输入插入点和角度即可。PKPM2005 版的拼装功能尚不完善，在 2008 版可以实现更完整丰富的功能，有兴趣的读者可以自己摸索。

7.4.4　结构楼面布置信息

本节执行主菜单 2：结构楼面布置信息，如图 7.22 所示。

这部分功能是用人机交互方式输入有关楼板结构的信息(铺预制板、楼板开洞、改楼板厚、设悬挑板、楼板错层等)。它必须在主菜单 1(建筑模型与荷载输入)操作完成以后进行。PKPM2005 版中该项功能已经简化，只作为前一菜单的修改和补充。

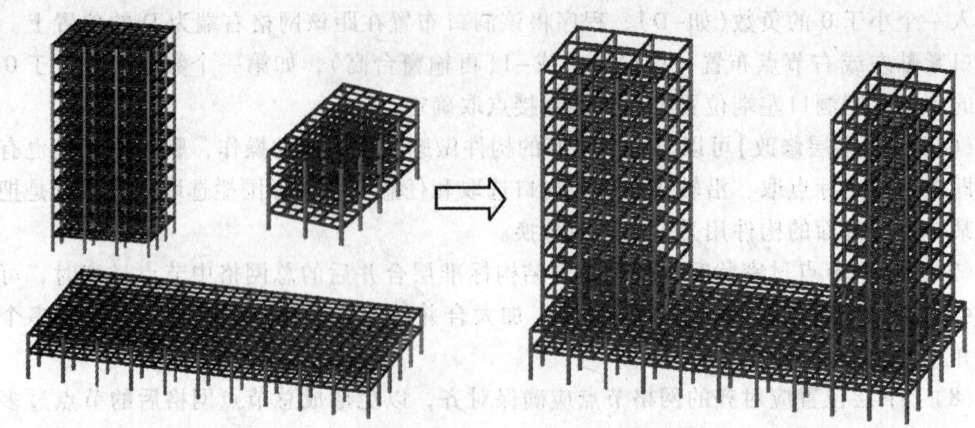

图 7.21　工程拼装示意图

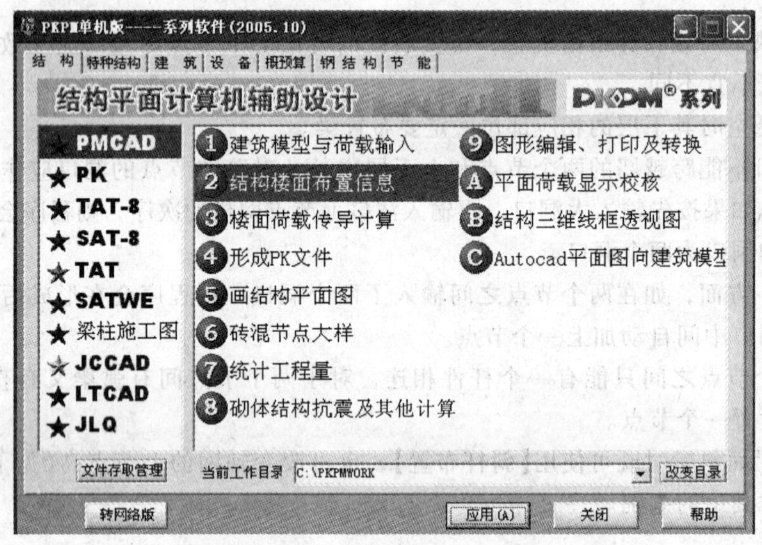

图 7.22　结构楼面布置信息菜单

本节的大部分操作是以房间为单元进行的，房间的划分和编号由程序自动进行，程序把由墙或梁围成的每个平面闭合区域作为一个房间，房间编号无规律，在有房间的地方才能布置次梁、预制板、开洞口等，房间内的荷载可从楼板自动传递给周围杆件，程序先隐含每个房间内设一定厚度的现浇楼板。不闭合的区域不能形成房间，如悬挑梁外未用拉梁封闭形成开口区域时不能形成房间，无房间的区域内无现浇板，不能在上布置次梁预制板等，上面也无荷载可传。但悬挑板上的荷载可传到与其相邻的构件上。

房间分为矩形房间和非矩形房间，目前版本有些功能如楼板开洞和铺预制板还不能在非矩形房间进行。每层平面房间总数限于 900 个，每个房间周边的杆件数量不宜大于 150 个，超过此数时，宜设拉梁把房间画小。

图形右边菜单有十二项内容（如图 7.23 所示）：

(1)楼板开洞
(2)次梁显示
(3)预制楼板
(4)修改板厚
(5)悬挑楼板
(6)显层间梁
(7)楼板错层
(8)强度等级
(9)砖混圈梁
(10)拷贝前层
(11)退出本层

这些操作在自下而上的各标准层中逐层进行。

执行过的菜单内容均会保留在计算机中，再重新键入某菜单时可对其内容任意修改、增加或删除。部分功能与操作分述如下：

作交互式操作时，每个房间信息在输入完后可以修改重来。在某项交互式操作执行中若敲错，可随时按【Esc】键退出，并重新操作。

1. 楼板开洞

按房间输入楼板洞口。子菜单如图 7.24 所示。

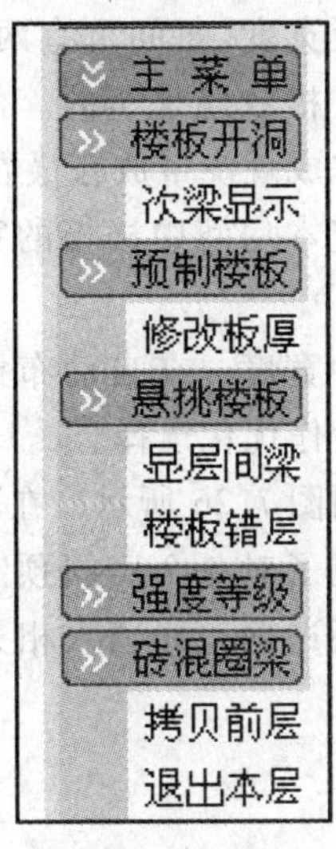

图 7.23　结构楼面布置信息菜单

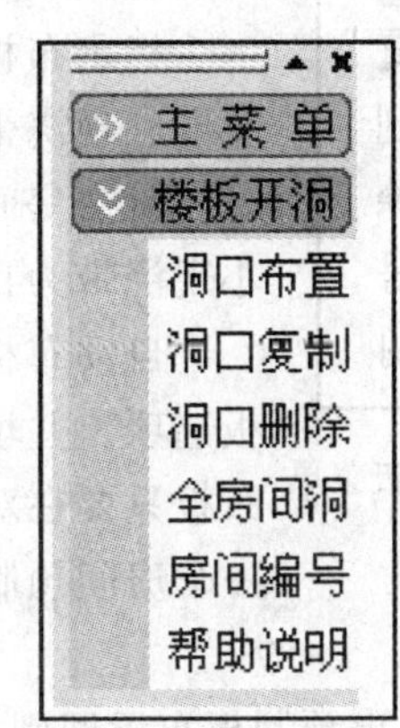

图 7.24　楼板开洞菜单

(1)洞口布置。

①提示：请指定需布置洞口的房间(按【Esc】键退出)。

可移动光标直接在屏幕上点取需要开洞的房间位置。该房间中有圆圈加亮，表示选中。

②提示：有几个洞口？

键入洞口数量 N。

以下③、④反复操作 N 次。

③提示：第 i 方洞左下角(或圆孔中心)坐标 X，Y?（注：$i=1\sim N$）

该坐标是指以房间左下角纵横轴线交点为原点的 X，Y 坐标。

④提示：第 i 方孔宽、高(B、H)或圆孔直径-D?

若为方孔，键入宽、高两个数。为圆孔则键入直径一个数，但在 D 前一定要加负号。

注意：

①本菜单只能对矩形房间上开洞口。但全房间洞可开在非矩形房间。

②某房间部分为楼梯间时，可在楼梯间布置处开设一大洞口。某房间全部为楼梯间时，有两种处理方法：点菜单“全房间洞”；也可不开洞，但修改板厚时将该房间板厚修改为0。

③每个房间内最多布置7个洞口，每个结构标准层的房间洞口布置类别≤15。

④房间内所布的洞口，其洞口部分的荷载在荷载传导时扣除。

(2)全房间洞。

本菜单可沿用户指定的某一房间内边界开一个洞口。对非矩形房间也可开全房间洞。

2. 预制楼板

按房间输入预制楼板。某房间输入预制板后，程序自动将该房间处的现浇楼板取消。子菜单如图7.25所示。

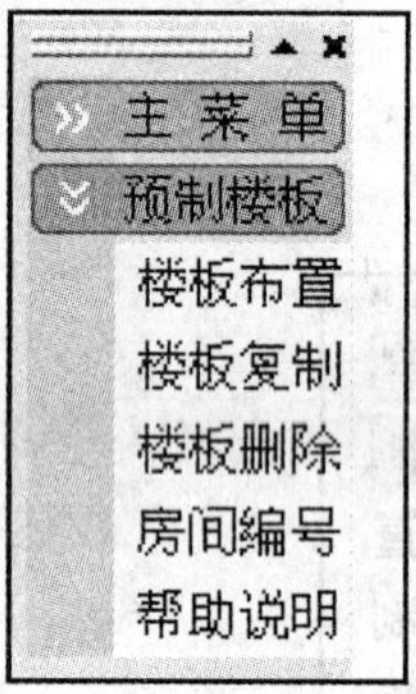

楼板布置输入方式分为自动布板方式和指定布板方式。

自动布板方式：输入预制板宽度(每间可有两种宽度)、板缝的最大宽度限制与最小宽度限制、横放还是竖放。由程序自动选择板的数量、板缝，并将剩余部分作成现浇带放在最右或最上。

指定布板方式：由用户指定本房间中楼板的宽度和数量，板缝宽度、现浇带所在位置。

每个房间中预制板可有两种宽度，在自动布板方式下程序以最小现浇带为目标对两种板的数量作优化选择。

自动布板方式操作对话框如图7.26所示，在对话框上点自动布板选项，并填入相关数据就完成了对一个房间预制板的布置。指定布板只要在对话框上点指定布板选项，并填入相关数据就完成了对一个房间预制板的布置。

主菜单
预制楼板
楼板布置
楼板复制
楼板删除
房间编号
帮助说明

图7.25 预制楼板菜单

注意：

①按Esc退出预制板布置回到右边菜单。

②目前版本还不能在一个房间范围内同时布置预制板和现浇楼板。

③楼板复制时，板跨不一致则自动增加一种楼板类型，所以复制时尽量是板跨一致时复制，否则将增加楼板类型，使类型有可能超界。

3. 修改板厚

每层现浇楼板厚度已在结构交互建模和数据文件中给出，这个数据是本层所有房间都采用的厚度，当某房间厚度并非此值时，则点此菜单，将这间房厚度修正。

当其房间为空洞口时，例如楼梯间时，或某房间上内容不打算画出时，可将该房间板

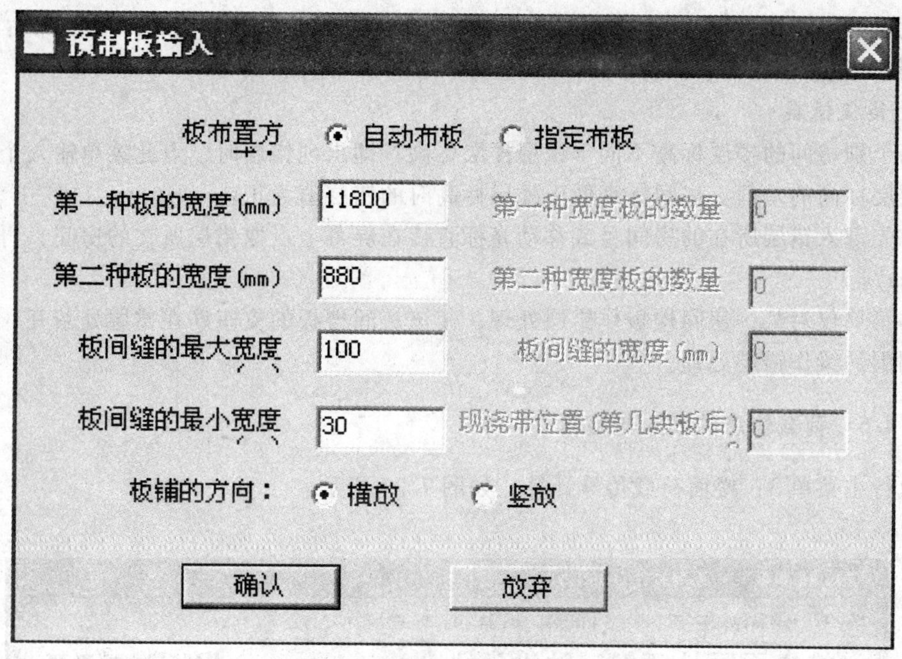

图 7.26　预制楼板输入对话框

厚修改成 0。

注意：

某房间楼板厚度为 0 时，该房间上的荷载仍传到房间四周的梁或墙上。

对于楼梯间可用两种方法处理，一是在其位置开一个较大的洞口，导荷载时其洞口范围的荷载将被扣除，二是将楼梯所在的房间的楼板厚度输入 0，导荷载时该房间上的荷载(楼板上的恒载、活载)仍能近似地导至周围的梁和墙上。楼板厚为 0 时，该房间不会画出板钢筋。

4. 设悬挑板

在平面外围的梁或墙上均可设置现浇悬臂板，其板厚程序自动按该梁或墙所在房间取值，用户应输入悬跳板上的恒载和活载均布面荷标准值，如该荷载输入 0，程序也自动取相邻房间的楼面荷载，悬挑范围为用户点取的某梁或墙全长，挑出宽度沿该梁或墙为等宽。

每类悬挑板的输入按照屏幕下边的提示有三个步骤。当悬臂板的位置在平面外围的同一边，且悬挑长度相同时可归为一类悬挑板。

(1)用光标或鼠标指示需设悬挑板的梁或墙，可连续指示位于同一侧的几段梁或墙，这一类挑板所在的梁或墙指示完时，按鼠标右键或键盘【Esc】键即可进入第二步。

(2)键入悬挑板挑出轴线的长度(米)、恒载标准值、活载标准值，共三个数，荷载为均布面荷载，如不输入荷载，程序自动取悬挑板上荷载为相邻房间楼面荷载。

(3)指示悬挑方向，梁(墙)X 向布置时在梁(墙)的上方或下方用光标点一下，梁(墙)Y 向布置时在梁(墙)的左方或右方点一下即可，此后图面上显示出该类跳板的示意图。

此后可继续按屏幕提示输入其他悬挑板。各类悬挑板均输完时，按鼠标右键或按【Esc】键即返回主菜单。

5. 楼板错层

当个别房间的楼层标高不同于该层楼层标高，即出现错层时，点此菜单输入个别房间与该楼层标高的差值。房间标高低于楼层标高时的错层值为正。

首先键入错层所在的房间号或移动光标直接在屏幕上点取错层所在的房间，再键入错层值(m)。

本菜单仅对某一房间楼板作错层处理，使该房间楼板的支座筋在错层处断开，不能对房间周围的梁作错层处理。

7.4.5 荷载信息的输入与检验

执行主菜单 3：楼面荷载传导计算，如图 7.27 所示。

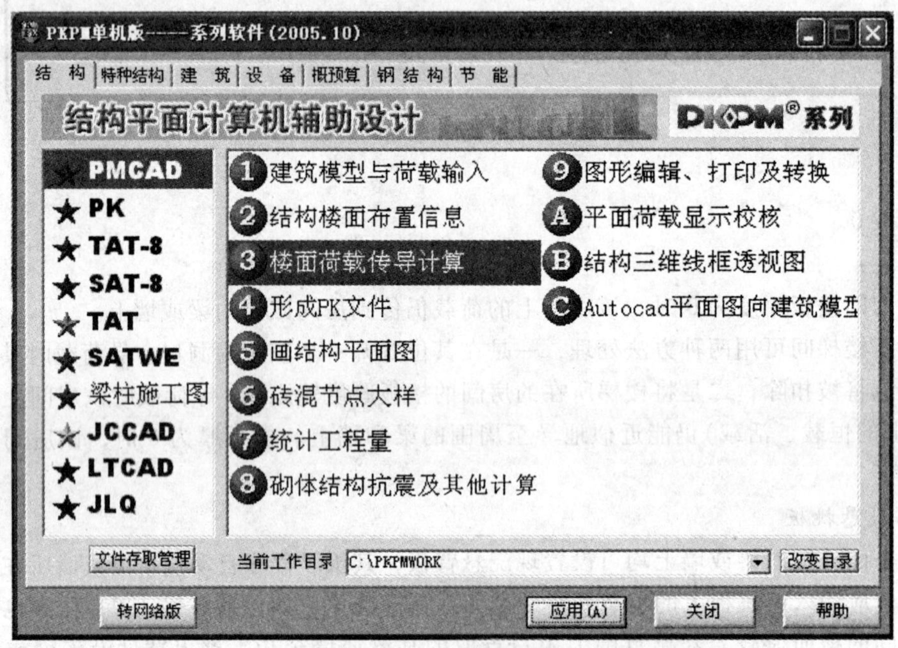

图 7.27 楼面荷载传导计算

启动程序后，程序提示：本工程荷载是否第一次输入？(Esc——返回)并有如下三项选择：

0 保留原荷载

1 第一次输入

2 由建筑传来

一般选择 0 保留原荷载。然后选择楼层编号，菜单如图 7.28 所示。

点击【楼面荷载】，可以查看和修改楼面恒荷与活荷，再点击【导荷方式】，可以查看和修改楼面荷载的传导方式，三种传导方式如下：

(1)梯形三角形方式如图 7.29 所示。

对现浇混凝土楼板且为矩形房间程序采用这种方式。

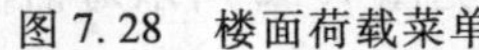

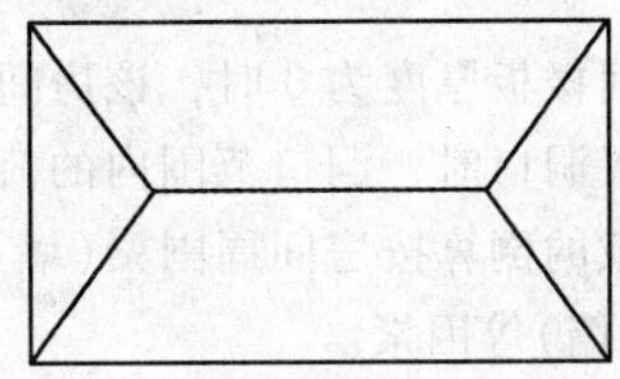

图 7.28　楼面荷载菜单　　　图 7.29　梯形三角形方式传导荷载

(2)对边传导方式，如图 7.30 所示。

只将荷载向房间两条对边传导，在矩形房间上铺预制板时，程序按板的布置方向自动取用这种荷载传导方式。

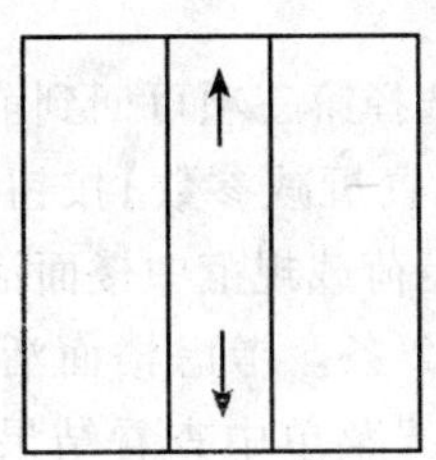

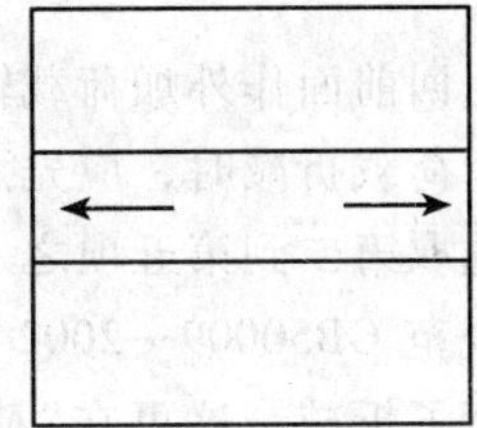

图 7.30　对边方式传导荷载

(3)沿周边布置方式，如图 7.31 所示。

是将房间内的总荷载沿房间周长等分成均布荷载布置，对于非矩形房间程序选用这种传导方式。

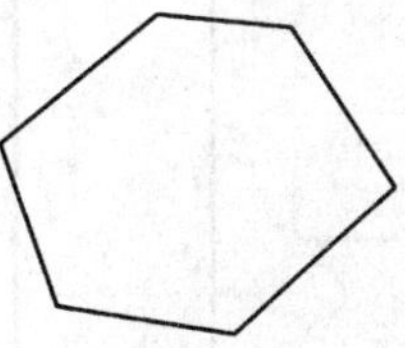

图 7.31　沿周边布置方式传导荷载

点取“指定方式”菜单可修改导荷方式，程序首先用以上图示显示出各房间的布置方式，用户点取某一要修改的房间后，再在右菜单中选用另一种导荷方式。

- 选用“对边方式”后，还需指定房间的某一受力边。
- 选用“周边传导方式”后，可以指定房间的某一边或某几边为不受力边。

- 对于全房间开洞的房间，程序自动把面荷载值设置为0。

【调屈服线】菜单，主要针对梯形、三角形方式倒算的房间，当需要对屈服线角度特殊设定时使用。程序缺省屈服线角度为45°。

- 当房间有次梁时：则楼板荷载传给次梁，次梁再传给主梁；对由楼面传给主梁的活荷载考虑了活荷载折减系数。挑板的荷载按均布荷载传给梁或墙，但没有考虑扭矩。
- 当某房间楼板厚度为0时，该房间楼板上的荷载仍传到房间四周的梁或墙上。房间内布置洞口时，洞口范围内的荷载在荷载传导时被扣除。
- 楼面荷载的倒算按房间周围梁(墙)的中心线位置计算，即考虑了梁(墙)的偏心及弧梁(墙)等因素。

输入完各层外加荷载后，程序将提示三个选择项(见图7.32所示对话框)：

(1)生成各层荷载传到基础的数据；

(2)不生成传到基础的数据；

(3)返回前面各层再输入荷载。

选择第一项时，则程序把从上至下的各层恒载、活载(包括结构自重)作传导计算，生成一个基础各CAD模块可接口的PM恒活荷载，这个荷载只能在基础CAD软件中显示。

如此时用户仍想返回前面作外加荷载输入，选择第三项可回到前面各层补充荷载。

当选择考虑楼面活荷载折减时，应先点取【设置折减参数】按钮，随后弹出如图7.33所示对话框。用户应选取第二到第五项之一。这是荷载规范中楼面活荷载倒算到梁的各种折减方式，参见荷载规范GB50009—2002第4.1.2条。考虑楼面活荷载折减后，倒算出的主梁活荷载均已进行了折减，这可在"荷载校核"菜单中查看结果，在后面所有菜单中的梁活荷载均使用折减后的结果。但是，程序对倒算到墙上的活荷载没有折减。

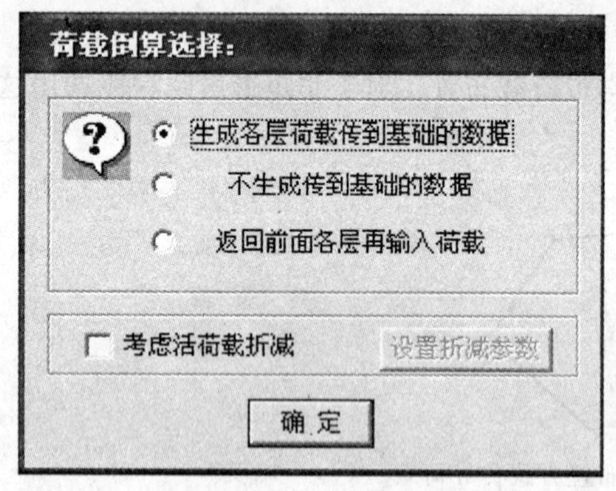

图7.32 荷载导算

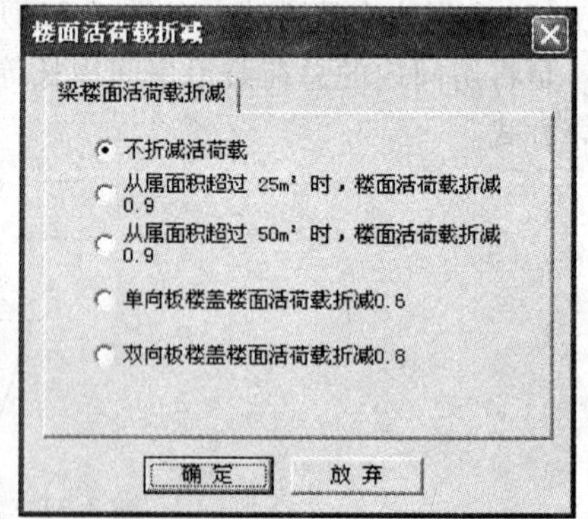

图7.33 楼面活荷载折减

应注意的是：这里的折减和SATWE等三维计算、基础荷载倒算时考虑楼层数的活荷载折减是可以同时进行的，也就是说，如果在这里选择了某种活荷载折减，后面SATWE等三维计算又选择了某种活荷载折减，则活荷载被折减了两次，这在有时是允许的，有时又是不允许的。

7.4.6 荷载校核

执行主菜单 A：平面荷载显示校核程序。

本程序用于对 PM 主菜单 3 导出的中间荷载文件作校核，用户对荷载文件作修改添加。主菜单 3 项执行完后点主菜单 A，即可执行这项功能。此项菜单只对主菜单 3 倒算的结果进行查验，不会对结果进行修正、重写等影响。

可校核的荷载有两类，一类是程序自动导算出的荷载，即楼面传导到承重梁、墙上的荷载和梁自重，另一类是用户在 PM 主菜单 3 中人机交互输入的荷载，这类荷载在 PM 主菜单 3 输入时可能较多、较杂乱，但在这里可得到人机交互输入的清晰记录。

7.5 建立例题模型

本小节将建立一个框剪加附属框架结构的结构模型，该模型同时也是后面计算绘制施工图的基本模型，其中涉及次梁、层间梁，墙、洞口等构件的布置。其平面布置与建筑模型如图 7.34、图 7.35 所示。

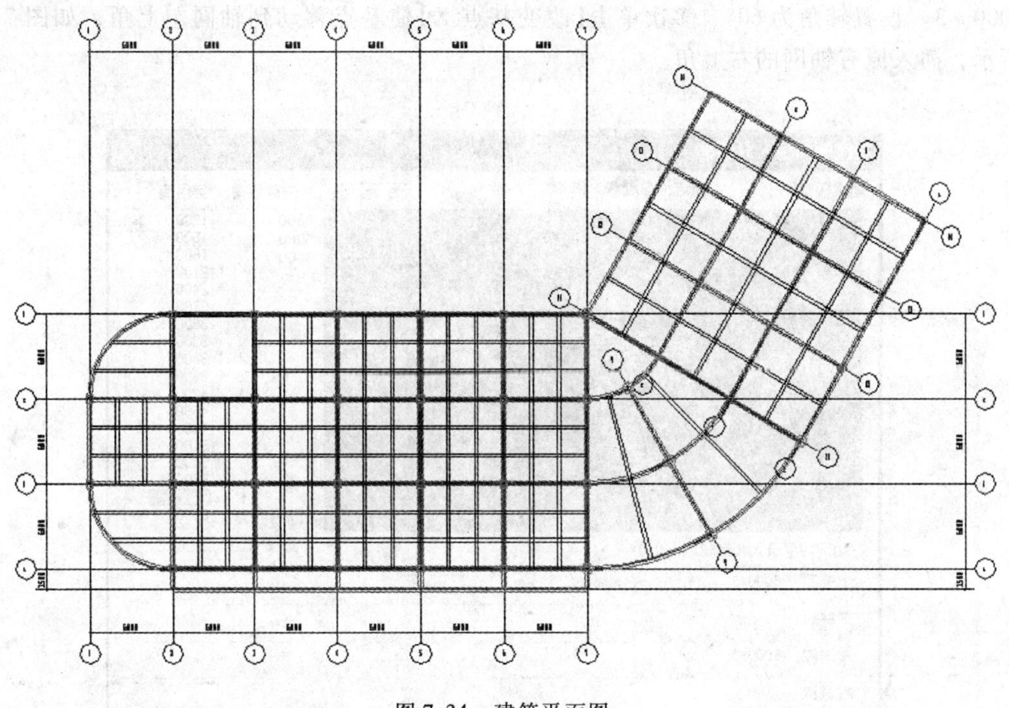

图 7.34　建筑平面图

7.5.1 轴线输入

(1)单击【轴网输入 \ 正交轴网】建立主楼正交轴网，上开间为 6000 * 6，左进深

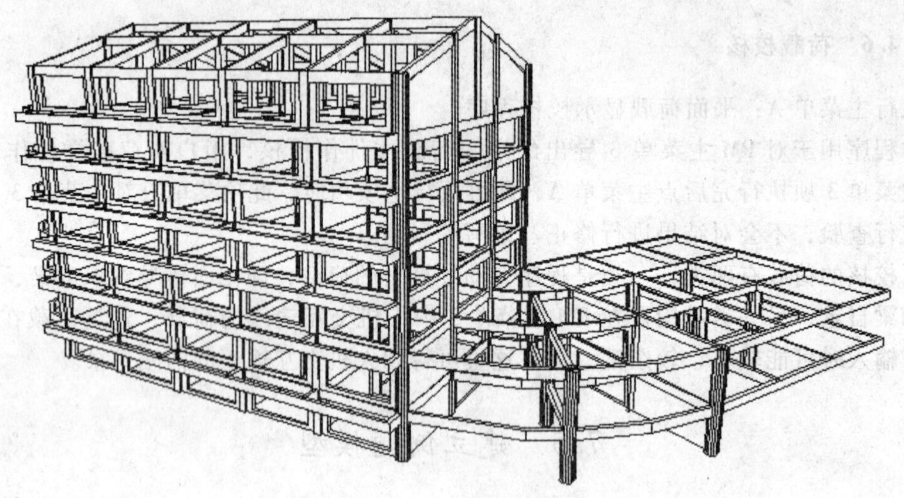

图 7.35 建筑透视图

为 6000＊3。

(2)单击【轴网输入＼正交轴网】建立裙楼正交轴网，上开间为 6000＊3，左进深为 6000＊3。设置转角为 60°，多次单击【改变基点 X】使基点移动到轴网左上角，如图 7.36 所示，插入原有轴网的右上角。

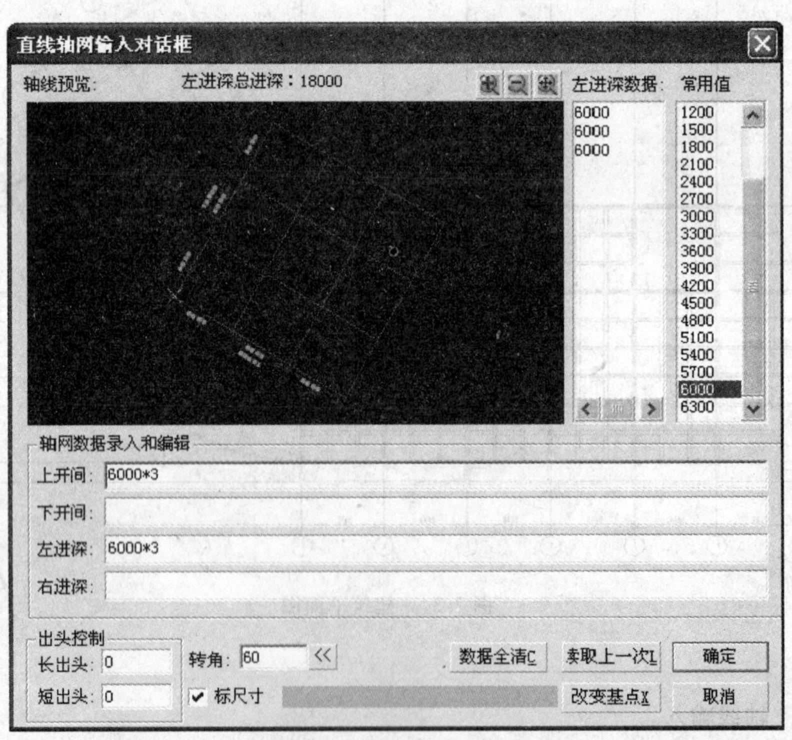

图 7.36 直线轴网输入

(3)单击【圆弧】，绘制主楼、主楼与裙楼之间的弧形轴线，删除多余轴线。

(4)单击【辐射线】，绘制主楼与裙楼之间的轴线，增量角为 15°。

(5)绘制悬挑的阳台轴线，悬挑长度为 1500mm，并使用延伸命令将相关轴线延长。

绘制楼梯间平台梁轴线，点击绘制平行线，输入间距 2000。每个小方格为 6000mm×6000mm，主楼与裙楼之间的夹角为 60°，伸出的阳台为 1500mm，最终轴网如图 7.37 所示。

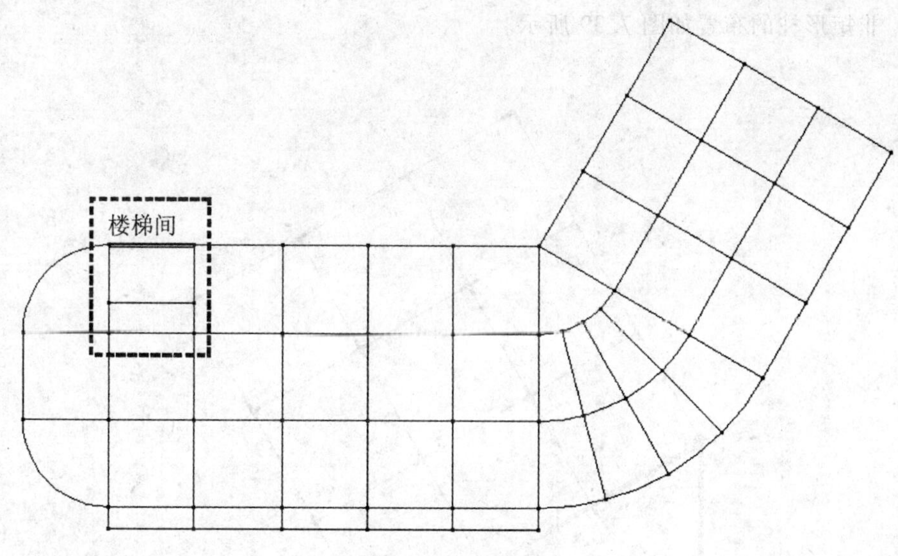

图 7.37　平面轴网

(6)分别给主楼、裙楼轴线命名，完成轴网绘制。

7.5.2　布置构件

(1)布置柱。其截面参数分别为(如图 7.38 所示，点“新建”)：

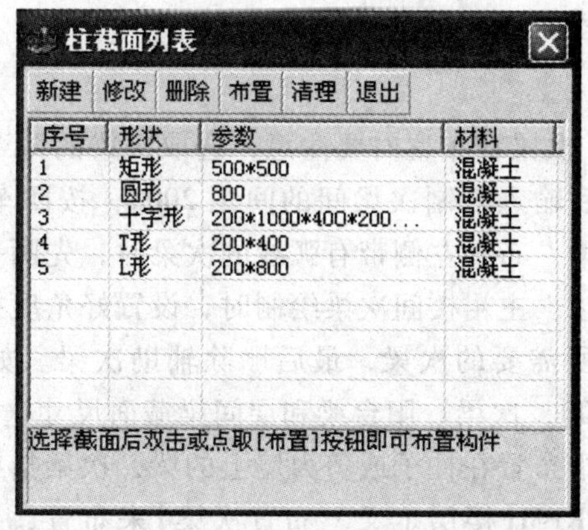

图 7.38　柱截面列表

矩形柱 500 * 500

圆形柱 800

十字形柱 200 * 1000 * 400 * 200 * 400 * 400

T 形柱 200 * 400 * 800 * 200

L 形柱 200 * 800 * 800 * 200

分别布置主楼、主裙楼连接处和裙楼的中间柱、边柱和角柱，布置时注意柱转角与轴线吻合。非矩形柱的布置如图 7.39 所示。

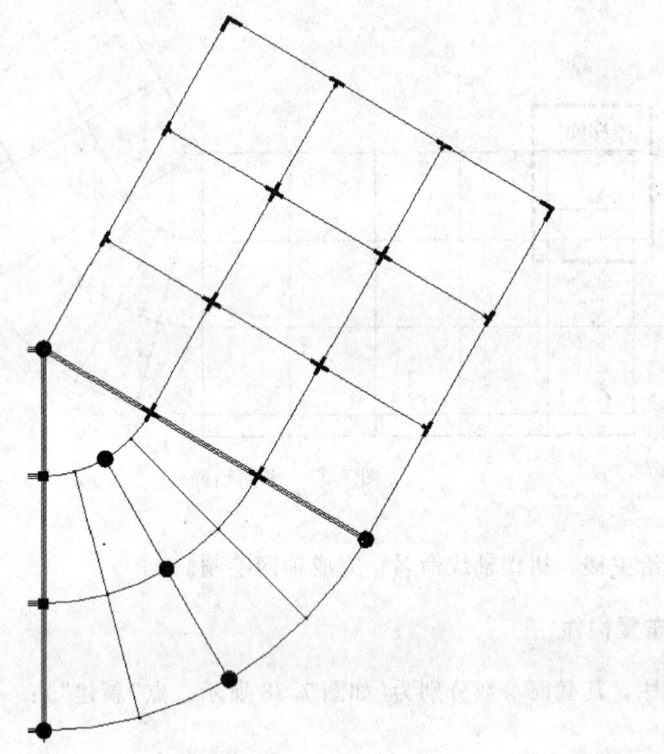

图 7.39 非矩形柱布置示意图

(2)布置主梁与次梁。次梁在布置时要注意，选取次梁的两个端点时打开节点与角度捕捉，点选主梁节点，然后输入复制次梁间的间距 2000，按回车键即可得到，最后在本层修改中删除主梁上的次梁。布置左侧带有弧线的次梁时，先画一小段次梁，然后使用延伸命令，使次梁与主梁连接。主裙楼间次梁绘制时，设置好角度捕捉之后，从弧线圆心开始画辅助次梁，然后画出所需要的次梁，最后删除辅助次梁。如图 7.40 所示。本例中，主梁截面尺寸选为 300 * 600，次梁、阳台梁和层间梁截面尺寸选为 250 * 400。

注意：结构上的主梁指布置在柱子或剪力墙上的梁，次梁指梁两端都布置在主梁上的梁，PM 建模时既可以按 PKPM【楼层定义 \ 布置次梁】来布置，又可以按【楼层定义 \ 布置主梁】布置。两者在建模、计算、出图时有区别。例如阳台横向梁，既可按主梁布置，也可按次梁布置，两者显示的颜色不一样。一般情况下，封口梁、楼梯间梁，辐射线梁按

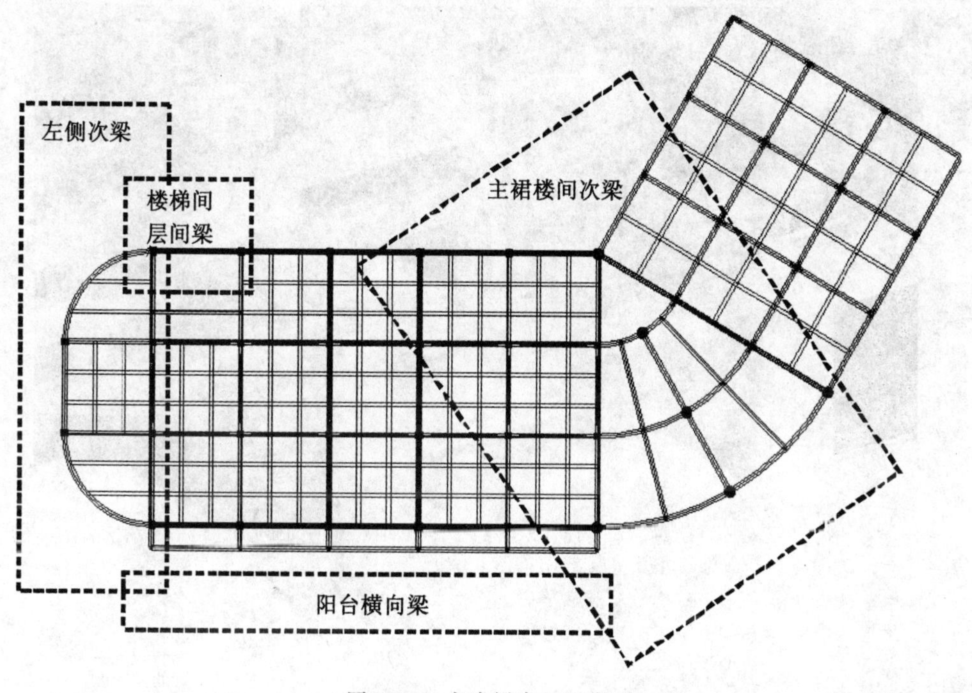

图 7.40　主次梁布置示意图

主梁布置。

(3)在楼梯间布层间梁(楼梯平台梁)。PKPM2005 和 PKPM2008 版在布层间梁方式上有所不同，2005 版在同一轴线上只能布置一根主梁，层间梁使用专门的【楼层定义 \ 布层间梁】布置，2008 版则可以布置多根主梁，这给布置层间梁和斜梁带来了方便。如图 7.41 所示。本例层间梁在楼面以下 1500mm，荷载为 20kN/m。

(4)剪力墙与洞口布置。

墙体：厚 200mm；

门：900mm×2100mm，距地高 0mm；

窗：1500mm×1500mm，距地高 900mm。

剪力墙只能在轴线上布置，洞口只能在剪力墙上布置，注意，门、窗洞口的底部标高不一样。如图 7.42 所示(粗线处布墙体，虚线处布洞口)。

7.5.3　楼板布置与本层信息

取默认值，无需修改。

7.5.4　荷载输入

自动计算楼面活荷载和现浇楼板自重，并在裙楼和其他没有布置墙体的主梁上布置线荷载，大小为 20kN/m，线荷载是计算填充墙(3m 层高-梁高)和装修等重量，不同层高的大小也不一样，请读者灵活设置。

图 7.41 层间梁布置示意图

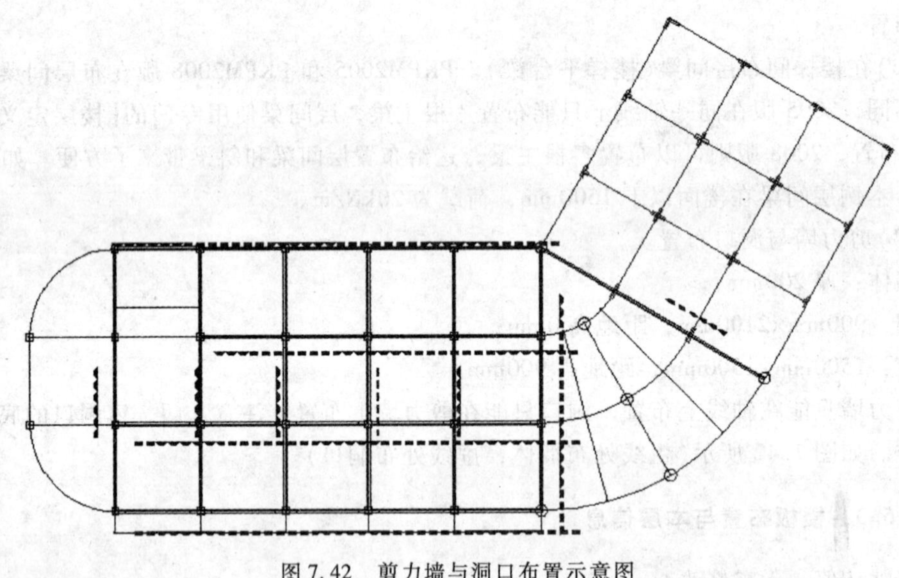

图 7.42 剪力墙与洞口布置示意图

7.5.5 标准层 2

第二标准层布置示意图如图 7.43 所示。

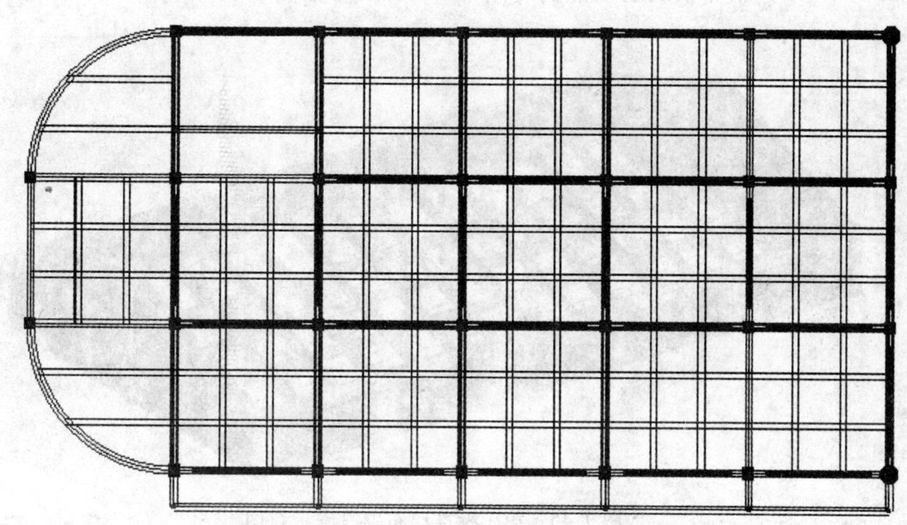

图 7.43　第二标准层布置示意图

7.5.6　标准层 3

第三标准层为屋顶，需要布置斜梁，其步骤是：

(1)点击【轴线输入＼平行线】，在轴网中添加屋脊的轴线，如图 7.44 所示。

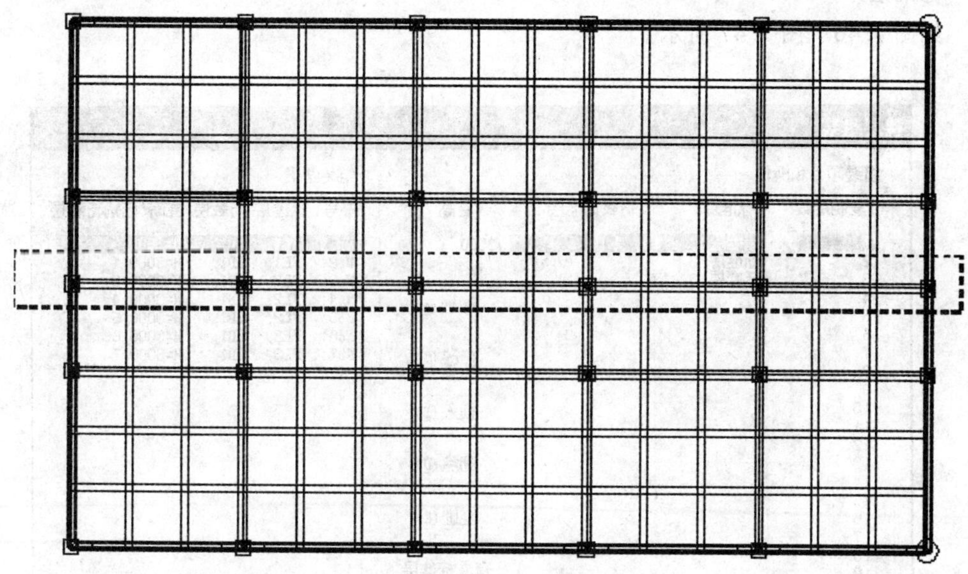

图 7.44　第三标准层布置示意图

(2)布置屋脊线上的柱子。

(3)在【网格生成】点取【上节点高】改变屋脊线和屋脊上下的上节点高，屋脊线的高度增加 3000mm，相邻轴线上节点高度增加 2000mm，如图 7.45 所示。

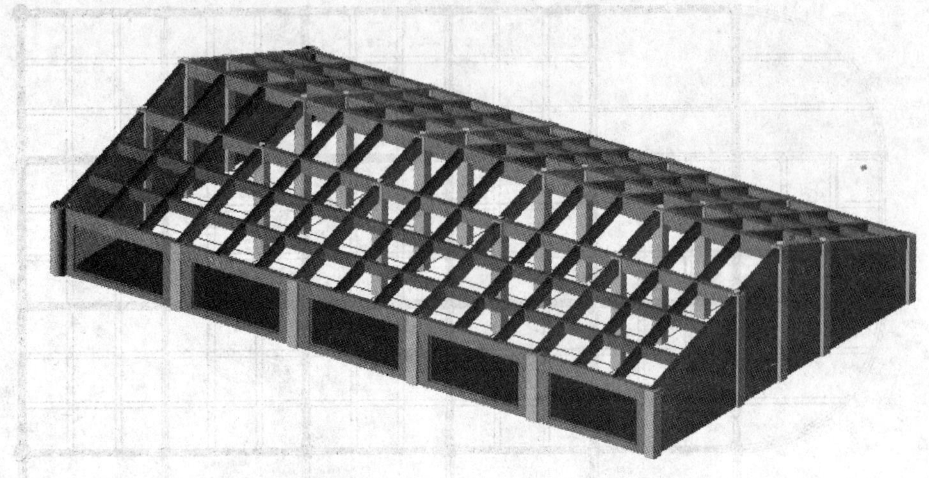

图 7.45　第三标准层布置三维示意图

(4)删除多余洞口、墙体、层间梁。

7.5.7　楼层组装

标准层 1　3500 * 1，3000 * 1；
标准层 2　3000 * 4；
标准层 3　3000 * 1；
如图 7.46、图 7.47 所示。

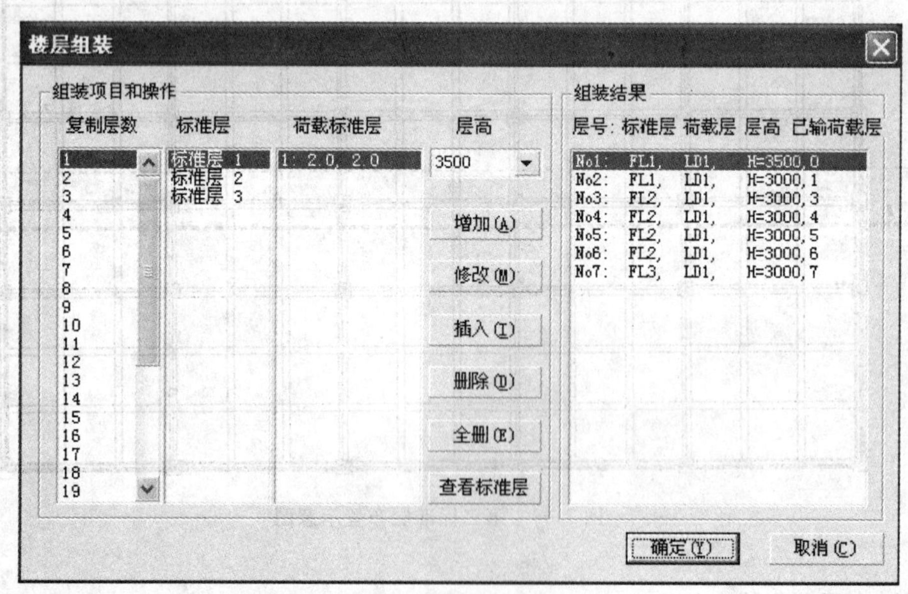

图 7.46　楼层组装

图 7.47　楼层组装三维图

7.5.8　修改楼梯间板厚

主菜单→【结构楼面布置信息】→【修改板厚】，将楼梯间的板厚设置为零。

7.6　砌体结构抗震及其他计算

该程序适用于12层以下任意平面布置的砌体结构及底框-抗震墙砌体结构的计算。底部框架-抗震墙层数可以是一层或两层。当底部框架-抗震墙层数多于两层时也可进行抗震计算，由于现行规范未对此类结构的计算作出明确的规定，故所得结果供用户参考使用。

对于楼层总数或总高度超过规范限值的结构，软件会给出警告提示。但这类结构软件仍可进行计算，计算方法及结果都与一般结构相同。

混凝土小型空心砌块结构的辅助设计。可用 PKPM 系列中“混凝土小型空心砌块 CAD 软件 QIK”。

7.6.1　砌体结构抗震验算

1. 砌体结构抗震验算计算过程及内容

按底部剪力法计算各层地震剪力；根据楼面结构刚度及墙体侧向刚度将地震剪力分配到每片墙体和每片墙体中的每个墙段；根据倒算的楼面荷载及墙体自重计算墙体的平均压应力；按墙体截面的抗震受剪承载力计算公式验算各片墙体和墙段的抗震受剪承载力。

砌体结构抗震验算的计算内容分为两部分：

第一部分：验算每一大片墙体的抗震受剪承载力，计算对象是包括门窗洞口在内的大片墙体，求出每一片墙体在抗震受剪时考虑压力影响的沿阶梯形截面破坏的抗震抗剪强度。验算结果是墙体截面的抗力与其荷载效应之比值，即墙体截面的抗震受剪承载力。当该比值小于 1 时，说明该墙体的抗力小于其荷载效应，墙体不满足抗震受剪承载力要求。

第二部分：验算各门、窗间墙段的抗震承载力，计算方法与大片墙体相同。当墙段的抗震受剪承载力不满足要求时(结果小于 1)，将计算出该墙段在层间竖向截面内所需的水平配筋的总截面面积，供用户作配筋墙时参考使用，一般来说，用户可选择某一范围内配筋较大的墙段作为该范围墙体的水平配筋截面面积。

2. 基本参数输入

点主菜单 8 进行砌体抗震验算及其他计算时，先要按照屏幕上的中文提示(如图 7.48 所示的对话框)，输入如下若干参数：

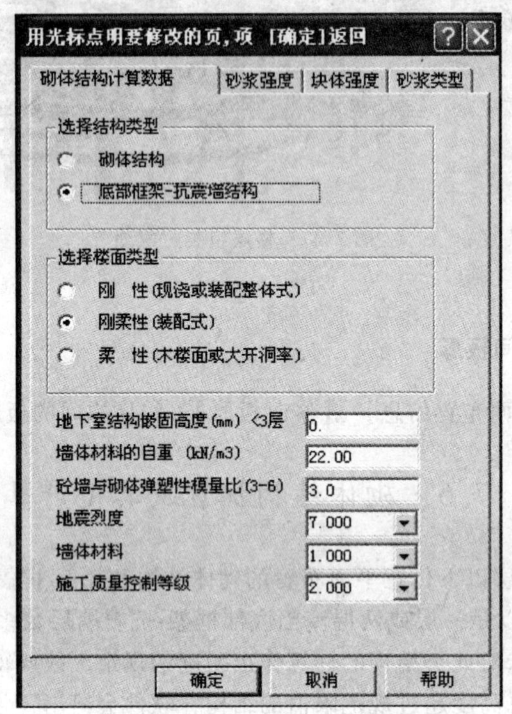

图 7.48 砌体结构抗震验算基本参数对话框

①结构形式(砌体，底框-抗震墙)。

②楼面刚度类别(刚性、刚柔性、柔性)。

现浇或装配整体式楼盖选刚性；木楼盖或开洞率很大，平面刚度很差的楼盖选柔性；装配式钢筋混凝土楼盖选刚柔性。

③地下室结构嵌固高度(mm)。

一般情况取 0；当房屋有地下室或半地下室时，输入地下室或半地下室底面至计算水平地震力地平面的高度，该高度值应小于房屋 3 层高度。

当输入的嵌固高度大于 0 时，在计算基底总地震剪力时将不计入地平面以下部分的结构重力荷载代表值，在计算各层地震力和地震剪力时，结构高度将减去该高度，这样就可得到结构实际的地震作用。

④墙体材料的自重(kN/m^3)。

模型输入时墙的厚度应按实际输入，不应计入抹灰层。输入墙体材料的自重时，应考虑加上抹灰层重量。程序中隐含值为$21kN/m^3$，是实心黏土砖的自重，粗略地考虑了抹灰重量。用户可根据不同墙体材料的实际情况输入墙体的自重值。

⑤混凝土剪力墙与砌体弹塑性模量比(3～6)。

该系数是在既有砖墙又有混凝土墙的砌体结构中，考虑混凝土墙在剪力分配时的等效刚度而设的，该值相当于混凝土墙与砖墙刚度相比的倍数。在底框-抗震墙结构的底部抗剪墙刚度计算及地震剪力分配中该值不起作用。

⑥地震烈度[6(0.05g)、7(0.10g)、7(0.15g)、8(0.20g)、8(0.30g)或9(0.30g)]。

⑦墙体材料(1：烧结砖，2：蒸压砖，3：混凝土砌块)。

烧结砖包括烧结普通砖及烧结多孔砖；蒸压砖包括蒸压灰砂砖及蒸压粉煤灰砖；混凝土砌块包括混凝土及轻骨料混凝土砌块。

⑧施工质量控制等级(1：A级、2：B级、3：C级)。

将根据施工质量控制等级对砌体的强度作相应调整(A级乘1.05；B级乘1.00；C级乘0.89)。

⑨构造柱参与共同工作。

当选择构造柱参与共同工作，将按GB50003式(10.3.2)计算承载力，同时还根据构造柱数量来考虑承载力是否提高10%。否则只考虑提高10%。混凝土构造柱应在PKPM主菜单1作为普通柱输入。

⑩各结构楼层的砂浆强度等级、砌块强度等级及砂浆类型。

有多少结构楼层就要同时输入多少个数据，砂浆和砌块的强度等级可以是任意值，软件将按线性插值法取值。

砂浆类型是供用户选择是否用水泥砂浆砌筑，当选择是用水泥砂浆时，将对砌体的抗压强度(乘0.9)及抗剪强度(乘0.8)作相应调整。

以上参数当第一次输入后将会保存在一个临时文件中，同一工程再次调用砖混计算菜单时，软件将上一次输入的数值作为隐含值。

若有参数不符合要求，程序将在屏幕给出提示并重新输入。

3. 菜单操作

输入参数后，将在右侧菜单区出现如下菜单：

(1)算下一层；(2)受压计算；(3)墙轴力图；(4)墙剪力图；(5)墙高厚比；(6)局部承压；(7)字符大小；(8)计算书；(9)构柱钢筋；(10)退出计算。

点菜单(1)将进入下一层计算；

点菜单(2)进行墙体受压承载力计算；

点菜单(3)输出本层墙体轴力设计值图；

点菜单(4)输出本层墙体剪力设计值图；

点菜单(5)进行墙体高厚比验算；

点菜单(6)进行墙体局部受压承载力计算；

点菜单(7)可改变计算结果标注字符的大小；

点菜单(8)可生成和浏览计算书；

点菜单(9)交互修改构造柱的钢筋；

点菜单(10)退出程序到 PMCAD 主菜单。

菜单(8)生成计算书。

砌体结构抗震验算计算书的输出内容包括：

(1)计算日期、输入信息及计算控制数据等。

(2)结构计算总结果：结构总重力荷载代表值；墙体总自重荷载；楼面总恒荷载；楼面总活荷载；水平地震作用影响系数；结构总水平地震作用标准值；顶层地震力增大系数等。

(3)各层计算结果：本层层高；本层重力荷载代表值；本层墙体自重荷载标准值；本层楼面恒荷载标准值；本层楼面活荷载标准值；本层水平地震作用标准值；本层地震剪力标准值；本层砌块强度等级；本层砂浆强度等级(墙体各项验算结果见计算结果图)。

(4)若是底框-抗震墙砌体结构还要输出：底框总倾覆力矩；各角度下的地震剪力和层间侧向刚度比；各榀框架的地震力和柱子附加轴力见底框计算结果图。

菜单(9)交互修改构造柱的钢筋。

在砌体结构抗震受剪验算和墙体受压承载力计算中，要用到混凝土构造柱的钢筋面积和钢筋强度，菜单(9)为用户提供交互修改构造柱钢筋的功能。当墙体抗震受剪验算或墙体受压承载力计算不满足时，用户可以通过增加钢筋面积或提高钢筋强度来提高墙体承载力。

点菜单(9)“构柱钢筋”后，弹出右侧菜单如下：

(1)回主菜单；(2)修改钢筋；(3)钢筋拷贝；(4)连柱改筋；(5)连柱拷贝；(6)层间拷贝；(7)图形缩放；(8)换其他层。

点“回主菜单”，返回到抗震受剪验算。当用户点取“构柱钢筋”菜单后，程序会自动回到第一层楼，按修改后的构造柱钢筋重新进行计算。

“修改钢筋”供用户逐个修改本层内的构造柱钢筋。点“修改钢筋”由用户交互点取待修改的构造柱后，程序会弹出修改柱钢筋对话框，按提示修改钢筋的直径、根数及强度等级。用户可用“钢筋拷贝”菜单进行构造柱钢筋的拷贝，首先选取一个被拷贝的构造柱，再逐个选取要拷贝的构造柱。

“连柱改筋”供用户成批修改全楼上下连通的构造柱钢筋。点“连柱改筋”，由用户交互点取一组待修改的构造柱后，程序会显示选出的连通构造柱的钢筋，按提示修改钢筋的直径、根数及强度等级。用户可用“连柱拷贝”菜单进行连通构造柱钢筋的拷贝。

“层间拷贝”供用户进行楼层之间的构造柱钢筋的拷贝。点“层间拷贝”，用户按提示对话框完成构造柱钢筋的层间拷贝。

4. 墙体抗震承载力计算结果

砌体结构抗震验算计算结果以图形方式输出，计算结果直接标注在各层的平面图上，自下而上逐层输出计算结果。抗震验算结果的图形名为 ZH * . T，* 代表层号，如第二层计算结果的图名为 ZH2. T。

在抗震验算的结果图中：

黄色数据是各大片墙体(包括门窗洞口在内)的抗震验算结果；数字意义为该片墙抗

力与荷载效应的比值；数字标注方向与该片墙的轴线垂直。当验算结果大于1 时，表明满足抗震强度要求。当验算结果小于 1 时用红色数据显示，表明该片墙体不满足抗震强度要求。

蓝色数据是各门、窗间墙段的抗震验算结果：数字意义为该段墙的抗力与荷载效应的比值；数字标注方向与该墙段平行，大于 1 时满足抗震强度要求。当验算结果小于 1 时用红色数据显示，表明该墙段不满足抗震强度要求。此时在括号中给出该墙段的层间竖向截面中所需水平钢筋的总截面积，单位为 mm^2，用户可根据各墙段的钢筋面积进行适当归并后设计配筋墙体。

白色数字是混凝土剪力墙的剪力设计值，单位为 kN；用户可根据该剪力值计算剪力墙的水平配筋。

图形下面标出的内容是：

①Gi=第 i 层的重力荷载代表值(kN)

②Fi=第 i 层的水平地震作用标准值(kN)

③Vi=第 i 层的水平地震剪力(kN)

④LD=地震裂度

⑤GD=楼面刚度类别

⑥M=本层砂浆强度等级

⑦MU=本层砌块强度等级

图形右侧菜单中的“字符大小”菜单可改变结果中的字符大小。

5. 墙体剪力设计值计算结果

墙体剪力设计值图的图形文件名为 ZV＊.T，＊代表层号，图中剪力单位为 kN，地震作用分项系数取 1.3。

图中各大片墙体的剪力标注方向与该片墙垂直，各墙段的剪力标注方向与该墙段平行。

7.6.2 底框-抗震墙结构的计算

1. 底框-抗震墙结构的计算过程及内容

底框-抗震墙结构的抗震计算内容有三部分：

第一部分：与砌体结构相同，计算底框-抗震墙中砖填充墙及其他各层砖墙的抗震承载力，以及底框-抗震墙中混凝土剪力墙的剪力设计值。计算过程与砌体结构相同。在底框-抗震墙计算中，不考虑框架承担的地震作用，也即地震作用全部由抗震墙承担。

底层的混凝土墙和满足砖填充墙构造要求的砖墙应作为受力墙输入，但一般隔墙不能作为受力墙输入。

第二部分：计算底部各榀框架承受的侧向地震作用及每榀框架中各框架柱由地震倾覆力矩产生的附加轴力。

底框-抗震墙的地震剪力要根据上下层侧移刚度比乘以一个 1.2～1.5 的增大系数；然后将地震剪力在框架和抗震墙之间进行分配，分配时混凝土剪力墙的侧移刚度要乘以 0.3 的折减系数，砖填充墙要乘以 0.2 的折减系数，非抗震墙(如隔墙)则不应在模型交互输入中输入；上部砌体房屋产生的地震倾覆力矩按刚度分配到各榀框架和抗震墙，再按各柱的转动惯性矩计算柱的附加轴力。

第三部分：在底框-抗震墙中的混凝土剪力墙，软件将根据其承受的剪力、轴力和由倾覆力矩产生的弯矩设计值，计算出各片剪力墙的端部纵向钢筋面积和水平分布筋面积。

软件可将底框-抗震墙结构的抗震计算结果，以及上部砌体房屋传递的竖向荷载，与 PK、TAT 及 SATWE 等分析软件接口，通过 PK、TAT 及 SATWE 软件进行底框-抗震墙在地震作用和竖向荷载作用下的内力分析及施工图设计。

2. 底框-抗震墙基本参数输入

底框-抗震墙结构除了砌体结构输入的数据外，还要输入下述数据：

①底框的层数。

②考虑墙梁作用上部荷载折减系数：

- 无洞口墙梁折减系数 $Q_L \times S_1$；
- 有洞口墙梁折减系数 $Q_L \times S_2$。

当输入的墙梁荷载折减系数小于 1.0 时，软件在形成底框或底框连梁 PK 文件时，将对上部梁墙传递给框架梁的均布恒载和活荷载乘以该折减系数，折减掉的均布荷载将按集中荷载作用在两端柱子上。当梁上墙体无洞口时，按系数 $Q_L \times S_1$ 折减；当梁上墙体有一个洞口时，按系数 $Q_L \times S_2$ 折减；当梁上墙体洞口大于等于 2 个时，荷载不折减。

③剪力墙侧移刚度考虑边框柱作用。

当选择考虑边框柱作用时，在计算上层砖房与底框的层间刚度比中，将考虑与剪力墙相连的框架柱的刚度，按面积等效的方法计入柱的面积计算剪力墙侧移刚度。否则不予考虑。

④剪力墙的端部主钢筋强度等级。

⑤剪力墙水平分布筋强度等级。

⑥剪力墙的混凝土强度等级 C_w。

⑦剪力墙的竖向钢筋配筋率 R_v(%)。

⑧剪力墙的水平钢筋间距 S_h(mm)。

3. 底框-抗震墙结构抗震计算结果

底框-抗震墙地震作用计算结果图形文件名为 KJl. T。

底框-抗震墙上层砖房结构抗震验算结果中，底下各框架楼层的计算结果中，当该底层抗震墙为砖墙，则给出该片墙的抗震承载力计算结果；若抗震墙为钢筋混凝土墙，则给出该片墙所承受的剪力设计值，用户可根据该剪力值计算剪力墙水平分布筋。完成各层抗震验算后，程序接着计算底框-抗震墙的侧向地震作用和附加轴力。

在底框-抗震墙计算结果图中：黄色数据表示各榀框架的侧向地震力标准值；数字标注方向与该榀框架轴线垂直。蓝色数据表示各榀框架柱的附加轴力标准值。数字标注方向与框架轴线平行。紫色数据表示各片剪力墙的配筋计算结果。其中 A_s 为该片墙每边端柱的纵向配筋面积，A_{sh} 为剪力墙水平分布钢筋的面积，水平分布筋的间距是由用户输入的。

图下标出的内容是：

V_{xx} = 经过调整的底层某一方向地震剪力，xx 数值表示该剪力作用方向角；

K_{xx} = 某一方向上层砖房与底框-抗震墙的抗侧移刚度比，xx 表示该比值的方向角，当 K_{xx} 大于规范的限值时将用红色显示，以提示用户注意；

M_{tl} = 地震倾覆力矩标准值；

C_w = 剪力墙的混凝土强度等级；

S_{hw} = 剪力墙水平分布筋的间距；

F_{yh} = 剪力墙水平分布筋强度设计值；

$R_v(\%)$ = 剪力墙纵向分布筋配筋率。

4. 底框-抗震墙结构抗震计算结果与 PK、TAT、SATWE 接口

(1)与 PK 接口。

完成第 8 项菜单后，点取 PMCAD 第 4 项菜单，可生成底框-抗震墙 PK 计算数据文件，内容包括结构简图、框架梁上本层楼面传来的荷载以及上面各层砖房楼面及砖墙传来的荷载(恒、活)、水平地震作用及柱子的附加轴力。由 PK 完成各榀框架的内力分析、配筋计算及绘图。

当同一网格线上框架梁与混凝土墙或砖填充墙同时存在时，恒载及活载将优先传至墙，若用户需要在框架计算时考虑由梁承受上部砖房的竖向荷载，可通过 PMCAD 主菜单 4 形成 PK 文件时选择竖向荷载加在梁上。

(2)与 TAT、SATWE 的接口。

完成第 8 项菜单后，会自动生成一个与 TAT 及 SATWE 软件的接口文件，将计算所得的底框-抗震墙结构承受的水平地震作用、倾覆力矩、上部各层砖房楼面及砖墙传来的竖向恒、活荷载和风荷载传递给 TAT 及 SATWE 软件。可启动 TAT 或 SATWE 软件，用空间分析方法一次完成底框-抗震墙结构的内力分析和配筋计算，并绘制施工图。

(3)底框梁上由上层砖墙传来的荷载的处理。

在接 PK、TAT 或 SATWE 计算的文件中，框架梁上由以上各层砖墙传来的荷载是按均布方式作用的，并单独填写了一项荷载。当在参数输入小于 1 的折减系数时，软件会将梁上的均布荷载乘以输入的折减系数，而把折减掉的那部分荷载作为集中荷载作用在柱上，这样来近似考虑墙梁作用的计算。

如有必要，用户可根据梁上墙体的开洞情况以及设计经验，对这项荷载的作用方式进行修改，以考虑墙梁作用，即对形成的 PK、TAT 或 SATWE 荷载文件进行修改。但必须注意到在 PK、TAT 或 SATWE 计算中，无论是否考虑墙梁作用，对荷载进行折减与否在梁配筋计算中都没有考虑墙梁作用产生的附加水平推力。

墙梁的专门计算和设计可用 PKPM 系列软件中的 GJ 软件完成。

7.6.3　砌体结构的受压、高厚比、局部受压计算

1. 墙体受压计算

(1)墙体受压计算原则及过程。

根据《砌体结构设计规范》(GB50003—2001)计算，软件按门、窗间墙段为受压构件的计算单元。当墙体中没有钢筋混凝土构造柱时，按无筋砌体构件的有关规定进行受压承载力计算；当墙体中有钢筋混凝土构造柱时，按砖砌体和钢筋混凝土构造柱组合墙的有关规定进行受压承载力计算。对于长度小于 250mm 的小墙垛，软件不做受压承载力计算。

软件将自动生成各墙段的截面积 A、荷载设计值 N、影响系数 φ 或 φ_{com} 以及钢筋混凝

土构造柱的面积 A_c 和钢筋面积 A_s；然后求出各构件的抗力与荷载效应之比。该值大于 1 表示满足受压承载力，小于 1 表示不满足。

受压承载力计算时，墙体构件按墙段自动生成，每个墙段生成一个承压构件。各墙段的长度当有洞口时取到洞口边，无洞口时取两节点的中点，构件的轴力取其各段墙的轴力之合力。

(2)墙体受压计算结果。

墙体受压承载力计算结果图的图名为 ZC＊.T，＊代表楼层号。图中数值为抗力与荷载效应之比，大于 1 表示满足，用蓝色数字显示，小于 1 不满足，用红色数字显示。

由于墙体受压承载力是按墙段进行计算的，每个墙段都作了计算。当个别情况下一个较短墙段与另一个墙段相交时，如果计算结果中有一个值较大，而另一个值又小于 1.0，此时可以近似按平均值来考虑。

(3)墙体轴力设计值计算结果。

墙体轴力设计值计算结果图的图名为加 ZN＊.T，＊代表层号。轴力图中单位为千牛/米(kN/m)，在轴力设计值图中：黄色数据表示底层各轴各大片墙每延米的轴力设计值；标注方向与抗震验算结果相同。蓝色数据表示各墙段每延米的轴力设计值。

2. *墙体高厚比验算*

(1)墙体高厚比验算计算原则及过程。

软件将相邻两端有相交的墙肢支承的墙段生成墙高厚比计算的单元，按单元进行高厚比验算。墙长度小于 1.9m 的墙单元不作高厚比验算。验算结果是墙体的实际高厚比和经过各种修正的容许高厚比，当实际高厚比大于等于容许高厚比时表示满足要求。当考虑构造柱共同工作时，墙体容许高厚比 β 乘以构造柱提高系数 η_c。

(2)墙体高厚比计算结果。

相邻的两个端墙之间的墙段自动生成一个墙计算单元，按墙单元进行高厚比验算。墙长度小于 1.9m 墙单元不作高厚比验算。墙体的高厚比 β 按下式计算：

$$\beta = H_0 / h$$

式中：H_0 为墙体计算高度；h 为墙体厚度。墙体容许高厚比 $[\beta]$ 按《砌体结构设计规范》(GB50003—2002)表 6.1.1 确定。考虑非承重墙容许高厚比修正系数 μ_1 和门窗洞口容许高厚比修正系数 μ_2。

墙体高厚比验算结果图的图名为 ZG＊.T，＊代表楼层号。图中数值“/”号前为计算的墙体高厚比值 β，“/”号后为经过各项修正的容许高厚比值 $\mu_1\mu_2[\beta]$，当 $\beta \leqslant \mu_1\mu_2[\beta]$ 时表示满足高厚比要求，用蓝色数字显示；否则表示不满足高厚比要求，用红色数字显示。

3. *砌体局部受压计算*

(1)墙体局部受压计算原则及过程。

软件自动搜索出需要进行砌体局部受压计算的节点，搜索的条件是在该节点上支承有一根在交互输入中输入的梁，有一片以上的墙体，没有柱。要计算的节点以红点标出。然后自动生成计算所需的信息，其中包括：梁的截面尺寸、跨度及荷载设计值、墙肢的数量、各墙肢的厚度、墙体平均压应力、墙体材料强度；如果用户在 PMCAD 菜单 2 中已输入圈梁，则还读取布置圈梁信息、圈梁截面尺寸。根据以上自动生成的信息，计算出各节点局部受压承载力。

计算结果标注在平面图上，当抗力大于等于荷载效应时满足局部受压承载力要求，用绿色表示，否则不满足局部受压承载力要求，用红色表示。

(2)墙体局部受压计算结果。

软件中的砌体局部受压计算是指梁端部支承处的砌体局部受压，按以下 4 种情况进行计算：(1)梁端无垫块、垫梁或圈梁；(2)梁端设预制混凝土刚性垫块；(3)梁端有与梁端现浇成整体的混凝土垫块；(4)梁端有长度大于 πh_0 的垫梁(含圈梁)。

计算结果标注在平面图上，图形文件名为“JBCY＊. T”，＊为楼层号。标注的数据中，“/”号前的数字为抗力值(fA)，“/”后的数字为荷载效应值(N_0+N_1)。当抗力大于等于荷载效应时满足局部受压承载力要求，用绿色表示，否则不满足局部受压承载力要求，用红色表示。

点取右侧菜单“梁垫输入”，用户可以用光标选择节点，补充输入该节点的梁垫类型及尺寸等信息，同时也可以查看和修改自动生成的计算参数。用户输入或修改了梁垫信息和计算参数后，根据新的数据重新计算。

点取右侧菜单“详细结果”，软件将输出砌体局部受压承载力计算的详细结果，结果文件名为“JBCY＊. OUT”，＊为节点号。

7.7 PMCAD 其他功能

本小节简要介绍 PMCAD 剩下的几种功能，随着 PKPM 软件的更新换代，PMCAD 中的很多功能都已被其他模块替代，施工图也遵循新的平法表示规范，读者只需要了解即可。

7.7.1 形成 PK 文件

该主菜单可以生成平面上任意一榀框架的数据文件和任一层上单跨或连续次梁按连续梁格式计算的数据文件，免除在 PK 软件中繁复的计算简图输入和荷载输入。用户只要逐一选取轴线即可，可接力 PK 软件对任意一榀框架进行设计和绘图。图 7.49 为在 PK 中显示的框架立面图。

7.7.2 画结构平面图

执行主菜单 5：画结构平面图(PM5W. EXE)

对于框架结构、框剪结构、剪力墙结构和砖混结构的结构平面图绘制，需要由这项功能菜单作出。本菜单还完成现浇楼板的配筋计算。每操作一次这项菜单即绘制一个楼层的结构平面图，每一层绘制在一张图纸上，图纸名称为 PM＊. T，＊为层号，图纸规格及比例等取自 PMCAD 主菜单 1 建模时定义的值，也可在这里修改。需绘图的楼层层号在一开始键入。每层的操作分为输入计算和画图参数、计算钢筋混凝土板配筋和交互式画结构平面图三部分。由运行文件 PM5W. EXE 完成。

用户执行“画结构平面图”菜单后，程序弹出“请输入楼层编号”对话框，选择第一层，窗口即显示第一层平面结构布置图。可操作的菜单如图 7.50 所示。先进行参数定义，然

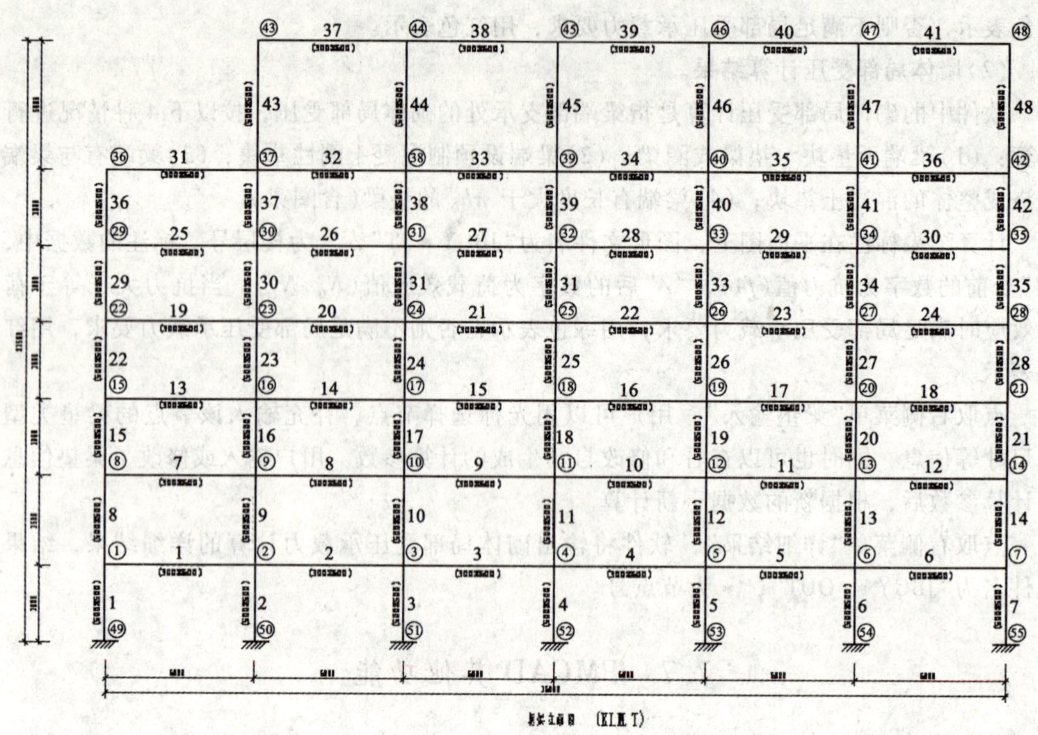

图 7.49 PK 平面框架立面图

后进行楼板计算，最后进入绘图。

1. 参数定义

参数定义提供配筋参数、绘图参数、人防等级和人防荷载的修改。点击【参数定义 \ 配筋参数】，弹出对话框“楼板配筋参数”，用户可以根据实际工程和规范要求进行修改。如图 7.51 所示。

点击【参数定义 \ 绘图参数】，弹出对话框“画平面图参数”，用户可自行修改，如图 7.52 所示。

2. 楼板计算

基本参数修改完成后就可以进入楼板计算，首先点击【楼板计算 \ 边界条件】对边界条件修改。

边界条件分为固定边界和简支边界，程序默认的是固定边界，为了减小边柱与边梁的扭矩，一般要把边柱、边梁与楼板的连接改为简支边界。点击【边界条件 \ 简支边界】，用鼠标点选要修改的边界，即可完成修改，如图 7.53 所示，固定边界显示为红色，简支边界显示为蓝色(图中虚线)。

注意：楼板计算的时候程序自动把弧形梁处理为直线梁。

处理完边界后即可点击【楼板计算 \ 自动计算】，程序自动完成楼板、主次梁的内力与配筋计算，【楼板计算】里面的其他命令可查看和修改楼板和主次梁的配筋，给出单个或多个房间的配筋计算书，详细操作不再赘述。

主菜单
选择楼层
参数定义
楼板计算
进入绘图
重新绘图
退　　出

图 7.50　画结构平面图菜单

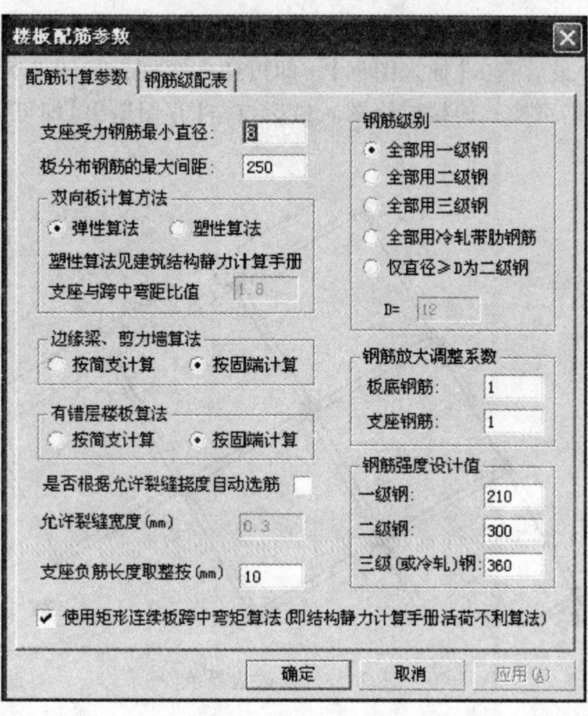

图 7.51　楼板配筋参数

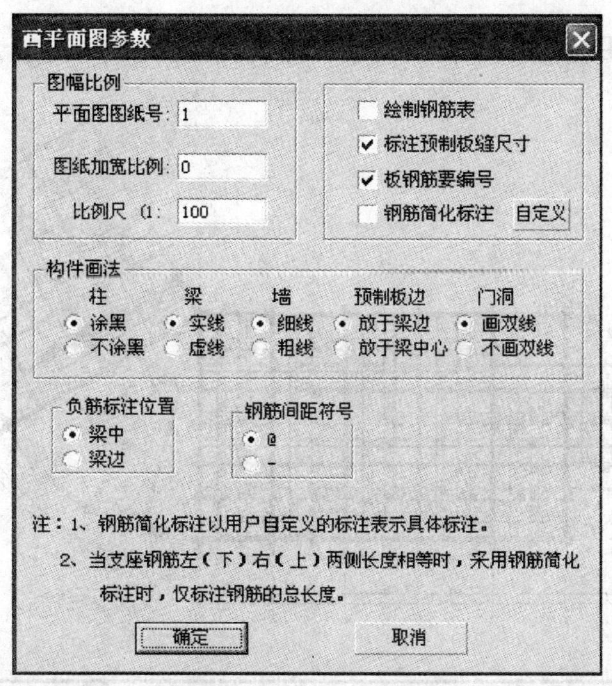

图 7.52　画平面图参数

3. 交互式绘图

点击【进入绘图】，主菜单如图 7.54 所示，用户可以按自己需要点击需要添加的项目，最后点击【插入图框】，即可插入图框，如图 7.55 所示。点击【回主菜单】→【选择楼层】即可换其他楼层绘图。最后点击【存图退出】即可完成绘图工作。

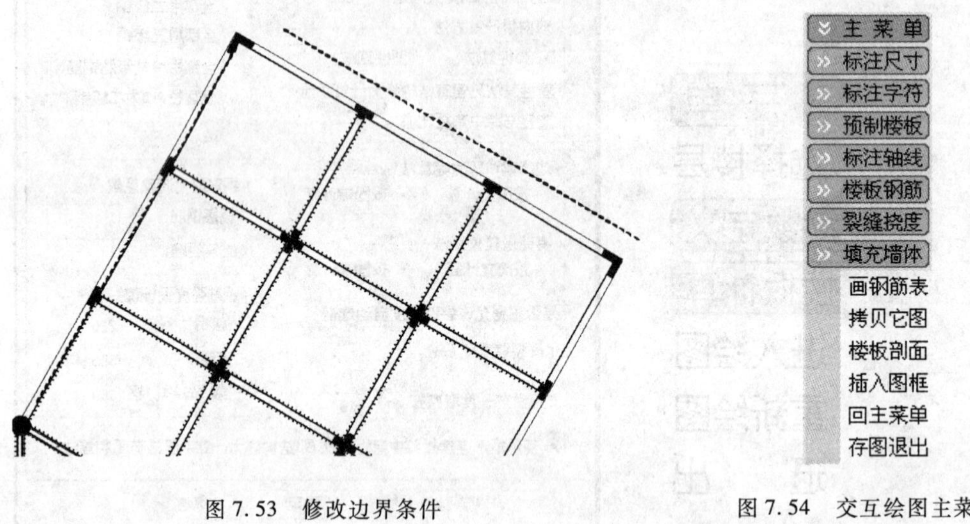

图 7.53 修改边界条件 图 7.54 交互绘图主菜单

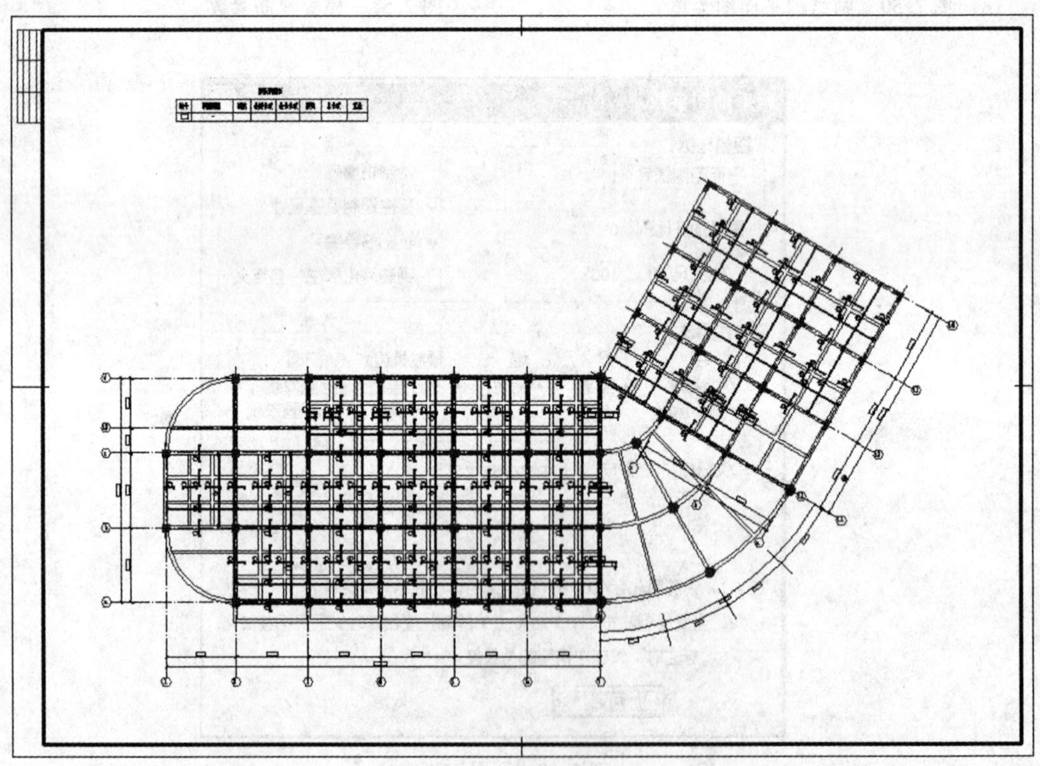

图 7.55 楼板配筋图

7.7.3　砖混节点大样

这部分功能是在主菜单 5 所完成的同一层砖混结构平面图上继续作圈梁布置，画圈梁节点大样图，构造柱节点大样图和圈梁布置简图。如图 7.56 所示为砖混节点大样。

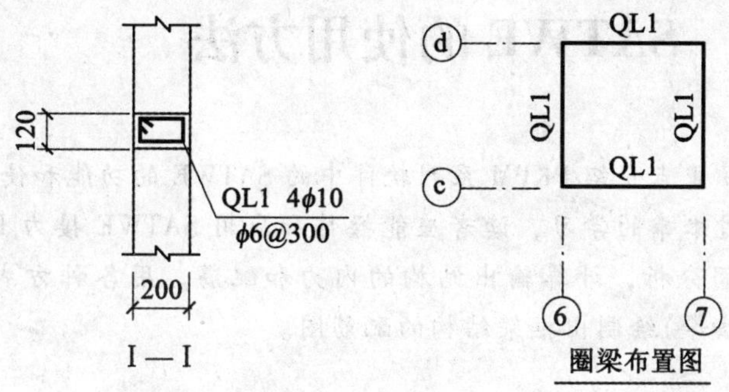

图 7.56　砖混节点大样

7.7.4　统计工程量

该功能能够按表格形式分层统计各构件的混凝土及其他材料用量。先逐层输出各结构标准层的工程量统计表，最后输出全部结构的工程量汇总表。如图 7.57 所示。

1　层主要工程量

项目	单位	数量	项目	单位	数量
柱混凝土	立方米	36.6	砖砌体	立方米	
主梁混凝土	立方米	37.7	圈梁混凝土	立方米	
次梁混凝土	立方米	60.0	构造柱混凝土	立方米	
楼板混凝土	立方米	111.3	预制板		
剪力墙混凝土	立方米	93.5	预制板		
			预制板		

图 7.57　统计工程量

作　业

阅读并上机操作本章的例题。

第 8 章 高层建筑结构空间有限元分析软件 SATWE 的使用方法

教学提示：本章重点介绍 PKPM 系列软件中的 SATWE 的功能和使用方法。

学习要求：通过本章的学习，读者应能操作和应用 SATWE 接力 PMCAD 对整栋楼房结构进行有限元空间分析，计算输出结构的内力和配筋。用各种方式(如平面整体表示法、梁表柱表表示法等)绘制出框架结构的配筋图。

在 PKPM 系列设计软件中，用于结构分析计算的主要有 SATWE、TAT、PK、PMSAP，目前结构设计人员最常用的是有限元分析软件 SATWE。本章主要介绍 SATWE 的使用方法，包括计算参数的选取、特殊荷载的设定、计算分析方法的选择、计算结果分析、控制参数的调整以及结构设计优化等。在众多 PKPM 结构设计软件模块中，本书之所以选择 SATWE 重点介绍，其原因如下：

(1)SATWE 软件使用普遍，用户广泛。

(2)SATWE 软件功能强大，采用墙元模型，可以完成复杂多高层结构的计算分析工作，而且操作简单，适应性强。

(3)SATWE 软件参数较多，可以设置的项目也很多，计算输出的内容十分丰富，一旦学会了 SATWE 软件的使用，再去学 PK、TAT、PMSAP 等就非常容易了。

本章在详细说明参数的定义与设置原则以外，同时结合第 7 章模型实例具体讲解。

8.1 设计参数设置详解

PM 建模完成后就可进入结构计算分析阶段，SATWE 软件可以直接读取 PM 建模数据生成 SATWE 计算所需的数据文件，然后进行结构计算。但是，在计算之前还需要做一些前期处理工作，例如补充设置计算分析参数，定义特殊构件和特殊荷载等。软件的参数设置是否正确直接关系到软件分析结果的准确性，这也是学好用好软件的关键一步。本节主要介绍 SATWE 软件设计参数的取值设置。

8.1.1 总信息

选择 SATWE 软件的主菜单 1“接 PM 生成 SATWE 数据”，屏幕弹出如图 8.1 所示对话框。选择单选按钮“补充输入及 SATWE 数据生成”，选择第一项“分析与设计参数补充定义(必须执行)”，点击“应用”，弹出如图 8.2 所示属性页对话框。对话框中共有 10 个标签页。

“总信息”标签页中关于结构总信息共有 17 个参数，其取值原则如下：

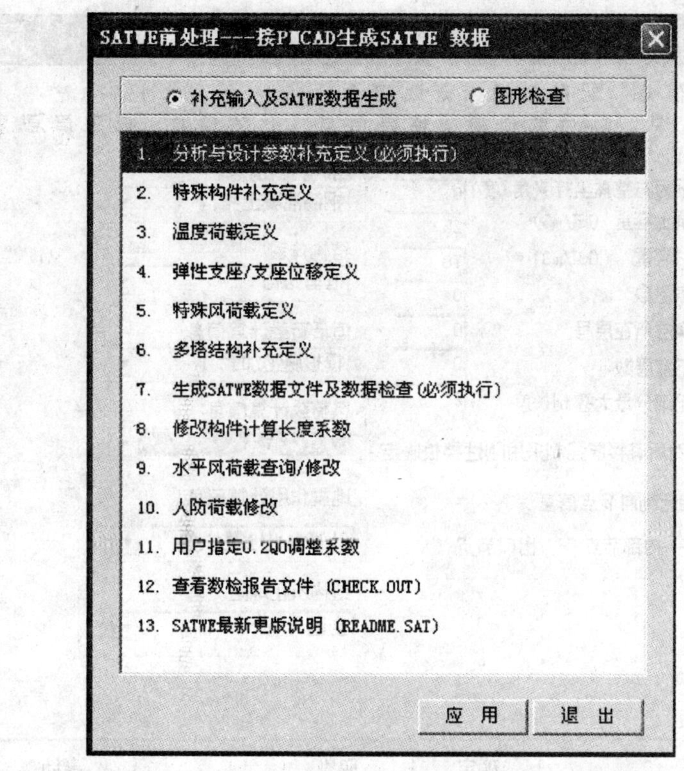

图 8.1　SATWE 前处理主界面

1. *水平力与整体坐标的夹角(度)*

这一参数主要是为了考虑水平力(地震最不利作用与最大风力作用)方向与模型坐标主轴存在较大夹角的影响。一般设计人员事先很难预估算出结构的最不利地震作用方向，因此可以先取初始值0°，SATWE 计算后会在计算书中输出结构最不利方向角，如果这个角度与主轴夹角大于±15°，就应将该角度输入重新计算，以考虑最不利地震作用方向的影响。

2. *混凝土容重(kN/m³)*

程序将钢筋混凝土容重初始值设为25.0kN/m³，以用于一般工程，考虑抹灰装修荷载可以取到26～28kN/m³。

3. *钢材容重(kN/m³)*

程序将钢材容重初始值设为78.0kN/m³，适合于一般工程，考虑钢构件表面装饰和防火涂层重量时，应按实际情况修改此参数。

4. *裙房层数*

对带裙房的高层结构应输入裙房(含地下室)层数，作为带裙房的塔楼结构剪力墙底部加强区高度的判断依据。初始值为0。

5. *转换层所在层号*

为了实现规范对转换构件地震内力放大的规定，如结构有转换层则必须输入转换层

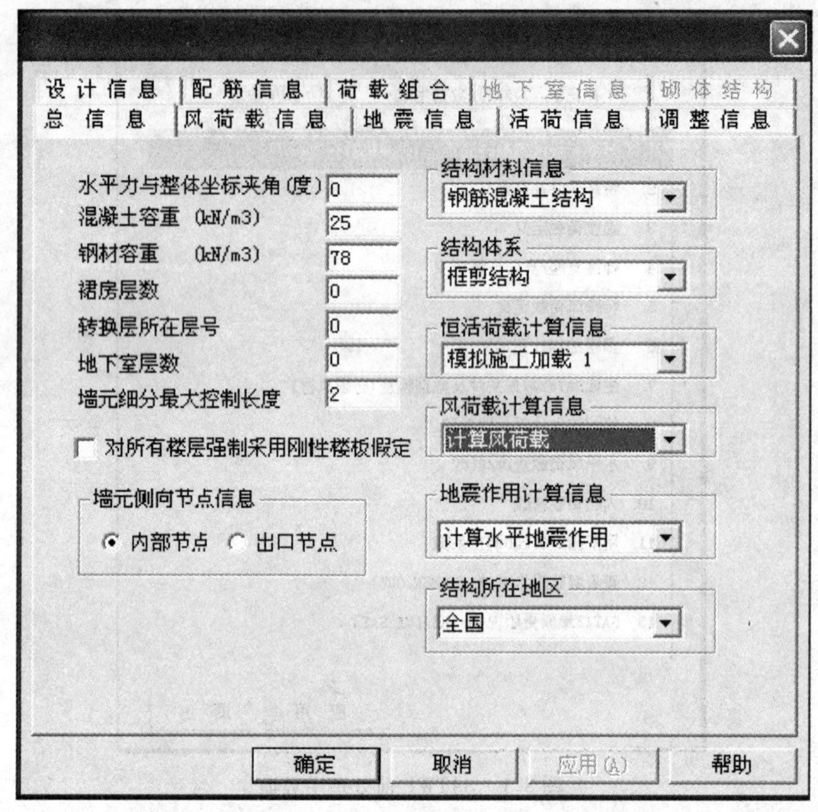

图 8.2 SATWE 总信息设置

号，程序不能自动搜索转换构件和自动判断转换层，需由设计人员指定，程序允许输入多个转换层号，数字之间以逗号或者空格隔开，初始值为0。注意如果结构带有地下室，则转换层号应从地下室起算。

6. 地下室层数

如有地下室应该输入地下室楼层数，初始值为0。当地下室与上部结构共同作结构分析时，可通过该参数来屏蔽地下室部分的风荷载，并提供地下室外围回填土的约束作用数据。

7. 墙元细分最大控制长度

该参数用来控制对剪力墙进行有限元分析的精度，限定值范围为1.0～5.0，初始值为2.0，一般工程可取初始值，框支剪力墙结构可取1.5或1.0。

8. 对所有楼层强制采取刚性楼板假定

初始值为不选择该项，如果设定了弹性楼板或者楼板开大洞，在计算位移、周期等控制参数时，应该选择该项，以满足规范要求的计算条件将弹性楼板强制为刚性楼板参与计算；但是进行配筋和其他计算分析时，仍然应按照弹性楼板来算。对于复杂结构，如不规则坡屋顶、体育看台、工业厂房以及错层或带夹层的结构不应采用强制刚性楼板假定。

9. 墙元侧向节点信息

选择"出口节点"，墙元的变形协调性好，计算准确，但计算速度较慢。对于多层结构，由于剪力墙较少，工程规模较小，可选择“出口节点”。选择“内部节点”，计算速度快，效率高，但是计算精度稍有降低。对于高层结构，由于剪力墙较多，工程规模较大，可选择“内部节点”。

10. 墙梁转框架梁的控制跨高比(0 为不转换)

对于一根梁，程序是按连梁还是按框架梁计算，对结构的整体刚度、周期、位移以及内力计算都是有影响的。目前程序能够自动识别的墙梁仅局限于规则的，上下楼层洞口对齐的情况，对于洞口不对齐或者墙厚有变化等特殊情况，设计人员应该自己认真核对。同时规范规定，当剪力墙开洞形成的连梁跨高比不小于 5 时宜按照框架梁进行设计。程序初始值为 0，设计人员可以根据实际情况自行调整。该项参数设置只有 PKPM2008 版才有。

11. 结构材料信息

此处共有五个选项，即钢筋混凝土结构、钢与混凝土组合结构、有填充墙钢结构、无填充墙钢结构、砌体结构。按工程实际情况设定结构材料信息即可。但是需要注意的是，型钢混凝土和钢管混凝土结构应该属于钢筋混凝土结构，而不是钢结构；无填充墙钢结构的基本风压取值应该按照实际情况进行折减。

12. 结构体系

这个参数用来对应规范中相应的调整系数，按工程实际情况选择即可。这里提醒一点，对于有较强竖向支撑的钢框架结构可以设置为框剪结构。

13. 恒活荷载计算信息

这是竖向力控制参数，程序设有五个选项。①不计算恒活荷载：即不计算竖向力，仅用于研究分析。②一次性加载：采取整体刚度一次加载模型，主要用于多层结构、钢结构和有上传荷载(如：吊柱等)的结构。③模拟施工加载 1：采取整体刚度分层加载模型，适用于多高层结构，但不适应有吊柱的情况。④模拟施工加载 2：适用于框筒结构向基础软件传递荷载但不要传递刚度。⑤模拟施工加载 3：采用分层刚度分层加载模型，适用于多高层无吊车结构，比其他几种加载方式更符合工程实际情况，一般推荐优先使用。

14. 施工次序

这个参数主要是为了解决在模拟施工加载时适应多塔、连体等复杂结构的施工次序调整问题。该项参数设置只有 PKPM2008 版才有。

15. 风荷载计算信息

这里有两个选项，即不计算风荷载和计算(X、Y 两个方向的)风荷载，程序初始值为计算风荷载。

16. 地震作用计算信息

这是地震作用控制参数，程序设有三个选项。不计算地震作用，计算水平(X、Y 方向)地震作用，计算水平地震作用和竖向地震作用。一般根据工程实际情况，按照规范要求选择即可。

17. 结构所在地区

可以选择全国、上海和广东。根据工程实际情况选择即可。

实例设置：

结构材料信息：钢筋混凝土结构；

结构体系：框剪结构；

风荷载计算信息：计算风荷载；

其他使用默认设置。

8.1.2 风荷载信息

如图 8.3 所示是与风荷载计算有关的信息，共 11 个参数。如果在第一项中选择了不计算风荷载，可以不考虑本页参数的取值。

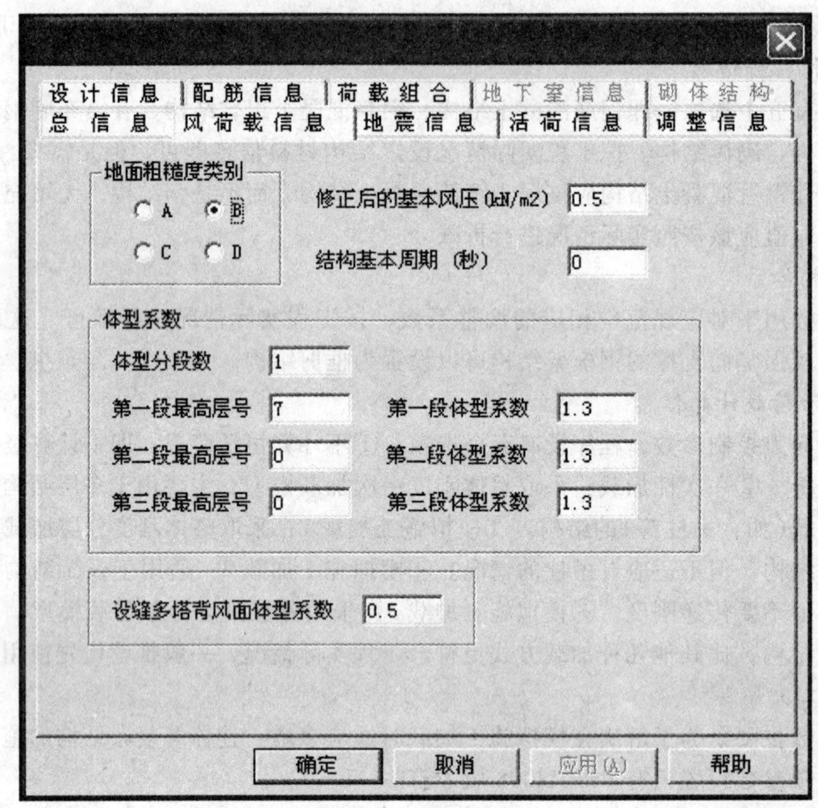

图 8.3 风荷载信息

1. 地面粗糙度类别

《荷载规范》将地面粗糙度类别分为 A、B、C、D 四类，程序初始值取 B。设计人员根据工程实际情况取值即可。

2. 修正后的基本风压 kN/m^2

程序初始值为 0.3，一般工程根据实际情况取值即可。当工程中遇到没有 100 年一遇的基本风压资料时，可以近似地将 50 年一遇的基本风压乘以 1.1 的增大系数采用。

3. 结构基本周期(秒)

结构基本周期值可以根据规范的经验公式计算取值输入；也可以采用程序简化计算的初始值先计算一遍，然后取计算书中输出的结构第一平动周期值重算。

4. 体型分段数

5. 各段最高层号

6. 各段体型系数

以上三个参数，根据规范的规定，按照工程实际情况输入。

7. 设缝多塔背风面体型系数

对于设缝的多塔结构，风向两侧的墙体很少或者根本不受风荷载的影响，程序通过此参数对背风面风荷载进行修正。程序初始值为 0.5，一般按实际情况输入背风面的体型系数。如果改取 0，则表示背风面不考虑风荷载作用的影响。为了使本参数能够得到有效使用，必须在“多塔结构补充定义”中指定结构的背风面的确切位置。

实例设置：

确认修正后基本风压为 0.5；

其他使用默认设置。

8.1.3　地震信息

本页是有关地震计算的各项参数，如图 8.4 所示。建筑物可以不计算地震作用效应，但仍需采取相应的抗震构造措施。

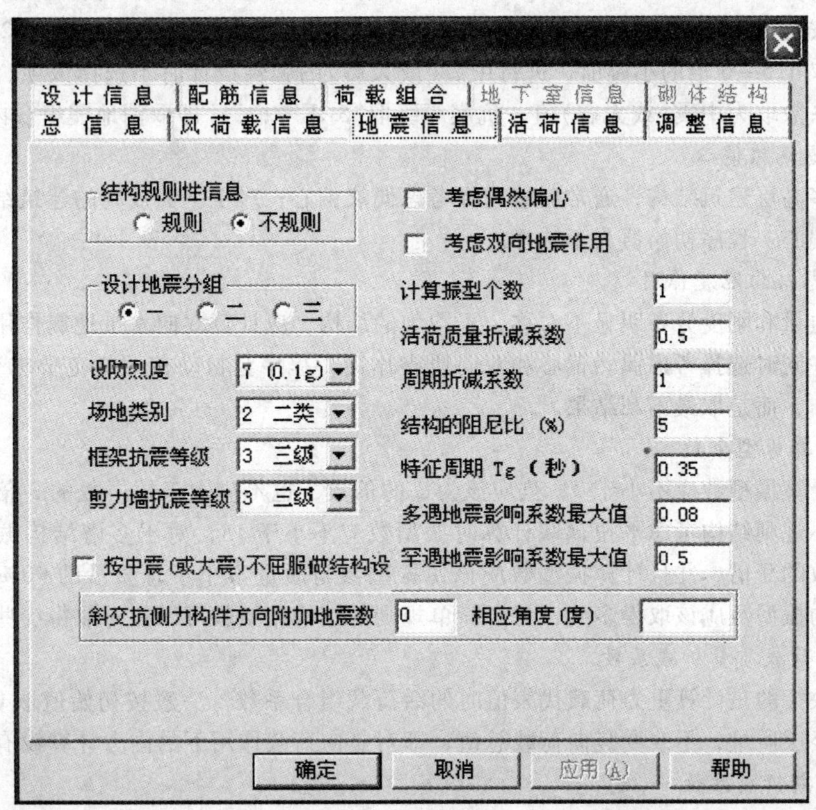

图 8.4　地震信息

1. 结构规则性信息

此项目前还不起作用。

2. 设计地震分组

规范将设计地震分组分为三组，具体工程根据实际情况按照规范选择即可。初始值为第一组。

3. 设防烈度

该参数共有6个选项，6(0.05g)、7(0.10g)、7(0.15g)、8(0.20g)、8(0.30g)、9(0.40g)。根据工程实际情况，按照规范要求选取即可。

4. 场地类别

该参数共有5个选项，0代表上海地区，1、2、3、4代表全国其他地区的Ⅰ、Ⅱ、Ⅲ、Ⅳ类场地。

5. 框架抗震等级

6. 剪力墙抗震等级

以上两个参数分别各有5个选项，0、1、2、3、4、5分别代表抗震等级为特级、一级、二级、三级、四级和不考虑。

7. 按中震(或大震)不屈服做结构设计

新版本的SATWE软件增加了两种性能设计的选择，即中震(或大震)的弹性设计和中震(或大震)的不屈服做结构设计。进行中震(或大震)的不屈服做结构设计时选择该项，同时还应按抗震等级修改"多遇地震影响系数最大值"，一般情况 α_{max} 中震取2.8倍小震值，大震取4.5~6倍的小震值。进行中震(或大震)的弹性设计时不选择该项，此时地震最大影响系数取为中震(或大震)值，抗震等级取"5-不考虑"，即取消地震组合内力调整。

8. 考虑偶然偏心

对于多高层建筑结构，通常应该选择考虑偶然偏心；对于平面规则的建筑结构可以不考虑偶然偏心。程序初始值为不选择。

9. 考虑双向地震作用

对于质量和刚度分布明显不对称、不均匀的结构，应计算双向水平地震作用下的扭转效应。允许同时选择考虑偶然偏心和双向地震作用，程序会自动按照规范要求分别计算，不进行叠加，而是取最不利结果。

10. 计算振型个数

通常计算振型数应不小于3，且应该为3的倍数，也不应大于楼层数的3倍。对于高层结构、不规则结构考虑平扭藕联计算时振型数应不小于15，对于多塔结构振型数不应小于塔楼数的9倍，并且计算振型数应该使振型参与质量不小于总质量的90%。一般对于复杂结构振型数应该取得多些，对于简单规则的结构振型数可以相对取得少些。

11. 活荷载质量折减系数

该参数指的是计算重力荷载代表值时的活荷载组合系数，一般按初始值取0.5。该参数只改变楼层质量，不改变竖向荷载总值，即对竖向荷载作用下的内力计算没有影响。

12. 周期折减系数

周期折减的目的是为了考虑框架结构和框剪结构的填充墙刚度对计算周期的影响。对于框架结构如果填充墙较多，周期折减系数可取0.6~0.7，若填充墙较少可取0.7~0.8，对于框架剪力墙结构可取 0.8～0.9，对于纯剪力墙结构的周期可不折减。这里需要说明的是周期折减并不改变结构的自振特性，只改变地震影响系数。

13. 结构的阻尼比(%)

结构的阻尼比是反映结构内部在动力作用下相对阻力情况的参数。设计人员根据规范规定和工程实际情况输入结构的阻尼比即可，一般钢筋混凝土结构可取初始值 0.05，钢结构可取 0.02，混合结构可取 0.03。

14. 特征周期 Tg(s)

根据《抗震规范》按照工程实际情况输入即可。

15. 多遇地震影响系数最大值

根据《抗震规范》按照工程实际情况输入即可。

16. 罕遇地震影响系数最大值

根据《抗震规范》按照工程实际情况输入即可。

17. 斜交抗侧力构件方向附加地震数及相应角度(度)

程序允许最多可附加 5 组地震，即附加地震数可在 0～5 取值，并在相应角度处输入角度值。该角度是与 X 轴正方向的夹角，逆时针方向为正，每个角度之间用逗号或空格隔开。还可以在此处输入最大地震作用方向。在此处考虑多方向地震作用并不会改变风力的方向。

18. 查看和调整地震影响系数曲线

程序在此处提供了查看和调整地震影响系数曲线的方法，允许设计人员根据工程实际情况输入地震影响系数曲线的参数。该项参数设置只有 PKPM2008 版才有。

实例设置：

使用默认设置。

8.1.4　活荷载信息

如图 8.5 所示是有关活荷载的信息，共有 9 个参数。恒荷载和活荷载不分开计算，则该页信息是无效的。

1. 柱墙设计时活荷载

根据《荷载规范》的规定，有些结构在柱、墙的设计时，可对承受的活荷载进行折减，设计人员可以根据工程实际情况确定是否进行折减。

2. 传给基础的活荷载

在荷载组合计算时，可对传给基础的活荷载进行折减，设计人员可以根据工程实际情况确定是否进行折减。

3. 柱、墙、基础活荷载折减系数

设计人员可以根据工程实际情况确定是否对柱墙或基础的活荷载进行折减，折减系数应根据设计截面以上的楼层数确定。程序初始值是根据《荷载规范》给出的隐含值，用户可以自己修改。

4. 梁活荷载不利布置最高层号

此参数取值范围为 0～N(N 为结构层数)。如果输入 0，则表示全楼均不考虑梁活荷

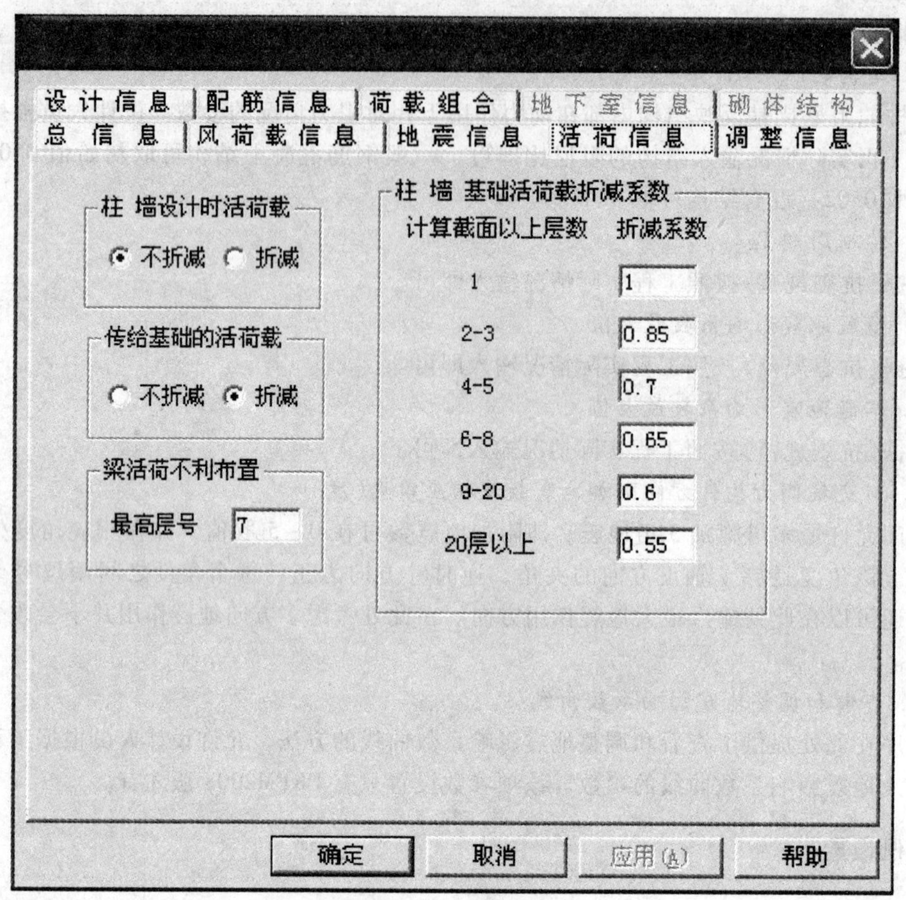

图 8.5 活荷载信息

载不利布置；如果填一个小于 N 的数 n 则表示从 1 到 n 层考虑梁活荷载不利布置，而从 $n+1$ 到 N 层不考虑梁活荷载不利布置；如果填 N，则表示全楼考虑梁活荷载不利布置。程序仅对梁做活荷载不利布置计算，对柱、墙等竖向构件不考虑活荷载的不利布置影响。设计人员在建模时应该将恒、活荷载分开输入，只有将恒、活荷载分开输入，程序才能对梁做活荷载不利布置计算。

实例设置：

使用默认设置。

8.1.5 调整信息

本页是有关调整的信息，共有 17 个参数，如图 8.6 所示。

1. 梁端负弯矩调幅系数

梁端负弯矩调幅系数取值范围为 0.8 ~ 1.0，初始值为 0.85。通常装配整体式框架梁端调幅系数可取 0.7 ~ 0.8，现浇框架梁端调幅系数可取 0.8 ~ 0.9。注意此项调整只针对

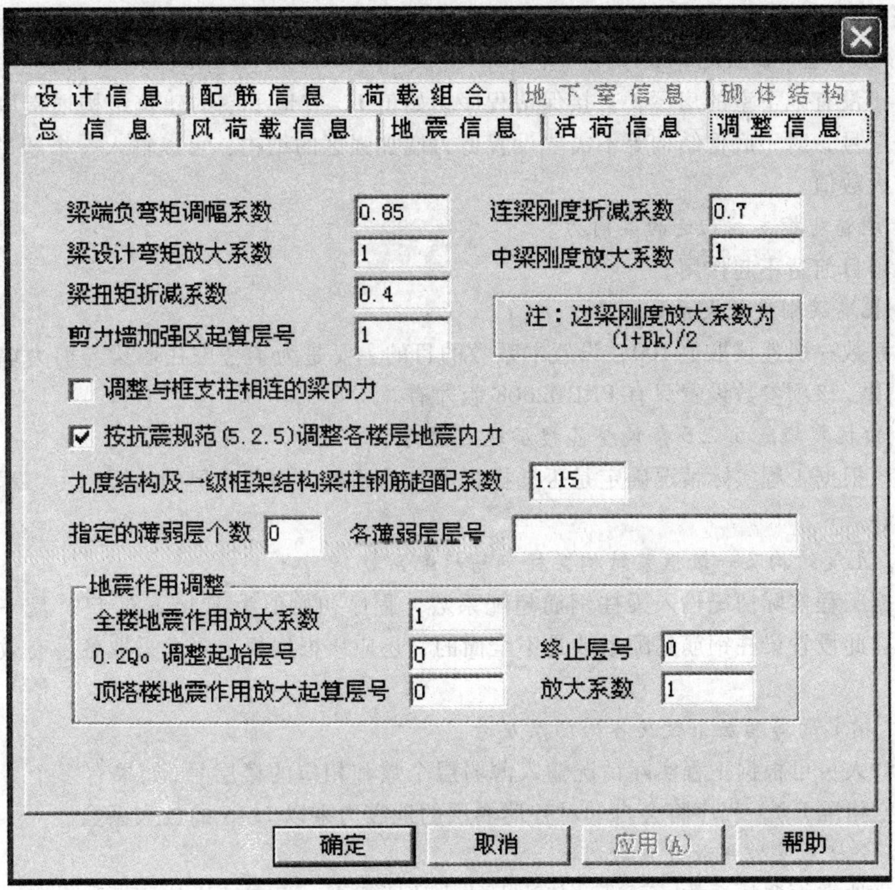

设计信息 | 配筋信息 | 荷载組合 | 地下室信息 | 砌体结构
总信息 | 风荷载信息 | 地震信息 | 活荷信息 | 调整信息

梁端负弯矩调幅系数　0.85　连梁刚度折减系数　0.7
梁设计弯矩放大系数　1　中梁刚度放大系数　1
梁扭矩折减系数　0.4
剪力墙加强区起算层号　1　注：边梁刚度放大系数为 (1+Bk)/2

调整与框支柱相连的梁内力
按抗震规范(5.2.5)调整各楼层地震内力
九度结构及一级框架结构梁柱钢筋超配系数　1.15
指定的薄弱层个数　0　各薄弱层层号

地震作用调整
全楼地震作用放大系数　1
0.2Qo 调整起始层号　0　终止层号　0
顶塔楼地震作用放大起算层号　0　放大系数　1

确定　取消　应用(A)　帮助

图 8.6　调整信息

竖向荷载作用下的内力调整，对地震力和风荷载不起作用。

2. 梁活荷载内力放大系数

一般工程建议该系数取值 1.1～1.2，如果已经考虑梁活荷载不利布置，则应取 1.0。程序初始值为 1.0。

3. 梁扭矩折减系数

对于现浇楼板结构，当采用刚性楼板假定时，可以考虑楼板对梁的抗扭刚度作用而对梁的扭矩进行折减，一般折减系数取值范围为 0.4～1.0，程序初始值为 0.4。如果考虑楼板的弹性变形，梁的扭矩则不应该进行折减。注意，如果楼板不是现浇板，或者楼板开大洞、设定了弹性板、有弧梁等情况则梁的扭矩应不折减或少折减。

4. 连梁刚度折减系数

连梁刚度折减系数的取值范围为 0.5～1.0，程序初始值为 0.7。对连梁刚度进行折减主要是为了考虑连梁开裂后刚度降低对剪力墙的卸荷作用的影响。

5. 中梁刚度放大系数

此参数主要是为了考虑现浇楼板对楼面梁的翼缘约束作用刚度贡献，一般取值范围为

1.0～2.0，程序初始值为1.0。但对于无现浇层的装配式楼面梁和板柱结构的等代梁刚度不应进行放大。同时边梁的刚度放大系数取中梁放大系数的一半再加0.5。

6. 剪力墙加强区起算层号

对于没有地下室的房屋，直接保留程序初始值1，有地下室的建筑结构通常取地下室最高楼层号，对于底框结构等不需要设置剪力墙加强区的结构，可以输入一个超过总楼层数的较大数值。

7. 调整与框支柱相连的梁内力

此项目前暂不起作用。

8. 托墙梁刚度放大系数

此系数一般建议取值100，设置本系数的目的主要是为了考虑托墙梁与剪力墙的变形协调作用。该项参数设置只有PKPM2008版才有。

9. 按抗震规范5.2.5条调整各楼层地震内力

应该根据工程实际情况确定是否选择程序自动调整结构各楼层的地震内力，程序初始值为选择。

10. 九度结构及一级框架结构梁柱钢筋超配系数

根据工程实际情况输入梁柱钢筋超配系数，程序初始值为1.15。对于9°及一级框架结构仅在此设置梁柱钢筋超配系数是不全面的，还应该根据规范要求采取各种有效的抗震构措施。

11. 指定的薄弱层个数及各薄弱层层号

设计人员可根据工程实际情况输入薄弱层个数和相应的楼层号(如果有多个，应该用逗号或空格隔开)，程序将会自动对各薄弱层的地震力乘以1.15的放大系数。

12. 全楼地震作用放大系数

这是地震力调整系数，可通过其放大结构的地震力，提高结构的抗震安全度。该参数取值范围为1.0～1.5。程序初始值为1。

13. $0.2Q_0$调整起始层号、终止层号

该调整系数只对框剪结构中的框架梁、柱起作用，若不调整则该处两个参数均填0，程序内部控制该调整系数的取值上限为2.0，如果将起始楼层号填为负数，则不受该上限控制。一般工程不需要$0.2Q_0$，如果根据工程实际情况确实需要强制制定$0.2Q_0$调整系数的话，可以点取菜单“用户指定$0.2Q_0$调整系数”，在弹出的文本框中按照提示编辑文件即可。注意，如果填写时，输入了C字符，则表示该行为注释行。

14. 顶部塔楼地震作用放大起算层号、放大系数

设计人员可以通过这个系数来放大结构顶部塔楼的地震内力，一般情况下不需要进行该项调整，故此处起算层号填0，放大系数填1。

实例设置：

确认梁端负弯矩调幅系数为0.85，其他使用默认设置。

8.1.6 设计信息

本页是设计信息，共有10个参数，如图8.7所示。

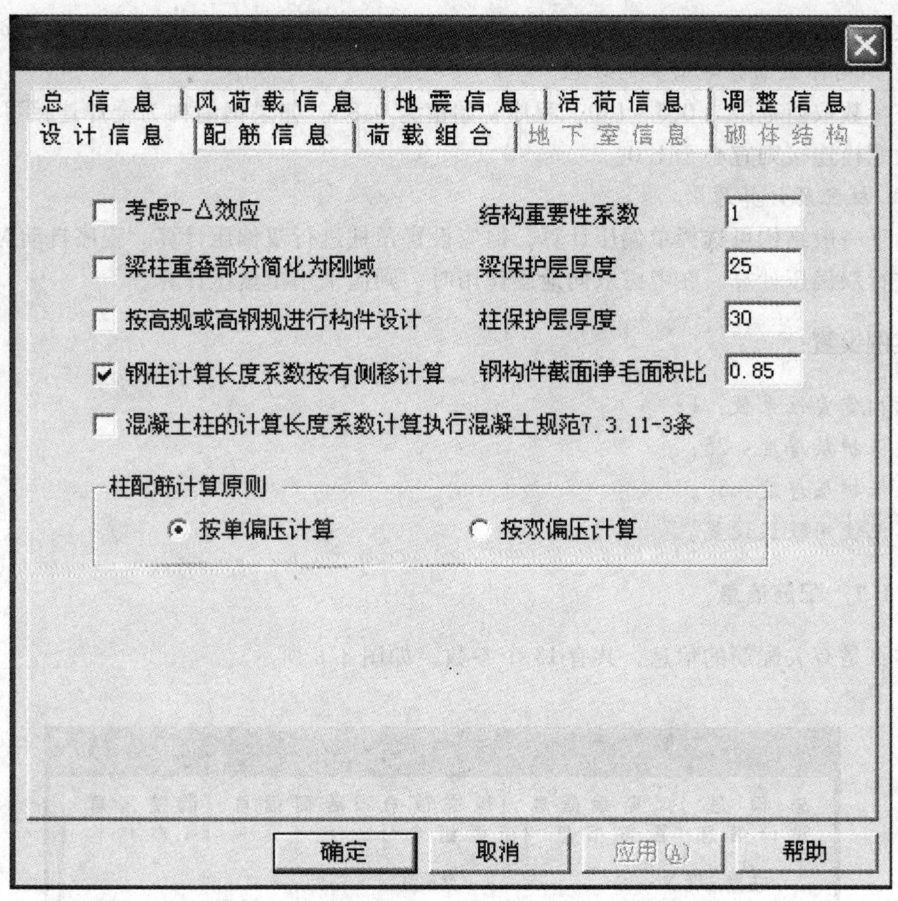

图 8.7　设计信息

1. 考虑 P-△效应

一般钢筋混凝土结构可以不考虑重力二阶效应，钢结构应该考虑重力二阶效应。

2. 梁柱重叠部分简化为刚域

根据工程实际情况设定梁柱重叠部分是否作为刚域，初始值为不作为刚域。大截面柱和异形柱应该选择此项。

3. 按高规或高钢规进行构件设计

根据工程实际情况确定是否选择此项。

4. 钢柱计算长度按有侧移计算

此项参数仅对钢柱有效，可根据工程实际情况选择。

5. 混凝土柱的计算长度计算执行混凝土规范 7.3.11-3 条

PKPM2008 版软件增加了自动判别功能，建议用户尽量选择该项。

6. 结构重要性系数

设计人员可根据规范要求，按照工程实际情况确定。

7. 梁保护层厚度

设计人员可根据规范要求，按照工程实际情况确定。梁保护层厚度不小于 25mm。

8. 柱保护层厚度

设计人员可根据规范要求，按照工程实际情况确定。柱保护层厚度不小于 30mm。

9. 钢构件截面净毛面积的比值

该参数取值范围为 0.5 ~ 1.0，程序初始值为 0.85。如果钢结构为全焊连接可取 1.0，如果为螺栓连接则宜小于 1.0。

10. 柱配筋计算原则

对于一般结构可选择单偏压计算，但应设置角柱进行双偏压计算。程序自动对异形柱结构进行双偏压计算。在考虑双向地震作用时，则应采用单偏压计算。

实例设置：

结构重要性系数：1；

梁保护层厚度：25；

柱保护层厚度：30；

其他使用默认设置。

8.1.7　配筋信息

本页是有关配筋的信息，共有 13 个参数，如图 8.8 所示。

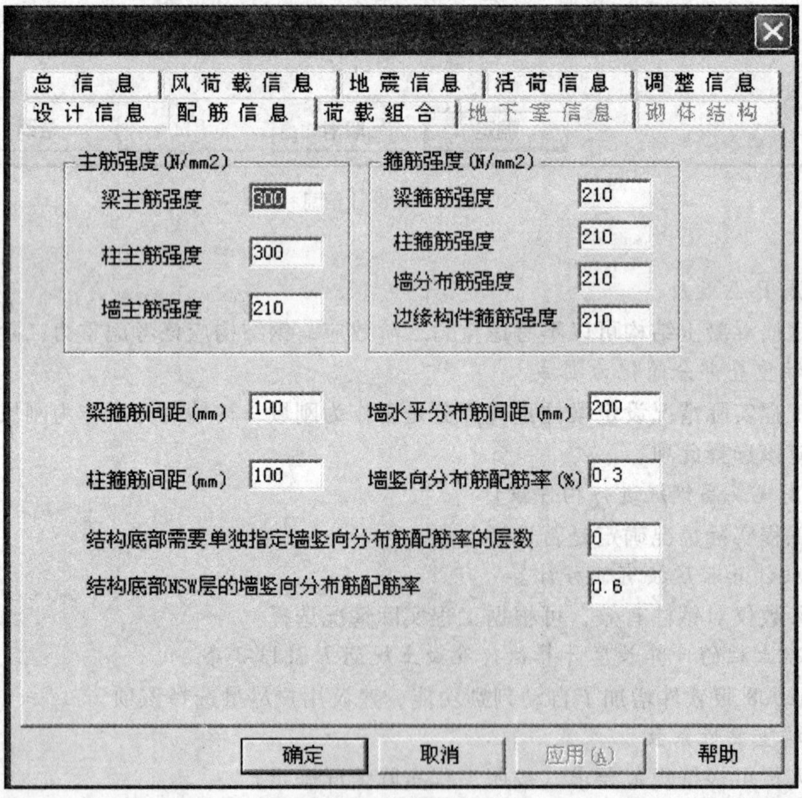

总 信 息 | 风 荷 载 信 息 | 地 震 信 息 | 活 荷 信 息 | 调 整 信 息
设 计 信 息 | 配 筋 信 息 | 荷 载 组 合 | 地 下 室 信 息 | 砌 体 结 构

主筋强度 (N/mm2)
梁主筋强度 300
柱主筋强度 300
墙主筋强度 210

箍筋强度 (N/mm2)
梁箍筋强度 210
柱箍筋强度 210
墙分布筋强度 210
边缘构件箍筋强度 210

梁箍筋间距 (mm) 100
柱箍筋间距 (mm) 100
墙水平分布筋间距 (mm) 200
墙竖向分布筋配筋率 (%) 0.3
结构底部需要单独指定墙竖向分布筋配筋率的层数 0
结构底部NSW层的墙竖向分布筋配筋率 0.6

确定　取消　应用(A)　帮助

图 8.8　配筋信息

1. 梁主筋强度、柱主筋强度、墙主筋强度

根据工程实际情况选择构件主筋强度。初始值梁、柱主筋强度为 300N/mm^2，墙主筋强度为 210N/mm^2。此处设置的配筋参数应与 PMCAD 建模时的设置相同。

2. 梁箍筋强度、柱箍筋强度、墙分布筋强度、边缘构件箍筋强度

根据工程实际情况选择构件箍筋强度和墙分布筋强度。初始值梁柱箍筋、墙分布筋强度、边缘构件箍筋强度均为 210N/mm^2。此处设置的配筋参数应与 PMCAD 建模时的设置相同。

3. 梁箍筋间距、柱箍筋间距、墙水平分布筋间距

梁、柱箍筋间距均指加密区部位，初始值梁、柱箍筋间距为 100mm，剪力墙水平分布筋间距一般可取 100 ~ 400mm，初始值为 100mm。设计人员可以根据工程实际情况进行修改。但此处设置的配筋参数应与 PMCAD 建模时的设置相同。

4. 墙竖向分布筋配筋率

剪力墙竖向分布筋配筋率取值范围一般为 0.15% ~ 1.2%，程序初始值为 0.3%。此处设置的配筋率参数应与 PMCAD 建模时的设置相同。

5. 结构底部需要单独指定墙竖向分布筋配筋率的层数及配筋率

通过该两项参数可以对剪力墙结构的加强区和非加强区设定不同的竖向分布钢筋配筋率。此处设置的配筋率参数应与 PMCAD 建模时的设置相同。

实例设置：

使用默认设置。

8.1.8　荷载组合

本页是有关荷载组合的信息，共有 13 个参数，如图 8.9 所示。

1. 恒荷载分项系数

程序会自动按照规范要求调整分项系数。初始值为 1.2。

2. 活荷载分项系数

程序采用规范规定的系数 1.4 作为初始值，除了工程特殊需要外，一般不必修改初始值。

3. 活荷载组合值系数

程序采用规范规定的系数 0.7 作为初始值，除了工程特殊需要外，一般不必修改初始值。

4. 活荷载重力代表值系数

程序采用规范规定的系数 0.5 作为初始值，除了工程特殊需要外，一般不必修改初始值。

5. 风荷载分项系数

程序采用规范规定的系数 1.4 作为初始值，除了工程特殊需要外，一般不必修改初始值。

6. 风荷载组合值系数

程序采用规范规定的系数 0.6 作为初始值，除了工程特殊需要外，一般不必修改初

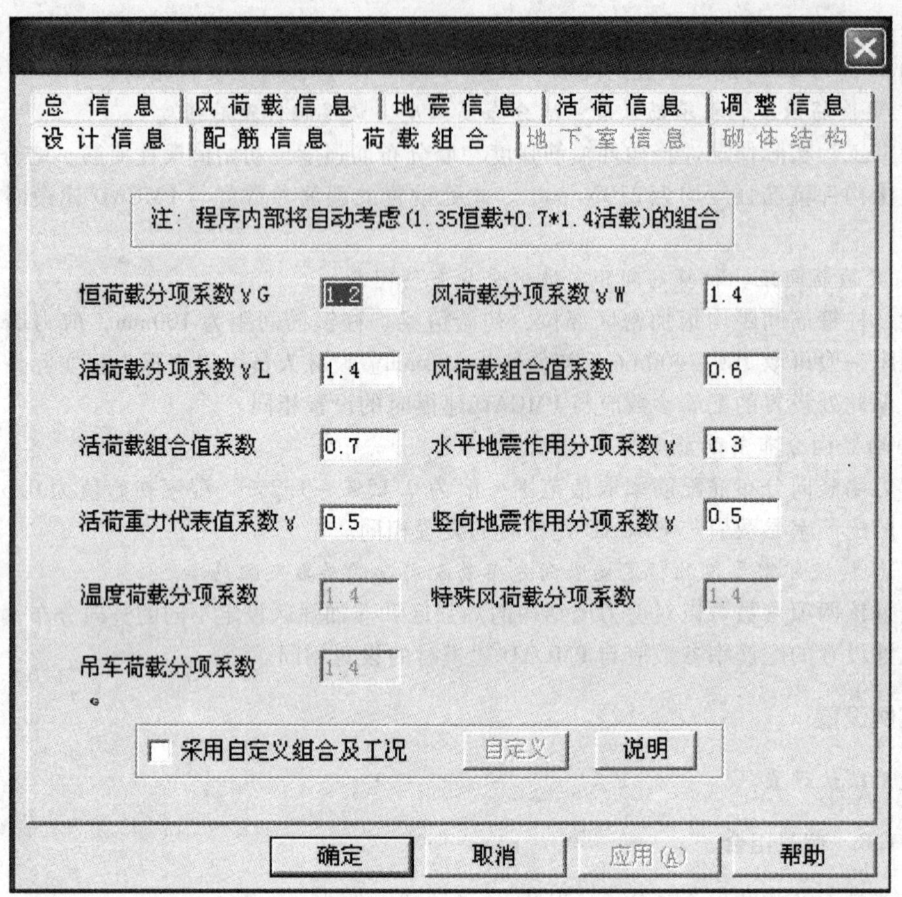

图 8.9　荷载组合信息

始值。

7. 水平地震作用分项系数

程序采用规范规定的系数 1.3 作为初始值，除了工程特殊需要外，一般不必修改初始值。

8. 竖向地震作用分项系数

程序采用规范规定的系数 0.5 作为初始值，除了工程特殊需要外，一般不必修改初始值。

9. 温度荷载分项系数、吊车荷载分项系数、特殊风荷载分项系数

这三项荷载的分项系数均取 1.4，一般在民用建筑工程中不考虑这三项荷载的影响。

10. 采用自定义组合及工况、自定义

程序允许设计人员自己指定各类荷载的分项系数和组合系数。

实例设置：

使用默认设置。

8.1.9　地下室信息

本页是有关地下室的信息，共有 12 个参数，如图 8.10 所示。必须要在总信息中输入了地下室层数，才能打开本页。

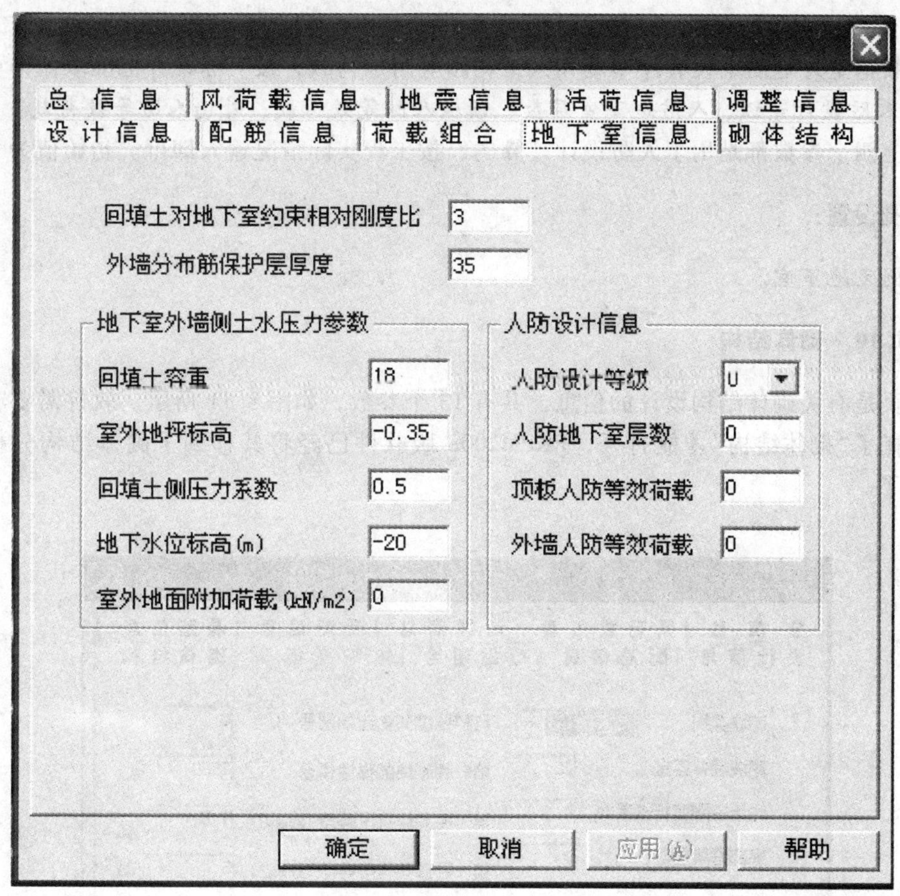

图 8.10　地下室信息

1. 回填土对地下室约束相对刚度比

取为 0 时表示基础回填土对结构没有约束作用；取正数表示有约束作用，取值范围为 1～6，取值越大表示约束刚度越大；取负数 m 表示 m 层以下地下室嵌固，但必须满足规范要求的嵌固条件。建议采用剪切刚度计算地下室的嵌固刚度比。

2. 外墙分布筋保护层厚度

该参数用于计算地下室外墙配筋，按照规范要求根据工程实际情况取值即可，程序初始值为 35mm。

3. 扣除地面以下几层回填土的约束

考虑到地下室上部回填土约束作用较弱，允许设计人员忽略地下室上部若干层的回填土约束作用，程序初始值为 0。该项参数设置只有 PKPM2008 版才有。

4. 回填土容重、回填土侧压力系数

这两个参数是用来计算地下室外围墙侧土压力的。按照规范要求根据工程实际情况确定即可。程序采用均布荷载代替三角形荷载，按单向板简化计算方法计算外墙侧土、水压力。

5. 室外地坪标高、地下水位标高

以结构±0.000 标高为基准，高则填正，低则填负。

6. 室外地面附加荷载

一般指室外地面上设有停车场和人工花园等附加荷载，按实际设计标准取值即可。

7. 人防设计等级、人防地下室层数、顶板人防等效荷载、外墙人防等效荷载

以上四个参数都是用于人防设计计算的，按工程实际情况输入即可。初始值为0。

实例设置：

本例无地下室。

8.1.10 砌体结构

本页是有关砌体结构设计的信息，共有 13 个参数，如图 8.11 所示。软件需要在总信息中选择了“砌体结构”才能打开，PKPM2008 版软件已经将其移到了砌体结构分析模块 QITI 中了。

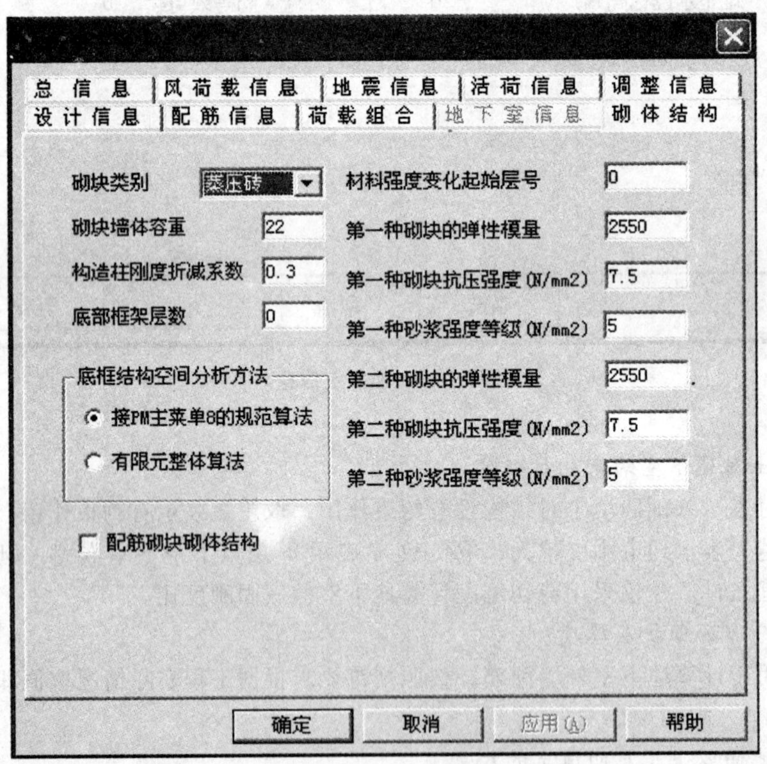

图 8.11 砌体结构

1. 砌块类别

目前程序考虑的砌体类别有：烧结砖、蒸压砖和混凝土砌块三种。设计人员按工程实际情况选择即可。

2. 砌块墙体容重

该参数用于计算砌体墙体的自重，一般按照工程实际情况取值，程序初始值为 22。

3. 构造柱刚度折减系数

通过这个参数可以有选择地考虑构造柱的作用，设计人员按工程实际情况输入，程序初始值为 0.3。但是目前在程序中该参数还不起作用。

4. 底部框架层数

该参数用于设置底框结构的底部框架层数。

5. 底框结构空间分析方法

程序提供了两种计算分析方法，一般推荐采用"接 PM 主菜单 8 的规范算法"，"有限元整体算法"只作为参考。

6. 材料强度变化起始层号

程序允许对同一个结构采用两种强度不同的砌块和砂浆，即下部 1 ~ n 层采用第一种材料，第 $n+1$ 层到顶层采用第二种材料。

7. 第一种砌块的弹性模量

8. 第一种砌块的抗压强度

9. 第一种砂浆的强度等级

10. 第二种砌块的弹性模量

11. 第二种砌块的抗压强度

12. 第二种砂浆的强度等级

以上六个参数按照工程实际情况输入即可。

13. 配筋砌块砌体结构

一般只有采用配筋砌块砌体构件时才选择此项。

实例设置：

本例非砌体结构。

8.2　特殊构件设置

完成参数定义后返回到 SATWE 前处理对话框，如图 8.12 所示。选择"2. 特殊构件补充定义"进行有关特殊构件的各项设置。

1. 特殊梁

本菜单下可以设定八类特殊梁，包括不调幅梁、剪力墙连梁、转换结构的转换梁、铰接梁、滑动支座梁、门式钢梁、耗能梁和组合梁。在这里还可以修改梁的抗震等级、材料强度、刚度系数、调幅系数和扭矩折减系数等。

2. 特殊柱

本菜单下可以设定四类特殊柱，包括铰接柱、角柱、框支柱和门式钢柱。还可以修改

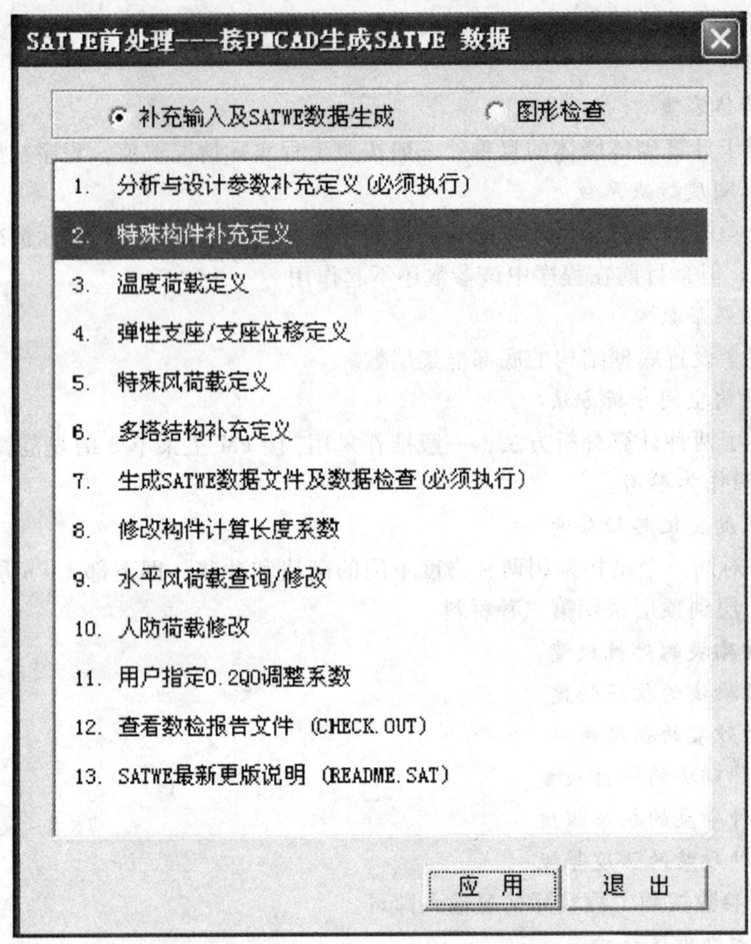

图 8.12 SATWE 前处理对话框

柱的抗震等级、材料强度和剪力系数。注意，本程序不能自动搜索框支柱和角柱，必须由设计人员自己定义。

3. 特殊支撑

本菜单下可以设定六类特殊支撑，包括两端固结支撑、铰接支撑、人字支撑、V 字支撑、十字支撑和斜支撑。也可以修改支撑的抗震等级和材料强度。

4. 特殊墙

特殊墙主要是人防地下室的临空墙，在这里还可以修改墙的抗震等级、材料强度和配筋率。只有 PKPM2008 版才有此项。

5. 弹性板

本菜单下可以设定三类弹性楼板：

(1)弹性楼板 6：选择此项程序可以考虑平面内和平面外的刚度，主要用于板柱结构和厚板转换层结构；

(2)弹性楼板 3：假定楼板平面内无限刚，程序仅真实地计算楼板平面外刚度，主要用于厚板转换层结构。

(3)弹性膜：这个是假定楼板平面外刚度为 0，考虑楼板平面内的刚度，主要用于空旷结构、楼板开大洞形成的狭长板带，以及框架剪力墙结构的转换层楼板和连体结构的连接楼板等。

6. 多塔结构补充定义

一般按广义楼层组装的模型无须进行多塔定义，除此之外的多塔结构必须进行多塔定义，否则程序按单塔分析，则计算结构有误。

对于设缝的多塔结构进行多塔定义时，围区线应当准确从各塔缝隙间通过，一定要防止出现某个构件不属于任何塔，或某个构件同时属于两个塔，或出现空塔等情况，设缝多塔结构还应定义风荷载遮挡边。

实例设置：

本例需要设置特殊柱中的角柱，点击【特殊柱＼角柱】，用鼠标点取图 8.13 中的 7 个柱子，按【Esc】退出完成。

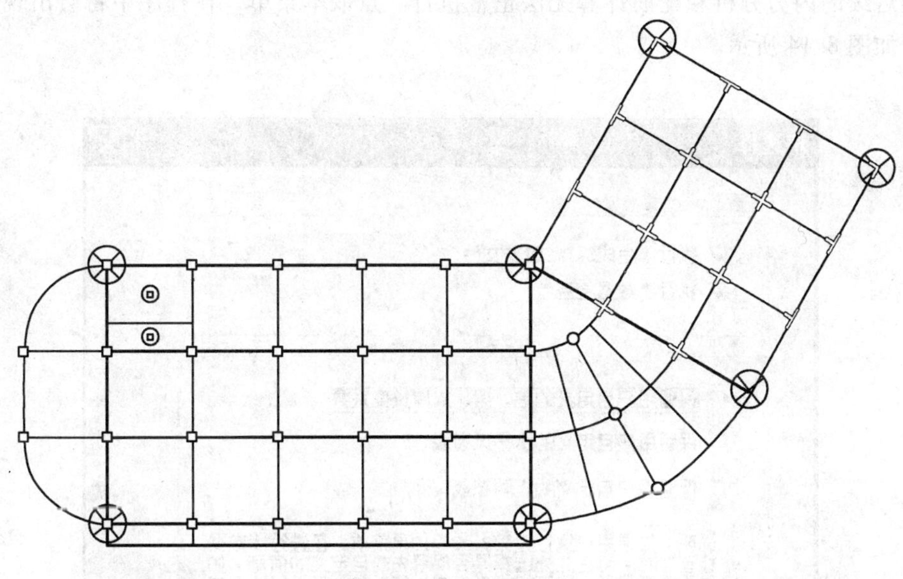

图 8.13　角柱的设置

8.3　特殊荷载设置

1. 温度荷载定义

在 SATWE 中可以进行温度应力分析，温度应力计算，主要是考虑构件内外温差的平均值比构件原始温度高(或低)造成的伸长(或缩短)效应。这可以通过设置节点温差或构件温度差来反映结构的温度变化，从而实现温度应力分析。SATWE 允许输入两组温度作用，即分别输入最高升温和最低降温两种工况，再将温差布置在节点上。

2. 弹性支座与支座位移定义

目前弹性支座不能设置底层柱底和墙底的节点，只能设置在其他自由节点。

3. 特殊风荷载定义

这里的特殊风荷载主要指风荷载作用方向不是水平方向的，如竖向风荷载等。注意这里的风荷载仅仅能够布置在梁和节点上，不能布置在楼板上，需要时可以将板荷载折算到梁或节点上布置。还有一种特殊风荷载是作用于排架厂房的，即为上部门式刚架的框架结构设置风荷载。

8.4 图形检查与修改调整

1. 生成 SATWE 数据文件及数据检查(必须执行)

本菜单是 SATWE 程序前处理的核心，这是 SATWE 由前处理向内力分析和配筋计算及后处理过渡的一项菜单，其功能是综合 PMCAD 的第一项菜单生成的数据和其前面几项菜单输入的补充信息，并将其转换成空间结构有限元分析所需的数据格式，不执行本菜单，则后续的内力分析和配筋计算无法正常执行。点取本菜单，在程序中将会出现如下对话框，如图 8.14 所示。

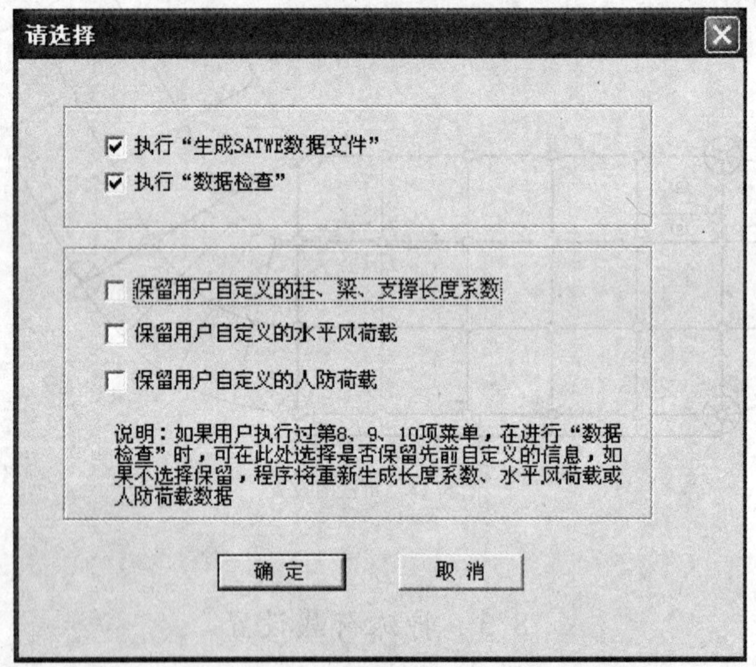

图 8.14 SATWE 数据文件生成及数据检查

提示是否保留先前补充定义的构件计算长度、水平风荷载和人防荷载等信息。如果用户是第一次执行本菜单，或者先前没有补充定义构件计算长度、水平风荷载和人防荷载等三项信息，则直接点取“确定”按钮即可。如果用户已补充定义构件计算长度、水平风荷载和人防荷载信息，并且不是第一次执行本菜单，则可以有选择地保留先前定义的上述三项信息。这里需要特别注意的是，如果在 PM 中对结构的几何布置或楼层数等进行了修改，则在此处三项补充信息均不能选择打"√"，必须重新生成构件计算长度、水平风荷载和人防荷载等信息，否则会造成计算出错。

点取"确定"后，程序将先生成 SATWE 数据文件，然后执行数据文件检查。数据检查的功能有两个方面，一是通过物理概念分析检查几何数据文件、竖向荷载数据文件和风荷载数据文件的正确性；二是对几何数据文件、竖向荷载数据文件和风荷载数据文件进行有关信息处理并作数据格式转换，生成二进制文件，供内力分析、配筋计算和后处理调用。在数据检查过程中，如果发现错误，程序会在数据检查报告中输出有关错误信息，用户可以在"数检报告"中查看。一般对于一项工程，每做一次修改，都应该执行本菜单重新生成数据文件并检查数据的正确性。

2. 修改构件计算长度系数

用户点取本菜单后，程序将在屏幕上显示隐含的柱、支撑计算长度系数和梁平面外计算长度，设计人员可以根据工程实际情况进行修改。退出本菜单后，即可直接执行 SATWE 主菜单第二项进行内力计算和配筋计算，不需要再执行"生成 SATWE 数据文件及数据检查"。如果需要恢复程序隐含的计算长度系数，可再执行一遍"生成 SATWE 数据文件及数据检查"，并选择不保留先前补充自定义的计算长度，此时用户在本菜单定义的数据将被删除，程序将重新生成计算长度系数值。如果用户需要保留在本菜单中设置的修改计算长度系数数据，则以后每次执行"生成 SATWE 数据文件及数据检查"时，都要选择"保留先前定义的长度系数"，否则自定义的数据将被删除。但是，如果在 PM 中对结构的几何布置或楼层数等进行了修改，则不能保留自定义的长度系数，需要重新生成数据然后再进行修改。

3. 水平风荷载查询与修改

用户执行"生成 SATWE 数据文件及数据检查"后，程序将会自动导算出水平风荷载用于后面的计算。如果用户觉得有必要修改程序自动导算的风荷载，则可以在本菜单下进行。修改完退出本菜单后，即可直接执行 SATWE 主菜单第二项进行内力计算和配筋计算，不需要再执行"生成 SATWE 数据文件及数据检查"。如果需要恢复自动导算的风荷载，可再执行一遍"生成 SATWE 数据文件及数据检查"，并选择不保留先前补充自定义的水平风荷载，此时用户在本菜单定义的数据将被删除，程序将重新生成风荷载数据。如果用户需要保留在本菜单中修改设置的风荷载数据，则以后每次执行"生成 SATWE 数据文件及数据检查"时，都要选择"保留先前定义的风荷载"，否则自定义的数据将被删除。但是，如果在 PM 中对结构的几何布置或楼层数等进行了修改，则不能保留自定义的风荷载数据，需要重新生成数据然后再进行修改。

4. 图形检查与修改

本项菜单的功能是以图形方式检查几何数据文件和荷载数据文件的正确性。设计人员可以通过本菜单输出的图形复核结构构件的布置、截面尺寸、荷载分布及墙元细分等有关信息。点取"图形检查与修改"选项后，弹出菜单界面如图 8.15 所示。

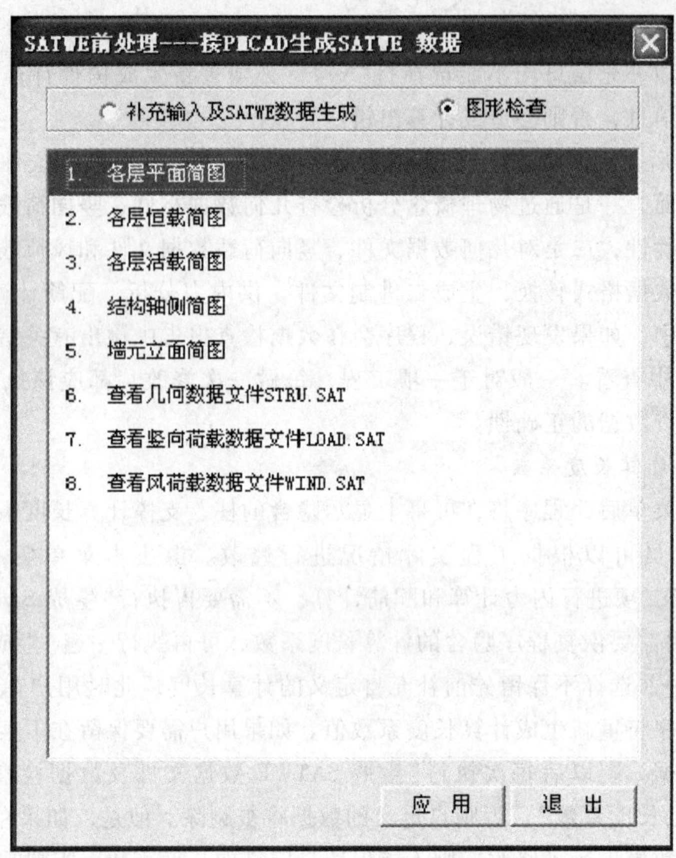

图 8.15 图形检查与修改

8.5 结构内力和配筋计算

本节主要讲述用 SATWE 进行结构内力和配筋计算的控制参数的取值，以及计算方法的选择。在"结构内力和配筋计算"菜单下，一般程序默认的计算项目都应该选中。本页菜单界面如图 8.16 所示。

1. 刚心坐标、层刚度比计算、形成总刚并分解、结构地震作用计算、结构位移计算、全楼构件内力计算、吊车荷载计算

2. 层刚度比计算方法

目前程序根据规范有关刚度比计算的规定给出了三种刚度比的计算方法。

(1)剪切刚度，主要用于底部大空间为一层的转换层结构刚度比计算，以及地下室嵌固部位的刚度比计算。

(2)剪弯刚度，主要用于底部大空间层数大于一层的转换层结构刚度比计算。

(3)地震剪力与地震层间位移的比值，适用于没有转换层结构的大多数常规建筑，也适用于地下室嵌固部位的刚度比计算，这也是程序默认的刚度比计算方法。

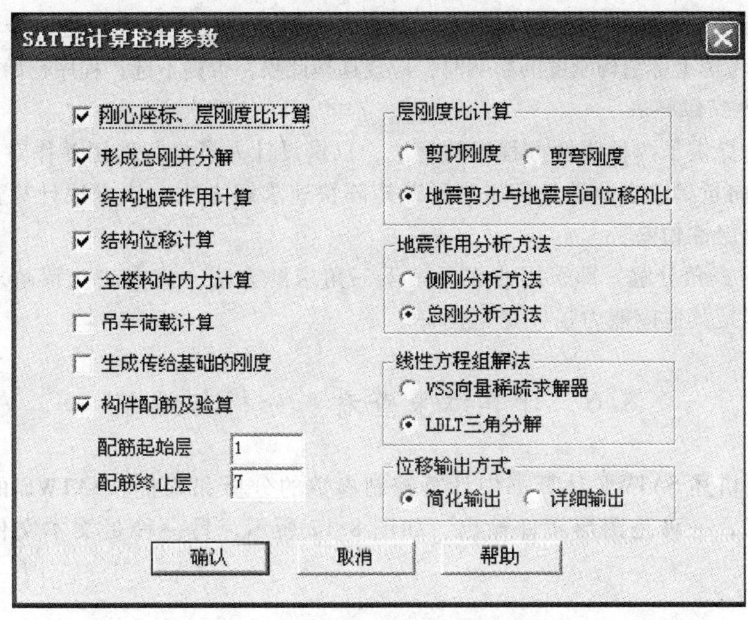

图 8.16　SATWE 计算控制参数

3. 地震作用分析方法

目前程序提供了侧刚分析方法和总刚分析方法两种地震作用分析方法。下面将对这两种分析方法逐一简述：

(1)侧刚分析方法，是指按照侧刚模型进行结构振动分析，其实这是一种简化计算方法，只适用于采用楼板平面内无限刚假定的普通建筑和采用楼板分块平面内无限刚假定的多塔结构建筑。对于上述类型的建筑，每层的每块刚性楼板只有两个独立的平动自由度和一个独立的转动自由度，“侧刚”就是依据这些独立的平动和转动自由度而形成的浓缩刚度矩阵。“侧刚计算分析方法”的优点是分析效率高，浓缩之后的侧刚自由度很少，计算速度快耗时短，但是其应用范围是有限的，当定义有弹性楼板或有不与楼板相连的构件时，其计算结果是近似的，会有一定的误差。

(2)总刚分析方法，是直接采用结构的总刚和与之相应的质量矩阵进行地震反应分析，这是一种比较详细的分析方法，该方法的优点是分析精度高，适用范围广，可以准确分析出结构各楼层各构件的空间反应，通过计算分析结果，可以发现结构刚度的突变部位，连接薄弱的构件以及数据输入错误的部位等。“总刚分析方法”适用于分析设有弹性楼板或楼板开大洞的复杂建筑结构，不足之处是计算量大，速度慢。

4. 位移输出方式

程序提供了两种位移输出方式：

(1)简化输出，计算书中没有各工况和各振型下的节点位移详细信息。

(2)详细输出，计算书中有各工况和各振型下的节点位移详细信息。

5. 生成传给基础的刚度

该项按照工程实际情况决定是否选择。通常情况下基础和上部结构总是共同工作的，从受力角度看它们是一个不可分割的整体，SATWE 软件不仅可以向 JCCAD 基础软件传递上部结构的荷载，还能将上部结构的刚度凝聚到基础上，使地基变形更符合实际情况。当基础设计需要考虑上部结构刚度的影响时，应该选择此项，否则不选，程序初始值为不选。

6. *线性方程组解法*

程序目前提供了两种线性方程组的解法，以供设计人员自行选用并作对比分析：

(1) VSS 向量稀疏求解器，即采用稀疏矩阵快速求解方法，该方法计算速度快，但是适应能力和稳定性较差。

(2) LDLT 三角分解，即采用非零元素下三角求解方法，该方法比稀疏求解器计算速度要慢些，但是其适应能力强，稳定性好。

8.6 计算结果查看、分析与调整

本节主要讲述 SATWE 计算书中计算控制参数的分析和调整。SATWE 的计算结果有两种输出方式，一种是图形文件输出，如图 8.17 所示，另一种是文本文件输出，如图 8.18 所示。

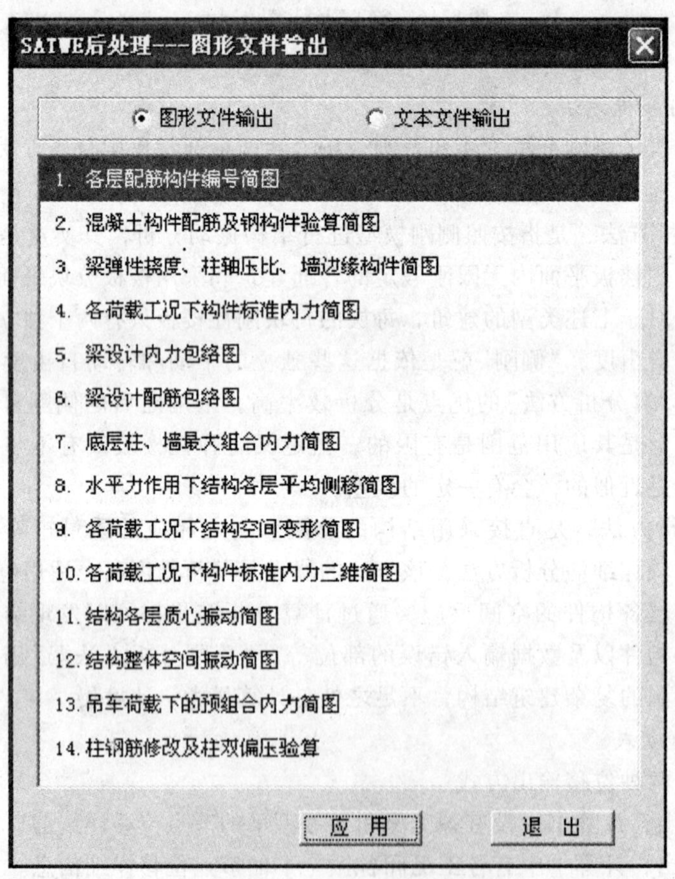

图 8.17 图形文件输出

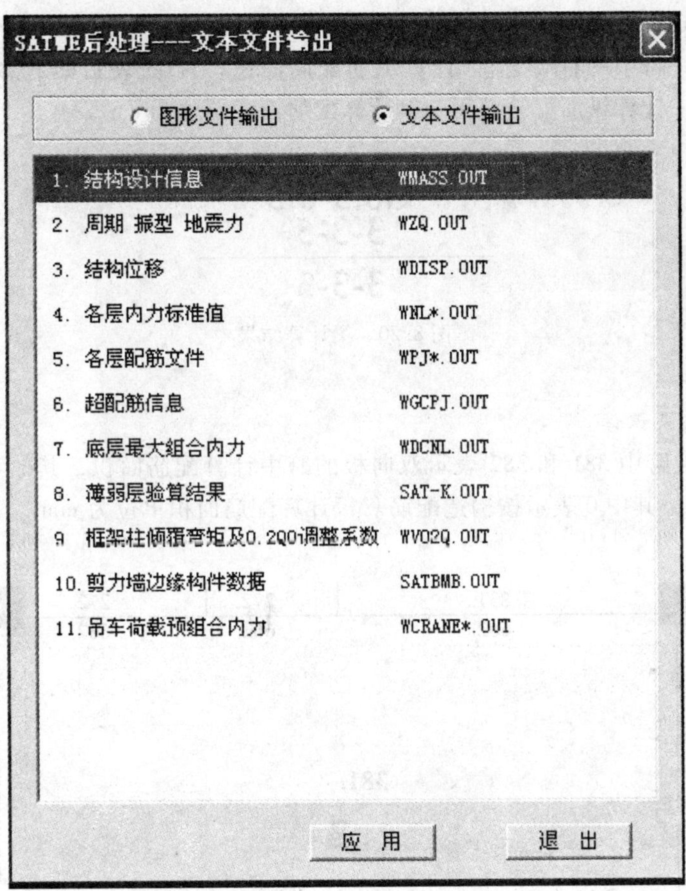

图 8.18　文本文件输出

1. 柱子计算结果识读

图 8.19 中(0.84)为柱子计算轴压比，1.5 为角筋计算面积，13 为 h 边配筋计算面积(包括两根角筋)，7 为 b 边配筋计算面积(包括两根角筋)，0.0 为节点域抗剪箍筋计算面积，G0.6-0.2 分别表示柱加密区和非加密区斜截面抗剪箍筋计算面积。柱计算配筋面积单位为 cm^2。

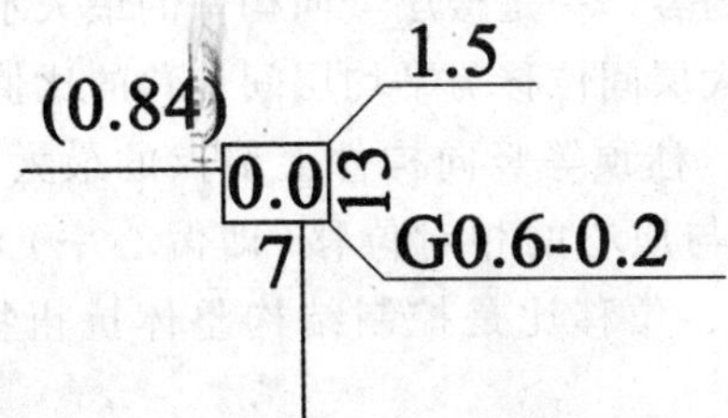

图 8.19　柱子计算结果

2. 梁计算结果识读

图 8.20 中 G0.5-0.5 表示梁加密区和非加密区抗剪扭箍筋计算面积，3-3-5 表示梁上部的“左端支座—跨中—右端支座”计算纵筋配筋面积，3-3-3 表示梁下部的“左端支座—跨中—右端支座”计算纵筋配筋面积。梁计算配筋面积单位为 cm^2。

G0.5-0.5
3-3-5
———
3-3-3

图 8.20　梁计算结果

3. 板计算结果识读

图 8.21 中板跨中 381 和 382 表示双向板的跨中计算配筋面积，其他为板支座处的负筋计算配筋面积，其中 0 表示按构造配筋。板计算配筋面积单位为 mm^2。

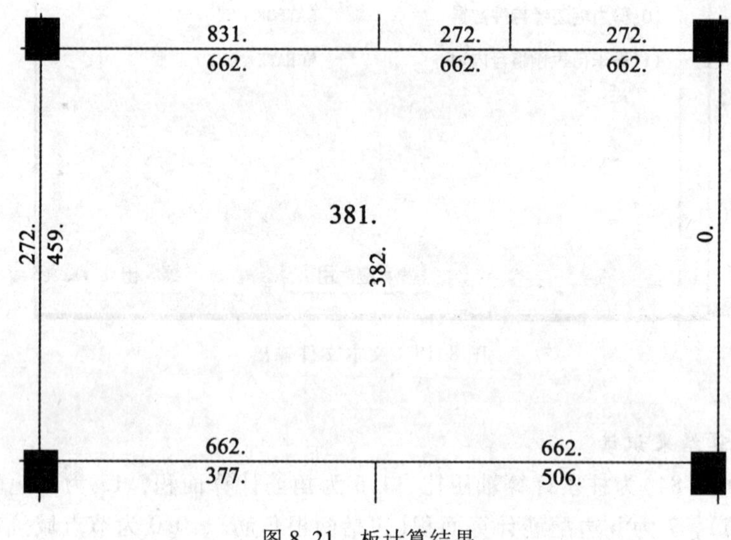

图 8.21　板计算结果

4. 位移比

位移比包含两个方面的内容，一是楼层竖向构件的最大水平位移和平均水平位移的比值；二是楼层竖向构件的最大层间位移与平均层间位移的比值。

计算位移比仅考虑墙顶、柱顶等竖向构件上节点的最大位移，不考虑其他节点的位移。位移比可以用结构刚心与质心的相对位移(即偏心率)来表示，偏心率较大的结构在地震作用下扭转效应较大，位移比是控制结构整体抗扭特性和平面不规则性的重要指标。

程序在结构位移输出文件 WDIDP. OUT 中输出单向地震、双向地震、偶然偏心等工况下的各楼层位移比 Radio(X)和 Radio(Y)，设计人员应该作出准确判断正确选用。注意程序根据规范规定按照刚性板假定计算位移比，并仅输出位移比数值，不作是否超限判断，设计人员应该根据规范限值自行判断。

对于在结构模型中设有弹性板或楼板开大洞的结构，应先选择“对所有楼层强制采用刚性楼板假定”计算位移比，而后去掉该项来计算楼板配筋；对于空旷结构、特殊工业建筑、体育场馆、错层和跃层等竖向构件高度不一致的结构不宜强行进行位移比控制。

高层建筑位移比计算应该考虑偶然偏心的影响，多层建筑可以不考虑。当结构层间位移角很小时，可以适当放宽位移比。例如当一般多层结构的弹性位移角小于规定限值的 1/2，或复杂结构和高层结构的弹性位移角小于规定限值的 1/3 时，位移比限值可以放大 20%。

设计中位移比不满足要求的原因往往是由于结构平面不规则，刚度布置不均匀或结构上下层刚度偏心较大等原因造成的，解决的主要办法是改进设计使结构规则、刚度均匀。

5. 层间位移角

层间位移角是指层间最大位移与层高之比，是控制结构整体刚度和不规则性的主要指标。程序在结构位移输出文件 WDIDP. OUT 中输出各楼层层间位移角和全楼最大层间位移角，各楼层层间位移角为 Max-Dx/h 和 Max-Dy/h。层间位移角和位移比一样也应该在刚性楼板假定下计算，程序只输出层间位移角的数值，不做超限判断，至于是否满足规范要求须由设计人员进行判断。

限值建筑结构的层间位移角主要是为了保证主体结构基本处于弹性受力状态，避免混凝土受力构件出现裂缝或裂缝超限；保证填充墙和各种管线等非结构构件完好，避免出现明显的损伤。

6. 周期比

周期比是指能引起结构整体振动的第一扭转周期与第一平动周期的比值。程序在计算书“周期、振型、地震力”WZQ. OUT 文件中给出了计算周期的原始数据，需由设计人员自己计算周期比。周期比是控制结构扭转效应的重要指标，是结构扭转刚度和扭转惯量分布是否均匀合理的综合反应。控制周期比就是为了使结构抗侧力构件的平面布置更有效、更合理，避免结构出现过大的扭转效应。其实质是控制结构的扭转变形要小于结构的平动变形，使结构的刚度布局合理，避免出现结构扭转破坏。周期比应在结构符合刚件楼板假定的条件下计算，对于不适宜刚性楼板假定的复杂高层建筑结构，不宜考虑周期比控制。对于多塔大底盘结构，应该对各塔分别计算周期比。规范要求周期比小于 0.85，如果结构周期比不满足规范要求，说明该结构扭转效应明显，对抗震不利，应对结构进行调整使抗侧力构件布置合理、刚度布置均匀。

7. 层间刚度比

层间刚度比和薄弱层地震剪力放大信息在“结构设计信息”WMASS. OUT 文件中输出，层间刚度比为 Ratx1 和 Raty1。层间刚度比是控制结构竖向不规则性和判断薄弱层的重要指标。程序根据规范要求自动计算层间刚度比，并能自动判断薄弱层的位置，自动对薄弱层地震剪力进行放大。SATWE 提供了“剪切刚度”、“剪弯刚度”和“地震剪力与地震层间位移的比值”三种计算层间刚度比的方法，不过这三种计算方法的计算结果差异较大，设计人员应该根据结构的特殊性正确选用。注意，转换层结构属于楼层竖向抗侧力构件不连续形成的薄弱层，不论其层间刚度比是多少，都应将该楼层设置成薄弱层。

8. 层间受剪承载力比

层间受剪承载力比在“结构设计信息”WMASS. OUT 文件中输出，层间受剪承载力比为 Ratio-Bu X 和 Ratio-Bu Y。SATWE 软件没有自动判断层间受剪承载力比是否超出限值而出现薄弱层的功能，需要设计人员自己判断。如果有薄弱层出现，则设计人员应该手工输入设定薄弱层后重新计算，程序将自动放大薄弱层的地震剪力。注意，程序进行受剪承载力计算时以矩形柱代替异形柱和剪力墙作近似计算，其计算结果只能作为参考。实际上受剪承载力的计算是与混凝土强度和实配钢筋等因素有关的。在程序计算受剪承载力时还不知道实配钢筋面积而是以计算配筋面积作为代替，因而计算结果也是不够真实的。

9. 剪重比

剪重比在计算书“周期、振型、地震力”WZQ. OUT 文件中输出，各塔的地震剪力为 Vx 和 Vy。剪重比是抗震设计中非常重要的参数。规范规定剪重比计算主要是因为在长期荷载的作用下，地震影响系数下降较快，对于基本周期大于 3.5s 的结构，由此计算出来的地震作用下的结构效应有可能偏小，而对于长周期结构，地震动态作用下的地面加速度和位移可能对结构具有更大的破坏性，而振型分解反应谱法目前还不能对此作出较为准确的计算。为了安全起见，规范规定了各楼层水平地震剪力的最小值，如果该值不满足要求则说明结构可能出现了比较明显的薄弱层，必须进行调整。为了正确地计算剪重比，就必须选取足够的振型个数以使结构振型参与有效质量系数大于 0.9。对于地下室，由于回填土对其有约束作用，可以不考虑剪重比调整。如果结构的剪重比不满足规范的要求，应该先查看剪重比的原始值，要是与规范要求相差很大则应该优化结构设计方案，改进结构布局，调整结构刚度；若剪重比与规范要求相差不大则让程序自动调整地震剪力以满足规范要求。

10. 刚重比

刚重比在“结构设计信息”WMASS. OUT 文件中输出，若该文件显示能够通过《高规》5.4.4 条的验算，则表示刚重比满足规范的要求，否则应该修改设计。刚重比是结构刚度和重力荷载之比，它是控制结构整体稳定的重要指标。对于高层建筑结构，其稳定设计主要是控制水平风荷载和水平地震作用下的重力二阶效应不能过大，以免导致结构失稳倒塌。结构的刚重比是影响重力二阶效应的主要参数，通过控制刚重比来控制结构的重力二阶效应，从而满足高层建筑稳定性的要求。如果结构的刚重比不满足要求，通常的做法是调整结构的高宽比。

11. 框架的倾覆力矩比

框架的倾覆力矩比在“框架柱倾覆弯矩及 $0.2Q_0$ 调整系数”WV02Q. OUT 文件中输出。框架-剪力墙结构在进行抗震设计时，在基本振型地震作用下，框架部分承受的地震倾覆力矩和结构总倾覆力矩的比值决定着框架的抗震等级、结构最大适用高度和高宽比等。如果该比值小于 0.5，则框架-剪力墙结构的框架部分的抗震等级和柱的轴压比按框剪结构中框架结构确定；若该比值大于 0.5 而小于 0.75，则框架-剪力墙结构的框架部分的抗震等级和柱的轴压比按纯框架结构确定；如果该比值大于 0.75，则框架-剪力墙结构的最大适用高度可按配置少量剪力墙的框架结构确定。

12. 地震作用调整

整体结构地震作用调整主要是指通过设计人员定义特殊构件，由程序自动进行楼层最小地震剪力调整、框剪结构 0.2Q_0调整、边榀构件地震作用调整、转换梁地震作用下的内力调整、框支柱地震作用下的内力调整和板柱-抗震墙结构地震作用调整。

13. 设计内力调整

设计内力调整主要是指设计人员定义特殊构件之后由程序自动调整其设计内力，包括梁设计剪力调整、柱设计内力调整、剪力墙设计内力调整、9 度及一级框架结构调整和构件的抗震等级调整。

8.7　施工图编辑与生成

SATWE 计算完成后，施工图的绘制是在 PKPM 的“梁柱施工图设计”程序模块中完成。

程序能够自动生成初始钢筋层，然后归并出图，PKPM2008 版中还增加了“钢筋标准层”的概念，一张施工图对应一个“钢筋标准层”。本小节直接采用例题的 SATWE 计算结果介绍。

1. 梁施工图设计

(1)执行“梁柱施工图设计”模块的第一个主菜单【梁归并(全楼归并)】，如图 8.22 所示，程序提示：“输入梁归并的起始层号和终止层号(1-7)：”。输入：“1(空格)7”，程序自动对 1-7 层的钢筋进行强制归并，如图 8.23 所示。用户可以修改归并方式，本例采用默认设置。点击【确定】，程序提示：“请输入归并系数(0.0<BLO<1.0)，退出归并[Esc]<0.200>：”按回车采用默认系数完成归并。最后按【退出显示】回到主界面。

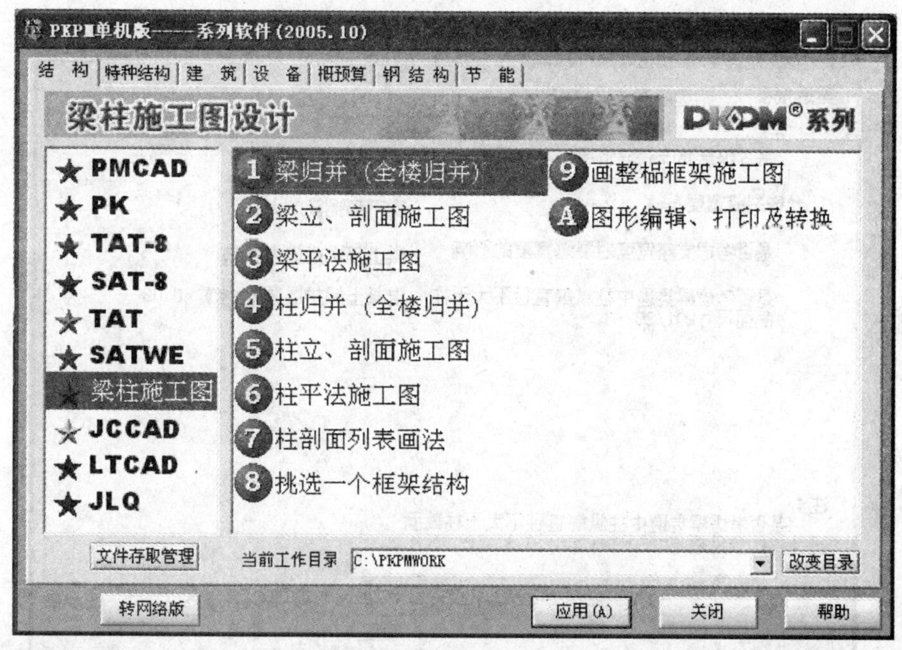

图 8.22　梁柱施工图

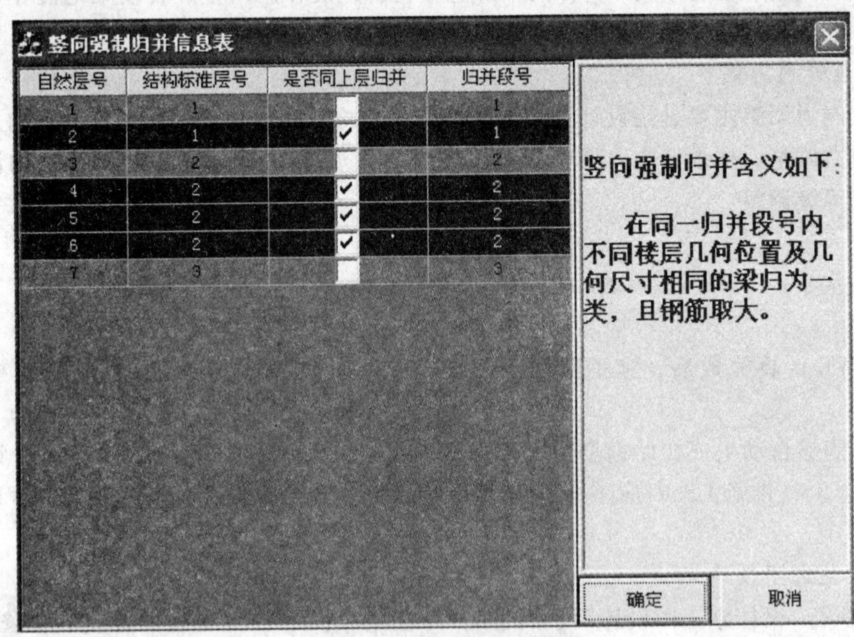

图 8.23 竖向强制归并信息表

(2)执行第三个主菜单【梁平法施工图】，点击【参数修改】，弹出“梁平面画法设计参数”对话框，如图 8.24 所示。一般不用修改。

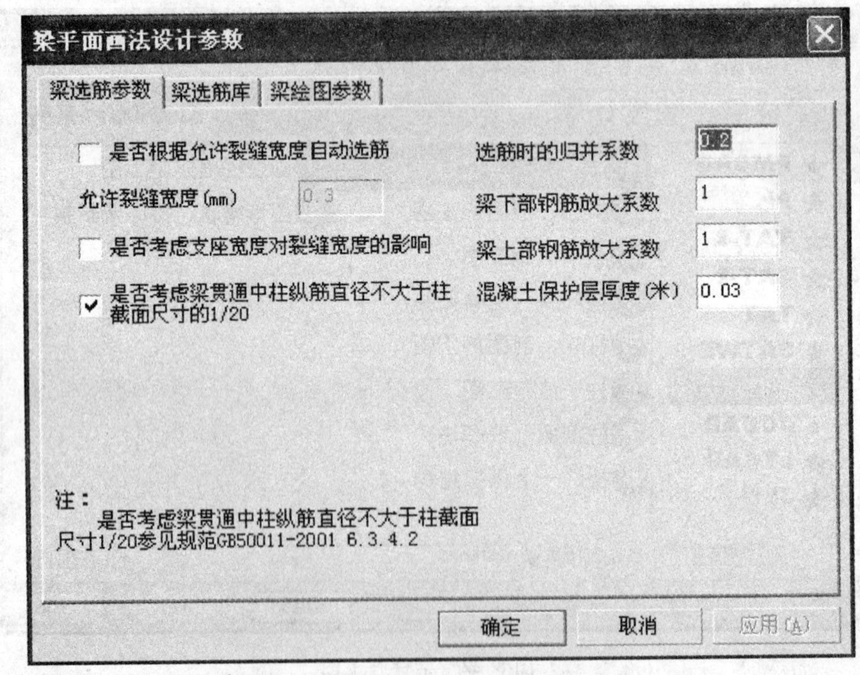

图 8.24 梁平面画法设计参数对话框

点击【绘制新图】，程序弹出“楼层选择”对话框，如图 8.25 所示。楼层若为底框-抗震墙结构的托墙梁层时需要勾选图示的复选框，本例不用。单击【确认】，弹出“请选择已有配筋结果、重新生成配筋”对话框，点击已有配筋结果。程序画出梁平法施工图。如图 8.26 所示。

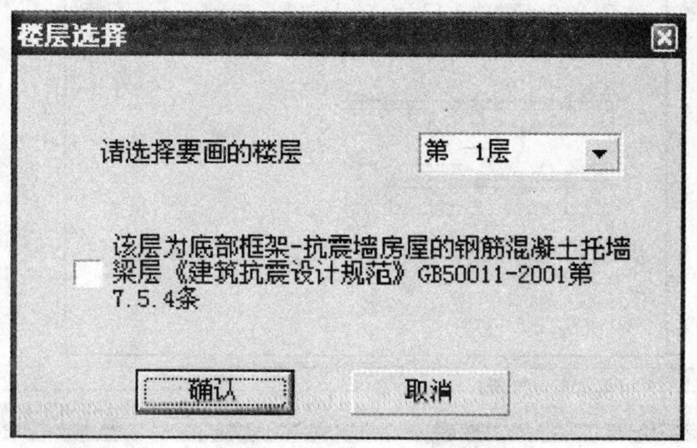

图 8.25　楼层选择对话框

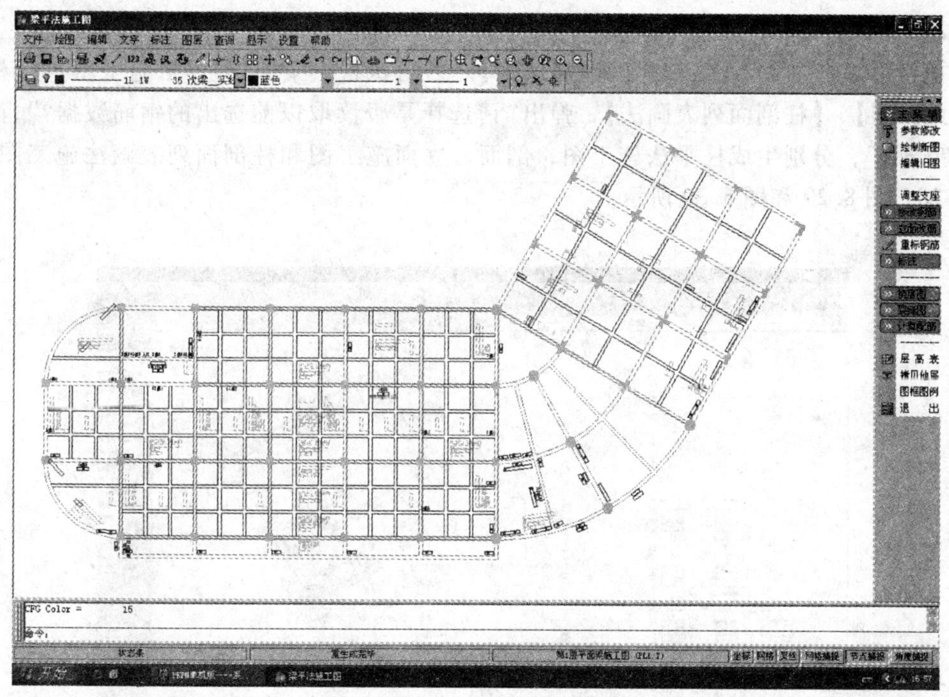

图 8.26　梁平面画法施工图

(3)执行第二个主菜单【梁立、剖面施工图】，点击【选梁画图】按照提示选取要画的梁和保存的文件名，程序自动生成梁的剖面与立面图。如图 8.27 所示。

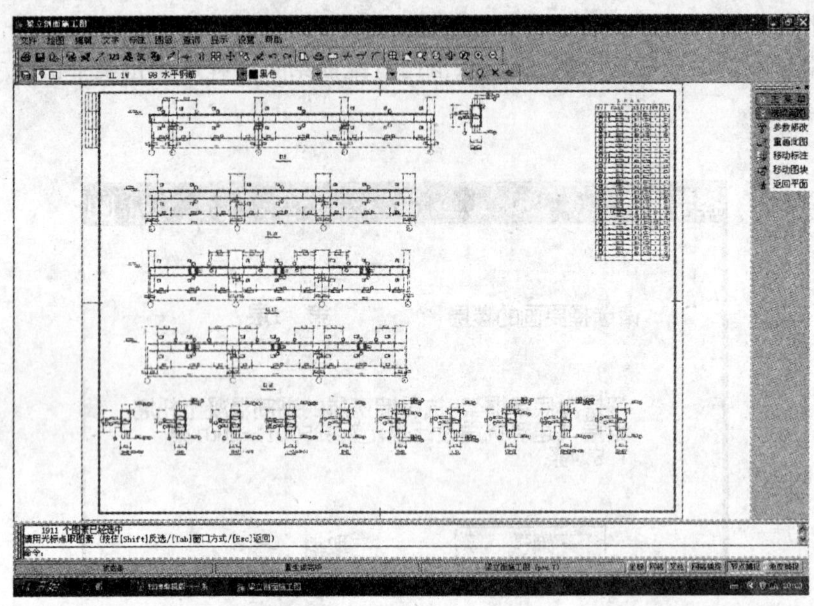

图 8.27 梁立面、剖面施工图

2. 柱施工图设计

执行第四个主菜单【柱归并(全楼归并)】之后再执行主菜单【柱平法施工图】、【柱立、剖面施工图】、【柱剖面列表画法】，弹出“请选择是否读取以前选出的钢筋数据?”，点击“重新选筋”，分别生成柱平法施工图，剖面、立面施工图和柱剖面列表画法施工图。如图 8.28、图 8.29 和图 8.30 所示。

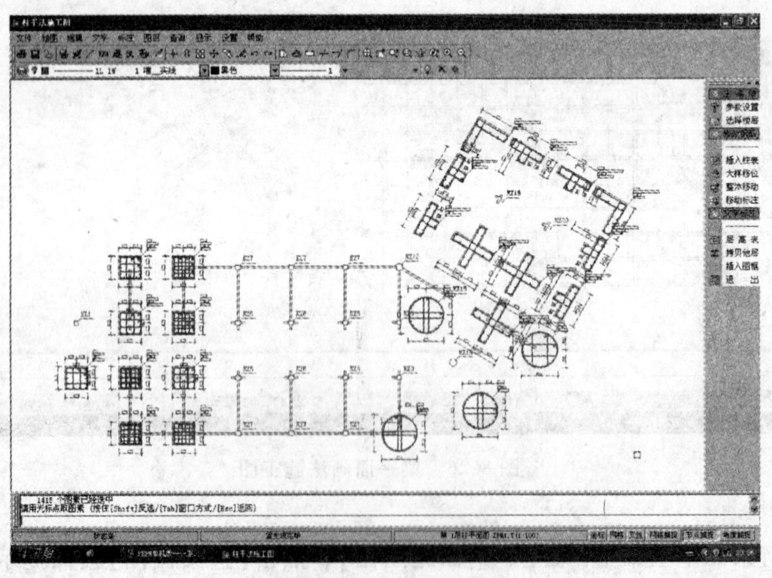

图 8.28 柱平法施工图

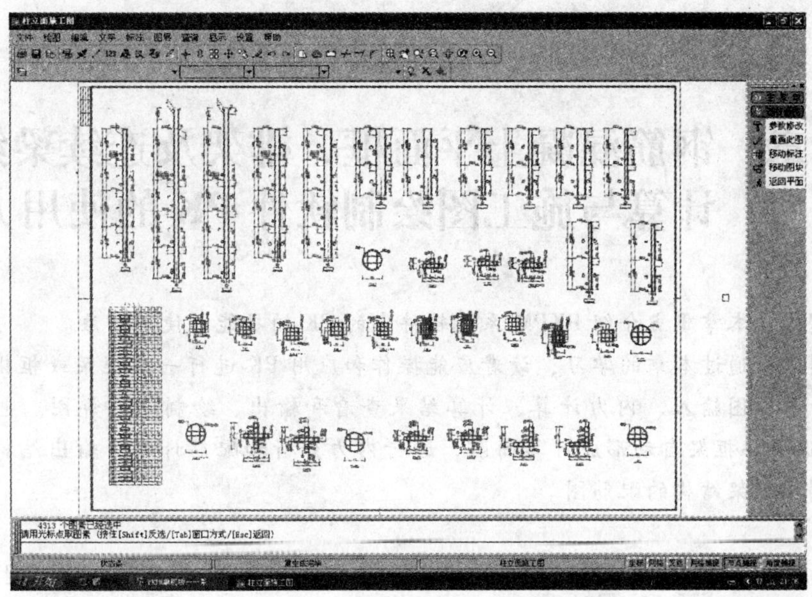

图 8.29　柱立面、剖面施工图

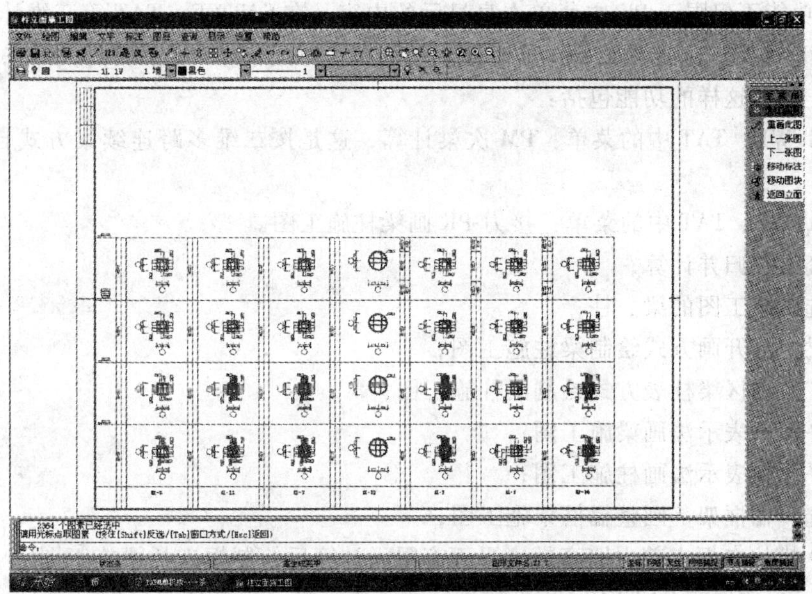

图 8.30　柱剖面列表画法施工图

作　业

阅读并上机操作本章的例题。

第9章 钢筋混凝土平面框、排架及连续梁结构计算与施工图绘制软件 PK 的使用方法

教学提示：本章重点介绍 PKPM 系列软件中的 PK 的功能和使用方法。

学习要求：通过本章的学习，读者应能操作和应用 PK 进行一榀框架或框排架或连续梁结构的计算简图输入、内力计算、计算结果查看和输出、绘制配筋详图。也可以接力 PMCAD 任选一榀框架自动形成计算简图，进行内力分析和配筋计算，输出结构的内力和配筋，绘制出框架结构的配筋图。

PK 模块本身包含二维杆系结构的人机交互输入和计算，一般用来完成框架、连续梁、排架、框排架结构的计算和绘图。其计算方法直接来源于结构力学方法，概念清晰简单，计算结果与传统手算结果非常接近，易于被工程设计人员所接受。

PK 的功能不仅限于 PK 主菜单本身显示的内容，在 SATWE、TAT 等三维计算完成后，都有接力 PK 画梁柱施工图菜单，这时调用的程序实际上都在 PK 模块内，都在 PK 所在的子目录下，类似这样的功能包括：

(1)SATWE、TAT 中的菜单：PM 次梁计算，这是按二维多跨连续梁方式自动计算各层次梁；

(2)SATWE、TAT 中的菜单：接力 PK 画梁柱施工图。

①全楼梁柱归并计算；

②挑选画施工图的梁、柱；

③按梁柱分开画方式绘制梁柱施工图；

④按广东地区梁柱表方式绘制梁柱施工图；

⑤用平面图表示法画梁施工图；

⑥用平面图表示法画柱施工图；

⑦挑选一榀框架，画整榀框架施工图；

⑧FEQ 模块在框支剪力墙高精度平面有限元计算后绘制框支托梁施工图。

可见，PK 软件在 SATWE、TAT 软件完成三维计算，以及砖混底框计算后，起到接力绘制整榀框架或梁柱施工图的重要作用，因而也是一个核心关键模块。

在单独使用 PK 软件时，有三种建模方法(即输入计算简图)，一是由 PMCAD 生成 PK 数据文件以形成计算简图，二是利用 PK 自带的人机交互方式输入数据以形成计算简图，三是编辑数据文件输入以形成计算简图。一般来说第三种方式只作为前两种方式的补充，另外，PMCAD 生成的 PK 数据文件也需要通过 PK 的人机交互方式继续修改。本章将以第一种 PK 建模方式为主简要介绍 PK 软件使用的基本流程。

9.1　PMCAD 生成 PK 数据文件

本节从第 7 章 PMCAD 建立的例题模型中选择一榀框架，利用 PMCAD 主菜单 4“形成 PK 文件”来生成该框架的 PK 数据文件，以便在 PK 中自动形成该框架的计算简图，用于 PK 结构计算和施工图绘制。

操作步骤如下：

(1)将工作目录设置为第 7 章的例题模型，执行 PMCAD 主菜单 4“形成 PK 文件”，如图 9.1 所示。

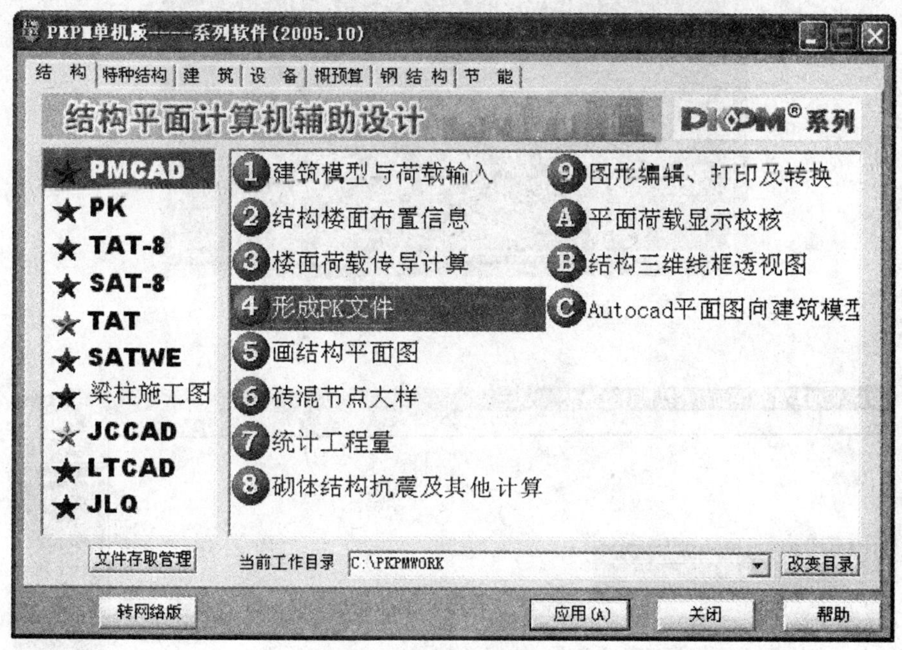

图 9.1　PMCAD 之形成 PK 文件

(2)程序显示如图 9.2 所示菜单，选择“1. 框架生成”，程序显示如图 9.3 所示结构平面图，屏幕右边共有“风荷载”、“文件名称”两个设置按钮，并在屏幕下方提示用户输入要计算框架的轴线号。

(3)首先单击“风荷载”标志按钮(未设置风荷载参数时显示“×”，设置风荷载参数后显示“√”)，弹出如图 9.4 所示风荷信息对话框，将“风荷载计算标志”设为 1。点击“确定”结束风荷信息对话框。

(4)单击屏幕右边的“文件名称”标志按钮，输入文件名“PK-C”，按“Enter”确定。

(5)屏幕下方提示“请输入要计算框架的轴线号：”，输入“C”，按”Enter”确定。程序显示“本榀框架各层迎风面水平宽度(m)，正确吗?”，按“Enter”确定。

(6)程序回到如图 9.2 所示主菜单，单击主菜单顶部的“形成 PK 数据文件”按钮，程序显示“PK 数据交互输入”界面并显示该框架立面图，在屏幕右边显示如图 9.5 所示主菜

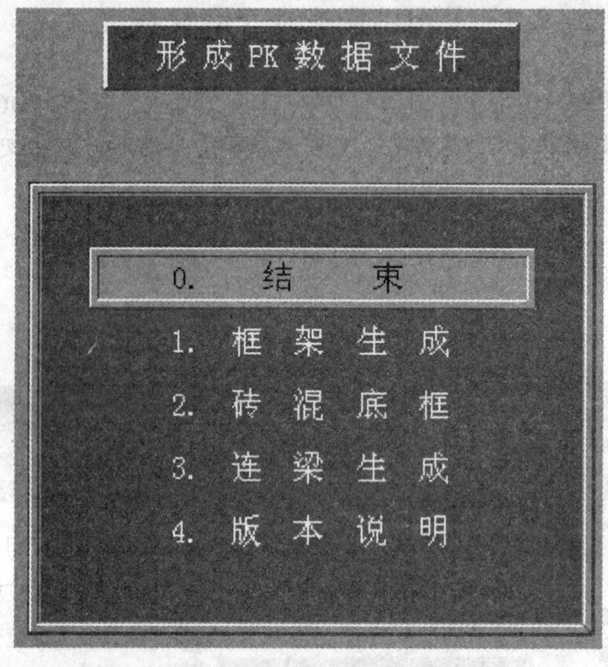

图 9.2　形成 PK 数据文件菜单

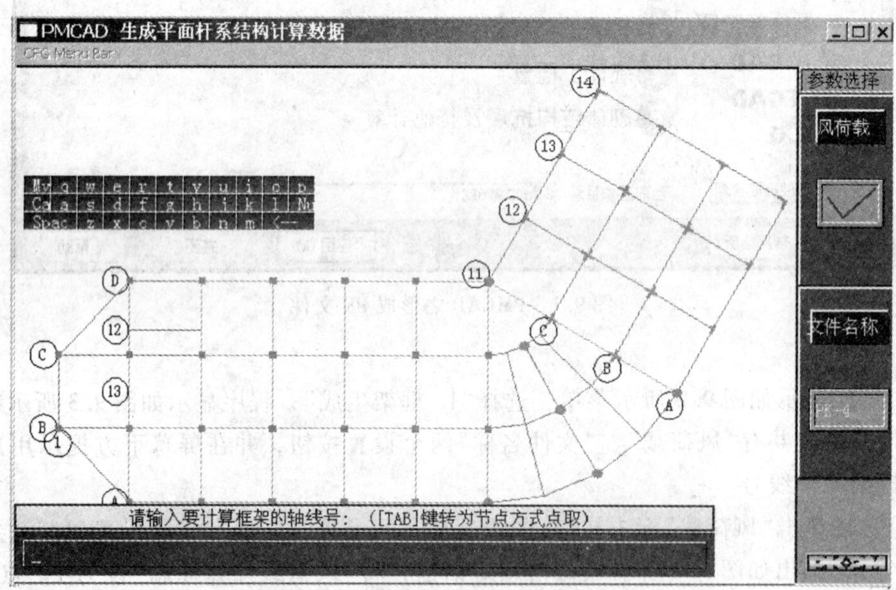

图 9.3　程序界面

单。从上到下依次点击每项菜单可以查看 C 轴线上的框架立面图和各种荷载作用下的计算简图。由于之前已经输入过荷载，这里不再添加荷载数据，点击右边屏幕菜单的“退出”，程序自动退出并生成文件名为 PK-C 的数据文件。

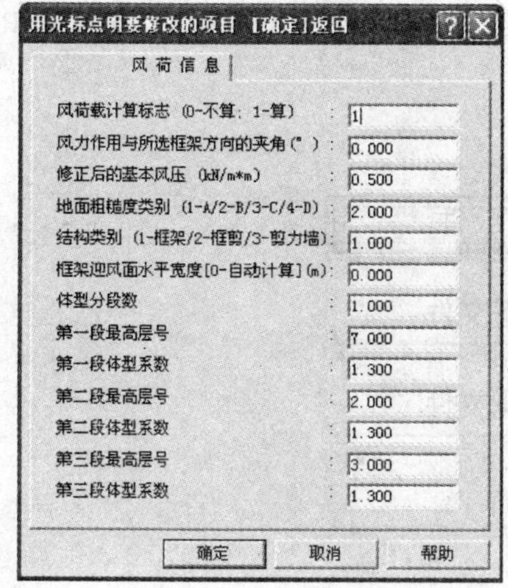

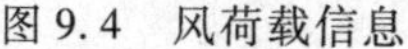
图 9.4　风荷载信息

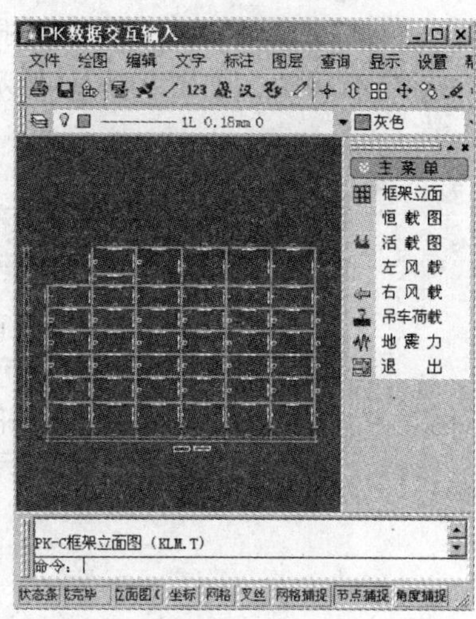

图 9.5　主菜单

9.2　进入 PK 计算并绘制施工图

9.2.1　PK 数据交互输入和计算

操作步骤如下：

(1)执行 PK 主菜单 1“PK 数据交互输入和计算”，如图 9.6 所示。程序显示数据输入菜单，如图 9.7 所示。选择“打开已有数据文件”，文件类型设置为“空间建模形成的平面

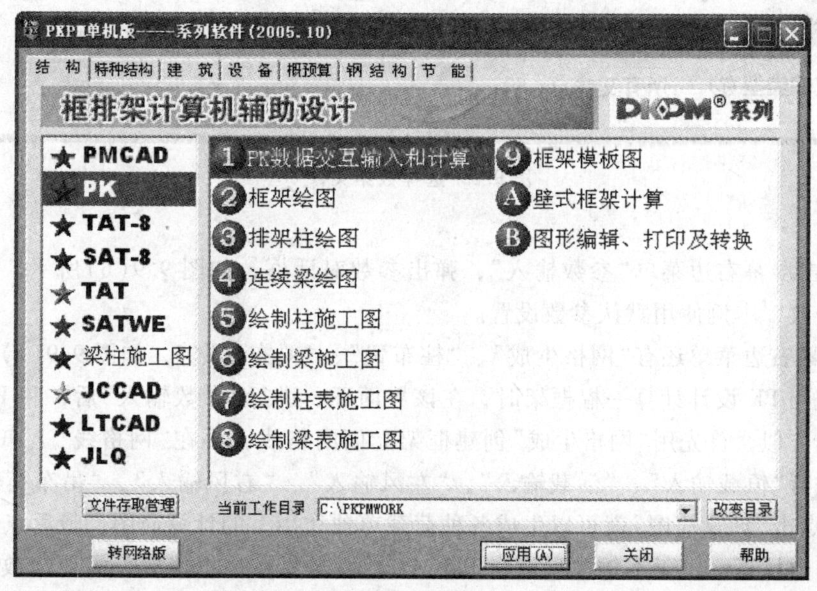

图 9.6　PK 主菜单

框架文件(PK-＊)”，如图 9.8 所示，选择工作目录中的“PK-C”文件。程序显示 PK 人机交互界面和框架结构图，如图 9.9(a)所示。

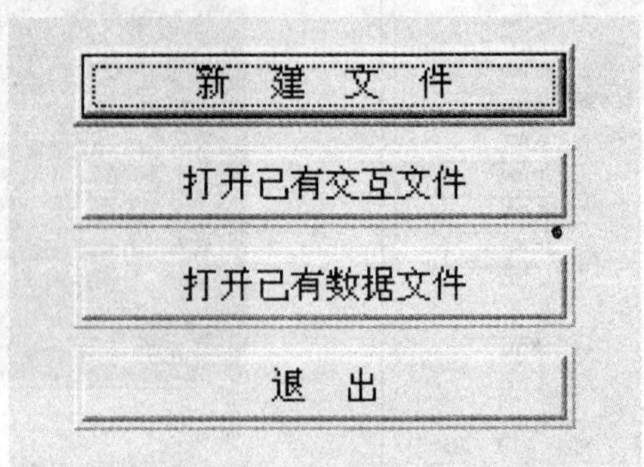

图 9.7 数据输入菜单

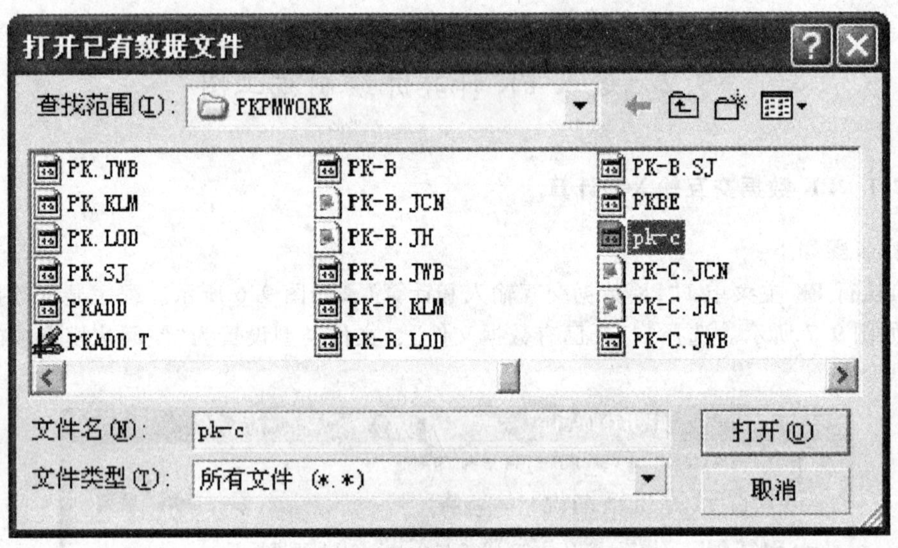

图 9.8 选择数据文件

(2)单击屏幕右边菜单“参数输入”，弹出参数对话框，如图 9.9(b)所示。可对相关参数进行修改，本例使用默认参数设置。

(3)屏幕右边菜单还有“网格生成”、“柱布置”、“梁布置”等，如图 9.9(a)所示。一般在单独使用 PK 设计计算一榀框架时，在该界面下，进行“参数输入”后，和 PMCAD 建模操作过程类似，首先用“网格生成”创建框架立面网格线，再在“网格线”上布置框架梁柱，然后进行“恒载输入”、“活载输入”、“左风输入”、“右风输入”、“吊车荷载”、“补充数据”，点击“计算简图”就可以生成各种荷载单独作用下的计算简图，最后点击“计算”进行框架内力计算。由于本例模型取自 PMCAD，不需要在这里修改，需要修改的是边梁的边界条件。单击“铰接构件 \ 布置梁铰”，屏幕下方对话提示：“左下端铰接(1)，右上端铰接(2)，两端铰接(3)<3>:”。左边梁选 1，右边梁选 2，分别将所有的边梁设为铰接

(a) PK人机交互输入界面主菜单

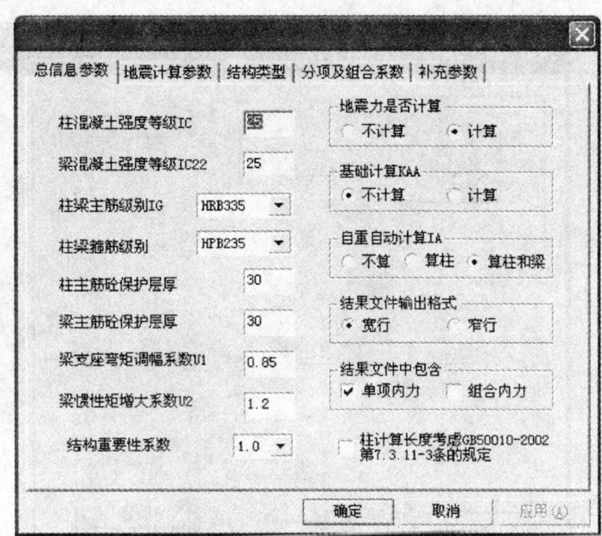

(b) PK参数输入对话框

图 9.9　PK 人机交互输入界面

边界。

(4)补充荷载，单击“恒载输入＼梁间恒载”，弹出“梁间荷载输入(恒荷载)”对话框，梁间恒载为板传过来的荷载，选择第一种荷载类型，大小为 5kN/m^2(计入板自重)，宽度(x)为 6000mm，如图 9.10 所示，将梁间恒荷布置在没有荷载的梁上(PMCAD 生成 PK 数据文件的时候没有将所有的荷载保存下来)。同样方法布置梁间的活荷载，大小为 2kN/m^2，宽度为 6000mm。

(5)单击“计算简图”，再分别单击“框架立面”、“恒载图”、“活载图”、“左风载”、“右风载”等，程序显示各种荷载单独作用下的计算简图。如图 9.11 所示是显示的框架立面图。

(6)单击 PK 人机交互界面主菜单下的“计算”菜单，程序弹出对话框“输入计算结果文件名”，单击“OK”按钮使用默认设置。如图 9.12 所示。使用“计算”下面的子菜单可以查看各种荷载单独作用下的内力图，以及内力包络图和配筋包络图。点“退出”结束计算。

9.2.2　框架绘图

1. 绘图参数设置与钢筋修改

(1)执行 PK 主菜单 2“框架绘图”进入“PK 钢筋混凝土梁柱配筋施工图”界面，单击屏幕右边菜单“参数修改＼参数输入”，可修改相关绘图参数，如图 9.13(a)所示。在“参数修改”子菜单下面还可以修改程序自动选钢筋的钢筋库、梁顶标高、柱箍筋、挑梁数据和布置挑梁、牛腿数据和布置牛腿、梁和柱子配筋的放大系数等，这些需要根据实际情况确定，这里不再赘述。本例使用默认设置。点“主菜单”回到根菜单。单击根菜单下的每个梁柱配筋子菜单(如图 9.13(b)所示)可对程序自动选配的钢筋进行修改，以通过人工干

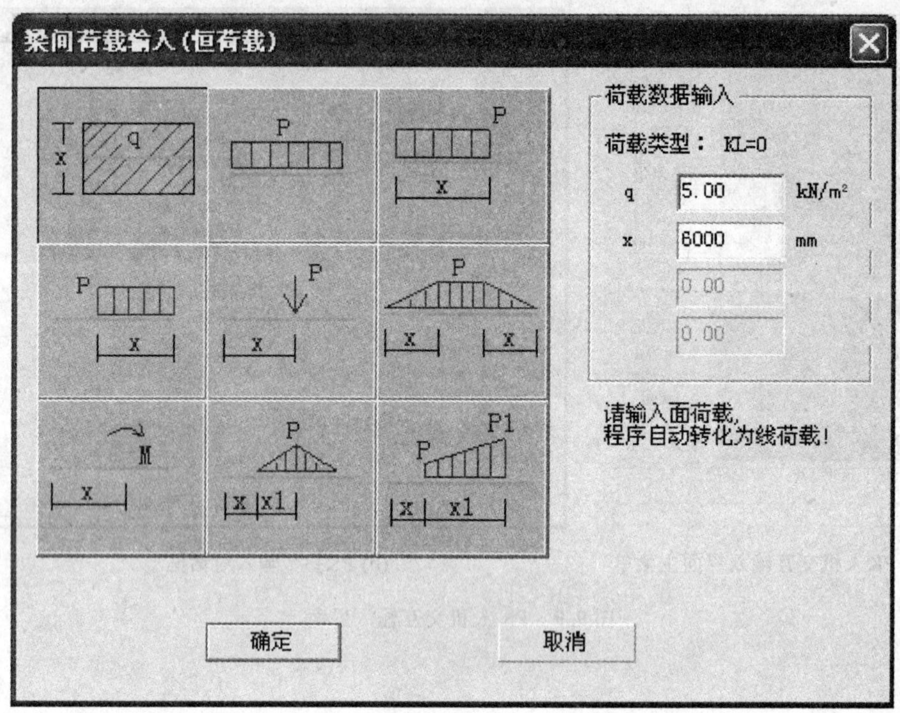

图 9.10 梁间荷载输入对话框

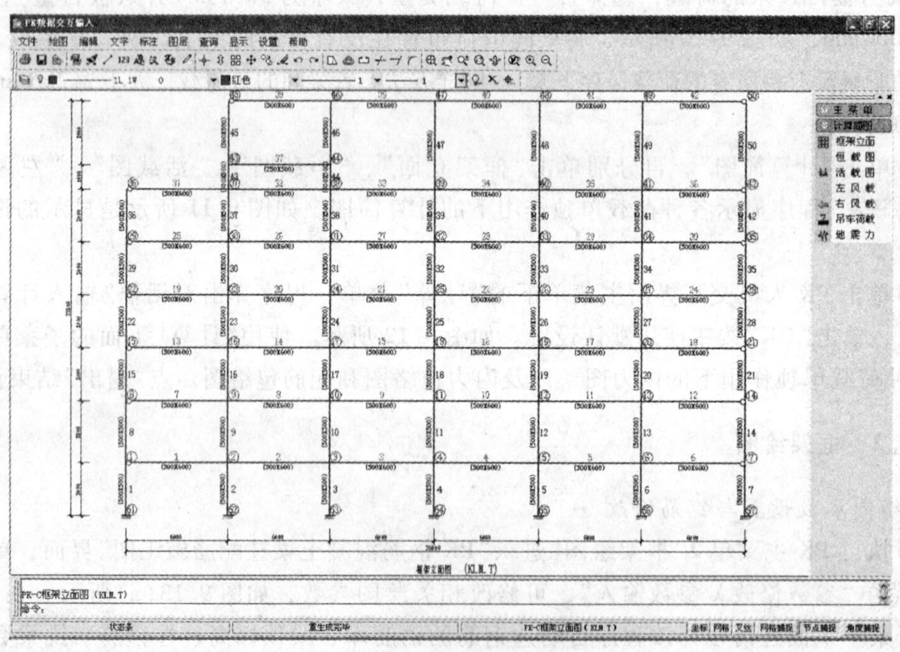

图 9.11 框架计算简图(立面图)

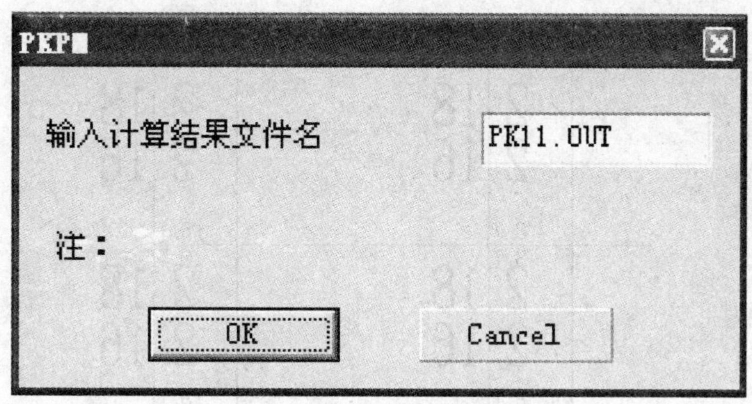

图 9.12　输入计算结果文件名

预达到更合理的配筋结果，这些都是 PK 在绘制框架施工图之前，给用户提供一个凭借自己设计经验和规范要求修改钢筋的机会。

PK21选筋、绘图参数
归并放大 等 | 绘图参数 | 钢筋信息 | 补充输入
选筋时的归并系数　0.2
柱钢筋放大系数　1
梁下部钢筋放大系数　1
梁上部钢筋放大系数　1
钢筋的混凝土保护层厚　0.03 m
梁下部分钢筋弯起抗剪JWQ
有次梁时梁上筋增加一个保护层厚度
抗震等级=5时梁上角筋
跨中截断并加架立筋
在全跨连通
确定　取消　应用(A)

(a) 设置选筋和绘图参数

(b) PK绘图主菜单

图 9.13　PK 绘图参数输入与主菜单

(2)单击“柱纵筋”，程序显示出框架柱的配筋图，如图 9.14 所示。图中数字表示对称配筋柱单边的直径和根数，柱左为根数，柱右为直径，其截面如图 9.15 所示。

点击“平面内 \ 计算配筋”，柱立面上显示柱计算配筋包络图，从而便于用户对程序

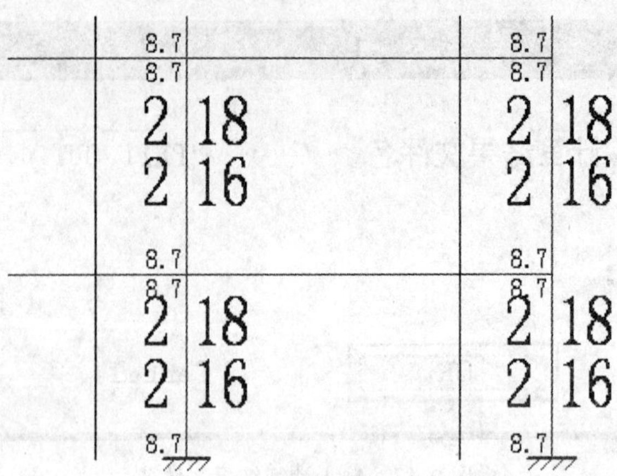

图 9.14 柱纵筋示意图

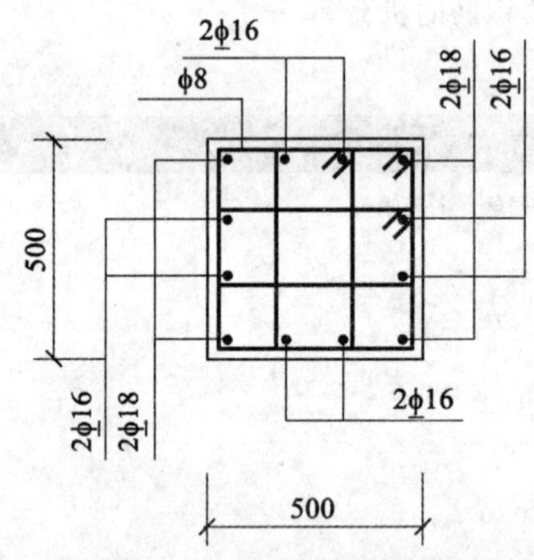

图 9.15 柱纵筋实际配筋示意图

选择的实配钢筋校核。

“柱筋连通”：一般情况下，下柱钢筋在上柱根部切断，并与上柱钢筋绑扎搭接或焊接，用户可在此处令钢筋在某些柱不切断，或每根柱列从上到下都不切断，而直接穿过各柱。这样做可适应一些工程习惯并减少剖面个数。

“对话框式”：点取某一根柱后，屏幕上弹出该柱剖面详图，该对话框左边是钢筋的直径、根数等参数供用户修改，右边的详图可随左边参数的变化而连动。如图 9.16 所示。本例一律采用默认设置。

(3)点击“主菜单”回到根菜单，再单击“梁上配筋”，程序显示出梁上部的配筋图，如图 9.17 所示。“梁下配筋”与“梁上配筋”类似。

“上筋连通”：由用户设定将梁上部第一排的钢筋(不仅是角筋)全部连通并选最大直径，以满足某些设计的要求，但其上第二排钢筋不在自动连通之列。一般情况下，程序根据构造要求在除连续梁抗震等级为 5 时外，均把上部角筋连通，但其余钢筋根据弯距包络

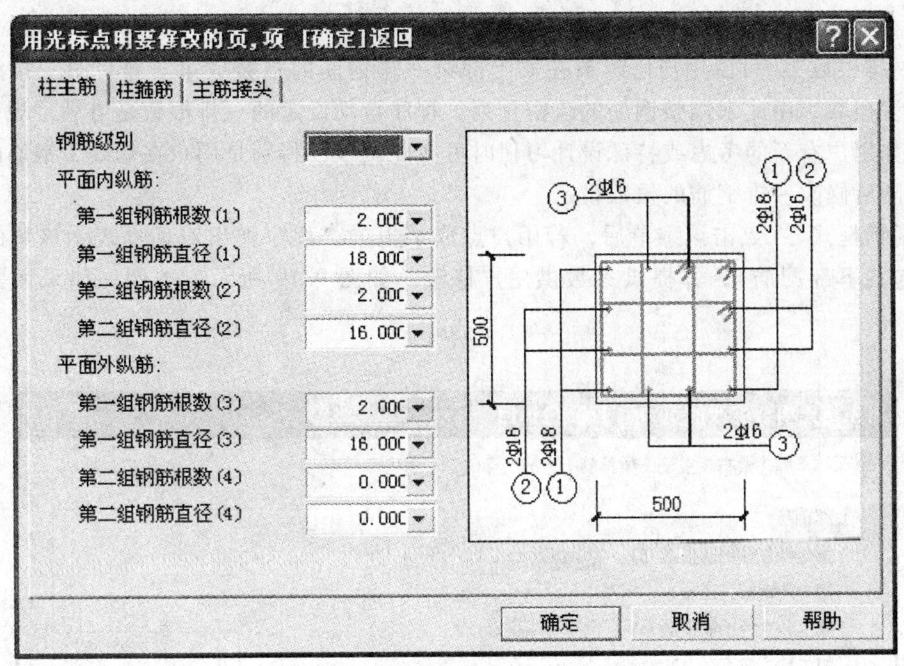

图 9.16　对话框式修改柱配筋

图和规范构造要求，分一到三次切断，程序计算断点长度时，如该长度大于或接近跨长一半时，则这组钢筋不被切断而与相邻支座连通。

“第一断点”：指非连通钢筋的切断处，如图 9.18 所示。上筋断点菜单可由用户修改程序算出的梁上钢筋的断点位置，分为第一断点修改，第二断点修改和第三断点修改，分别为梁上排除二角筋外的其他筋，第二排两边二钢筋，第二排除二边筋外的其他钢筋(第三排如有筋也划为此类)，某类钢筋无配筋则断点长度为 0，每类钢筋断点只能有一个。如用户将断点长度指定为跨长一半以上，则这类钢筋自动与相邻支座连接而在该跨连通。

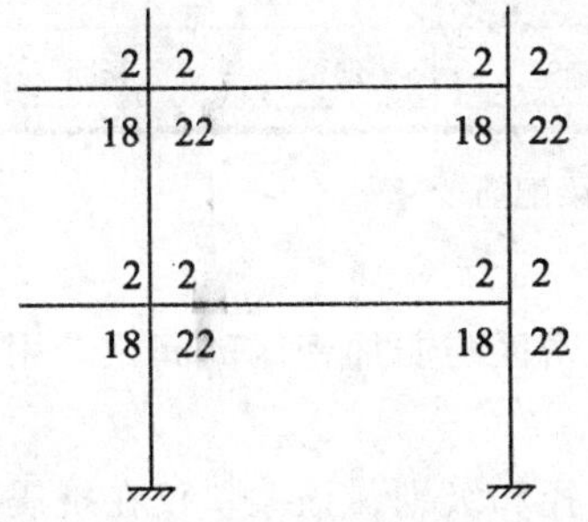

图 9.17　梁上部配筋示意图

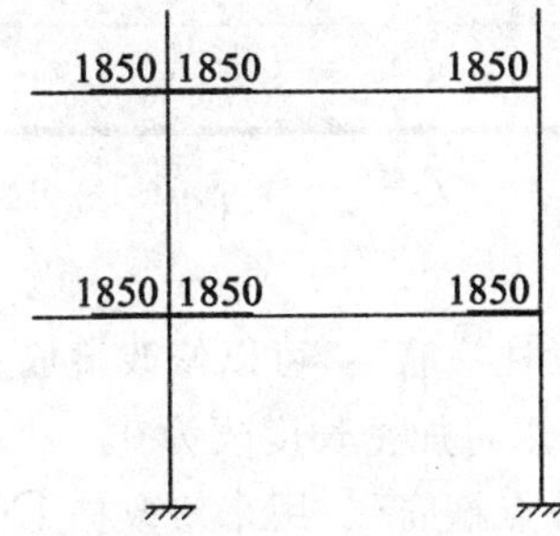

图 9.18　梁上部配筋断点示意图

“重算断点”：用在当用户修改过角筋和其他钢筋的直径后重新计算梁上筋断点，因原有断点是根据修改前由程序定义的直径计算的，程序并不能根据用户定义的新直径而重算断点，使得某些情况下断点位置不能满足新直径的要求，故在此设菜单由用户指定重算断点。

“一排根数”：可由用户修改放在梁上部第一排钢筋的根数或第二排、第三排筋能摆放的最多根数，由此来调整钢筋的疏密排列。程序自动设定的一排根数是可满足规范要求的，但如用户有新的考虑或特殊设计习惯时可在此调整，特别是用户在修改了钢筋的根数后常应随后修改一排钢筋的根数设定。

“对话框式”：点击该菜单后，若用户点取某根梁，程序弹出对话框表示该梁的配筋详图(包括下部配筋)，并提供参数供用户修改。如图 9.19 所示。本例一律采用默认设置。

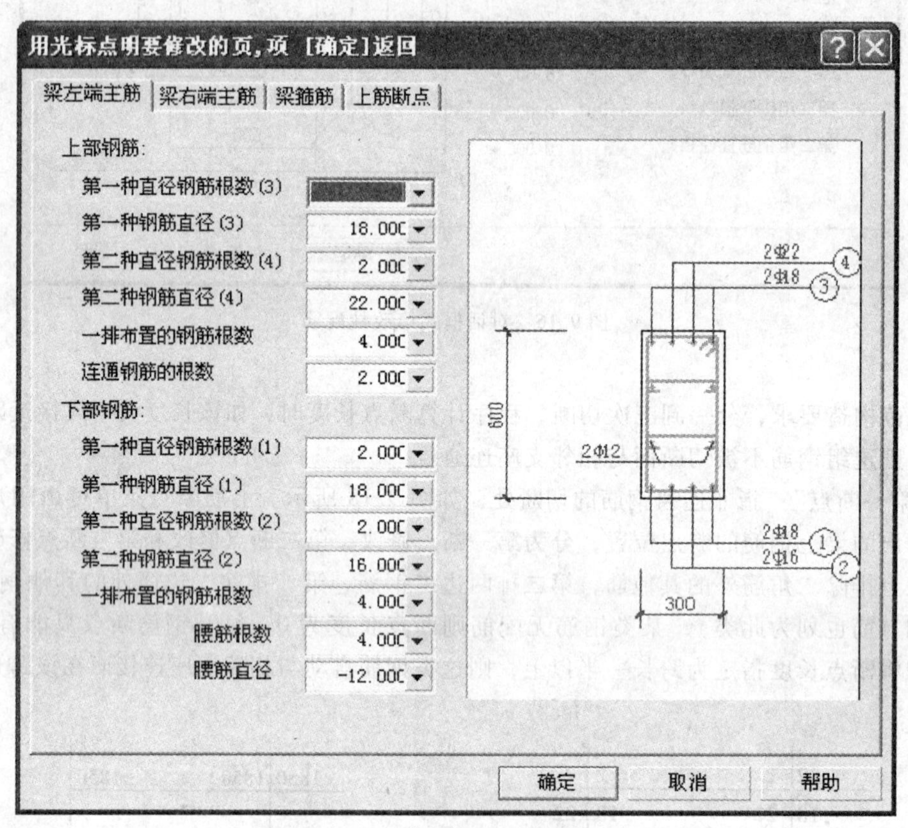

图 9.19 对话框式修改梁配筋

(4)“梁柱箍筋”：可以修改箍筋直径与级别，加密区与非加密区的间距。用户不设加密区时，可以将加密长度改为 0。

(5)“节点箍筋”：用来修改柱上节点区的箍筋直径和级别，该菜单仅在抗震等级为一或二时才起作用，节点箍筋间距定为 100mm。

(6)“弹塑位移”：这项菜单在地震烈度 7°~9°，且计算数据来自 PK 主菜单 2 时起作用，程序按梁柱的实配钢筋，材料强度的标准值和重力荷载代表值完成该框架在罕遇地震下的弹塑性位移计算，计算技术条件详见 PK 技术条件说明，计算结果在屏幕上显示。

不满足要求时，可即时地修改柱梁钢筋再进入本菜单重新计算。

(7)“裂缝计算”：裂缝计算考虑荷载的短期效应组合，即恒载、活载、风载标准值的组合，取梁矩形截面，取程序选取的梁下部与梁上部实配的钢筋根数与直径，按 GB50010—2002 第 8.1.2 条公式计算。

当计算裂缝宽度≥0.3mm 时，该裂缝宽度用红色在图上显示。

接力 SATWE、TAT 时的荷载是该归并梁所归并范围内各梁恒载、活载、风载的绝对值最大值。

(8)“挠度计算”：按照混凝土结构设计规范 GB50010—2002 第 8.2 节做梁的挠度计算。为计算荷载长期效应组合，用户需输入活荷载的准永久值系数，该系数用户可查荷载规范 GB50009—2001 表 4.3.1 给出，程序隐含值取 0.4。

程序按 GB50010—2002 公式 8.2.2 计算长期刚度 B，按公式 8.2.3-1 计算短期刚度 B_S，在每个同号弯矩区段内按该区段最大值计算一个 B，计算按照梁上下的实配钢筋和考虑梁翼缘的影响，对现浇板处的 T 形梁(梁形状类型为 2，3，4，11，12)翼缘计算宽度按 GB50010—2002 表 7.2.3 取值(按翼缘高度 h_f 考虑)。

修改梁的上下钢筋将改变挠度值。梁的挠度图如图 9.20 所示。

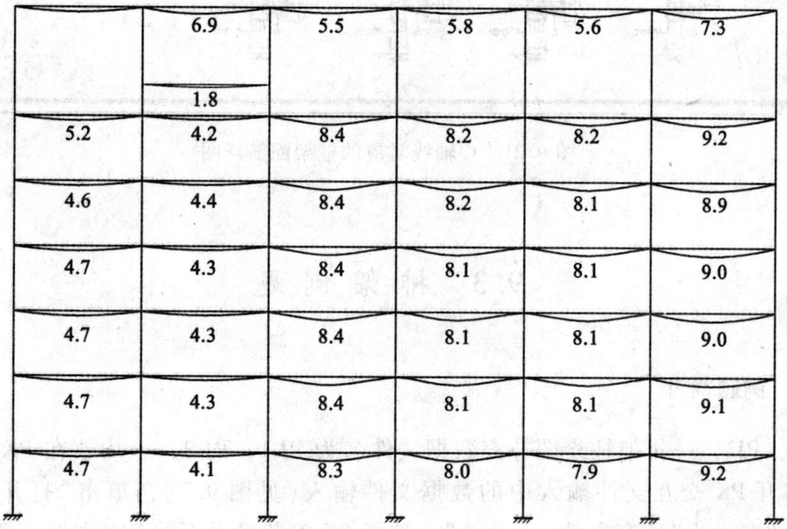

混凝土梁的挠度图(单位：mm)(DEF.T)

图 9.20　混凝土梁的挠度图

2. 绘施工图

在主菜单下，单击“施工图 \ 画施工图”菜单，程序弹出对话框询问“是否将相同的层归并”、“是否将相同的跨归并”、“输入该榀框架的名称”。假定层跨都不归并，输入“PK-C”，即可完成框架施工图绘制，如图 9.21 所示。该图包括框架立面配筋图、梁柱断面配筋图、梁柱钢筋表和主材汇总表。用户可通过“移动标注”、“移动图块”、“图块炸开”对施工图进行编辑。

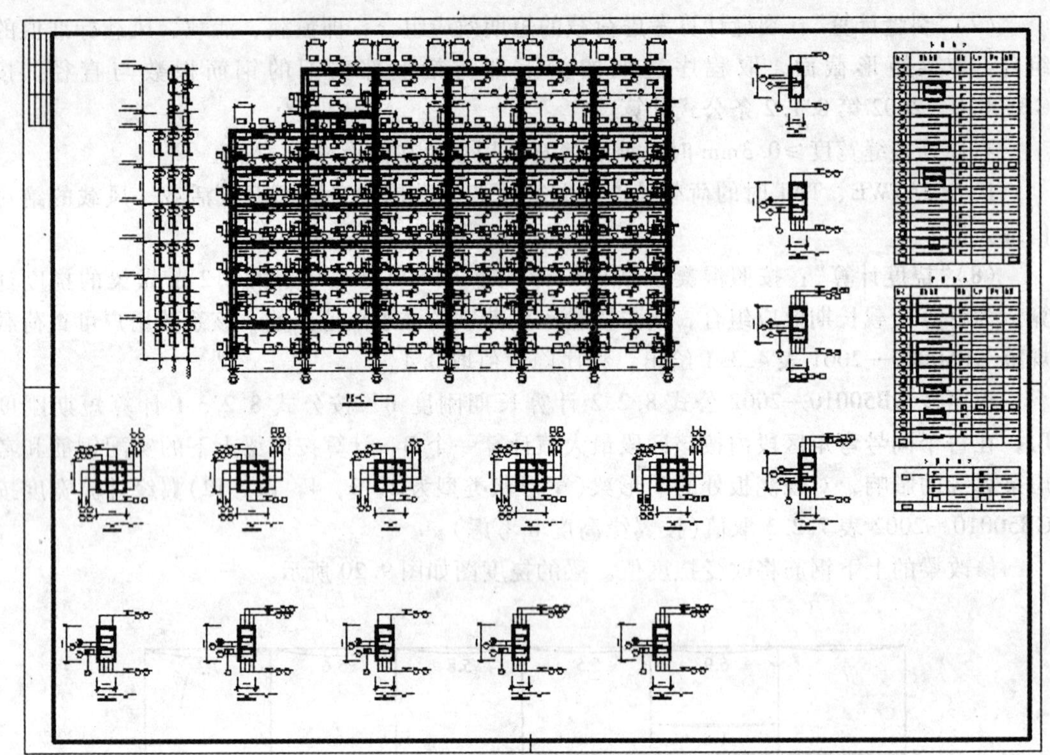

图 9.21 C 轴线对应的框架配筋详图

9.3 排架例题

9.3.1 例题简介

为 PJ1，PJ2，…排架柱绘图补充数据文件名为 PJ-1，PJ-2，…均放在 PK 安装程序子目录下。打开 PK 交互文件输入中的数据文件输入(见图 9.7)，单击“打开已有数据文件”，文件类型设为“所有文件(＊.＊)”，选择 PK 安装目录下的 PJ1 文件，即可看到该排架结构的 PK 计算模型(本节重点介绍如何采用人机交互方式建立该排架结构的 PK 计算模型以及整个计算的操作过程)。其表示的例题如下：

某 2 跨等高排架如图 9.22 所示，划分为 9 个节点，6 个柱段，图中圆圈中数字为节点编号，柱右数字为柱段编号，一共 3 根排架柱，其上柱截面皆为矩形，尺寸分别为 0.4×0.4，0.5×0.6，0.5×0.5。下柱截面皆为工字形，尺寸分别为 0.4×0.9，0.5×1.2，0.5×1.2。工字形截面腹板厚为 0.15，翼缘根高 0.225，边缘高 0.2，屋面梁皆为铰支。恒载、活载、左风载、右风载、吊车荷载图分别见图 9.23～图 9.27，作 8°抗震设防。抗震等级是 2。

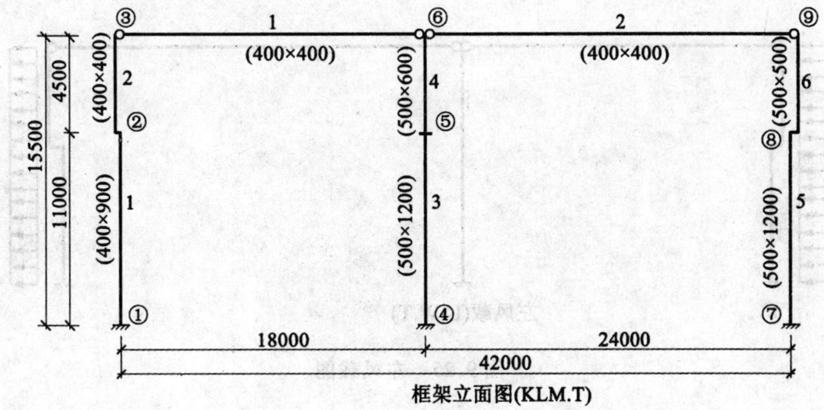

图 9. 22　框架立面图

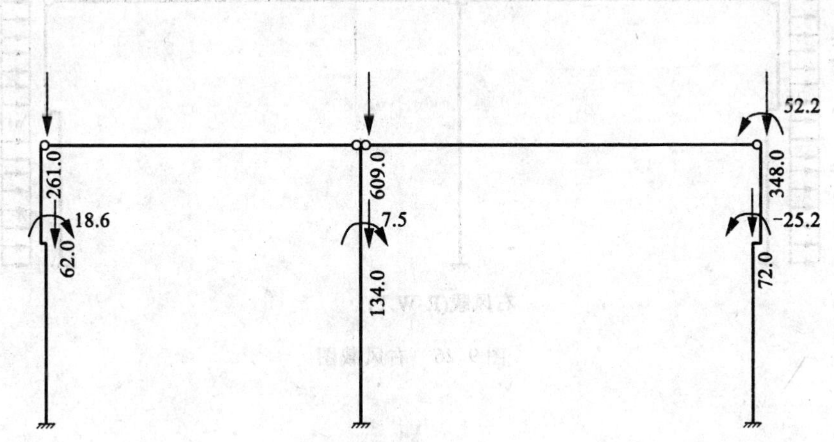

图 9. 23　恒载图

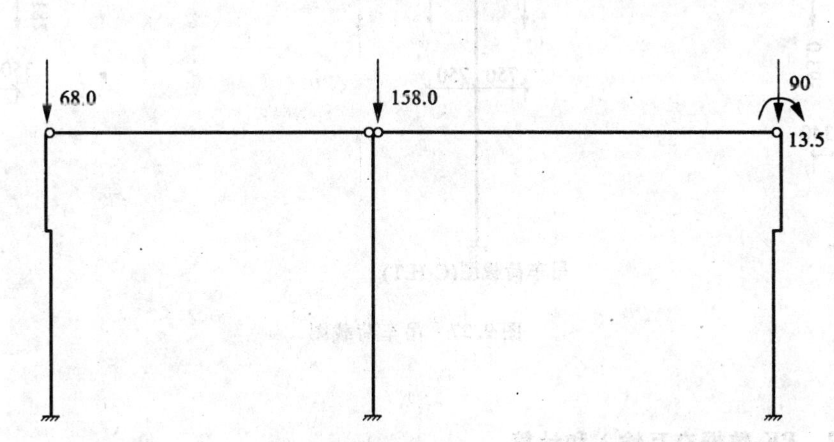

图 9. 24　活载图

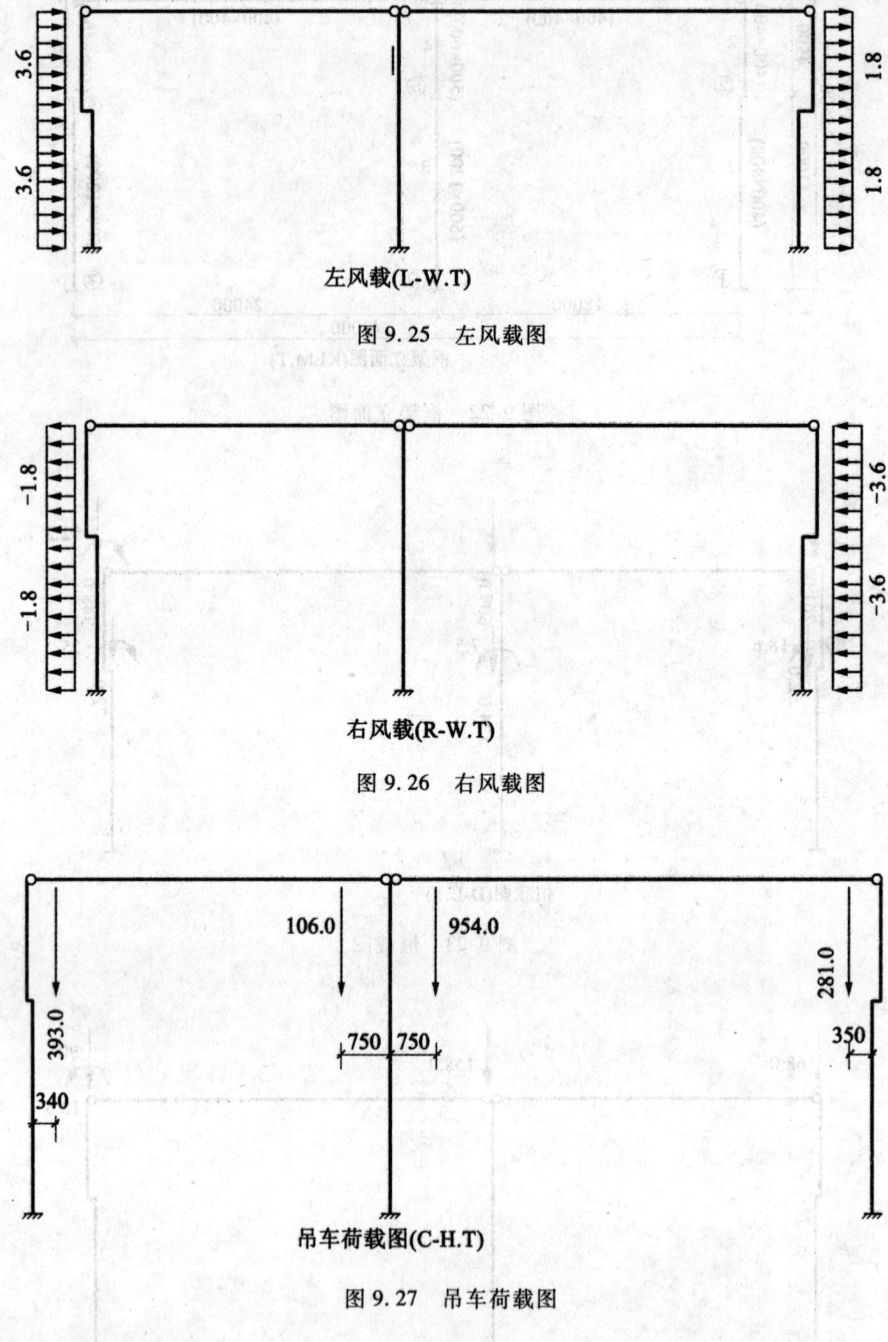

图 9.25 左风载图

图 9.26 右风载图

图 9.27 吊车荷载图

9.3.2 PK 数据交互输入和计算

执行主菜单 1“PK 数据交互输入和计算”，选择“新建文件”，输入交互式文件名为 PJ1. jh 进入“PK 数据交互输入”界面。屏幕右边菜单如图 9.28 所示。从上到下，依次执行各个菜单命令即可完成排架数据的输入和计算。

1. 参数输入

执行“参数输入”弹出参数设置选项卡，如图 9. 29 所示。可依次设置相关信息，其中梁柱混凝土强度等级设为 20，“地震计算参数”(图 9. 30)中的抗震等级为二级，地震烈度为 8°，将结构类型设置为“排架”(图 9. 31)。

图 9. 28　PK 数据交互输入界面主菜单

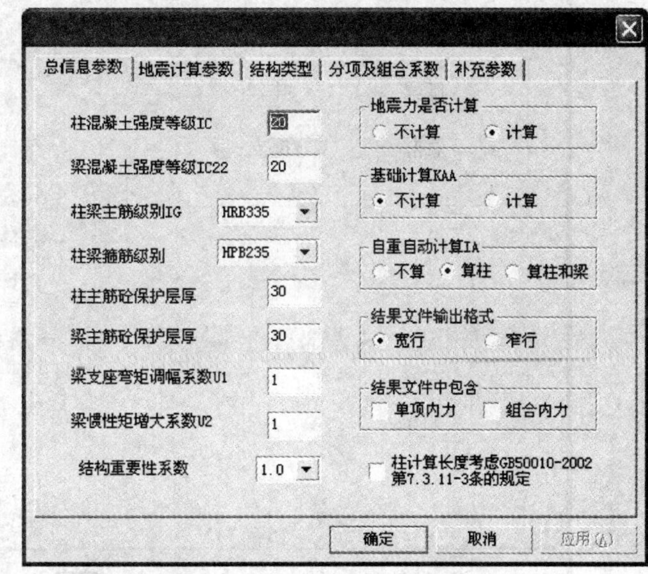

图 9. 29　总信息参数选项卡

图 9. 30　地震计算参数选项卡

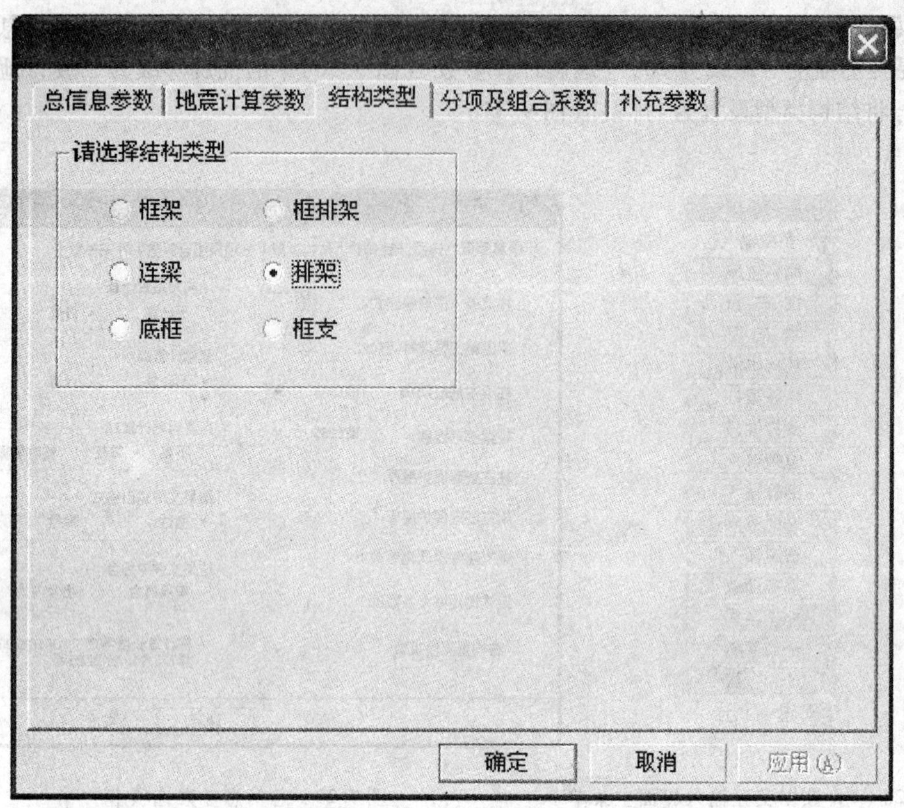

图 9.31　结构类型选项卡

2. 轴网输入

执行“网格生成”\“框架网格”，程序弹出“框架网线输入导向”对话框。输入跨度 18000 和 24000，层高 11000 和 4500，点击“确定”按钮。如图 9.32 所示。

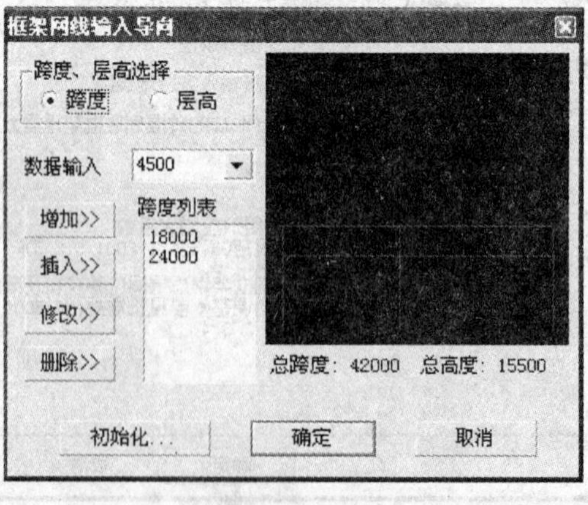

图 9.32　PK 框架网线输入导向对话框

3. 布置柱和梁

点击“柱布置”\“截面定义”，程序弹出“柱子截面数据”对话框。点击“增加”按钮新增加 5 个柱截面(图 9.33、图 9.34)，点击“柱布置”\“柱布置”，选择图 9.34 的柱截面，屏幕下方提示“输入柱子偏心”，输入“0”，按图 9.22 框架立面图布置柱。

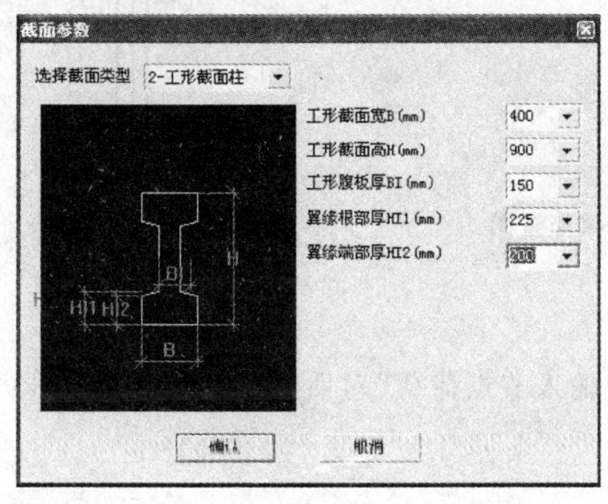

图 9.33　柱截面参数定义对话框

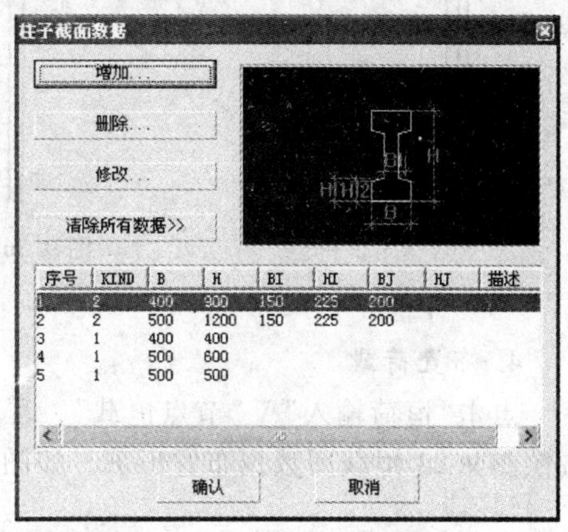

图 9.34　柱子截面数据对话框

点击“柱布置”\“偏心对齐”，屏幕下提示“柱左端对齐/中心对齐/右端对齐(-1/0/1)?”，分别将上柱从左到右依次设置为左端对齐、中心对齐和右端对齐。

点击“梁布置”\“截面定义”，程序弹出“梁截面数据”对话框(图 9.35)。增加截面“400 * 400”，按图 9.22 布置。

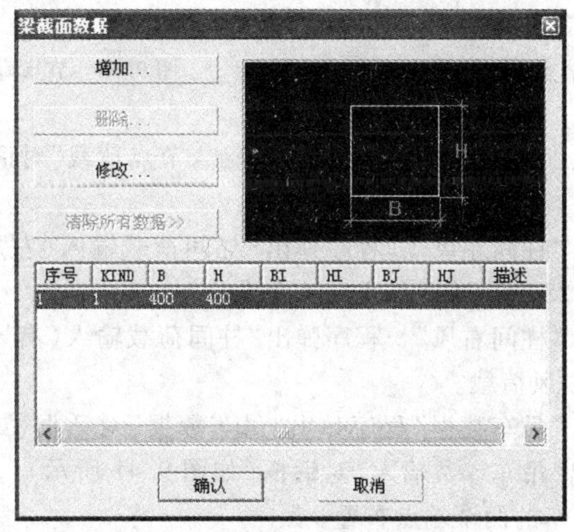

图 9.35　梁截面数据对话框

点击“铰接构件”\“布置梁铰”，屏幕下方提示：“左下端铰接(1)/右上端铰接(2)/两端铰接(3)<3>:”，输入“3”将所有梁设置为两端铰接。最终结果如图 9.36 所示。

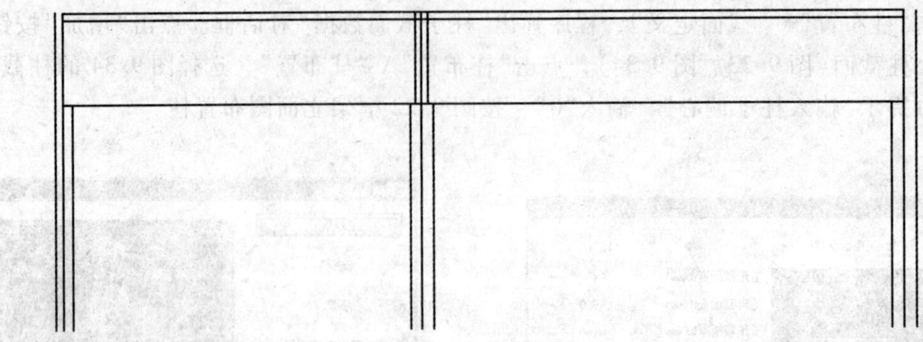

图 9.36　排架柱梁布置图

4. 布置荷载

点击“恒荷输入”\“节点恒载”，程序弹出“输入节点荷载”对话框(如图 9.37 所示)，按照图 9.23 恒载图数据布置恒载。如图 9.38 所示。

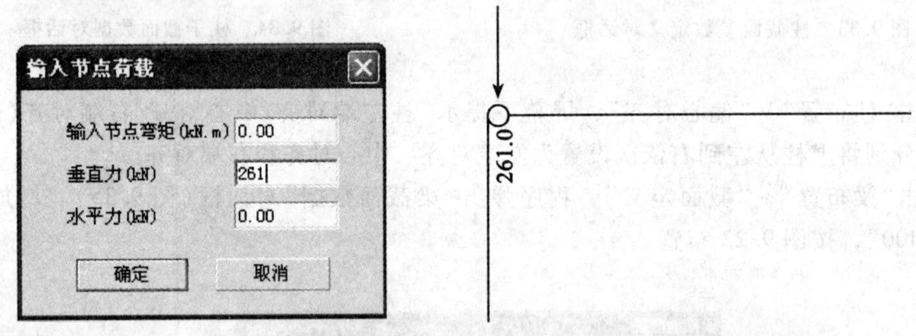

图 9.37　输入节点荷载对话框　　　　图 9.38　节点荷载示意图

点击“活载输入”\“节点活载”，程序弹出“输入节点荷载”对话框，按照图 9.24 活载图数据布置活载。

点击“左风输入”\“柱间左风”，程序弹出“柱间荷载输入(左风荷载)”对话框(如图 9.39 所示)，按照图 9.25 左风数据布置左风荷载。

点击“右风输入”\“柱间右风”，程序弹出“柱间荷载输入(右风荷载)”对话框，按照图 9.26 右风数据布置右风荷载。

点击“吊车荷载”\“吊车数据”程序弹出“吊车数据”对话框(如图 9.40 所示)，点击“增加按钮”，程序弹出“吊车参数输入”对话框(如图 9.41 所示)。按图 9.27 新增两部吊车。按程序提示点选吊车的两个端点布置。

其中吊车数据具体为：

吊车 1(左边跨)：

最大轮压竖向荷载：393

最小轮压竖向荷载：106

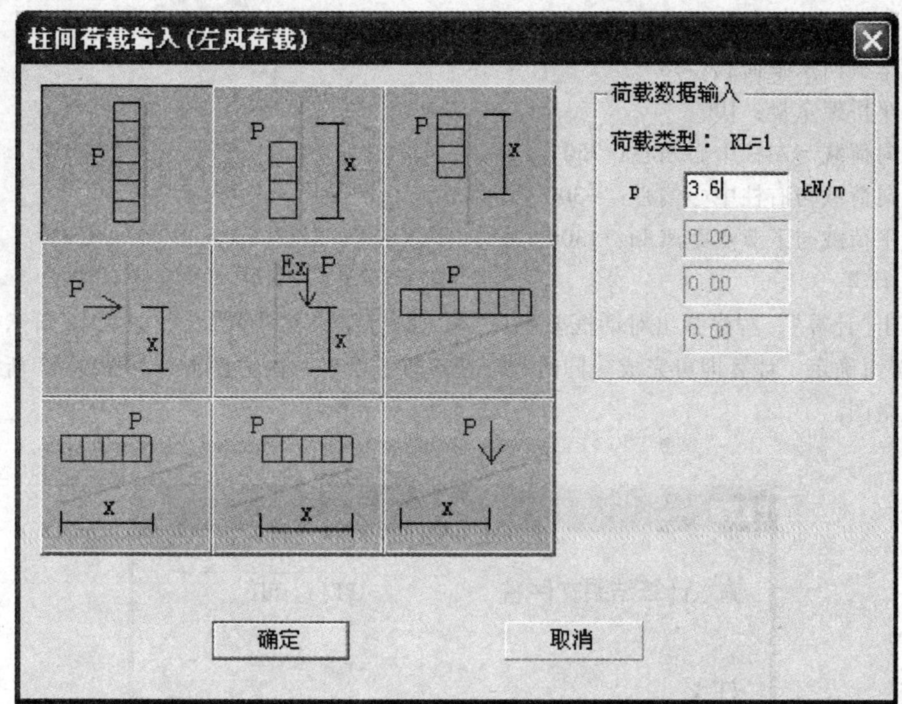

图 9.39　柱间荷载输入对话框

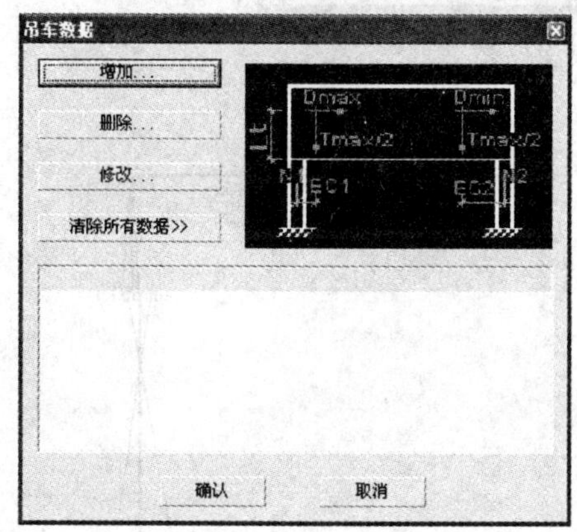

图 9.40　吊车数据对话框

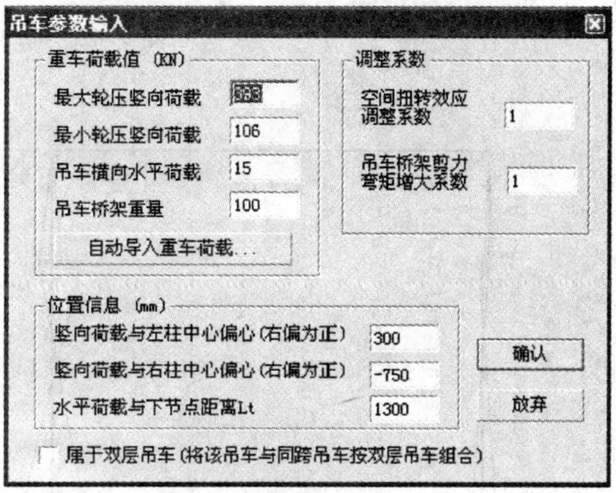

吊车参数输入
重车荷载值 (KN)
最小轮压竖向荷载 106
最大轮压竖向荷载
吊车横向水平荷载 15
吊车桥架重量 100
自动导入重车荷载...
调整系数
空间扭转效应调整系数 1
吊车桥架剪力弯矩增大系数 1
位置信息 (mm)
竖向荷载与左柱中心偏心(右偏为正) 300
竖向荷载与右柱中心偏心(右偏为正) -750
水平荷载与下节点距离Lt 1300
确认
放弃
属于双层吊车(将该吊车与同跨吊车按双层吊车组合)

图 9.41　吊车参数输入对话框

吊车横向水平荷载：15

吊车桥架重量：100

竖向荷载与左柱中心偏心：300

竖向荷载与右柱中心偏心：-750

水平荷载与下节点距离 Lt：1300

吊车 2(右边跨)：

最大轮压竖向荷载：954

最小轮压竖向荷载：281

吊车横向水平荷载：38

吊车桥架重量：100

竖向荷载与左柱中心偏心：750

竖向荷载与右柱中心偏心：-300

水平荷载与下节点距离 Lt：1300

5. 计算

单击“计算”，程序弹出对话框要用户“输入计算结果文件名”，如图 9.42 所示，点击“OK”按钮确定，计算即可完成。同时程序还可以显示各种内力图形，如图 9.43 所示的是弯矩包络图。

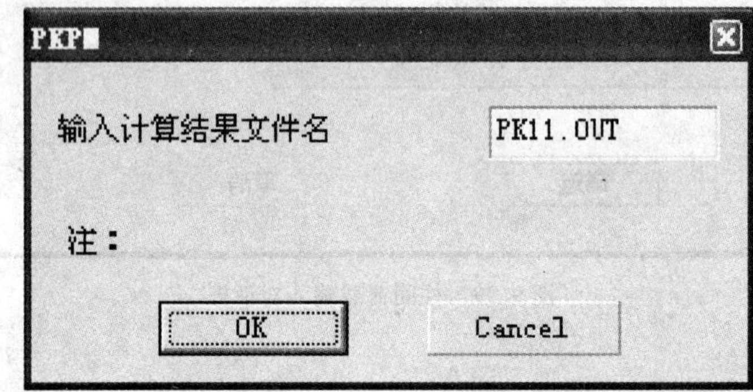

图 9.42 输入计算结果文件名

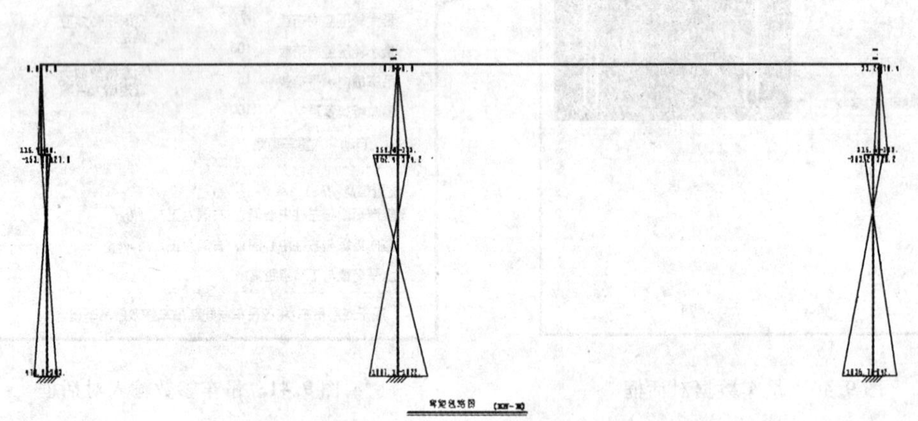

图 9.43 弯矩包络图

9.3.3 排架柱绘图

执行 PK 主菜单 3“排架柱绘图”，程序自动绘制出排架柱的牛腿造型，如图 9.44 所示。

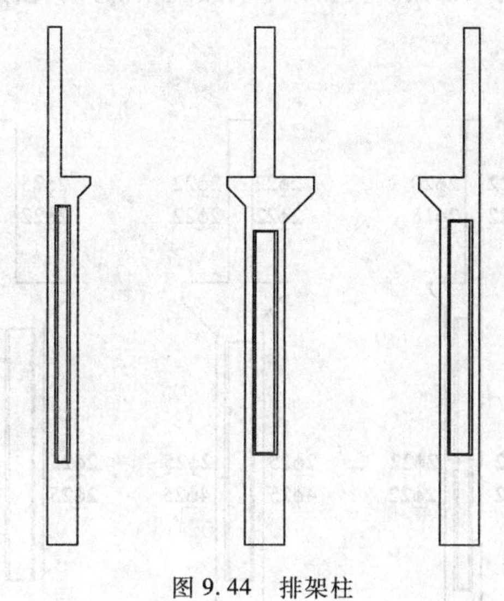

图 9.44　排架柱

单击"修改牛腿"\"牛腿尺寸"，用鼠标点击所要修改牛腿，程序弹出"牛腿信息对话框"(如图 9.45 所示)。通过该对话框可以修改牛腿的尺寸和设计荷载参数等。

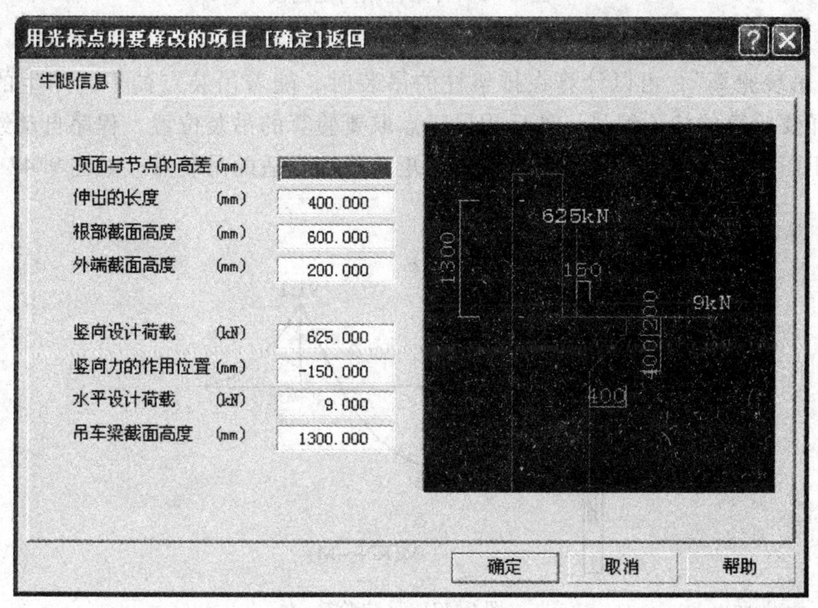

图 9.45　牛腿信息对话框

单击"修改钢筋"\"改柱纵筋"，程序显示出排架柱的纵向配筋图，如图 9.46 所示，左右两边分别代表左边和右边的配筋，上下表示第一种配筋和第二种配筋，第一种配筋布置在柱角处，第二种配筋布置在非柱角处。用鼠标点击所要修改的配筋，屏幕下方提示"输入第一种钢筋的直径"，即输入你要新修改的柱角直径，屏幕下方继续提示"输入第二种钢筋的根数和直径”，输入根数和直径，中间用空格隔开，按回车键即可。本例使用程序默认配筋。

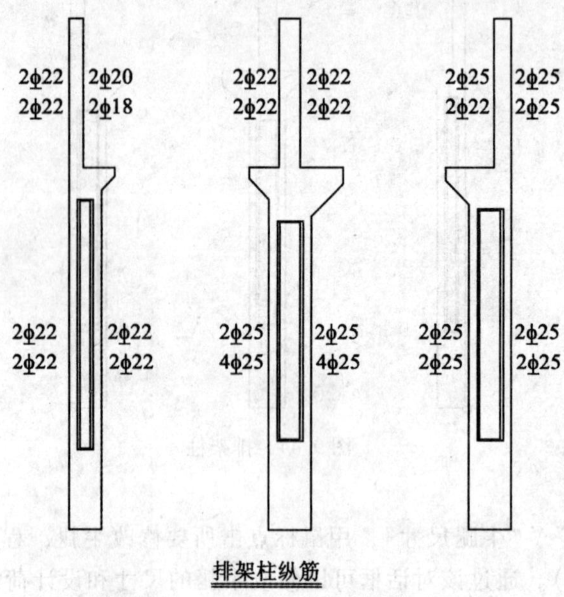

图 9.46 排架柱纵向配筋图

点击“吊装验算”，可以计算在排架柱的吊装时，随着吊装点的不同产生的弯矩，程序提示选择要验算的柱子编号，然后用鼠标点取要验算的吊装位置，程序自动绘制出由此产生的弯矩图。通过修改吊装位置，查看弯矩，找到合适的吊装点。如图 9.47 所示。

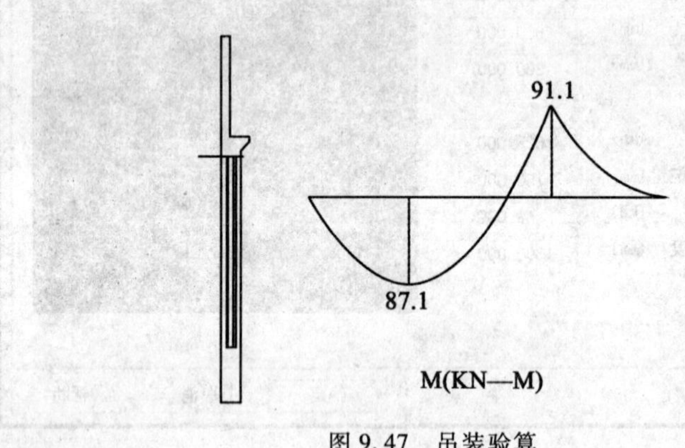

图 9.47 吊装验算

点击“施工图”\“绘图参数”，程序弹出“排架绘图参数”对话框，可以对相关参数进行修改，本例使用默认参数设置。如图 9.48 所示。

点击“施工图”\“选择柱”，程序弹出“选择要画图的排架柱序号”对话框（如图 9.49 所示），确认为 1 号，点击“OK”按钮确定，即得到如图 9.50 所示的排架柱施工图。

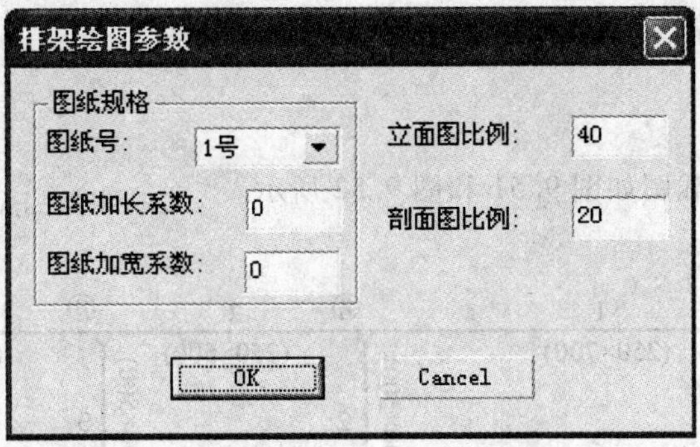

排架绘图参数
图纸规格
图纸号:
1号
图纸加长系数:
0
图纸加宽系数:
0
立面图比例:
40
剖面图比例:
20
OK
Cancel

图 9.48　排架绘图参数

PKP
选择要画图的排架柱序号:
1
注：共有3根柱
OK
Cancel

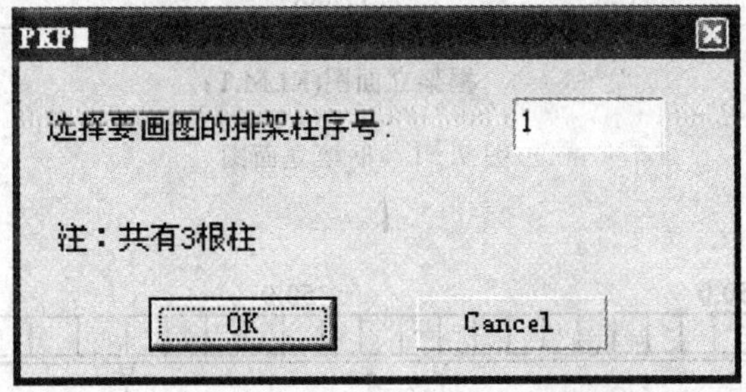

图 9.49　选择要画图的排架柱序号

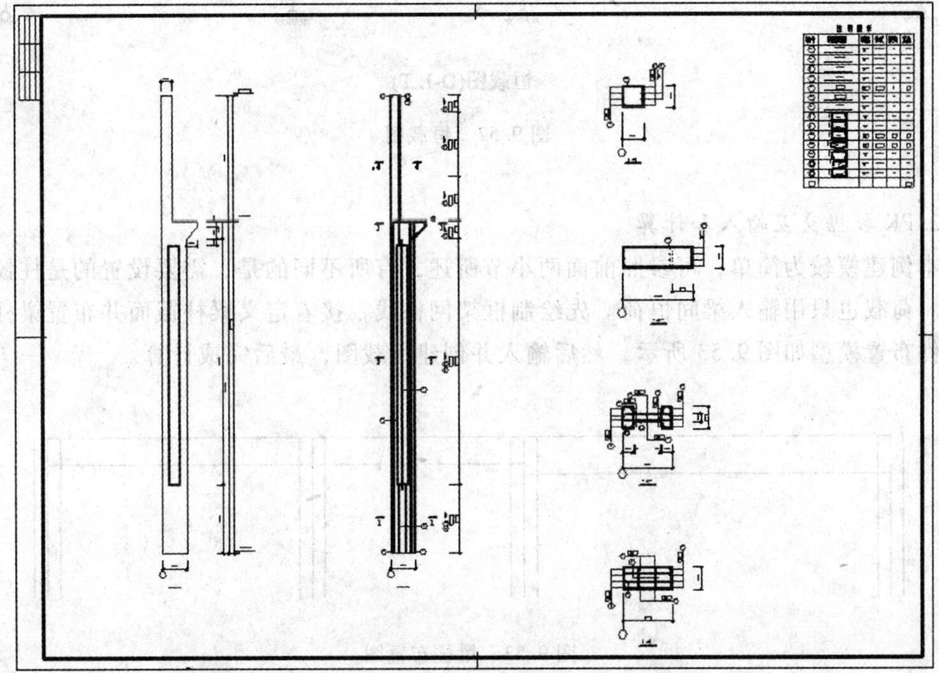

图 9.50　排架柱施工图

9.4 连续梁例题

1. 例题简介

框架立面图与恒载图如图 9. 51 和图 9. 52 所示。

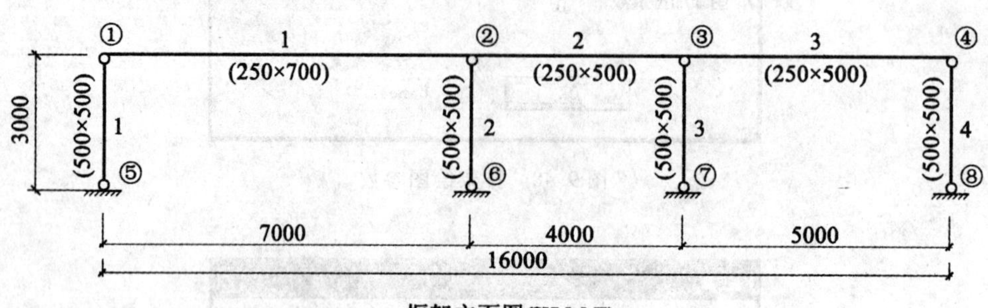

图 9. 51 框架立面图

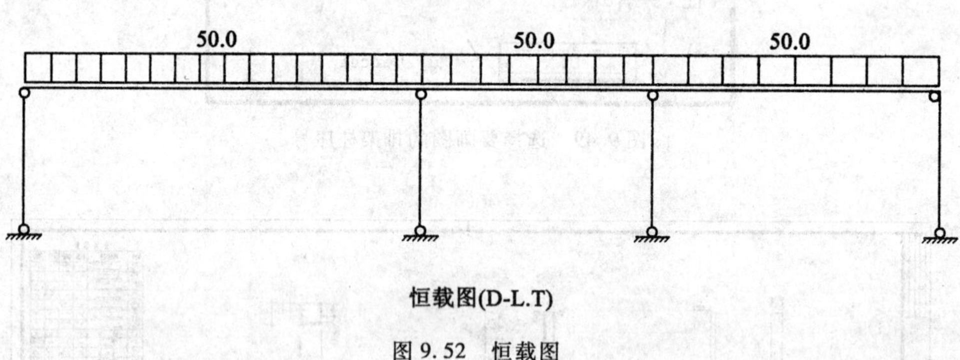

图 9. 52 恒载图

2. PK 数据交互输入和计算

本例建模较为简单，可参照前面两小节所述，有所不同的是，需要设置的是柱铰而非梁铰。荷载也只用输入梁间恒荷。先绘制框架网格线，接着定义梁柱截面并布置梁柱，基本构件布置模型如图 9. 53 所示，然后输入并创建恒载图，最后完成计算。

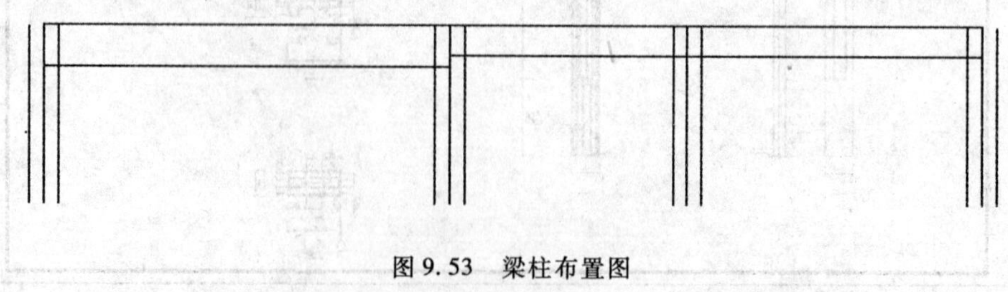

图 9. 53 梁柱布置图

3. 连续梁绘图

执行 PK 主菜单 4“连续梁绘图”，其用户界面与框架绘图类似，除了不能使用有关柱的功能外，其他操作与 9.2 节类似，这里不再赘述。

点击“挠度计算”可以验算连续梁的挠度，如图 9.54 所示。

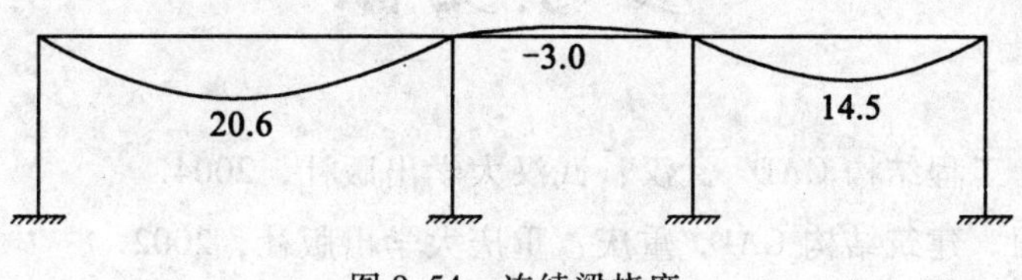

图 9.54　连续梁挠度

点击“施工图”\“画施工图”，程序提示“请定义本图的图形文件名”，程序便自动绘制出连续梁的施工图，如图 9.55 所示。

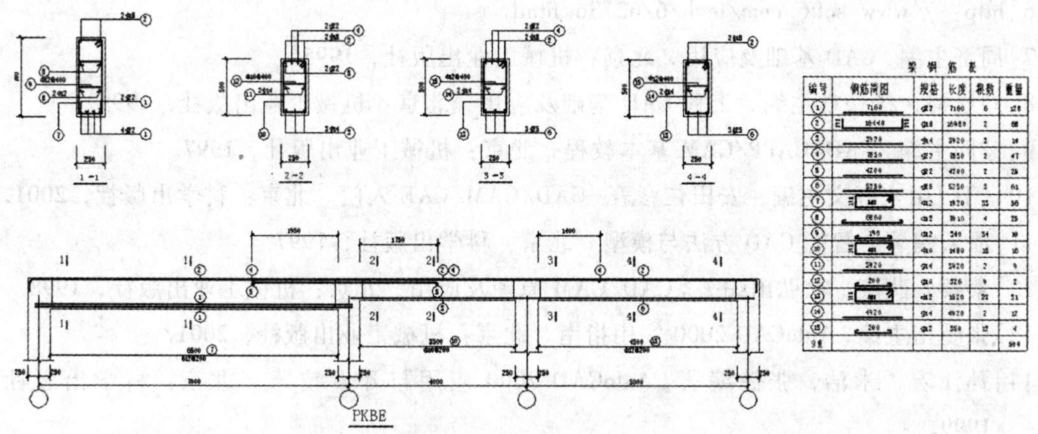

梁钢筋表

编号	钢筋简图	规格	长度	根数	重量
①	7160	[illegible]	7160	6	128
②	16440	[illegible]	16980	2	68
③	3920	[illegible]	3920	3	14
④	3850	[illegible]	3850	2	47
⑤	4200	[illegible]	4200	2	25
⑥	5250	[illegible]	5250	3	61
⑦	[illegible]	[illegible]	1920	33	56
⑧	6860	[illegible]	7010	4	25
⑨	190	[illegible]	340	34	10
⑩	400	[illegible]	1480	15	16
⑪	5920	[illegible]	5920	2	9
⑫	200	[illegible]	326	4	2
⑬	400	[illegible]	1620	23	31
⑭	4920	[illegible]	4920	2	17
⑮	200	[illegible]	[illegible]	12	4
总重					504

图 9.55　连续梁施工图

作　业

阅读并上机操作本章的例题。

参 考 文 献

[1]张玉峰编著. 工程结构 CAD. 武汉：武汉大学出版社，2004.

[2]樊江，杨庆丽. 建筑结构 CAD. 重庆：重庆大学出版社，2002.

[3]唐荣锡. CAD 产业发展的回顾与思考. 中国制造业信息化，2005(1)~(9).

[4]王军. CAD/CAM 技术的新发展趋势. 黑龙江冶金，2006(11).

[5]胡文发，何新华. 4D CAD 技术的现状及其发展趋势分析. 山东建筑工程学院学报，2006(4).

[6]http：//www.soft6.com/tech/6/62736.html.

[7]周济主编. CAD 基础及应用. 北京：机械工业出版社，1995.

[8]刘恩福，杨松林主编. 工程 CAD 基础及应用. 北京：机械工业出版社，1999.

[9]戴同主编. CAD/CAPP/CAM 基本教程. 北京：机械工业出版社，1997.

[10][日]雨宫好文主编，安田仁彦著. CAD/CAM/CAE 入门. 北京：科学出版社，2001.

[11]潘云鹤著. 智能 CAD 方法与模型. 北京：科学出版社，1997.

[12]蔡颖，薛庆，徐弘山编著. CAD/CAM 原理及应用. 北京：机械工业出版社，1998.

[13]张曼拓主编. AutoCAD 2000 实用指南. 北京：机械工业出版社，2001.

[14]孙江宏，米洁，张健编著. AutoCAD 2000 应用与开发技巧. 北京：科学出版社，1999.

[15]陈克，刘芳，张国权等编著. AutoCAD 2002 建筑应用实例导学. 北京：清华大学出版社，2002.

[16]刘良华，朱东海编著. AutoCAD 2000 ARX 开发技术. 北京：清华大学出版社，2000.

[17]房屋建筑制图统一标准(GB/T50001-2001). 北京：中国计划出版社，2002.

[18]建筑制图标准(GB/T 50104-2001). 北京：中国计划出版社，2002.

[19]建筑结构制图标准(GB/T 50105-2001). 北京：中国计划出版社，2002.

[20]何斌，陈锦昌等主编. 建筑制图(第四版). 北京：高等教育出版社，2002.

[21]结构平面计算机辅助设计软件 PMCAD 用户手册及技术条件(2002 新规范版). 北京：中国建筑科学研究院 PKPMCAD 工程部，2002.

[22]钢筋混凝土框、排架及连续梁结构计算与施工图绘制软件 PK 用户手册及技术条件(2002 新规范版). 北京：中国建筑科学研究院 PKPMCAD 工程部，2002.

[23]多层及高层建筑结构三维分析与设计软件 TAT 用户手册及技术条件(2002 新规范版). 北京：中国建筑科学研究院 PKPMCAD 工程部，2002.

[24]张会平主编．土木工程制图．北京：北京大学出版社，2009.
[25]张世海主编．道路工程制图．兰州：兰州大学出版社，2008.
[26]刘松雪主编．道路工程制图．北京：人民交通出版社，2002.